工业发酵分析与检验

主　编　翁鸿珍　包头轻工职业技术学院
副主编　袁静宇　包头轻工职业技术学院
　　　　孙勇民　天津现代职业技术学院
　　　　陈　芬　武汉职业技术学院
　　　　孙世英　阜阳职业技术学院
　　　　李　华　四川工商职业技术学院
参　编　王　芳　包头轻工职业技术学院
　　　　黄雅琴　信阳农业高等专科学校
　　　　刘禾蔚　烟台工程职业技术学院
　　　　李尽哲　信阳农业高等专科学校
　　　　王洪波　潍坊职业学院

华中科技大学出版社
中国·武汉

内 容 提 要

本书是以最新国标为依据，结合企业生产实际进行编写的，是作者多年经验的总结，内容涉及工业发酵原料和产品中各类物质成分的分析测定，主要介绍其测定原理、仪器的使用方法和试剂的配制方法、检验的方法和步骤、结果的计算方法及检验过程中容易出现的问题及其解决方法的讨论，并介绍了色谱技术、荧光分光光度法、原子吸收分光光度法等的检测原理、仪器的操作方法及在工业发酵产品分析测定中的应用，同时对样品的采集与处理、实验数据的处理与分析结果的可靠性评价进行了介绍。

本书可作为生物工程、发酵工程、食品生物技术、工业分析与检验等专业的教材，也可作为有关企业技术人员的参考用书和职业技能鉴定的培训教材。

图书在版编目(CIP)数据

工业发酵分析与检验/翁鸿珍　主编. —武汉：华中科技大学出版社，2012.7（2023.6重印）
ISBN 978-7-5609-7929-8

Ⅰ.工…　Ⅱ.翁…　Ⅲ.工业发酵-分析-高等职业教育-教材　Ⅳ.TQ920.6

中国版本图书馆 CIP 数据核字(2012)第 086055 号

工业发酵分析与检验　　　　翁鸿珍　主编

策划编辑：王新华
责任编辑：程　芳
封面设计：刘　卉
责任校对：代晓莺
责任监印：徐　露
出版发行：华中科技大学出版社(中国・武汉)　　电话：(027)81321913
武汉市东湖新技术开发区华工科技园　　邮编：430223
录　　排：华中科技大学惠友文印中心
印　　刷：广东虎彩云印刷有限公司
开　　本：787mm×1092mm　1/16
印　　张：25.25
字　　数：598 千字
版　　次：2023 年 6 月第 1 版第 7 次印刷
定　　价：46.00 元

前言

进入21世纪以来，我国高等教育迅猛发展，现在已经处于全面提升质量、加强内涵建设的新阶段。本书是以教育部有关高职高专教材建设的文件精神以及"十二五"国家教材规划的精神为指导，根据我国高职高专人才培养目标，以"够用、实用"为宗旨，以项目式教学为思路，将基本理论和技能操作有机地相结合来进行编写的。

本书是在使用多年的讲义的基础上整理编写而成的，内容涉及工业发酵原料和产品中各类物质成分的分析测定，共七章，重点介绍了工业发酵分析与检验的基础知识、常规物理分析、常规成分分析、酒的感官分析、成品中特定成分的分析、食品添加剂分析、微生物分析与检验。本书可作为生物工程、发酵工程、食品生物技术、工业分析与检验等专业的教材，也可作为有关企业技术人员的参考用书和职业技能鉴定的培训教材。

本书在编写过程中突出"新"的特点，强调先进性。在编写各项目时，以最新国家标准、法规、技术、方法为中心，结合企业生产实际，力求做到应用性强、内容简洁、技术新，以适应当前职业教育的需要。

本书的编写实际上是编者多年来在教学思想、教学内容和教学方法等方面作探索的一次总结。本书以工业发酵为主线，从物理、化学、微生物三大角度去讲清概念、理顺脉络、阐述方法，突出"三点"，即重点、难点、要点，以国家标准为基础，做到理论联系实际，对其中重要的内容尽量以自行设计或精选的简明、直观和形象化的图示、表格等形式来表达，进而有利于达到学生加深理解、增强记忆和乐于自学等目的。

我们根据学科理论的发展，针对高职教育人才培养的特点，精心选择实验、实训内容。根据国家标准介绍了检验方法的原理、试剂的制备，详细介绍了操作步骤以及结果的计算，在每个项目后，细化了关于检验的说明及注意事项，更便于学生在学习过程中自学。

本书由包头轻工职业技术学院翁鸿珍教授主编，包头轻工职

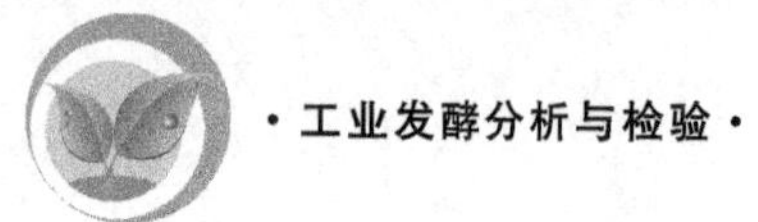

业技术学院袁静宇统稿，参与编写的有天津现代职业技术学院的孙勇民、武汉职业技术学院的陈芬、阜阳职业技术学院的孙世英、四川工商职业技术学院的李华、包头轻工职业技术学院的袁静宇和王芳、潍坊职业学院的王洪波、信阳农业高等专科学校的黄雅琴和李尽哲、烟台工程职业技术学院的刘禾蔚。

本书在编写过程中得到了华中科技大学出版社的大力支持和热心帮助，编者在此表示衷心的感谢。限于编者的学识和水平，书中不当之处在所难免，望读者随时指正，以待日后再版时改进。

编　者

2012 年 2 月

目录

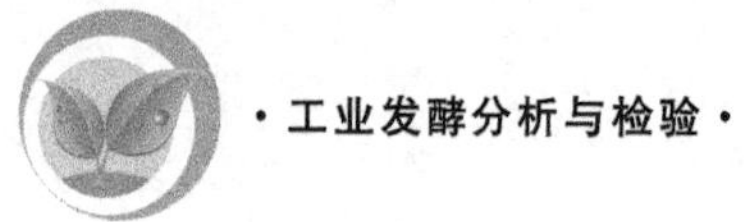

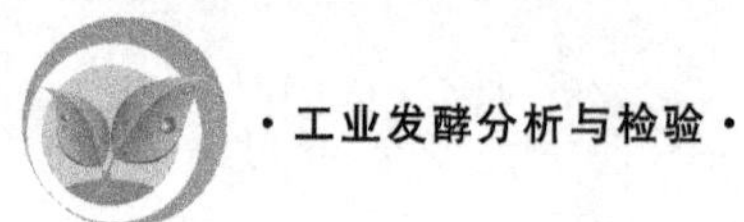

绪　论

随着生物技术的发展和国家对生物高科技产业的支持力度的加大，发酵相关产业得到了长足的发展，目前各类发酵产品已达5000多种，不仅包括传统发酵制品，如酒、调味品(酱油、醋)等，还包括新型食品、饲料添加剂、药物等，以及用一般化学方法很难生产的特殊化学产品，这必将在解决人类面临的人口、粮食、健康、环境等重大问题的过程中发挥积极的作用。

一、工业发酵分析与检验的性质、任务

工业发酵分析与检验是研究和评定酒类品质及其变化的学科，是运用物理、化学、生物化学等学科的基础理论及各种科学技术，对酒类等发酵产品组成成分的检测原理、检测方法和检测技术进行研究的一门应用性科学，具有很强的技术性和实践性，发酵分析在专业技术中起着非常重要的作用。

工业发酵分析与检验的主要任务是对发酵产业的原料、辅料、半成品和成品的主要组成进行定量的分析测定；对生产工艺过程中的有关工艺参数进行控制，保证产品的质量水平，掌握生产技术，为提升工厂成本、改善计划提供参考数据；为资源、新产品的开发提供可靠依据等。随着经济发展和社会需求的增加，发酵工厂的规模不断扩大，由于操作不当或检测分析手段不合理引起的投资风险也急剧增加。要规避这种风险，就必须对发酵过程及产品进行各种分析，如原料的含水量、灰分、蛋白、糖类、脂肪测定，产品的微生物检测等，通过一系列的检测对生产进行监控。

本书是以国家标准(见表0-1)、行业标准、地方标准和企业标准为依据，以实际生产为指导进行编写的，突出了新标准中的新方法、新技术，将理化分析与仪器分析更好地结合用于实际检测。

二、工业发酵分析与检验的内容、要求

1. 工业发酵分析与检验的内容

1) 工业发酵分析与检验的基础知识

把工业发酵分析相关的基础知识进行整理，包括常用试剂的基础知识及溶液的配制、

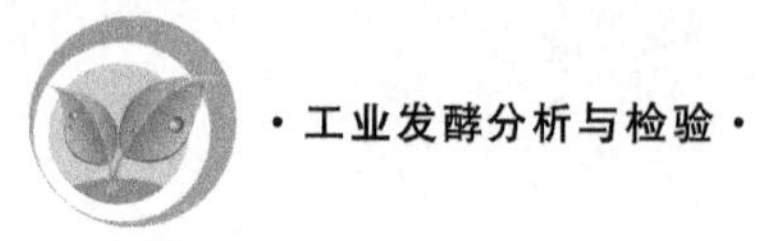

表 0-1　部分酒类产品的国标更替情况

新　国　标	旧国标(已废止)
GB/T 10781.3—2006 米香型白酒	GB/T 11859.3—1989 低度米香型白酒 GB/T 10781.3—1989 米香型白酒
GB/T 10781.2—2006 清香型白酒	GB/T 11859.2—1989 低度清香型白酒 GB/T 10781.2—1989 清香型白酒
GB/T 10781.1—2006 浓香型白酒	GB/T 11859.1—1989 低度浓香型白酒 GB/T 10781.1—1989 浓香型白酒
GB/T 17946—2008 绍兴酒	GB 17946—2000 绍兴酒
GB/T 13662—2008 黄酒	GB/T 13662—2000 黄酒
GB 4927—2008 啤酒	GB 4927—2001 啤酒
GB/T 7416—2008 啤酒大麦	GB/T 7416—2000 啤酒大麦
GB/T 4928—2008 啤酒分析方法	GB/T 4928—2001 啤酒分析方法
GB/T 15038—2006 葡萄酒果酒通用分析方法	GB/T 15038—1994 葡萄酒果酒通用试验方法
GB 15037—2006 葡萄酒	GB/T 15037—1994 葡萄酒
NY/T 274—2004 绿色食品　葡萄酒	NY/T 276—1995 绿色食品　干红葡萄酒 NY/T 278—1995 绿色食品　干桃红葡萄酒 NY/T 277—1995 绿色食品　半干红葡萄酒 NY/T 275—1995 绿色食品　半干白葡萄酒 NY/T 274—1995 绿色食品　干白葡萄酒

常用玻璃仪器的使用、分析数据的处理方法及实验报告的填写、样品的采集、样品的前处理技术等，以最新国标为依据，对旧的知识进行整理更新，结合目前企业要求，使书中阐述的基础知识更准确、更实用。

2）常规成分检测与特殊成分检测

根据国标对产品的要求，对检测项目进行重新划分，不仅对常规成分如原料（水分、粗蛋白、灰分等）、成品（酸度、酒精度、固形物）等检测项目进行了阐述，也对不同发酵制品所进行特有的检测进行了详细的讲解，例如啤酒中双乙酰的测定、白酒中固形物的测定、果酒中糖含量的测定等。

3）添加剂的测定

随着食品添加剂工业的不断发展，食品添加剂的种类和数量也就越来越多，对人们健康的影响也越来越大。因此必须严格执行国家食品添加剂的卫生标准，加强对食品添加剂的卫生管理，规范、合理、安全地使用添加剂，保证食品的安全、卫生，保证食品的质量，保证消费者的身体健康。

本书详细讲述食品添品剂的分析与检测，尤其是对合法食品添加剂添加剂量的检测和禁用添加剂的检测，能对食品的安全、食品的质量起到很好的监督和保证作用。

4）微生物检验

微生物检验是食品监测必不可少的重要组成部分。微生物是衡量食品卫生质量的重要指标之一，也是判定被检食品能否食用的科学依据之一。通过微生物检验，可以判断食品加工环境及食品卫生环境，能够对食品被细菌污染的程度作出正确的评价，为各项卫生管理工作提供科学依据，提供传染病和人类、动物和食物中毒的防治措施。本书对发酵产品微生物的检测也做了明确的讲述。

2．工业发酵分析与检验的目的要求

通过本课程的学习，使学生能够掌握主要的分析原理和分析方法，具备一定的分析问题和解决问题的能力。主要的目的要求有以下几个方面：

(1) 掌握工业发酵分析的基础理论和基本实践技能；

(2) 掌握仪器分析的基本原理与方法，具备较强的分析检验的操作能力；

(3) 具备按模块项目要求，合理选择分析方法和分析技术，出具检验报告的能力；

(4) 掌握发酵工业中一线检验要求和检验分析情况，掌握一线发酵分析能力；

(5) 能够掌握发酵工业检验技师所需要的知识和能力，为获得发酵行业的分析检验技师资格证书奠定基础(例如，食品检验员、质量工程师等等)。

三、工业发酵分析与检验的地位

工业发酵分析与检验课程是高等职业院校生物技术专业、生物化工专业、生物制药专业、生物工程专业以及工业分析与检验专业的一门专业必修课程，是在学完无机化学、有机化学、微生物等基础课程后开设的后续课程，是与发酵工艺、生物制药和酶制剂生产等专业课程平行进行的一门综合多门学科知识，进行工业发酵分析方法的实际应用、研究和操作技能训练的专业课程，在整个专业和课程体系中占有重要的地位。

工业发酵分析与检验主要向学生系统讲授样品的采集、制备和分解方法，各类样品中组分或元素的测定方法以及分析结果的计算方法和审查方法，同时进行实际样品的分析测定操作训练，使学生掌握获得正确分析数据的基本方法，切实培养学生分析问题和解决问题的能力。

通过工业发酵分析与检验的教学，培养在食品、化工、医药、环保、轻工等部门从事检验及实验室组织管理的应用型高级技术人才。通过项目教学及情境教学，切实提高学生一线发酵分析能力，为培养学生严谨的科学作风、实际动手能力和拓宽就业渠道(见表0-2)奠定良好的基础。

四、工业发酵的分析方法

1．感官分析法

感官分析又叫品尝，是在理化指标分析的基础上，集心理学、生理学、统计学、工程学的知识发展起来的一门学科，也即利用感官(视觉、嗅觉、味觉，有时也包括听觉)评价、鉴定食品质量好坏的一种分析方法。感官鉴评能明显反映工艺中原料的表观物理状态；感官检验作为食品检验的重要方法之一，具有简便易行、快速灵敏、不需要特殊器材等特点，

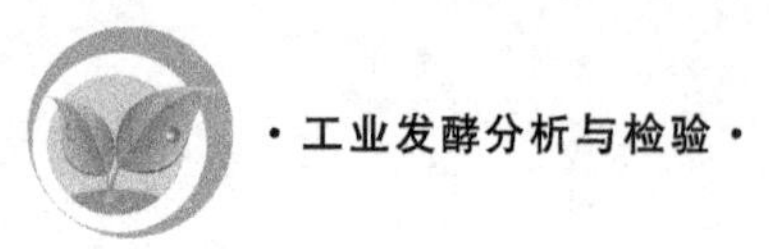

表 0-2　工业发酵分析从业一览表

从事行业	生物化工、海洋化工、乳业、食品行业、医药生产、环境监测等
专业范围	工业发酵分析与检验、食品营养与检测技术、药物分析技术、药品质量检测技术、食品分析技术、农产品质量监测
从事岗位	生物化工、海洋化工、乳业、食品饮料和医药卫生等行业岗位的原料和产品分析，生产过程在线分析，车间化验室分析，工厂中心化验室分析和研究院所化验室分析
职业资格证书	食品检验工、质量工程师、水环境监测工等

特别适用于目前还不能用仪器定量评价的某些食品特性的检验，如水果滋味的检验、食品风味的检验，以及烟、酒、茶的气味检验等。

依据所使用的感觉器官的不同，感官检验可分为视觉检验、嗅觉检验、味觉检验、触觉检验和听觉检验五种。

感官分析法存在一定缺陷，由于感官分析是以经过培训的评价员的感觉器官作为一种“仪器”来测定食品的质量特性或鉴别产品之间的差异的，因此，判断的准确性与检验者的感觉器官的敏锐程度和实践经验密切相关。同时检验者的主观因素（如健康状况、生活习惯、文化素养、情绪等），以及环境条件（如光线、声响等）都会对鉴定结果产生一定的影响。另外，感官检验的结果在大多数情况下只能用比较性的用词（优、良、中、劣等）表示或用文字表述，很难给出食品品质优劣程度的确切数值。

感官检验是与仪器检验并行的重要的检测手段，其重要性不仅在于有些产品的特性目前还不能用仪器检验，只能靠感官，即使能够得到先进的测量仪器，感官检验的重要性也不会随之降低，因为感官指标与理化指标是互相补充的，只有仪器分析与感官分析相结合才能得到产品的完整信息。因此，感官检验法是工业发酵分析重要的分析手段之一。

2. 物理分析法

物理分析法是根据物质的某些物理常数与组分之间的关系进行鉴定和测定的分析方法。如通过测定密度、折光率、旋光度等物理常数，可以对生产原料、半成品及成品的组成成分和含量进行评价。物理分析法简便、实用，在实际工作中应用广泛。如密度法可测定糖液的浓度、酒的酒精度等；折光法可测定葡萄酒中葡萄汁浓度、啤酒浸出物等；旋光法可测定饮料中蔗糖含量、味精纯度、谷物中淀粉含量等。

3. 化学分析法

化学分析法是以化学反应为基础的分析方法，可以分为定性分析和定量分析两类。在分析中，借助于化学反应来确定被测物质中含有何种组分的分析方法称为定性分析。而通过某种测定方法测出被测物质中某一组分的含量的方法称为定量分析。由于发酵分析中样品的定性组成及其含量的大致范围是已知的，因而生产中主要进行定量分析而不进行定性分析。

定量分析包括的基本内容如图 0-1 所示。

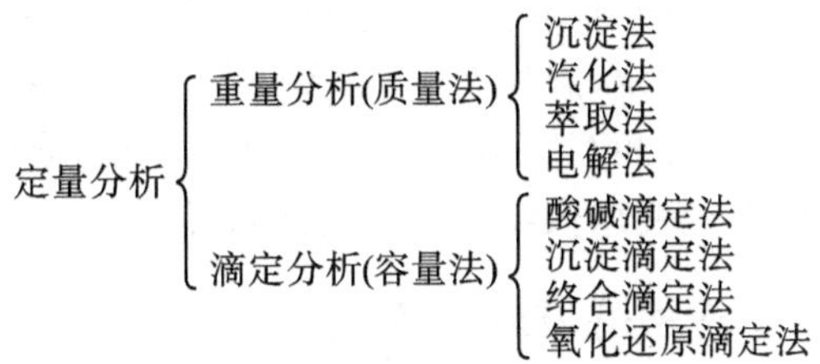

图 0-1　定量分析基本内容

化学分析法是发酵分析中最基础的分析方法，具有常量分析结果较准确、仪器操作简单、有完整理论支撑、计算方便等优点，是常量分析检验中的主要方法。

4. 仪器分析法

仪器分析法(近代分析法或物理分析法)是通过测量物质的光学性质、电化学性质等物理化学性质来求出被测组分含量的方法，包括色谱分析法、光学分析法、电化学分析法、质谱分析法和光电化学分析法等，工业发酵分析中常用的是前三种方法。光学分析法又分为紫外-可见分光光度法、原子吸收分光光度法、荧光分析法等，可用于分析原料中无机元素、碳水化合物、蛋白质、氨基酸、食品添加剂、维生素等成分。电化学分析法又分为电导分析法、电位分析(离子选择电极)法、极谱分析法等。电导分析法可测定成品灰分和水的纯度等；电位分析法广泛应用于测定 pH、无机元素、酸根、食品添加剂等；极谱分析法已应用于测定重金属、维生素、食品添加剂等。这些方法解决了一些食品的前处理和干扰问题。色谱分析法是近些年迅速发展起来的一种分析技术，极大地丰富了工业发酵分析的内容，解决了许多常规化学分析法不能解决的微量成分分析的难题，为工业发酵分析技术开辟了新途径。色谱分析法包含许多分支，常用的如薄层层析法、气相色谱法和高效液相色谱法，可用于测定有机酸、氨基酸、糖类、维生素、食品添加剂、农药残留量等。

仪器分析包括的基本内容如图 0-2 所示。

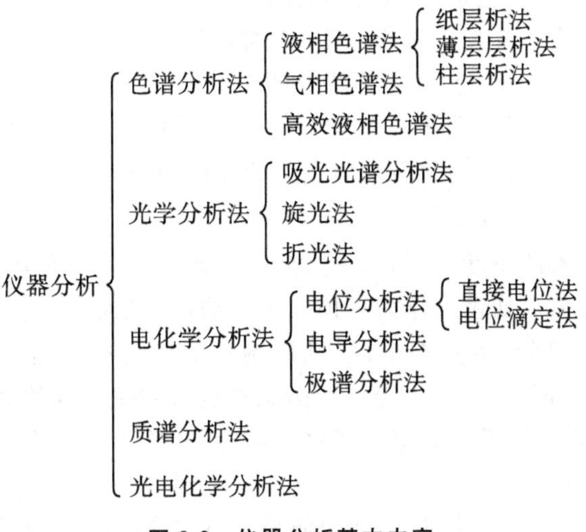

图 0-2　仪器分析基本内容

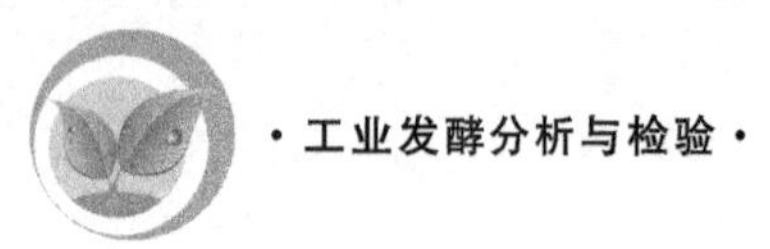

仪器分析法是一种较为灵敏、快速、准确的分析方法。其特点是灵敏度高，检出限可降低，如样品用量由化学分析的 mL、mg 级降低到仪器分析的 μg、μL 级，甚至更低；适合于微量、痕量和超痕量成分的测定；选择性好；很多的仪器分析法可以通过选择或调整测定的条件，使共存的组分测定时相互间不产生干扰；操作简便，分析速度快，容易实现自动化。所以现代分析越来越多地使用仪器分析法进行分析。

五、工业发酵分析与检验的发展与前景

随着科学技术的进步与发展，工业发酵分析与检验越来越多地借助于各类精密仪器对发酵中间物与成品进行全方位、多项目的检测，既节省了人力，又提高了精准度。在现代仪器分析技术中，分离技术和检测方式是影响分析仪器发展的两个关键问题。一方面，科技领域对分析仪器不断提出更高的要求；另一方面，随着科学技术的发展，新材料不断涌现，又大大推动了分析仪器的快速更新。分析仪器的发展趋势主要有以下几点。

1. 向多功能、自动化、智能化方向发展

以色谱仪为例，当前气相色谱仪的制作工艺已达全新水平，由于微机的使用，仪器对温度、压力、流量的控制全部实现自动化，由计算机键盘输入操作参数，仪器就可正常运行。如气相色谱仪、高效液相色谱仪、质谱仪等，可以同时测定多种有机组分，如酒精、双乙酰等，原子吸收分光光度计可以测定许多种金属或非金属的含量，且准确度高，分析迅速，但仪器的价格高。

2. 向专用型、小型化方向发展

多种发酵产品检测都有全自动的全分析仪，例如啤酒分析仪，采用模块化测量的方法，集合多个不同测量模块，罐装样品直接进样的方式，一次进样后，可得到七种不同的参数，实现了高度自动化测量。只需要一个人，单个样品测试可在 4 min 内完成，并显示全部数据结果。因此可以节省宝贵的人力、物力及时间。

3. 向多维分离仪器方向发展

气相色谱仪、高效液相色谱仪、超临界流体色谱仪和毛细管电泳仪已在相对分子质量、沸点、热稳定性测定中发挥了重要作用，但随着分析任务复杂性的增加，只用一种分离方法已不能完全分离。20 世纪 70 年代中期首先出现了二维气相色谱技术，它可再进行一次色谱分析的过程，获得双重分析信息。在 80 年代中期又发展了二维高效液相色谱和二维超临界流体色谱技术，它们都显示出超强的分离能力。

4. 向联用分析仪器方向发展

随着先进分析仪器的不断涌现，每一类分析仪器只在一定范围内起独特作用，并且要求在一定的条件下使用。如色谱作为一种分析方法，其最大特点在于能将一个复杂的混合物分离为各种单一组分，但它的定性、确定结构的能力较差，而质谱（MS）、红外光谱（IR）、紫外光谱（UV）等技术对于一个纯组分的结构确定变得越来越容易。因此，只有将色谱、固相萃取等技术与质谱等鉴定、检测仪器联用才能得到一个完整的分析结果，取得丰富的信息与准确的结论。

目前，联用技术已得到快速发展，随着研究分析工作的深入，各种联用技术不断涌现，并且越来越多地应用于工业发酵分析与检验。

我们相信:随着科学技术的发展,将有越来越多的先进监测方法和检测仪器应用于工业发酵分析与检验,为发酵行业的发展提供更为迅速、准确、可靠的分析结果。

思考题

1. 什么是分析? 何为工业发酵分析?
2. 工业发酵分析与检验的任务是什么?
3. 工业发酵分析与检验课程在专业中的地位如何?
4. 工业发酵分析有哪些分析方法?
5. 如何学好工业发酵分析与检验这门课程?

第一章 分析的基础知识

本章主要讲述常用试剂的基础知识及溶液的配制、常用玻璃仪器的使用、分析数据的处理方法及实验报告的填写、样品的采集、样品的前处理技术，通过学习，使学生形成基本的职业技能。

模块一　常用试剂的基础知识及溶液的配制

一、分析用纯水

纯水是分析化学实验中最常用的纯净溶剂和洗涤剂。根据分析的任务和要求不同，对水的纯度的要求也不同。一般的分析工作采用蒸馏水或去离子水即可，而对于超纯物质的分析，则要求使用纯度高的高纯水（一级水）。

我国将分析实验室用水分为三级。电导率是纯水质量的综合指标，一、二、三级水的电导率分别小于或等于0.01 mS/m、0.10 mS/m、0.50 mS/m。一、二级水的电导率必须“在线”（即将测量电极安装在制水设备的出水管道内）测量。纯水在贮存和与空气接触中都会发生电导率的改变。水越纯，其影响越显著。一级水必须临用前制备，不宜长时间存放。

1. 纯水的制备

制备纯水常用以下三种方法。

1）蒸馏法

自来水在蒸馏器中受热汽化，水蒸气冷凝即得蒸馏水。蒸馏器的材料有铜、玻璃、石英等，其中石英蒸馏器制备的蒸馏水含杂质最少。该法能除去水中非挥发性杂质，但不能除去易溶于水的气体。

2）离子交换法

这是应用离子交换树脂分离水中杂质离子的方法，故制得的水称为去离子水。目前多采用阴、阳离子交换树脂的混合床来制备纯水。该法制备水量大、成本低、去离子能力强，但不能除掉水中非离子型杂质，而且设备及操作较复杂。

3）电渗析法

电渗析法是在外电场的作用下，利用阴、阳离子交换膜对溶液中的离子选择性透过，使杂质离子自水中分离出来的方法。该法不能除掉非离子型杂质，而且去离子能力不如离子交换法。但再生处理比离子交换柱简单，电渗析器的使用周期也比离子交换柱长。好的电渗析器制备的纯水质量可达到三级水的水平。

三级水是最常使用的纯水，可用上述三种方法制取。除用于一般化学分析实验外，还可用于制取二级、一级水。

二级水可用多次蒸馏或离子交换法制取，它主要用于仪器分析实验或无机痕量分析。

一级水可用二级水经石英蒸馏器蒸馏或阴、阳离子混合床处理后，再经 0.2 pm 微孔滤膜过滤制取。它主要用于超痕量分析及对微粒有要求的实验如高效液相色谱分析用水。一级水应盛于聚乙烯瓶中，临用前制备。

2. 纯水的检验

纯水的检验有物理方法（测定水的电导率）和化学方法两类。现将纯水检验的主要项目介绍如下。

1）电导率

水的电导率越小，表明水中所含杂质离子越少，水的纯度越高。测量一、二级水时，电导池常数为 0.01～0.1 m^{-1}，进行在线测量；测量三级水时，电导池常数为 0.1～1 m^{-1}，用烧杯接取 400 mL 水样，立即进行测定。

2）pH

用酸度计测定，纯水的 pH 通常在 6 左右。

3）Cu^{2+}、Pb^{2+}、Zn^{2+}、Fe^{3+}、Ca^{2+}、Mg^{2+} 等金属离子

取 25 mL 水于小烧杯中，加 1 滴 2 g/L 铬黑 T、5 mL pH=10 的氨性缓冲溶液，若呈蓝色，说明上述离子含量甚微，水合格；若呈红色，则说明水不合格。

4）氯化物

取 20 mL 水于试管中，先加入 1 滴 4 mol/L HNO_3 溶液酸化，再加入 1～2 滴 0.1 mol/L $AgNO_3$ 溶液，如出现白色乳状物，则水不合格。

5）硅酸盐

取 10 mL 水于小烧杯中，加入 5 mL 4 mol/L HNO_3 溶液、5 mL 50 g/L 钼酸铵溶液，室温下放置 5 min 后，加入 5 mL 100 g/L Na_2SO_3 溶液，观察是否出现蓝色，如呈蓝色，则说明水不合格。

二、化学试剂

1. 化学试剂的分类和一般试剂的规格

化学试剂种类繁多，分类的标准不尽相同。本书只简要介绍一般试剂、标准试剂、高纯试剂和专用试剂。

一般试剂是实验室中最普遍使用的试剂，其规格是以其中所含杂质的多少来划分的，包括一级、二级、三级、四级（已很少见）及生物试剂。一般试剂的规格和适用范围见表 1-1。

表 1-1 一般试剂的规格和适用范围

等级	名　称	符号	适用范围	标签颜色
一级	优级纯(又称保证试剂)	GR	纯度高,适用于精密分析,可作基准物质	绿色
二级	分析纯	AR	适用于多数分析,如配制滴定溶液,用于鉴别及杂质检查等	红色
三级	化学纯	CP	适用于日常生产分析	蓝色
四级	实验试剂	LR	杂质含量高,纯度较低,在分析工作中常用于辅助试剂	黄色
	生物试剂	BR 或 CR	根据试剂说明使用	

标准试剂是用于衡量其他待测物质化学量的标准物质,我国习惯称其为基准试剂。基准试剂的特点是主体含量高而且准确可靠。我国规定容量分析第一基准和容量分析工作基准的主体含量分别为100%±0.02%和100%±0.05%。

高纯试剂中的杂质含量低于优级纯或基准试剂,其主体含量与优级纯试剂相当,而且规定检测的杂质项目要多于同种的优级纯或基准试剂。它主要用于痕量分析中试样的分解及试液的制备。如测定试样中的超痕量铅,就须用高纯盐酸溶样,因为优级纯盐酸所引入的铅可能比试样中的铅还多。

专用试剂是指具有专门用途的试剂。例如仪器分析专用试剂中有色谱分析标准试剂、薄层分析试剂、核磁共振分析用试剂、光谱纯试剂等。专用试剂主体含量较高,杂质含量很低。如光谱纯试剂的杂质含量用光谱分析法已测不出或者杂质的含量低于某一限度,它主要用于光谱分析中的标准物质。但光谱纯试剂不能作为化学分析中的基准试剂。

2. 化学试剂的合理使用

在分析工作中所选用试剂的纯度、级别要与所用的分析方法相当。要结合具体的实验情况,根据分析对象的组成、含量,对分析结果准确度的要求和分析方法的灵敏度、选择性,合理地选用相应级别的试剂。在满足实验要求的前提下,要注意节约的原则,就低不就高。

化学分析实验通常使用分析纯试剂;仪器分析实验一般使用优级纯、分析纯或专用试剂。

如实验对主体含量要求高,宜选用分析纯试剂;若对杂质含量要求高,则要选用优级纯或专用试剂。

试剂在存放和使用过程中要保持清洁,取下的瓶盖应倒放在实验台面上,取用后立即盖好,防止污染和变质。

固体试剂应用洁净、干燥的小勺取用,多取的试剂不许倒回原瓶中。取用强碱性试剂后的小勺应立即洗净,以免腐蚀。氧化剂、还原剂必须密闭、避光保存。易挥发的试剂应低温存放,易燃、易爆试剂要贮存于避光、阴凉通风的地方,并要采取安全措施。剧毒试剂要专门妥善保管。所有试剂瓶上标签应完好。

本书中各实验所用试剂,除另有注明外,均为分析纯。

三、标准物质和标准溶液

在国民经济的许多部门及科学研究工作中，都离不开分析测试工作。为保证测定结果准确可靠，并具有公认的可比性，必须使用标准物质标定溶液浓度、校准仪器和评价分析方法。因此，标准物质是测定物质组成、结构或其他有关特性量值过程中不可缺少的一种计量标准。目前我国已有1000多种标准物质，例如化学分析中标定溶液浓度的基准试剂，冶金、机械部门研制并得到广泛应用的矿物、纯金属、合金、钢铁等标准试样。

1. 标准物质

1）标准物质的性质

1986年，我国国家计量局接受了由国际标准化组织提出的并为国际计量局所确认的标准物质的定义。标准物质是指已确定其一种或几种特性，用于校准测量器具、评价测量方法或确定材料特性量值的物质。

标准物质是由国家最高计量行政部门颁布的一种计量标准，起到统一全国量值的作用。它具有材质均匀、性质稳定、批量生产、准确定值等特性，并有标准物质证书（其中标明特性量值的标准值及定值的准确度等内容）。此外，某些标准物质的试样还应系列化，以消除待测试样与标准试样两者间因主体成分性质差异给测定结果带来的系统误差。例如要分析某牌号钢铁试样，应选择与该试样牌号相同而且组成近似的钢铁标准试样配制标准系列。

2）标准物质的分级

我国的标准物质分为一级、二级两个级别。一级标准物质采用绝对测量法定值，定值的准确度要具有国内最高水平，它主要用于研究和评价标准方法、二级标准物质的定值和高精确度测量仪器的校准。二级标准物质采用准确可靠的方法或直接与一级标准物质比较的方法定值，定值的准确度一般要高于现场（即实际工作）测量准确度的3～10倍。二级标准物质又称为工作标准物质，主要用于研究和评价现场分析方法及现场标准溶液的定值，是现场实验室的质量保证，它的产品批量较大，通常分析实验室所用的标准试样都是二级标准物质。

3）化学试剂中的标准物质

目前我国的化学试剂中只有滴定分析基准试剂和pH基准试剂属于标准物质，其产品只有几十种，我国规定第一基准试剂（一级标准物质）的主体含量为99.98%～100.02%，其值采用准确度最高的精确库仑滴定法测定。工作基准试剂（二级标准物质）的主体含量为99.95%～100.05%，以第一基准试剂为标准，采用称量滴定法（重量滴定法）定值。工作基准试剂是滴定分析实验中常用的计量标准，可使被标定溶液的不确定度在±0.2%以内。一级pH基准试剂（一级标准物质）的pH(S)的总不确定度为±0.005。它通常只用于pH基准试剂的定值和高精度酸度计的校准。

pH基准试剂（二级标准物质）的pH(S)的总不确定度为±0.01，用该试剂按规定方法配制的溶液称为pH标准缓冲溶液，它主要用于酸度计的校准。

基准试剂仅是种类繁多的标准物质中很小的一部分。分析化学实验室中还经常使用非试剂类的标准物质，例如纯金属、合金、矿物、纯气体或混合气体、药物、标准溶液等。

2. 标准溶液

标准溶液是已确定其主体物质浓度或其他特性量值的溶液。分析化学中常用的标准溶液主要有三类，即滴定分析用标准溶液、仪器分析用标准溶液和测量溶液 pH 用标准缓冲溶液。

1）滴定分析用标准溶液

滴定分析用标准溶液主要用于测定试样中的常量组分，其浓度值常保留四位有效数字，其不确定度为±0.2%左右。主要有两种配制方法。一是直接法，即用分析天平准确称量一定质量的工作基准试剂或相当纯度的其他标准物质（如纯金属）于小烧杯中，用适量水或其他试剂溶解后，定量转移至容量瓶中，用水稀释至刻度，摇匀。这种配制方法简单，但成本高，不宜大批量使用，而且很多标准溶液无合适的标准物质配制（如 NaOH、HCl、$KMnO_4$等）。二是间接法（标定法），即最普遍使用的方法，先用分析纯试剂配成接近所需浓度的溶液（用台秤和量筒），然后利用该物质与适当的工作基准试剂或其他标准物质或另一种已知准确浓度的标准溶液反应来确定其准确浓度。

我国习惯上将滴定分析用工作基准试剂和某些纯金属这两类标准物质称为基准物质。基准物质具有化学组成确定，其组成与化学式相符，纯度高（含量＞99.9%），在空气中稳定等特点。滴定分析中常用的基准物质见表 1-2。

表 1-2 滴定分析中常用的基准物质

基准物质	化学式	干燥条件（至恒重）	标定对象
无水碳酸钠	Na_2CO_3	270～300 ℃	酸
硼砂	$Na_2B_4O_7 \cdot 10H_2O$	放在含 NaCl 和蔗糖饱和溶液的干燥器中	酸
邻苯二甲酸氢钾	$KHC_8H_4O_4$	105～110 ℃	碱
草酸	$H_2C_2O_4 \cdot 2H_2O$	室温空气干燥	碱或 $KMnO_4$
重铬酸钾	$K_2Cr_2O_7$	140 ℃	还原剂
溴酸钾	$KBrO_3$	130 ℃	还原剂
碘酸钾	KIO_3	130 ℃	还原剂
铜	Cu	室温干燥器中保存	还原剂
三氧化二砷	As_2O_3	室温干燥器中保存	还原剂
草酸钠	$Na_2C_2O_4$	105～110 ℃	$KMnO_4$
碳酸钙	$CaCO_3$	110 ℃	EDTA
锌	Zn	室温干燥器中保存	EDTA
氧化锌	ZnO	800 ℃	EDTA
氯化钠	NaCl	500～550 ℃	$AgNO_3$
硝酸银	$AgNO_3$	H_2SO_4干燥器	氯化物或硫氰酸盐

基准物质要预先按规定的方法进行干燥。配制标准溶液时要选用符合实验要求的纯水，配合滴定和沉淀滴定对纯水的质量要求较高，一般要求高于三级水的标准，其他标准溶液通常使用三级水。配制 NaOH、$Na_2S_2O_3$等标准溶液时，要使用临时煮沸并快速冷却

的纯水。配制 $KMnO_4$ 溶液要加热至沸，并保持微沸 1 h，放置 2～3 天后用微孔玻璃漏斗过滤，滤液贮存于棕色瓶中。

当标定 EDTA 溶液浓度时，可用多种标准物质及指示剂，此时要注意保持标定和测定试样的条件相同或相近，以减免系统误差。

标准溶液应密闭保存，避免阳光直射甚至完全避光，见光易分解的标准溶液用棕色瓶贮存。贮存的标准溶液，由于水分蒸发，水珠凝于瓶壁，使用前应将溶液摇匀。溶液的标定周期长短，除与溶质本身性质有关外，还与配制方法、保存方法及实验室气氛有关。较稳定的标准溶液的标定周期为 1～2 个月。

当对实验结果的精确度要求不是很高时，可用优级纯或分析纯试剂代替同种的工作基准试剂进行标定。本书定量化学分析实验中的溶液标定，一般以优级纯或分析纯（主体含量同于优级纯）试剂代替工作基准试剂。

2）仪器分析用标准溶液

仪器分析种类繁多，不同的仪器分析实验对试剂的要求也不同。配制仪器分析中的标准溶液可能用到专门试剂、高纯试剂、纯金属及其他标准物质、优级纯及分析纯试剂等。同种仪器分析方法，当分析对象不同时所用试剂的级别也可能不同。配制仪器分析用标准溶液的纯水应使用二级水。

仪器分析用标准溶液的浓度都比较低，除用物质的量浓度表示外，常用质量浓度如 μg/mL 或 g/L 表示。稀溶液的保质期较短，通常配成比使用的溶液（操作溶液）高 1～3 个数量级的浓溶液作为贮备液，临用前进行稀释。当稀释倍数高时，应采取逐次稀释的方法。

为防止溶液在存放过程中，容器对标准溶液的污染和吸附，有些金属离子的标准溶液宜贮存于聚乙烯瓶中。

3）测量溶液 pH 用标准缓冲溶液

用酸度计测量溶液的 pH 时，必须先用 pH 基准试剂配制的 pH 标准缓冲溶液对仪器进行校准（定位）。pH 标准缓冲溶液的 pH 是在一定温度下，经过实验精确测定的，浓度用 mol/L 表示。六种 pH 标准缓冲溶液在不同温度下的 pH 见表 1-3，其准确度为±0.01。

表 1-3　pH 标准缓冲溶液在不同温度下的 pH

试剂浓度/(mol/L) \ pH \ 温度/℃	10	15	20	25	30	35
四草酸钾 0.05	1.67	1.67	1.68	1.68	1.68	1.69
酒石酸氢钾（饱和）	—	—	—	3.56	3.55	3.55
邻苯二甲酸氢钾 0.05	4.00	4.00	4.00	4.00	4.01	4.02
磷酸氢二钠 0.025；磷酸二氢钾 0.025	6.92	6.90	6.88	6.86	6.85	6.84
四硼酸钠 0.01	9.33	9.28	9.23	9.18	9.14	9.11
氢氧化钙（饱和）	13.01	12.82	12.64	12.46	12.29	12.13

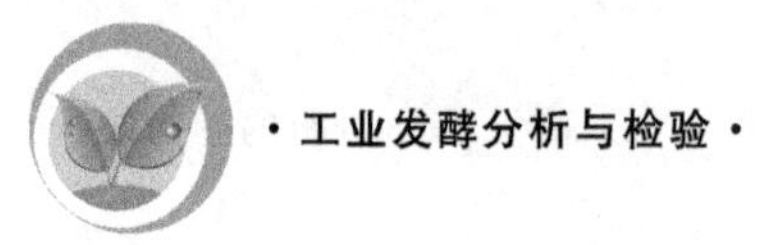

配制 pH 标准缓冲溶液的纯水的电导率应不大于 0.02 mS/m,配制碱性溶液所用的纯水应预先煮沸 15 min 以上,以除去其中的 CO_2。

有的 pH 基准试剂有袋装产品,使用很方便,直接将袋内的试剂全部溶解并稀释至规定体积即可使用。缓冲溶液一般可保存 2～3 个月,若发现混浊、沉淀或发霉等现象,则须重新配制。

3. 一般溶液的配制及保存方法

分析实验室中所用的试剂及溶液的品种繁多,有定性分析用的阴、阳离子试液,大量的酸、碱、盐溶液和有机试剂等等。正确地配制和保存这些溶液,是做好实验的基本保证。

1) 配制及保存溶液的原则

(1) 配制溶液时,要牢固地树立"量"的概念,根据溶液浓度的准确度的要求,合理地选择称量用的天平(台秤或分析天平)及量取溶液的量器(量筒或移液管),确定记录数据应保留的有效数字位数,配好的溶液的贮存方法。

(2) 定性分析用的阴、阳离子试液,一般先配成贮备液,再将其稀释一定倍数成使用液。

(3) 易侵蚀或腐蚀玻璃的溶液,如含氟的盐类及苛性碱等应保存在聚乙烯瓶中。

(4) 易挥发、易分解的溶液,如 $KMnO_4$、I_2、$Na_2S_2O_3$、$AgNO_3$、$NaBiO_3$、$TiCl_3$、溴水、氨水,以及 CCl_4、$CHCl_3$、丙酮、乙醚、乙醇等有机溶剂应存放在棕色瓶中,密封好并放在暗处及阴凉地方。

(5) 有些易水解的盐类,配制成溶液时,需先加入适量的酸(或碱),再用水或稀酸(或碱)稀释。有些易氧化或还原的试剂及易分解的试剂,常在使用前临时配制,或采取措施以防止氧化或分解。

(6) 配好的溶液应存放于试剂瓶中,大量的应贮存于塑料桶内,并立即贴上标签,注明试液名称、浓度及配制日期。

2) 溶液中待测组分含量的表示方法

一般用物质的量浓度(简称浓度)c_B(mol/L),质量浓度 ρ_B(g/L、mg/L、μg/L 或ng/L)和质量摩尔浓度 m_B(mol/kg)表示。

项目一　氢氧化钠标准溶液的配制及标定

学习目标

• 知识目标:掌握各种浓度氢氧化钠标准溶液的配制及标定的方法、原理。

• 技能目标:掌握各种浓度氢氧化钠标准溶液的配制及标定的基本操作。

• 素质目标:能严格按操作规程进行安全操作,真实记录;会分析实验结果;能与小组成员协调合作。

1. 配制

称取 110 g 氢氧化钠,溶于 100 mL 无二氧化碳的水中,摇匀,注入聚乙烯容器中,密闭放置至溶液清亮。按表 1-4 的规定，取上层清液，用无二氧化碳的水稀释至 1000 mL，摇匀。

表 1-4 氢氧化钠标准溶液的配制

氢氧化钠标准溶液的浓度 c_{NaOH}/(mol/L)	氢氧化钠溶液的体积 V/mL
1	54
0.5	27
0.1	5.4

2. 标定

按表 1-5 的规定称取于 105～110 ℃电烘箱中干燥至恒重的工作基准试剂邻苯二甲酸氢钾，加无二氧化碳的水溶解，加 2 滴酚酞指示液(10 g/L)，用配制好的氢氧化钠溶液滴定至溶液呈粉红色，并保持 30 s 不褪色。同时做空白试验。

表 1-5 氢氧化钠标准溶液的标定

氢氧化钠标准溶液的浓度 c_{NaOH}/(mol/L)	工作基准试剂邻苯二甲酸氢钾的质量 m/g	无二氧化碳水的体积 V/mL
1	7.5	80
0.5	3.6	80
0.1	0.75	50

氢氧化钠标准溶液的浓度 c_{NaOH}，数值以 mol/L 表示，按式(1-1)计算：

$$c_{NaOH} = \frac{m \times 1000}{(V_1 - V_2)M} \tag{1-1}$$

式中：m——邻苯二甲酸氢钾的质量，g；

V_1——滴定消耗氢氧化钠标准溶液的体积，mL；

V_2——空白试验消耗氢氧化钠标准溶液的体积，mL；

M——邻苯二甲酸氢钾的摩尔质量，g/mol。

3. 注意事项

(1) 由于浓碱腐蚀玻璃，因此饱和氢氧化钠溶液应当保存在塑料瓶或内壁涂有石蜡的瓶中。

(2) 配制好的氢氧化钠标准溶液应保存在装有虹吸管及碱石灰管的瓶中，防止吸收空气中的 CO_2。

(3) 放置过久的氢氧化钠溶液浓度会发生变化，使用时应重新标定。

(4) 在滴定分析过程中，为进一步减少 CO_2 的进入，应使用加热煮沸后冷却至室温的蒸馏水；滴定时不能剧烈振荡锥形瓶。

项目二　盐酸标准溶液的配制及标定

学习目标

• 知识目标：掌握各种浓度盐酸标准溶液的配制及标定的方法、原理。

• 技能目标：掌握各种浓度盐酸标准溶液的配制及标定的基本操作。

• 素质目标：能严格按操作规程进行安全操作，真实记录；会分析实验结果；能与小组成员协调合作。

1. 配制

按表 1-6 的规定量取盐酸，注入 1000 mL 水中，摇匀。

表 1-6　盐酸标准溶液的配制

盐酸标准溶液的浓度 c_{HCl}/(mol/L)	盐酸的体积 V/mL
1	90
0.5	45
0.1	9

2. 标定

按表 1-7 的规定称取于 270～300 ℃高温炉中灼烧至恒重的工作基准试剂无水碳酸钠，溶于 50 mL 水中，加 10 滴溴甲酚绿-甲基红指示液，用配制好的盐酸标准溶液滴定至溶液由绿色变为暗红色，煮沸 2 min，冷却后继续滴定至溶液呈暗红色。同时做空白试验。

表 1-7　盐酸标准溶液的标定

盐酸标准溶液的浓度 c_{HCl}/(mol/L)	工作基准试剂无水碳酸钠的质量 m/g
1	1.9
0.5	0.95
0.1	0.19

盐酸标准溶液的浓度 c_{HCl}，数值以 mol/L 为单位表示，按式(1-2)计算：

$$c_{HCl} = \frac{m \times 1000}{(V_1 - V_2)M} \tag{1-2}$$

式中：m——无水碳酸钠的质量，g；

V_1——滴定消耗盐酸标准溶液的体积，mL；

V_2——空白试验消耗盐酸标准溶液的体积，mL；

M——无水碳酸钠的摩尔质量，g/mol。

3. 注意事项

(1) 标定时，一般采用小份标定。在标准溶液浓度较稀(如 0.01 mol/L)，基准物质摩尔质量较小时，若采用小份称样误差较大，可采用大份标定，即稀释法标定。

(2) 用无水碳酸钠标定 HCl 溶液，在接近终点时，应剧烈摇动锥形瓶加速 H_2CO_3 分解；或将溶液加热至沸，以驱除 CO_2，冷却后再滴定至终点。

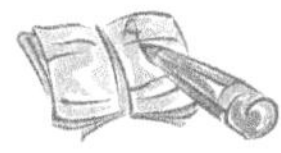

项目三　0.1 mol/L 硫代硫酸钠标准溶液的配制及标定

学习目标

- 知识目标：掌握 0.1 mol/L 硫代硫酸钠标准溶液的配制及标定的方法、原理。
- 技能目标：掌握 0.1 mol/L 硫代硫酸钠标准溶液的配制及标定的基本操作。
- 素质目标：能严格按操作规程进行安全操作，真实记录；会分析实验结果；能与小组成员协调合作。

1. 配制

称取 26 g 硫代硫酸钠($Na_2S_2O_3 \cdot 5H_2O$)(或 16 g 无水硫代硫酸钠)，加 0.2 g 无水碳酸钠，溶于 1000 mL 水中，缓缓煮沸 10 min，冷却。放置两周后过滤。

2. 标定

称取 0.18 g 于(120±2) ℃干燥至恒重的工作基准试剂重铬酸钾，置于碘量瓶中，加 25 mL 水溶解，加 2 g 碘化钾及 20 mL 硫酸溶液(20%)，摇匀，于暗处放置 10 min。加 150 mL 水(15～20 ℃)，用配制好的硫代硫酸钠标准溶液滴定，近终点时加 2 mL 淀粉指示液(10 g/L)，继续滴定至溶液由蓝色变为亮绿色。同时做空白试验。

硫代硫酸钠标准溶液的浓度 $c_{Na_2S_2O_3}$，数值以 mol/L 表示，按式(1-3)计算：

$$c_{Na_2S_2O_3}=\frac{m\times 1000}{(V_1-V_2)M} \tag{1-3}$$

式中：m——重铬酸钾的质量，g；

V_1——滴定消耗硫代硫酸钠标准溶液的体积，mL；

V_2——空白试验消耗硫代硫酸钠标准溶液的体积，mL；

M——重铬酸钾的摩尔质量，g/mol。

3. 注意事项

(1) 配制硫代硫酸钠标准溶液时，需要用新煮沸(除去 CO_2 和杀死细菌)并冷却了的蒸馏水，或将 $Na_2S_2O_3$ 试剂溶于蒸馏水中，煮沸 10 min 后冷却，加入少量 Na_2CO_3 使溶液呈碱性，以抑制细菌生长。

(2) 配好的溶液应贮存于棕色试剂瓶中，放置两周后进行标定。硫代硫酸钠标准溶液不宜长期贮存，使用一段时间后要重新标定，如果发现溶液变混浊或析出硫，应过滤后重新标定，或弃去再重新配制溶液。

(3) 用硫代硫酸钠标准溶液滴定生成的 I_2 时应保持溶液呈中性或弱酸性。所以常在滴定前用蒸馏水稀释，降低酸度。通过稀释，还可以减少 Cr^{3+} 的绿色对终点的影响。

(4) 滴定至终点后，经过 5～10 min 溶液又会出现蓝色，这是空气氧化 I^- 所引起的，

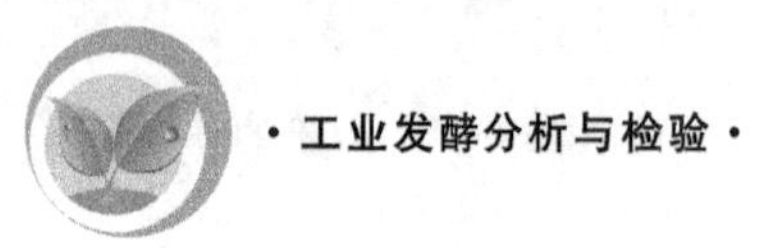

属正常现象。若滴定到终点后，很快又转变为 I_2-淀粉的蓝色，则可能是由于酸度不足或放置时间不够，使 $K_2Cr_2O_7$ 与 KI 的反应未完全，此时应弃去重做。

思考题

1. HCl 标准溶液能否用直接法配制？为什么？
2. 用 HCl 溶液滴定 NaOH 标准溶液时是否可用酚酞作指示剂？
3. 溶解无水碳酸钠所用的蒸馏水的体积是否需要准确量取？为什么？
4. 称取氢氧化钠固体时，为什么要迅速进行？
5. 怎样得到不含二氧化碳的蒸馏水？
6. 配制硫代硫酸钠标准溶液时，为什么需用新煮沸的蒸馏水？为什么要将溶液煮沸 10 min？

模块二　常用玻璃仪器的使用

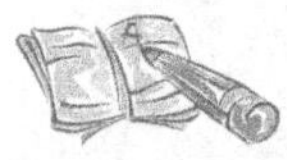

在滴定分析中，滴定管、容量瓶、移液管和吸量管是准确测量溶液体积的量器。通常体积测量的相对误差比称量要大，如果体积测量不够准确（如相对误差大于 0.2%），其他操作步骤即使做得很正确，也是徒劳的，因为在一般情况下分析结果的准确度是由误差最大的那项因素所决定。因此，必须准确测量溶液的体积以得到正确的分析结果。溶液体积测量的准确度不仅取决于所用量器是否准确，更重要的是取决于准备和使用量器是否正确。

在分析化学中，测量溶液的准确体积须用已知容量的量器。量器分为量出式量器和量入式量器。量出式量器（量器上标有 Ex）如滴定管、移液管和吸量管，用于测量从量器中排（放）出液体的体积（称为标称容量）。量入式量器（量器上标有 In）如容量瓶等，用于测量量器中所容纳液体的体积，其体积称为标称体积。

项目一　滴定管的使用

学习目标

- 知识目标：掌握酸碱滴定管的使用方法。
- 技能目标：能熟练使用酸碱滴定管。
- 素质目标：能严格按操作规程进行酸碱滴定管操作，能熟练掌握快速滴定时一滴、半滴的滴定方法，能真实记录；会分析实验结果；能与小组成员协调合作。

滴定管是滴定时用来准确测量流出标准溶液体积的量器。它的主要部分管身是用细长而且内径均匀的玻璃管制成的，上面刻有均匀的分度线（线宽不超过 0.3 mm），下端的流液口为一尖嘴，中间通过玻璃旋塞或乳胶管连接以控制滴定速度。常量分析用的滴定管标称容量为 50 mL 和 25 mL，还有标称容量为 10 mL、5 mL、2 mL、1 mL 的半微量或微量滴定管。本书滴定分析实验中所用滴定管，其标称容量为 25 mL，最小刻度为 0.1 mL，读数可估计到 0.01 mL。

滴定管一般分为两种：一种是酸式滴定管，另外一种是碱式滴定管，如图 1-1 所示。

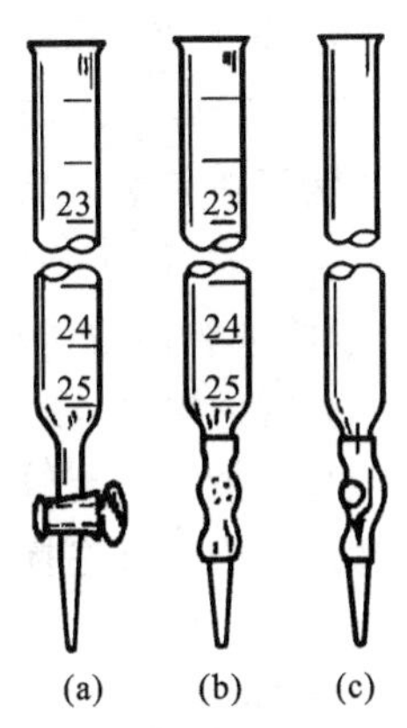

图 1-1 滴定管

(a)酸式滴定管；

(b)、(c)碱式滴定管

酸式滴定管下端有玻璃旋塞开关，用来装酸性溶液和氧化性溶液，不宜装碱性溶液(避免腐蚀磨口和旋塞)。碱式滴定管的下端连接一段胶管，管内有玻璃珠以控制溶液的流出，乳胶管下端再连一玻璃尖嘴。凡是能与乳胶管反应的氧化性溶液，如 $KMnO_4$、I_2 等，不得装在碱式滴定管中。

1. *滴定管使用前的准备*

酸式滴定管使用前应检查旋塞转动是否灵活，然后检查是否漏水。试漏的方法是先将旋塞关闭，在滴定管内充满水，将滴定管夹在滴定管夹上，放置 2 min，观察管口及旋塞两端是否有水渗出；将旋塞转动 180°，再放置 2 min，看是否有水渗出。若前后两次均无水渗出，旋塞转动也灵活，即可使用，否则将旋塞取出，重新涂上凡士林(起密封和润滑作用)后再使用。

涂凡士林的方法是：将滴定管中的水倒掉，平放在实验台上，抽出旋塞，用滤纸将旋塞及旋塞槽内的水擦干，用手指蘸少许凡士林，在旋塞的两头(见图 1-2(a))均匀地涂上薄薄一层，在旋塞孔的两旁少涂一些，以免凡士林堵住塞孔；或者分别在旋塞粗的一端和滴定管旋塞槽细的一端内壁均匀地涂一薄层凡士林。涂凡士林后，将旋塞直插入旋塞槽中(见图 1-2(b))，按紧，插时旋塞孔应与滴定管平行，此时旋塞不要转动。这样可以避免将凡士林挤到旋塞孔中。然后向同一方向转动旋塞，直至旋塞中油膜均匀透明。如发现转动不灵活，或出现纹路，表示凡士林涂得不够；若有凡士林从旋塞缝内挤出，或旋塞孔被堵，表示凡士林涂得太多。遇到这些情况，都必须把旋塞槽和旋塞擦干净后，重新涂凡士林。涂好凡士林后，应在旋塞末端套上一个橡皮圈(由乳胶管剪下一小段)，以防脱落。套橡皮圈时，要用手指抵住旋塞柄，防止其松动。

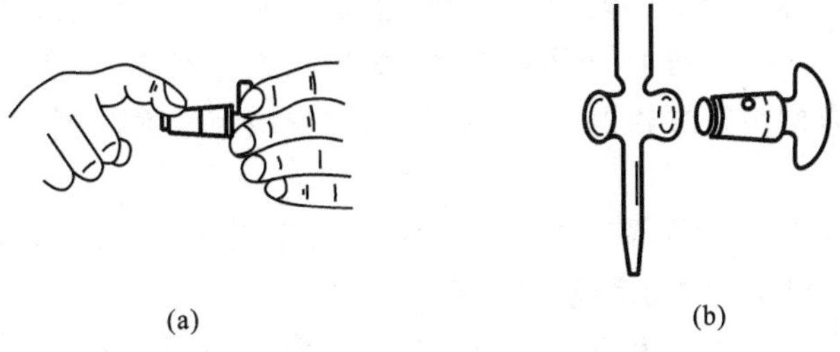

图 1-2 涂凡士林

碱式滴定管应选择大小合适的玻璃珠和乳胶管。玻璃珠过小会漏水或使用时上下滑动，过大则在放出液体时手指过于吃力，操作不方便。如不合要求，应及时更换。

最后是洗涤滴定管。当用铬酸洗液洗涤时，可将滴定管内的水沥干，倒入 10 mL 洗液（碱式滴定管应卸下乳胶管，套上旧橡皮乳头，再倒入洗液），将滴定管逐渐向管口倾斜，用两手转动滴定管，使洗液布满全管，然后打开旋塞将洗液放回原瓶中。如果内壁沾污严重，则需用洗液充满滴定管（包括旋塞下部尖嘴出口），浸泡 10 min 至数小时或用温热洗液浸泡 20～30 min。先用自来水冲洗干净，再用纯水洗三次，每次用水约 10 mL。

2. 标准溶液的装入

为了避免装入后的标准溶液被稀释，应用此种标准溶液 5～10 mL 润洗滴定管 2～3 次。操作时，两手平端滴定管，慢慢转动，使标准溶液流遍全管，并使溶液从滴定管下端流尽，以除去管内残留水分。将标准溶液装入滴定管之前，应将其摇匀，使凝结在瓶内壁上的水珠混入溶液，在天气比较热或室温变化较大时，此项操作更为重要。混匀后的标准溶液应直接倒入滴定管中，不得借用任何别的器皿（如烧杯、漏斗），以免标准溶液浓度改变或造成污染。装好标准溶液后，应注意检查滴定管尖嘴内有无气泡，否则在滴定过程中，气泡将逸出，影响溶液体积的准确测量。对于酸式滴定管，可迅速转动旋塞，让溶液快速冲出，将气泡带走。对于碱式滴定管，右手拿住滴定管上端，并使管身倾斜，左手捏挤玻璃珠周围乳胶管，并使尖端上翘，让溶液从尖嘴处喷出，即可排出气泡（见图 1-3）。排除气泡后，装入标准溶液，使之在“0”刻度以上，再调节液面在 0.00 mL 处或稍下一点位置，0.5～1 min 后，记取初读数（见下面读数方法）。

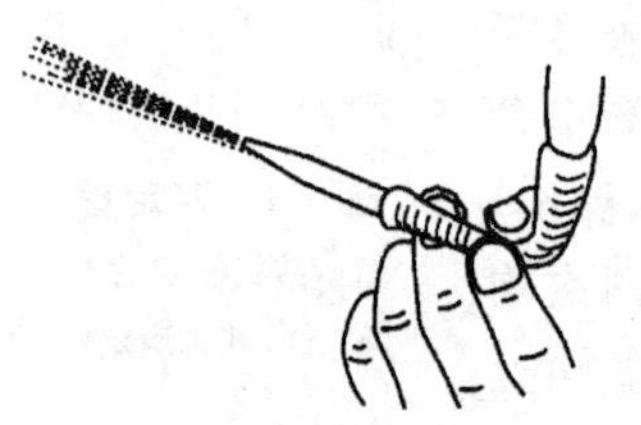

图 1-3　排气泡

3. 滴定管的读数

滴定管的读数不准确，通常是滴定分析误差的主要来源之一。读数时应遵循下列规则。

(1) 装满溶液或放出溶液后，需等 1～2 min，使附着在内壁的溶液流下来，再进行读数。如果放出溶液的速度较慢（如临近终点时），只需等 0.5～1 min，即可读数。每次读数前要检查一下管壁是否挂水珠，管尖是否有气泡，管出口尖嘴处是否悬有液滴。

(2) 读数时应将滴定管从滴定管架上取下，用拇指和食指捏住管上端无刻度处，使滴定管保持竖直状态。在滴定管架上直接读数的方法不宜采用，因该方法难以确保滴定管处于竖直状态。

(3) 由于液体的表面张力，滴定管内液面呈弯月形。对于无色或浅色溶液，弯月面清晰，读数时，应读取视线与弯月面下缘实线最低点相切处的刻度；对于有色溶液（如 $KMnO_4$、I_2 等），弯月面清晰度较差，读数时，应读取视线与液面两侧的最高点呈水平处的刻度。

(4) 每次滴定前应将液面调节在 0.00 mL 处或稍下一点的位置，这样可固定在某一段体积范围内滴定，以减少体积测量的误差。

(5) 读数必须读到小数点后第二位，而且要求准确到 0.01 mL。

(6) 为了读数准确，可采用读数卡，这种方法有助于初学者练习读数。读数卡可用贴有黑纸或涂有墨的长方形（约 3 cm×1.5 cm）的白纸制成。读数时，将读数卡放在滴定管背后，使黑色部分在弯月面下的 1 mm 处，此时即可看到弯月面的反射层呈黑色，然后读取与此黑色弯月面下缘相切的刻度(见图 1-4)。读数时应注意条件保持一致,或都使用读数卡,或都不使用读数卡。

(7) 读取初读数时,应将管尖嘴处悬挂的液滴除去,滴至终点时,应立即关闭旋塞,注意不要使滴定管中溶液流至管尖嘴处悬挂,否则终读数便包括悬挂的半滴液滴。

4. 滴定操作

滴定时,应将滴定管竖直地夹在滴定管架上,滴定台应为白色,否则应放一块白瓷板作背景,以便观察滴定过程中溶液颜色的变化。滴定最好在锥形瓶中进行,必要时也可以在烧杯中进行。滴定操作如图 1-5 所示。

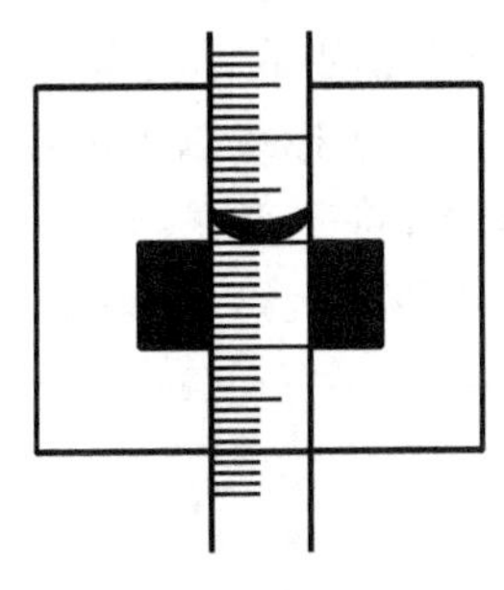

图 1-4 滴定管读数

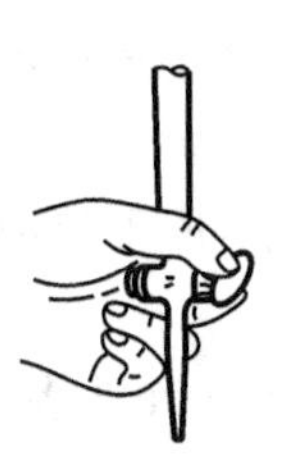

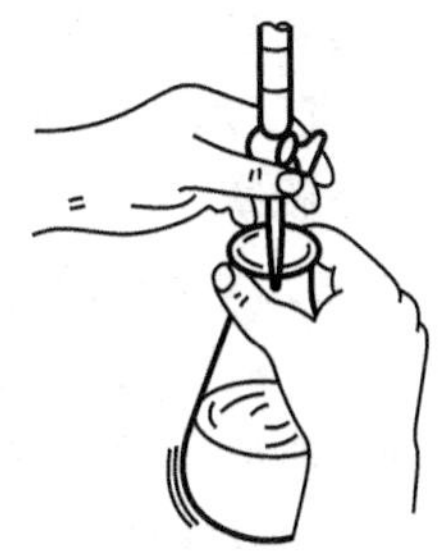

图 1-5 滴定操作

使用酸式滴定管时,用左手控制滴定管的旋塞,拇指在前,食指和中指在后,手指略微弯曲,轻轻向内扣住旋塞,转动旋塞时要注意勿使手心顶着旋塞,以防旋塞松动,造成溶液渗漏。右手握持锥形瓶,使滴定管尖稍伸进瓶口为宜,边滴定边摇动,使瓶内溶液混合均匀,反应及时、完全。摇动时应作同一方向的圆周运动。开始滴定时,溶液滴加的速度可以稍快些,但也不能呈流水状放出。滴定时,左手不要离开旋塞,并要注意观察滴定剂落点处周围颜色的变化,以判断终点是否临近。临近终点时,滴定速度要减慢,应一滴或半滴地滴加,滴一滴,摇几下,并以洗瓶吹入少量纯水洗锥形瓶内壁,使附着的溶液全部流下;然后半滴半滴地滴加,直到溶液颜色发生明显的变化,迅速关闭旋塞,停止滴定,即为滴定终点。半滴的滴法是将旋塞稍稍转动,使有半滴溶液悬于管口,将锥形瓶与管口接触,使液滴流出,并用洗瓶以纯水冲下。

使用碱式滴定管时,左手拇指在前,食指在后,其余三指夹住出口管。用拇指与食指的指尖捏挤玻璃珠周围右侧的乳胶管,使乳胶管与玻璃珠之间形成一小缝隙,溶液即可流出。应当注意,不要用力捏玻璃珠,也不要使玻璃珠上下移动;不要捏挤玻璃珠下部乳胶管,以免空气进入而形成气泡;停止加液时,应先松开拇指和食指,然后才松开其余三指。

项目二 容量瓶的使用

学习目标

- 知识目标:掌握容量瓶的使用方法。
- 技能目标:能熟练使用容量瓶配制一定浓度、一定体积的溶液。

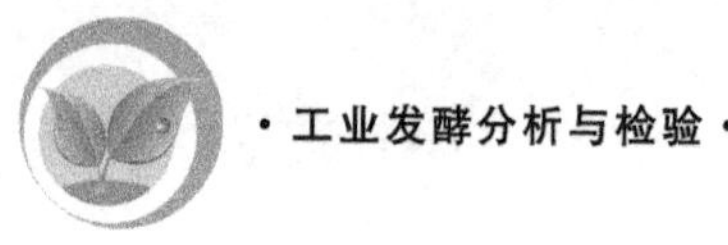

• 素质目标:能严格按操作规程进行容量瓶的使用;能与小组成员协调合作。

容量瓶是常用的测量所容纳液体体积的量入式量器。它是一种细颈梨形的平底玻璃瓶,带有磨口玻璃塞或塑料塞。在其颈上有一标线,在指定温度下,当溶液充满至弯月液面下缘与标线相切时,所容纳的溶液体积等于瓶上标示的体积。常用的容量瓶有 10 mL、25 mL、50 mL、100 mL、250 mL、500 mL、1000 mL 等各种规格。

容量瓶的主要用途是配制准确浓度的标准溶液或定量地稀释溶液。它常和移液管配合使用,可把配成溶液的物质分成若干等份。

1. 容量瓶的准备

使用容量瓶前应先检查是否漏水,标线位置离瓶口是否太近,若漏水或标线离瓶口太近,则不宜使用。检漏时,加自来水至标线附近,盖好瓶塞,一手拿瓶颈标线以上部位,用食指按住瓶塞,另一手指尖托住瓶底边缘。倒立 2 min,如不漏水,将瓶直立,转动瓶塞 180°,再倒立 2 min,如仍不漏水,即可使用。用橡皮筋将瓶塞系在瓶颈上,因磨口塞与瓶是配套的,混用后会引起漏水。

容量瓶应洗涤干净,洗涤方法和洗滴定管相同。

2. 容量瓶的使用

用固体物质(基准试剂或被测试样)配制溶液时,先将准确称取的固体物质于小烧杯中溶解后,再将溶液定量转移到预先洗净的容量瓶中,转移溶液的方法如图 1-6 所示,一手拿玻璃棒,并将它伸入瓶中;另一手拿烧杯,让烧杯嘴贴紧玻璃棒,慢慢倾斜烧杯,使溶液沿着玻璃棒流下,倾完溶液后,将烧杯沿玻璃棒轻轻上提,同时将烧杯直立,使附着在玻璃棒和烧杯嘴之间的液滴回到烧杯中,再用洗瓶以少量纯水洗烧杯 3～4 次,洗出液全部转入容量瓶中(称为溶液的定量转移)。然后用纯水稀释至容积 2/3 处,旋摇容量瓶使溶液混合,但此时切勿倒转容量瓶。继续加水至标线以下约 1 cm,等待 1～2 min,使附着在瓶颈内壁的溶液流下,最后用滴管或洗瓶从标线以上 1 cm 以内的一点沿壁缓缓加水直至弯月面下缘与标线相切。盖上瓶塞,左手捏住瓶颈标线以上部分,用食指按住瓶塞,右手指尖托住瓶底边缘,将瓶倒转并摇动,再倒转过来,使气泡上升到顶,如此反复多次,使溶液充分混合均匀,如图 1-7 所示。

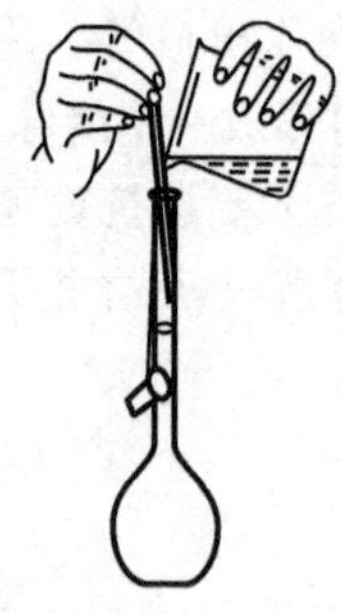

图 1-6　溶液转移

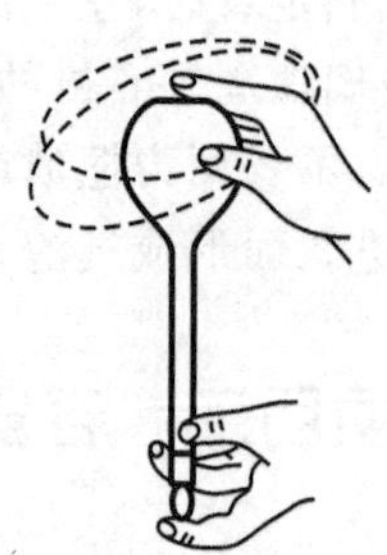

图 1-7　溶液混匀

如果用容量瓶稀释溶液,则用移液管吸取一定体积的溶液于容量瓶中,按上述方法加水稀释至标线,摇匀。

热溶液应冷至室温后，才能稀释至标线，否则会造成体积误差。需避光的溶液应以棕色容量瓶配制。不要用容量瓶长期存放溶液，应转移到试剂瓶中保存，试剂瓶要先用配好的溶液荡洗 2～3 次。容量瓶使用完毕应立即用水冲洗干净。如长期不用，磨口处应洗净擦干，并用纸片将磨口隔开。

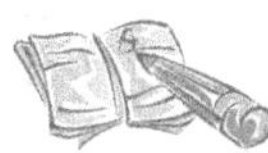

项目三　移液管和吸量管的使用

学习目标

- 知识目标：掌握容量瓶的使用方法。
- 技能目标：能熟练使用移液管和吸量管吸取一定体积的溶液。
- 素质目标：能严格按操作规程进行移液管和吸量管的使用；能与小组成员协调合作。

移液管是用于准确移取一定量体积溶液的量出式量器，正规名称是“单标线吸量管”，又简称为吸管。它是一根细长而中间膨大的玻璃管，管颈上部有一环形标线（见图 1-8(a)），膨大部分标有它的容积和标定时的温度。在标明的温度下，吸取溶液至弯月面与管颈的标线相切，再让溶液按一定的方式自由流出，则流出溶液的体积就等于管上所标示的容积。常用的移液管有 5 mL、10 mL、20 mL、25 mL、50 mL 等各种规格。

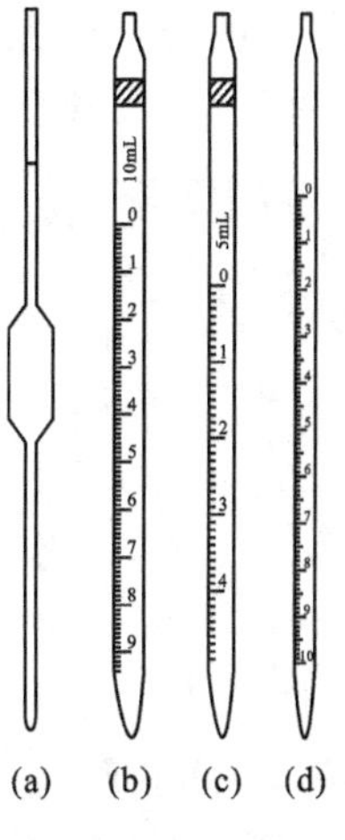

吸量管是用于移取所需不同体积的量器，全称是“分度吸量管”，是带有分度线的玻璃管。分度线有的刻到管尖，有的只刻到离管尖 1～2 cm 处，如图 1-8(b)、(c)、(d)所示，常用的吸量管有 1 mL、2 mL、5 mL、10 mL 等各种规格。

(a)　(b)　(c)　(d)

图 1-8　移液管和吸量管

1. 移液管和吸量管的洗涤

移液管和吸量管一般采用洗耳球吸取铬酸洗液洗涤，也可放在高型玻璃筒和量筒内用洗液浸泡，取出沥尽洗液后，用自来水冲洗，再用纯水润洗干净，润洗的水应从管尖放出。

2. 移液管和吸量管的使用

移取溶液前，用滤纸将尖端内外的水吸尽，否则会因水滴引入而改变溶液的浓度。然后用要移取的溶液将移液管润洗 2～3 次。润洗的方法是：用洗耳球吸取溶液至刚入移液管的膨大部分（注意切勿让吸入的溶液有部分流回盛溶液的容器内），立即用右手食指按住管口，将管横过来，用两手的拇指和食指分别拿住移液管的两端，转动移液管并使溶液布满全管内壁，当溶液流至距上口 2～3 cm 时，将管直立，将溶液由管尖放出，弃去。

移取溶液时，一般用右手的拇指和中指拿住管颈标线的上方，其余二指辅助拿住移液管，将管子插入液面以下 1～2 cm 处，若插入太深会使管外沾上过多的溶液，影响量取溶液的准确性，若插入太浅会产生吸空。左手拿洗耳球，先把球内空气压出，然后将球的尖

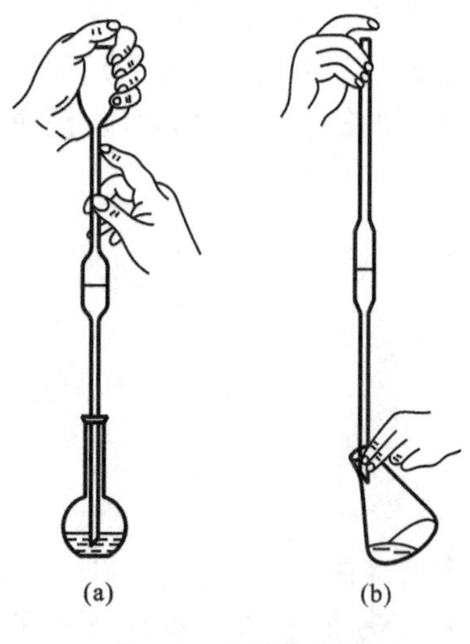

图 1-9 移液管的使用

端接在移液管口，慢慢松开左手指将溶液吸入管内，如图 1-9(a)所示。移液管应随容器内液面的下降而下降。

当管中液面上升到标线以上时，迅速移去洗耳球，立即用右手食指按住管口，将移液管提离液面，并将管的下部原伸入溶液的部分，用滤纸轻轻擦拭，除去管尖外壁沾附的溶液。然后将容器倾斜成 45°左右，移液管竖直，管尖紧贴容器内壁，略微放松食指并用拇指和中指轻轻转动移液管，让溶液慢慢顺壁流出，使液面平稳下降，直到溶液的弯月面下缘与标线相切，立刻用食指压紧管口，使溶液不再流出。将移液管移至承接溶液的容器中，使管尖紧贴容器的内壁，移液管应呈竖直状态，承接容器(如锥形瓶)约成 45°倾斜。松开食指，让溶液自由地沿壁流下，如图 1-9(b)所示，待溶液全部放完后，再等 15 s，取出移液管。切勿把残留在管尖内的溶液吹入承接的容器中，因为校正移液管时，已经考虑了末端所保留溶液的体积。

移液管、吸量管和容量瓶都是有刻度的精确玻璃量器，不得放在烘箱中烘烤。

知识拓展

玻璃器皿的洗涤

分析化学实验中使用的玻璃器皿应洁净透明，其内外壁能为水均匀地润湿且不挂水珠。

1. 洗涤方法

实验室中常用的烧杯、锥形瓶、量筒和离心管等可用毛刷蘸合成洗涤剂刷洗，再用自来水冲洗干净，然后用纯水荡洗内壁三次。

滴定管、移液管、吸量管和容量瓶等具有精密刻度的玻璃量器，不宜用刷子刷洗，可以用合成洗涤剂荡洗，必要时可用热的洗涤剂浸泡一段时间后，再用自来水洗净。若此法仍不能洗净，可用铬酸洗液洗涤。洗涤时先尽量将仪器内壁的水沥干，再倒入适量铬酸洗液，转动或摇动仪器，让洗液布满仪器内壁，待与污物充分作用后，将铬酸洗液倒回原来瓶中，再用自来水洗净，最后用纯水润洗三次。

分光光度法用的比色皿是用光学玻璃制成的，易为有色物污染。可用热的合成洗涤剂或盐酸-乙醇混合液浸泡内外壁数分钟，然后依次用自来水及纯水洗净。

洗涤过程中，要注意节约用水，无论使用自来水或纯水都应遵循少量多次的原则，每次用水量为总容量的 10%～20%。实际工作中要根据污物的性质选择适宜的洗涤剂。

2. 常用的洗涤剂

1) 铬酸洗液

铬酸洗液是含有饱和 $K_2Cr_2O_7$ 的浓 H_2SO_4 溶液。它具有很强的氧化性，适宜洗涤无机物、油污和部分有机物。其配制方法是：称取 10 g 工业级 $K_2Cr_2O_7$ 于烧杯中，加 20 mL 热水溶解后，在不断搅拌下，缓慢加入 200 mL 工业级浓 H_2SO_4，溶液呈暗红色，冷却后，转入玻璃瓶中，备用。铬酸洗液可反复使用，当洗液呈绿色时，表明洗液已经失效，须重新配制。铬酸洗液腐蚀性很强，且六价铬对人体有害，使用时应注意安全。

2) 合成洗涤剂

这类洗涤剂主要是洗衣粉、洗洁精等，适用于洗涤油污和某些有机物。

3) 碱性高锰酸钾洗涤液

碱性高锰酸钾洗涤液主要用于洗涤油污和某些有机物，其配制方法是：将 4 g $KMnO_4$ 溶于少量水中，慢慢加入 100 mL 100 g/L 的 NaOH 溶液即可。

4) 酸性草酸和盐酸羟胺洗涤液

酸性草酸和盐酸羟胺洗涤液主要适用于洗涤氧化性物质，如沾有 $KMnO_4$、MnO_2、Fe^{3+} 等的容器。其配制方法是：取 10 g 草酸或 1 g 盐酸羟胺溶于 100 mL 1∶1 的 HCl 溶液中即可。一般前者较为经济。

5) 盐酸-乙醇溶液

将化学纯盐酸和乙醇按 1∶2 的体积比混合即可。适用于洗涤被有色物污染的比色皿、容量瓶和吸量管等。

6) 有机溶剂洗涤液

有机溶剂洗涤液主要用于洗涤聚合体、油脂及其他有机物。可直接取丙酮、乙醚、苯使用，或配成 NaOH 的饱和乙醇溶液使用。

思考题

1. 在每次滴定时要从滴定管零点或零点附近开始滴定，为什么？

2. 滴定管在装入标准溶液前为什么要用待装溶液润洗 2～3 次？用于滴定的锥形瓶或烧杯需要干燥吗？要不要用标准溶液润洗？为什么？

模块三　分析数据的处理方法及实验报告的填写

1. 实验数据的记录

学生应有专门的实验记录本，标上页码，不得撕去任何一页。不得将数据记录在单页纸上或小纸片上，或随意记录在其他任何地方。

实验过程中要及时地将所发生的现象、结果、主要操作（含仪器、试剂）、测量数据清楚、准确地记录下来。切忌掺杂个人主观因素，决不能拼凑和伪造数据。记录测量数据时，应注意有效数字的保留位数。用分析天平称量时，应记录至 0.0001 g，滴定管和吸量管的读数应记录至 0.01 mL。总之，要记录至所用测量仪器最小刻度的下一位。

实验记录中的每一数据都是测量的结果。因此，重复观测时，即使数据完全相同，也应记录下来。进行记录时，无论文字或数据都应清楚、整洁。原始测量数据的记录通常用列表法，这样既简明又清楚。在实验过程中如发现数据记录或计算有错误，不得涂改，应将其用线划去，在旁边重新写上正确的数字。

2. 分析数据的处理

1）有效数字

在分析工作中实际能测量到的数字称为有效数字。在记录有效数字时，规定中允许数的末位欠准，可有±1 的误差。

2）有效数字修约规则

在所有分析领域中，数字的修约都是一步重要而且必要的运算，草率或错误地舍弃数字都会导致最终结果产生严重误差。在计算过程中常用“四舍六入五成双”规则舍去过多的数字。即当尾数小于或等于 4 时，则舍；当尾数大于或等于 6 时，则入；当尾数等于 5 时，若 5 前面是偶数则舍，为奇数时则入；当 5 后面还有不是零的任何数时，无论 5 前面是偶是奇皆入。

3）有效数字运算规则

（1）在加减法运算中，每个数及它们的和或差的有效数字的保留，以小数点后面有效数字位数最少的为标准。在加减法中，因为是各数值绝对误差的传递，所以结果的绝对误差与各数中绝对误差最大的那个相当。

（2）在乘除法运算中，每个数及它们的积或商的有效数字的保留，以每个数中有效数字位数最少的为标准。在乘除法中，因为是各数值相对误差的传递，所以结果的相对误差与各数中相对误差最大的那个相当。

在定量分析实验中，一般平行测定 3～5 次，通常 3 次。为了衡量分析结果的精密度，通常用相对平均偏差表示。三次结果的算术平均值用式(1-4)计算：

$$\bar{x} = \frac{x_1 + x_2 + x_3}{3} \tag{1-4}$$

平均偏差用式(1-5)计算：

$$\bar{d} = \frac{|x_1 - \bar{x}| + |x_2 - \bar{x}| + |x_3 - \bar{x}|}{3} \tag{1-5}$$

相对平均偏差用式(1-6)计算：

$$d_r = \frac{\bar{d}}{\bar{x}} \times 100\% \tag{1-6}$$

3. 实验报告

实验结束后，应根据实验记录进行整理，及时认真地写出实验报告，这是培养学生分析、归纳能力，严谨细致的工作作风的有效途径。实验报告一般包括：实验编号、实验名称、日期、实验原理、原始记录(主要实验步骤(含试剂、仪器)、现象、测量数据)、结果(附计算公式)和讨论。实验报告的繁简和取舍要根据实验类型(定性分析、定量分析)和实验的具体内容而定。总之，要忠实、准确反映所做的实验，以清楚、简明、整洁为原则，实验报告的形式可以不拘一格，但在可能的情况下，尽量采用表格形式。

在实验记录和报告中，有些常用术语可用简略符号表示，例如 5 d(5 滴)、白↓(白色沉淀)、棕↑(棕色气体)、△(加热)等。

模块四 样品的采集

工业发酵分析的一般程序为：样品的采集、样品的制备和保存、样品的预处理、成分分析、分析数据的处理、撰写分析报告。食品的种类繁多，成分复杂，来源不一，食品分析的目的、项目和要求也不相同，为了保证分析结果准确、无误，首先要正确地采样。

1. 采样的意义

从大量的分析对象中抽取具有代表性的一部分作为分析材料(分析样品)，这项工作称为样品的采集，简称采样。

采样过程中必须遵循的原则如下：第一，采集的样品要均匀，具有代表性，能反映全部被检样品的组成、质量及卫生状况；第二，采样中要避免成分逸散或引入杂质，保持原有的理化指标。

2. 样品的分类

按照样品采集的过程，依次得到检样、原始样品和平均样品三类。

(1) 检样：由组批或货批中所抽取的样品称为检样，检样的多少，按该产品标准中检验规则所规定的抽样方法和数量执行。

(2) 原始样品：将许多检样综合在一起的样品称为原始样品，原始样品的数量根据受检物品的特点、数量和满足检验的要求而定。

(3) 平均样品：将原始样品按照规定方法混合均匀并分出一部分，这部分样品称为平均样品。从平均样品中分出 3 份：一份用于全部项目检验；一份用于对检验结果有争议或分歧时作复检用，称为复检样品；还有一份作为保留样品，需封存保留一段时间(通常是一个月)，以备有争议时再作验证，但易变质样品不作保留。

3. 样品保存

采回的样品应尽快进行分析，但有时不能及时检测，就需要妥善保存，防止其水分或挥发性成分散失以及其他待测成分含量变化(如光解、高温分解、发酵等)。制备好的样品应放在密封洁净的容器内，置于阴暗处保存。易腐败变质的样品应保存在 0～5 ℃的冰箱中，易失水的样品应先测定水分。

存放的样品应按日期、批号、编号摆放，以便查找。

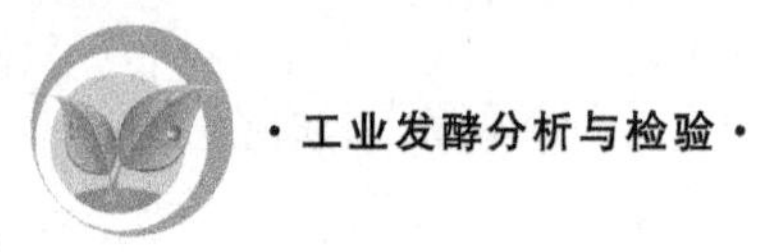

项目一　啤酒分析样品的采集

学习目标

- 知识目标：掌握啤酒分析样品的采集方法。
- 技能目标：能熟练按照啤酒分析样品的采集方法进行样品采集。
- 素质目标：能严格按操作规程进行啤酒分析样品的采集；能与小组成员协调合作。

1. 发酵液分析样品的采集

啤酒的发酵分为主发酵(前发酵)和后发酵(后熟)两个阶段。对于传统工艺，一般采用主发酵(前发酵)在前酵池中进行，当主发酵结束以后将发酵液倒入后酵罐中进行后发酵。所以前酵液分析样品在前酵池中采集，后酵液分析样品在后酵罐中采集。但是，随着啤酒科技的发展，现在大多数啤酒生产企业采用一罐法，即主发酵和后发酵都在发酵罐中进行，前酵液和后酵液的分析样品都从发酵罐的取样口或取样阀上采集，只是在发酵进行的不同阶段采集不同的分析样品。

1）前酵池取样

从前酵池中采集前酵液分析样品时，用一杀过菌的胶管，深入发酵池的液面下 20 cm 处，用虹吸法使发酵液流出，用开始流出的发酵液除去管中空气，再弃去少量的流出液，然后用一清洁、干燥的 1000 mL 锥形瓶接取约 500 mL 发酵液样品。

2）后酵罐取样

从后酵罐采集后酵液分析样品时，先用洁净干燥的抹布、滤纸或棉花等擦干取样阀和与其相连接的管道，防止冷凝水流入样品中。开启阀门，放出少量发酵液，弃去，然后用一清洁、干燥的 1000 mL 锥形瓶接取约 500 mL 发酵液样品。

3）发酵罐取样

从发酵罐的取样口或取样阀采集前酵液和后酵液的分析样品。当采用一罐法工艺时，在主发酵阶段采集前酵液分析样品，在后熟阶段采集后酵液分析样品。取样时，先用洁净、干燥的抹布、滤纸或棉花等擦干发酵罐的取样口开关或取样阀及与其相连接的管道。在取样时防止冷凝水流入样品中，开启开关或阀门，放出少量发酵液(3～5 倍样品体积)弃去，然后用一清洁、干燥的 1000 mL 锥形瓶接取约 500 mL 发酵液样品。

2. 啤酒分析样品的采集

1）清酒罐取样

从清酒罐的取样口或取样阀采集清酒液分析样品。先用洁净的抹布、滤纸或棉花等擦干取样开关或取样阀及与其连接的管道，在取样时防止冷凝水流入样品中，开启开关或阀门，放出少量清酒液(3～5 倍样品体积)弃去，然后用一清洁干燥的 1000 mL 锥形瓶接取约 500 mL 的清酒液样品。

2）瓶(听)装啤酒的取样

凡同原料、同配方、同工艺生产的啤酒，经混合过滤，同一清酒罐、同一包装线当天包装出厂(或入库)的为一批。按批抽样检验,瓶(听)装啤酒抽样时应对不同的基数抽取数量不同的分析样品,如表 1-8 所示。

表 1-8 不同批量范围(基数)时啤酒产品的抽样量

批量范围(基数)/箱	抽取样品数/箱	抽取单位样品数/(瓶(听)/箱)
50 以下	4	1
50～1458	8	1
1458 以上	13	1

瓶(听)装啤酒从每批产品中随机抽取 n 箱,再从 n 箱中各抽取 1 瓶(听),作为该批产品的样品进行检测。

3) 啤酒桶(罐)取样

用啤酒桶(罐)灌装的散装啤酒,取样时,按表 1-8 的要求,从同一批产品中随机抽取 n 桶(罐),从每桶(罐)中分装 1 瓶。分装的方法是:将桶(罐)口打开,将洁净的胶管插入桶(罐)中,用虹吸法使酒液流出,弃去少量酒液,然后注入洁净干燥的啤酒瓶中,作为酒液的分析样品。

又如葡萄酒试样的采集:在每批产品的不同处所,任意抽取 500～750 mL 瓶装酒样 6 瓶,375 mL 以下抽 12 瓶,其中 1/2 作各种指标的检验,另 1/2 作保存期试验和在对产品质量有争议时作为仲裁检验样品。

项目二 酒类微生物检验的采样

学习目标

- 知识目标:掌握酒类分析样品的微生物检验的采集方法。
- 技能目标:能熟练按照微生物检验的采集方法进行样品采集。
- 素质目标:能严格按操作规程进行微生物检验的样品的采集;能与小组成员协调合作。

1. 采样方案确定

根据检验目的、食品特点、批量、检验方法、微生物的危害程度等确定采样方案。

(1) 应采用随机原则进行采样,确保所采集的样品具有代表性。

(2) 采样过程应遵循无菌操作程序,防止一切可能的外来污染。

(3) 在样品保存和运输的过程中,应采取必要的措施防止样品中原有微生物的数量变化,保持样品的原有状态。

2. 采样方案类型

采样方案分为二级和三级采样方案。二级采样方案设有 n、c 和 m 值,三级采样方案设有 n、c、m 和 M 值。其中:

n——同一批次产品应采集的样品件数;

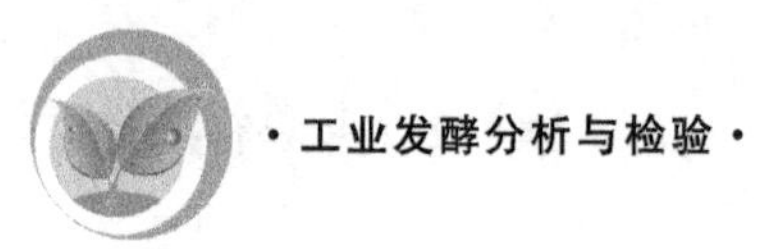

c——最大可允许超出 m 值的样品数；

m——微生物指标可接受水平的限量值；

M——微生物指标的最高安全限量值。

注：(1)按照二级采样方案设定的指标，在 n 个样品中，允许有小于或等于 c 个样品其相应微生物指标检验值大于 m 值。

(2) 按照三级采样方案设定的指标，在 n 个样品中，允许全部样品中相应微生物指标检验值小于或等于 m 值；允许有小于或等于 c 个样品其相应微生物指标检验值在 m 值和 M 值之间；不允许有样品相应微生物指标检验值大于 M 值。

例如：$n=5$，$c=2$，$m=100$ CFU/g，$M=1000$ CFU/g，含义是从一批产品中采集 5 个样品，若 5 个样品的检验结果均小于或等于 m 值（≤100 CFU/g），则这种情况是允许的；若小于或等于 2 个样品的结果（X）位于 m 值和 M 值之间（100 CFU/g＜X≤1000 CFU/g），则这种情况也是允许的；若有 3 个及以上样品的检验结果位于 m 值和 M 值之间，则这种情况是不允许的；若有任一样品的检验结果大于 M 值（＞1000 CFU/g），则这种情况也是不允许的。

3. 采集样品的标记

应对采集的样品进行及时、准确的记录和标记，采样人应清晰填写采样单（包括采样人、采样地点、时间、样品名称、来源、批号、数量、保存条件等信息）。

4. 采集样品的贮存和运输

采样后，应将样品在接近原贮存温度条件下尽快送往实验室检验。运输时应保持样品完整。如不能及时运送，应在接近原贮存温度条件下贮存。

模块五　样品的前处理技术

样品前处理是指样品的制备和对样品中待测组分进行提取、净化、浓缩的过程。样品经前处理后才能进行定性、定量分析检测。样品前处理的目的是消除基质干扰，保护仪器，提高方法的准确度、选择性和灵敏度。

1. 样品的制备

由于食品具有多样性，前处理方法需操作者灵活掌握。从处理技术的复杂性来看，样品制备是一些简单的处理，包括样品整理、清洗、匀化和缩分等。样品制备的方法依据法规要求的不同和食品本身特性的差异而不同。

1) 固体样品

应用切细、粉碎、捣碎、研磨等方法将固体样品制成均匀可检状态。水分含量少，硬度较大的固体样品（如谷类）可用粉碎法；水分含量较高，质地软的样品（如水果、蔬菜）可用匀浆法；韧性较强的样品（如肉类）可用研磨法。常用的工具有粉碎机、组织捣碎机、研钵等。

2) 液体、浆体或悬浮液体

一般将样品充分搅拌、摇匀。常用的简便搅拌工具是玻璃搅拌棒，还有带变速器的电动搅拌器。

3）互不相溶的液体

应首先使不相溶的成分分离（如油与水的混合物），再分别进行采样。

4）罐头

水果罐头在捣碎前须清除果核，肉禽罐头应预先清除骨头，鱼类罐头要将调味品（葱、辣椒等）分出后再捣碎。常用的捣碎工具有高速组织捣碎机等。

2. 传统的前处理技术

1）有机物破坏法

食品中的无机元素常与食品中有机物质结合，成为难溶、难离解的化合物，另外，食品中的有机物往往对无机元素的测定有干扰。因此，测定这些无机元素时，必须首先破坏有机结合体，将被测组分释放出来。根据具体操作不同，又分为干法灰化和湿法消化两大类。

干法灰化通过高温灼烧将有机物破坏，除汞以外的大多数金属元素和部分非金属元素的测定均可采用此法。具体操作是将一定量的样品置于坩埚中加热，使有机物脱水、炭化、分解、氧化，再于高温电炉中（500～550 ℃）灼烧灰分，残灰应为白色或浅灰色。所得残渣即为无机成分，可供测定用。干法特点是分解彻底，操作简便，使用试剂少，空白值低。但操作时间长，温度高，尤其对汞、砷、锑、铅易造成挥发损失。对有些元素的测定必要时可加助灰化剂。

湿法消化是在酸性溶液中，向样品加入强氧化剂（如 H_2SO_4、HNO_3、H_2O_2、$KMnO_4$ 等）并加热消化，使有机物质完全分解、氧化、呈气态逸出，待测组分转化成无机状态存在于消化液中，供测试用。湿法特点是分解速度快，时间短，因加热温度较干法低，减少了金属挥发的损失。但在消化过程中会产生大量有害气体，需在通风橱中操作，试剂用量较大，空白值高。

2）溶剂提取法

在同一溶剂中，不同的物质具有不同的溶解度，利用样品各组分在某一溶剂中溶解度的差异，将各组分完全或部分地分离的方法，称为溶剂提取法。常用的无机溶剂有水、稀酸、稀碱，有机溶剂有乙醇、乙醚、氯仿、丙酮、石油醚等。在食品检测中常用于维生素、重金属、农药及黄曲霉毒素的测定。溶剂提取法又分为浸提法、溶剂萃取法。

(1) 用适当的溶剂将固体样品中的某种被测组分浸取出来的方法称为浸提法，也称液-固萃取法。

① 提取剂的选择。提取剂应根据被提取物的性质来选择，对被测组分的溶解度应最大，对杂质的溶解度最小；提取效果符合相似相溶的原则，故应根据被提取物的极性强弱选择提取剂。对极性较弱的成分（如有机氯农药）可用极性小的成分（如正己烷、石油醚）提取；对极性强的成分（如黄曲霉毒素 B_1）可用极性大的溶剂（如甲醇与水的混合溶液）提取。溶剂沸点在 45～80 ℃，沸点太低易挥发，沸点太高不易浓缩，且对热不稳定性的被提取成分也不利。此外，提取剂要稳定，不与样品发生作用。

② 提取方法。振荡浸渍法是将切碎的样品放入一合适的溶剂系统中浸渍、振荡一定时间，从样品中提取出被测成分的方法。此法简便易行，但回收率较低。捣碎法是将切碎

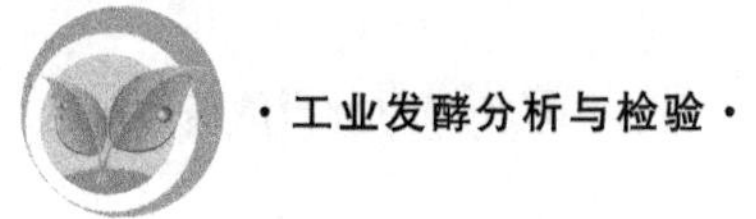

的样品放入捣碎机中，加入溶剂，捣碎一定时间，使被测成分被溶剂提取。此法回收率较高，但干扰杂质溶出较多。索氏提取法是将一定量样品放入索氏抽提器中，加入溶剂，加热回流一定时间，使被测组分被溶剂提取。此法溶剂用量少、提取完全、回收率高，但操作较麻烦，且需专用的索氏抽提器。

(2) 利用适当的溶剂(常为有机溶剂)将液体样品中的被测组分(或杂质)提取出来的方法称为溶剂萃取法。其原理是被提取的部分在两互不相溶的溶剂中分配系数不同，从一相转移到另一相中而与其他组分分离。此法操作简单、快速、分离效果好，使用广泛，但萃取试剂易挥发、易燃、有毒性。

① 萃取剂的选择。萃取用溶剂与原来溶剂不互溶，即被测组分在萃取溶剂中有最大的分配系数，经萃取后，被测组分进入萃取溶剂中，同仍留在原溶剂中的杂质分离开。

② 萃取方法。萃取通常在分液漏斗中进行，一般需经 4～5 次萃取，才能达到完全分离的目的。用较水轻的溶剂，从水溶液中提取分配系数小，或振荡后易乳化的物质时，可采用连续液体萃取器，其装置如图 1-10 所示。

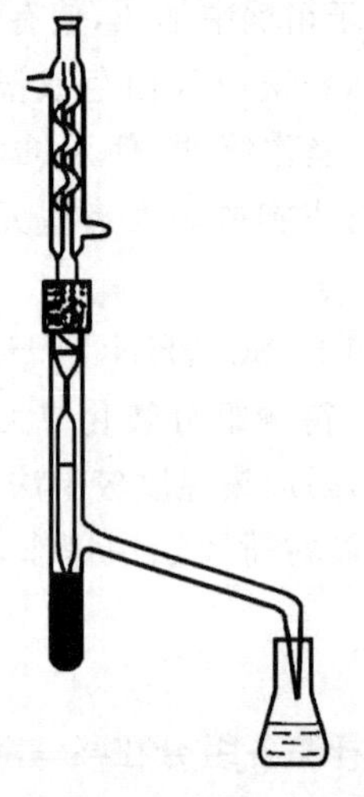

图 1-10　连续液体萃取器

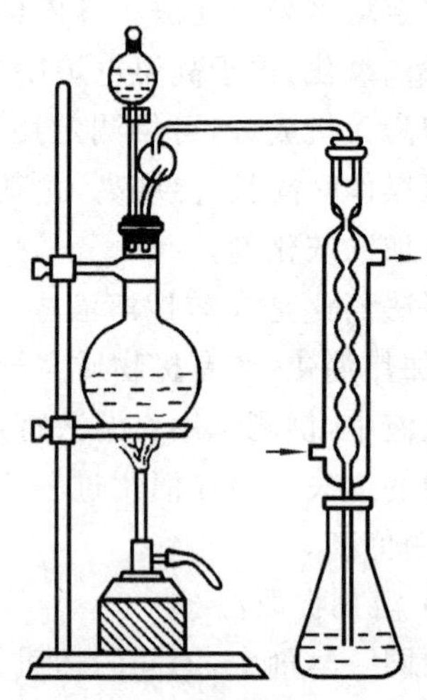

图 1-11　常压蒸馏装置

3) 蒸馏法

蒸馏法是利用液体混合物中各组分挥发度不同而进行分离的方法。蒸馏法可用于除去干扰组分，也可用于将待测组分蒸馏逸出，收集馏出液进行分析。根据被测组分性质不同，蒸馏方式分为常压蒸馏、减压蒸馏、水蒸气蒸馏。

(1) 对于被蒸馏物质受热后不发生分解或沸点不太高的样品，可采用常压蒸馏。加热方式可根据被蒸馏物质的沸点和特性选择水浴、油浴或直接加热，如图 1-11 所示。

(2) 当样品中待蒸馏物质易分解或沸点太高时，可采用减压蒸馏。

(3) 水蒸气蒸馏是用水蒸气来加热和水互不相溶的混合液体，使具有一定挥发度的被测组分与水蒸气按分压成比例地自溶液中一起蒸馏出来。可用于被测物质沸点较高，直接加热蒸馏时，因受热不均匀易引起局部炭化，或加热到沸点时可能发生分解的物质。

4）化学分离法

（1）磺化法和皂化法。

① 磺化法。油脂与浓硫酸发生磺化反应，生成极性较大，易溶于水的磺化产物，其反应式为

$$CH_3(CH_2)_nCOOR + H_2SO_4(浓) \longrightarrow HO_3SCH_2(CH_2)_nCOOR$$

利用这一反应，使样品中的油脂磺化后再用水洗去，即磺化净化法。磺化法适用于在强酸介质中稳定的农药的测定，如有机氯农药中的六六六、DDT，回收率在80%以上。

② 皂化法。脂肪与碱发生皂化反应，生成易溶于水的羧酸盐和醇，可除去脂肪，其反应式为

$$RCOOR' + KOH \longrightarrow RCOOK + R'OH$$

如荧光分光光度法测定肉、鱼、禽等中的苯并[a]芘时，在样品中加入氢氧化钾溶液，回流皂化，以除去脂肪。

（2）沉淀分离法是利用沉淀反应进行分离的方法。在试样中加入适当的沉淀剂，使被测组分或干扰组分沉淀下来，从而达到分离的目的。例如：测定冷饮中糖精钠含量时，可在试液中加入碱性硫酸铜，将蛋白质等干扰杂质沉淀下来，而糖精钠仍留在试液中，经过滤除去沉淀后，取滤液进行分析。

（3）掩蔽法是利用掩蔽剂与样液中干扰成分作用，使干扰成分转变为不干扰测定状态，即被掩蔽起来。运用这种方法可以不经过分离干扰成分的操作而消除其干扰作用，简化分析步骤，因而在食品分析中应用十分广泛，常用于金属元素的测定。如用二硫腙比色法测定铅时，在测定条件（pH=9）下，Cu^{2+}、Cd^{2+}等离子对测定有干扰，可加入氰化钾和柠檬酸铵掩蔽，消除它们的干扰。

5）色层分离法

色层分离法是将样品中待测组分在载体上进行分离的一系列方法，又称色谱分离法。根据其分离原理不同分为吸附色谱分离、分配色谱分离和离子交换色谱分离等。

6）浓缩

样品经提取、净化后，有时样液体积过大，因此在测定前需进行浓缩，以提高被测组分的浓度，常用的有常压浓缩法和减压浓缩法两种。

（1）常压浓缩法主要用于被测组分为非挥发性的样品试液的浓缩，通常采用蒸发皿直接挥发。如要回收溶剂，可采用普通蒸馏装置或旋转蒸发器等，该法简便、快速，是常用的方法。

（2）减压浓缩法主要用于被测组分为对热不稳定或易挥发的样品的浓缩，通常采用K-D浓缩器。样品浓缩时，采用水浴加热并抽气减压。该法浓缩温度低、速度快、被测组分损失少，特别适用于农药残留量分析中样品净化液的浓缩。

3. 样品前处理现代技术

20世纪末，现代科学技术和分析仪器技术的发展推动了前处理技术的发展，分析仪器灵敏度的提高、分析对象基质复杂，对样品的前处理提出了更高的要求。凝胶色谱、固相萃取、固相微萃取、加速溶剂提取、超临界萃取、微波提取和微量化学法技术在飞速发展，并得到不断应用。这些新开发的样品前处理技术实现了快速、有效、简单和自动化地

完成样品前处理过程。

1）凝胶渗透色谱

凝胶渗透色谱，也称体积排斥色谱，是一种新型液相色谱，也是色谱中较新的分离技术之一。

凝胶渗透色谱技术在富含脂肪、色素等大分子的样品分离净化方面，具有明显的效果。随着科学技术的进步，凝胶渗透色谱已发展成为从进样到收集的全自动化的净化系统。在食品安全检测中，凝胶渗透色谱技术在国际上已成为常规的样品净化手段。

凝胶渗透色谱的分离机理主要有以下几种理论：①立体排斥理论；②有限扩散理论；③流动分离理论。由于应用立体排斥理论解释凝胶色谱中的各种分离现象与事实比较一致，因此立体排斥理论已被普遍接受。这一理论的分离基础主要是依据溶液中分子体积（流体力学体积）的大小来进行分离。凝胶渗透色谱的分离过程是在装有多孔填料的色谱柱中进行的，色谱柱填料含有许多不同尺寸的小孔（这些小孔具有一定的分布），这些小孔对于溶剂分子来说是很大的，它们可以自由地扩散和出入。由于高聚物在溶液中以无规线团的形式存在，且高分子线团也具有一定的尺寸，当填料上的孔洞尺寸与高分子线团的尺寸相当时，高分子线团就向孔洞内部扩散。显然，尺寸大的高聚物分子，由于只能扩散到尺寸大的孔洞中，在色谱柱中的保留时间就短；尺寸小的高聚物分子，几乎能够扩散到填料的所有孔洞中，向孔内扩散得较深，在色谱柱中保留的时间就长。因此，不同相对分子质量的高聚物分子就按相对分子质量从大到小的次序随着淋洗液的流出而得到分离。

凝胶渗透色谱技术主要用于样品净化处理和高聚物的相对分子质量及其分布的测定。凝胶渗透色谱技术适用的样品范围极广，回收率也较高，不仅对油脂净化效果好，而且分析的重现性好，柱子可以重复使用，已成为食品安全检测中通用的净化方法。

2）固相萃取

固相萃取是一种用途广泛而且越来越受欢迎的样品前处理技术，它是建立在传统的液-液萃取基础之上，结合物质相互作用的相似相溶机理和目前广泛应用的高效液相色谱、气相色谱中的固定相基本知识逐渐发展起来的。

固相萃取就是利用固体吸附剂将液体样品中的目标化合物吸附，与样品的基体和干扰化合物分离，然后用洗脱液洗脱或加热解吸附，达到分离和富集目标化合物目的的。固相萃取实质上是一种液相色谱分离，其主要分离模式也与液相色谱相同，可分为正相（吸附剂极性大于洗脱液极性）、反相（吸附剂极性小于洗脱液极性）、离子交换和吸附。固相萃取所用的吸附剂也与液相色谱常用的固定相相同，只是在粒度上有所区别。

固相萃取不需要大量互不相溶的溶剂，在处理过程中不会产生乳化现象，它采用高效、高选择性的吸附剂（固定相），能显著减少溶剂的用量，简化样品的前处理过程，同时所需费用也有所减少。一般来说，固相萃取所需时间为液-液萃取的 1/2，而费用为液-液萃取的 1/5。但其缺点是目标化合物的回收率和精密度要略低于液-液萃取。固相萃取主要应用于食品及动植物产品中农药、兽药及其他化学污染残留物分析。

3）加速溶剂萃取

加速溶剂萃取是一种全新的处理固体和半固体样品的方法，该法是在较高温度（50～200 ℃）和压力条件（10.3～20.6 MPa）下用有机溶剂萃取。它的突出优点是有机溶剂用量少(1 g 样品仅需 1.5 mL 溶剂)、快速(一般为 15 min)和回收率高,已成为样品前处理的最佳方式之一,并被美国环境保护署选定为推荐的标准方法,已广泛用于环境、药物、食品和高聚物等样品的前处理,特别是农药残留量的分析。

提高温度能加速溶质分子的解吸动力学过程,减小解吸过程所需的活化能,降低溶剂的黏度,因而减小溶剂进入样品基体的阻力,增加溶剂进入样品基体的扩散。已报道温度从 25 ℃增至 150 ℃,其扩散系数增加 2～10 倍,降低溶剂和样品基体之间的表面张力,溶剂能更好地“浸润”样品基体,有利于被测物与溶剂的接触。液体的沸点一般随压力的升高而降低,例如,丙酮在常压下的沸点为 56.3 ℃,而在 0.5 MPa 时,其沸点高于 100 ℃。液体对溶质的溶解能力远大于气体对溶质的溶解能力。

由于加速溶剂萃取是在高温下进行的,因此,热降解是一个令人关注的问题。加速溶剂萃取的运行程序是先加入溶剂,即样品在溶剂包围之下,再加温,而且在加温的同时加压,即在高压下加热,高温的时间一般少于 10 min,因此,热降解不甚明显。

4) 微量化学法

微量化学法样品处理技术的发展可以追溯到有机点滴试验,早在 1859 年 Hugo Schiff 报道:将尿酸的水溶液一滴,滴在用硝酸银渗透过的滤纸上可以检定尿酸。

Friedrich Schonbein 等使用毛细管方法,将试液用毛细管点于滤纸上,再用试剂显色,这种方法在分析上很有意义。随着有机显色试剂的不断发展,点滴实验应用得越来越广泛。目前,在现代技术的基础上选择和研制了新微量化学法技术的配套设备,并将这一新的技术广泛运用到农、兽药残留量的检测实践中,微量化学法的应用范围越来越广,目前有许多标准也采用了微量化学法技术,随着它的推广应用,微量化学法样品前处理技术将会得到更进一步的发展。

思考题

1. 湿法消化适用于哪些样品的测定?
2. 萃取法的原理是怎样的?
3. 常用的现代前处理技术包括哪些?
4. 固相萃取的特点是什么?

第二章

常规物理分析

物理分析是指物质的物理常数的测定，物质的物理常数可作为鉴定物质纯度的依据。在工业发酵分析中，物理分析是常用的检测方法之一，主要用于原料和成品的分析，以判断物质的纯度。常规的物理分析方法有相对密度法、折光法、旋光法、分光光度法和原子吸收分光光度法。

相对密度、折光率、比旋光度、分子吸收光谱和原子吸收光谱都是物质的物理特性。由于这些物理特性的测定比较便捷，故它们是工业发酵生产中常用的工艺控制指标，也是防止假冒伪劣食品进入市场的监控手段。通过测定发酵产品的这些特性，可以指导生产过程、保证产品质量，以及鉴别产品组成、确定产品浓度、判断产品的纯净程度及品质。常规物理分析是生产管理和市场管理不可缺少的方便而快捷的监测手段。

模块一 相对密度法

工业发酵产品的相对密度与其浓度之间存在着一定的相关性，例如，蔗糖溶液的相对密度随糖液浓度的增加而增大，原麦汁的相对密度随浸出物浓度的增加而增大，而酒中酒精的相对密度却随酒精度的提高而减小，已通过实验制订出了这些规律的对照表，只要测得它们的相对密度，就可以从对照表中查出其对应的浓度。对于一些液态发酵产品，测定了相对密度便可通过换算或查专用的经验表确定其可溶性固形物或总固形物的含量。在正常情况下，液态发酵产品的相对密度都在一定的范围之内，当由于掺杂、变质等原因引起其组织成分发生异常变化时，均可导致其相对密度发生变化。通过测定相对密度，可以对它们进行检测，对发酵过程和产品质量进行监督。

相对密度法主要有密度瓶法、密度计法和相对密度天平（即韦氏天平）法，前两种方法较常用。其中密度瓶法测定结果准确，但耗时；密度计法简易迅速，但测定结果准确度较差。

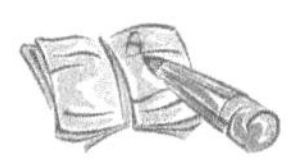

项目一　糖蜜糖锤度的测定

学习目标

- 知识目标：能应用糖锤度的测定原理解释操作过程。
- 技能目标：会熟练运用锤度计测定糖锤度。
- 素质目标：能严格按操作规程进行安全操作，真实记录；会分析实验结果；有效地核算实验成本，能进行环保处理。学会分析、判断、解决问题，在学与做的过程中锻炼与他人交往、合作的能力。

1. 知识要点

锤度计的刻度值直接表示溶液所含纯蔗糖的质量分数(°Bx)，是专用于测定糖液浓度的密度计。标度方法：20 ℃时，蒸馏水为 0 °Bx，1%纯蔗糖溶液为 1 °Bx，2%纯蔗糖溶液为 2 °Bx，以此类推。

常用的锤度计读数范围有 0～30 °Bx、30～60 °Bx、60～90 °Bx三组。生产上常用来测定非纯糖液，其读数则是溶液中固形物的质量分数，称为外观糖度。若实测温度不是 20 ℃，则应进行温度校正，见附录 A。

将提纯的甘蔗汁或甜菜汁蒸发浓缩成带有晶体的糖膏，用离心机分出结晶糖后所余的母液无法再蒸发浓缩结晶，称为“糖蜜”。它是制糖工业的副产品，是一种黏稠、黑褐色、呈半流动态的物体，组成因制糖原料、加工条件的不同而有差异。糖蜜的主要成分为糖类，甘蔗糖蜜含蔗糖 24%～36%，其他糖 12%～24%；甜菜糖蜜所含糖类几乎全为蔗糖，约 47%。一般单称糖蜜指的就是废糖蜜，可用作酵母、味精、有机酸等工业发酵制品的底物或基料，也可用作某些食品的原料和动物饲料。

2. 分析方法

密度计法。

3. 仪器

糖锤度计。

4. 测定方法

将糖蜜搅拌均匀，用台秤称取 200.0 g，采用四倍稀释法，加水 600 mL，搅拌均匀。取一个 250 mL 量筒，先以少量稀释液冲洗量筒内壁，再盛满稀释糖液，静置 15 min，待其内部空气逸出后，徐徐插入已洗净擦干的锤度计和温度计，如液面有泡沫，可再加稀释糖液至超过量筒口，然后轻轻吹去泡沫。放入锤度计约 5 min 后读数，并记下读数时稀释糖液的温度。查附录 A，校正为 20 ℃时的糖锤度，从而求得试样的糖锤度。

5. 结果计算

$$\omega = \omega_1 \pm \omega_0 \tag{2-1}$$

式中：ω——试样的糖锤度，°Bx；

ω_1——读取的糖锤度数值，°Bx；

ω_0——查附录 A 所得的校正值，°Bx。

项目二　麦芽汁相对密度的测定

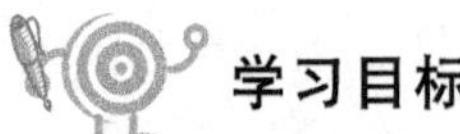

学习目标

- 知识目标：能应用相对密度的测定原理解释操作过程。
- 技能目标：会熟练运用密度瓶测定密度。
- 素质目标：能严格按操作规程进行安全操作，真实记录；会分析实验结果；有效地核算实验成本，能进行环保处理。学会分析、判断、解决问题，在学与做的过程中锻炼与他人交往、合作的能力。

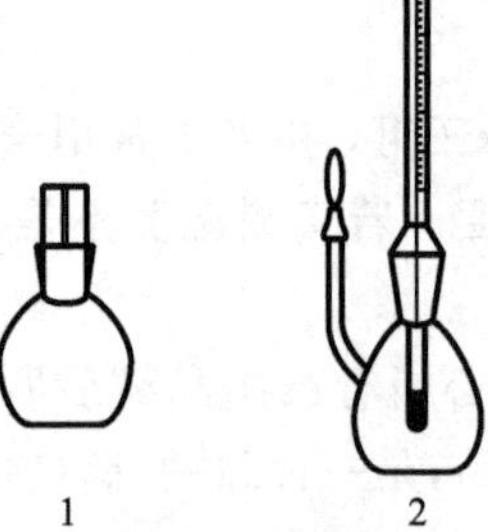

图 2-1　密度瓶

1—带毛细管的普通密度瓶；
2—带温度计的精密密度瓶

密度瓶是测定液体相对密度的专用精密仪器，其种类和规格有多种，常用的有带温度计的精密密度瓶和带毛细管的普通密度瓶(见图 2-1)。常用的密度瓶规格有 25 mL 和 50 mL 两种。由于密度瓶的容积一定，故在一定温度下，用同一密度瓶分别称量样品溶液和蒸馏水的质量，两者之比即为该样品溶液的相对密度。

1. 知识要点

麦芽汁的相对密度是计算浸出物含量、酒精度的基础数据。因此，准确测定相对密度十分必要。

2. 分析方法

密度瓶法。

3. 仪器

密度瓶；烘箱；温度计；水浴锅；烧杯等。

4. 试剂

重铬酸钾-硫酸洗液；丙酮；乙醚。

5. 测定方法

1）密度瓶质量测定

新购置的密度瓶先用重铬酸钾-硫酸洗液浸泡，然后用自来水、蒸馏水依次洗涤，最后用丙酮洗去残余水分，待丙酮挥尽后准确称重。也可用酒精除去残余水分，然后以乙醚除去酒精。若采用烘箱烘去残余水分，其温度应低于 40 ℃。重复称量 2～3 次，几次称量之差应小于 1 mg，取其平均值，此数值可长期使用，但经一定时间需再校核一次。

2）密度瓶与蒸馏水质量测定

将煮沸后的蒸馏水冷却至 15～18 ℃，然后充满密度瓶，插上温度计，将密度瓶置于(20±0.1) ℃的恒温水浴中，温度平衡后继续保持 15～20 min，取出密度瓶，将毛细管上端及周围的水珠吸除，盖上瓶帽，至此蒸馏水的容积已定。即使瓶温上升，引起体积膨胀，外溢的水分仍存于瓶帽内。但当室温高于 20 ℃时，瓶外吸湿，此时应使瓶与室温自然平衡。用干绸布擦干瓶外壁水分，准确称重 2～3 次，几次称量之差应小于 1 mg，取其平均值，此数值也可长期使用，但经一定时间需再校核一次。

3）密度瓶与待测麦芽汁样品质量测定

用少量待测麦芽汁样品荡洗密度瓶数次，同操作 2)，测定密度瓶与待测麦芽汁样品质量。麦芽汁要事先用两只大烧杯反复倾倒约 50 次，或在不断搅拌下，40 ℃水浴 30 min，以除去试液中的二氧化碳。

6．结果计算

$$d_{20}^{20}=\frac{m_2-m}{m_1-m} \tag{2-2}$$

式中：d_{20}^{20}——麦芽汁蒸馏液在 20 ℃时的相对密度；

m——密度瓶的质量，g；

m_1——密度瓶与蒸馏水的质量，g；

m_2——密度瓶与待测麦芽汁样品的质量，g。

7．说明

(1) 此法也可用于测定啤酒或发酵液的相对密度，测定之前要事先除气，啤酒和麦芽汁因含蛋白质易起泡沫，在倾倒时要将密度瓶倾斜，将样液缓缓注入密度瓶，如瓶壁沾有少量气泡，可轻拍瓶壁以排出气泡。

(2) 测定密度瓶与水的质量及密度瓶与待测样品的质量时，瓶中应无气泡。擦密度瓶时，不能用力过猛，尤其是瓶底，若用力过猛，容易影响内容物的体积。

(3) 密度瓶的校验及使用受环境影响较大，因此室温不能过高，湿度不能过大。

项目三　葡萄酒酒精度的测定

学习目标

- 知识目标：能应用酒精度的测定原理解释操作过程。
- 技能目标：会熟练运用酒精计测定酒精度。
- 素质目标：能严格按操作规程进行安全操作，真实记录；会分析实验结果；有效地核算实验成本，能进行环保处理。学会分析、判断、解决问题，在学与做的过程中锻炼与他人交往、合作的能力。

1．知识要点

酒精计(见图 2-2)是用来测定酒精溶液浓度的一种密度计，它的刻度直接表示溶液内乙醇的体积分数。其规定温度常用 20 ℃，读数范围有 0～50%、50%～100%等。酒精计是根据密度计的原理设计的，我们知道乙醇的密度是小于水的，而相应的酒精(乙醇)度越大，那酒的密度也越小，因而浮力也越小。酒精计就是根据这种差异算出乙醇含量的。以蒸馏法去除样品中的不挥发性物质，用酒精计法测得酒精的体积分数，按附录 B 加以温度校正，即得

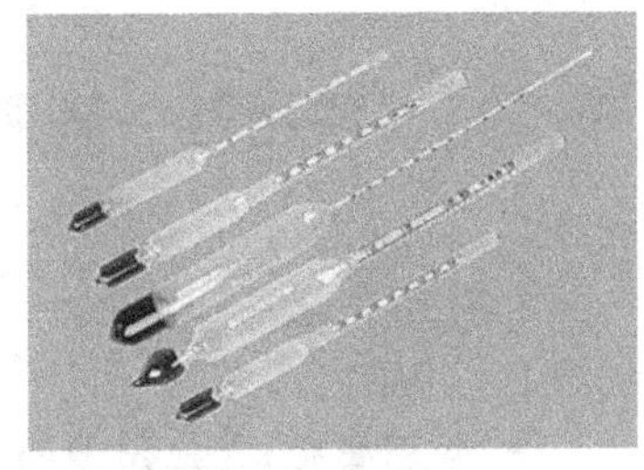

图 2-2　酒精计

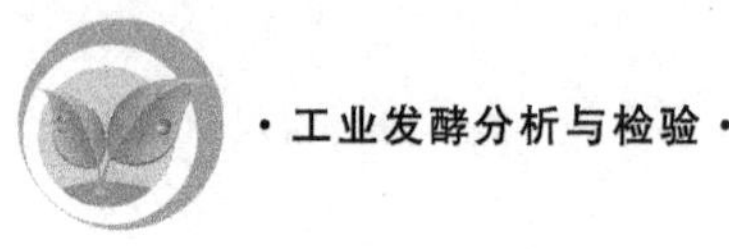

20 ℃时乙醇的体积分数即酒精度。

2. 分析方法

酒精计法(GB/T 15038—2006)。

3. 仪器

酒精计(分度值为0.1°);全玻璃蒸馏器(1000 mL)。

4. 测定方法

1) 试样的制备

用一洁净、干燥的500 mL容量瓶准确量取500 mL(具体取样量应按酒精计的要求增减)样品(液温20 ℃)于1000 mL蒸馏瓶中,用50 mL水分三次冲洗容量瓶,洗液全部并入蒸馏瓶中,再加几颗玻璃珠,连接冷凝器,以取样用的原容量瓶作接收器(外加冰浴)。开启冷却水,缓慢加热蒸馏。收集馏出液至接近刻度,取下容量瓶,盖塞。于(20±0.1)℃水浴中保温30 min,补加水至刻度,混匀,备用。

2) 分析步骤

将试样倒入洁净、干燥的500 mL量筒中,静置数分钟,待其中气泡消失后,放入洗净、干燥的酒精计,再轻轻按一下,酒精计不得接触量筒壁,同时插入温度计,平衡5 min,水平观测,读取与弯月面相切处的刻度示值,同时记录温度。根据测得的酒精计示值和温度,查附录B,换算成20 ℃时的酒精度。所得结果表示至一位小数。

5. 说明

(1) 盛样品所用的量筒要放在水平的桌面上,使量筒与桌面垂直。不要用手握住量筒,以免样品的局部温度升高。

(2) 酒精计要注意保持清洁,因为油污将改变酒精计表面对酒精液浸润的特性,影响表面张力的方向,使读数产生误差。

(3) 注入样品时要尽量避免搅动,以减少气泡混入。注入样品的量以放入酒精计后液面稍低于量筒口为宜。

(4) 读数前,要仔细观察样品,待气泡消失后再读数。

(5) 读数时,可先使眼睛稍低于液面,然后慢慢抬高头部,当看到的椭圆形液面变成一直线时,即可读取此直线与酒精计相交处的刻度;若液体颜色较深,不易看清弯月面下缘,则以弯月面上缘为准。

(6) 同时测量试液的温度,进行温度校正。

(7) 精密度要求:在重复性条件下获得的两次独立测定结果的绝对差值不得超过算术平均值的1%。

项目四 啤酒酒精度的测定

学习目标

- 知识目标:能应用酒精度的测定原理解释操作过程。
- 技能目标:会熟练运用密度瓶测定酒精度。

• 素质目标：能严格按操作规程进行安全操作，真实记录；会分析实验结果；有效地核算实验成本，能进行环保处理。学会分析、判断、解决问题，在学与做的过程中锻炼与他人交往、合作的能力。

1. 知识要点

原麦汁中的可发酵性糖一部分被酵母吸收供生长繁殖，另一部分被酵母发酵产生酒精和二氧化碳。啤酒酒精度是指啤酒中所含酒精的质量分数。由于啤酒中所含酒精较少，用酒精计测量时误差太大，因此常采用密度瓶法。将啤酒试样进行蒸馏，蒸出其酒精成分，测量所得馏出液（酒精溶液）的相对密度（d_{20}^{20}），再查附录 C，得出样品中酒精的含量（质量分数），即为酒精度。

2. 分析方法

密度瓶法。

3. 仪器

酒精蒸馏装置；密度瓶。

4. 测定方法

1）样品的蒸馏

（1）称取 100.0 g 除气啤酒，注入已知质量并准确至 0.1 g 的 500 mL 烧瓶中，加入 50 mL 蒸馏水，安装冷凝器。

（2）用一已知质量并准确至 0.1 g 的 100 mL 容量瓶接收馏出液（容量瓶放于冰浴中）。先以文火加热烧瓶，待溶液沸腾后，稍加大火进行蒸馏，当馏出液达近 96 mL 时，停止蒸馏（蒸馏应在 30～60 min 内完成），取下容量瓶，调整液温至 20 ℃，加蒸馏水恢复至原质量 100.0 g，混匀，备用。

2）密度瓶的校正

用铬酸洗液将密度瓶、温度计和小帽泡洗后，用自来水冲洗，再用蒸馏水冲洗，然后用无水乙醇、乙醚顺次洗涤数次，吹干，在干燥器中冷至室温，准确称其质量（精确到 0.0001 g）。

3）测定

（1）蒸馏水测量。将煮沸后冷却至约 15 ℃的蒸馏水注满密度瓶，插入温度计（瓶中应无气泡），立即浸入（20±0.1）℃的水浴中，至密度瓶温度达 20 ℃，并保持 20～30 min，用滤纸吸去逸出支管的水，盖上小帽，从水浴中取出，擦干外壁，立即称量（精确到0.0001 g）。

（2）蒸馏液测量。将密度瓶中的水倒去，用冷却至约 15 ℃的蒸馏液反复冲洗密度瓶及温度计数次，然后注满，按（1）操作。

5. 数据记录

将所测数据填入表 2-1 中。

表 2-1　啤酒酒精度测定数据记录表

测定序号	1	2	3
密度瓶的质量 m_0/g			
密度瓶和水的质量 m_1/g			
密度瓶和试样液的质量 m_2/g			

6. 结果计算

$$d_{20}^{20}=\frac{m_2-m}{m_1-m} \tag{2-3}$$

式中：d_{20}^{20}——样品蒸馏液在20 ℃时的相对密度；

m——密度瓶的质量，g；

m_1——密度瓶和水的质量，g；

m_2——密度瓶和试样液的质量，g。

根据计算出的相对密度 d_{20}^{20}，查附录C，得出样品的酒精度（质量分数）。

7. 说明

(1) 本法适用于测定各种液体食品的相对密度，测定结果准确，但操作较烦琐。

(2) 测定挥发性样液时，宜使用带温度计的精密密度瓶；测定较黏稠的样液时，宜使用带毛细管的普通密度瓶。

(3) 密度瓶所带温度计，最高刻度为40 ℃，不得放入烘箱或在高于40 ℃的其他环境中干燥。

(4) 液体必须装满密度瓶，并使液体充满毛细管，瓶内不得有气泡。

(5) 拿取恒温后带毛细管的普通密度瓶时，不得用手直接接触其球部，应戴隔热手套或用工具拿取；天平室温度不得高于20 ℃，避免液体受热膨胀流出。

(6) 水浴中的水必须清洁无油污，防止污染瓶外壁。

(7) 根据GB 4927—2008，淡色啤酒、浓色啤酒和黑色啤酒的酒精度级别如表2-2所示。

表2-2 啤酒中酒精含量标准

项　目		优级	一级
酒精度[a]/(%)（体积分数）	≥14.1 °P	5.2	
	12.1～14.0 °P	4.5	
	11.1～12.0 °P	4.1	
	10.1～11.0 °P	3.7	
	8.1～10.0 °P	3.3	
	≤8.0 °P	2.5	

注：a表示不包括低醇啤酒、无醇啤酒。

项目五　啤酒外观浓度和实际浓度的测定

学习目标

- 知识目标：能应用酒样浓度的测定原理解释操作过程。
- 技能目标：会熟练运用密度瓶测定啤酒外观浓度和实际浓度。
- 素质目标：能严格按操作规程进行安全操作，真实记录；会分析实验结果；有效地

核算实验成本，能进行环保处理。学会分析、判断、解决问题，在学与做的过程中锻炼与他人交往、合作的能力。

成品啤酒或发酵液中所含的干物质的质量分数称为浸出物浓度。浸出物浓度有两种表示方法，即外观浓度表示法和实际浓度表示法。啤酒和发酵液中都含有酒精，酒精比水轻，故采用密度瓶法测定浓度时，测得的浓度稍低于实际浓度，习惯上称为外观浓度；将酒精和二氧化碳除去后测得的浓度称为实际浓度。

一、啤酒外观浓度的测定

1. 知识要点

用密度瓶法直接测酒样在 20 ℃时的相对密度（d_{20}^{20}），从附录 D 相对密度与浸出物对照表查得该酒样的外观浓度（质量分数）。

2. 分析方法

密度瓶法。

3. 仪器

酒精蒸馏装置；密度瓶。

4. 测定方法

（1）啤酒除气。

（2）用密度瓶法测定试样在 20 ℃时的相对密度 d_{20}^{20}。（见项目二）

5. 结果计算

$$d_{20}^{20}=\frac{m_2-m}{m_1-m} \tag{2-4}$$

式中：d_{20}^{20}——酒样在 20 ℃时的相对密度；

m——密度瓶的质量，g；

m_1——密度瓶和蒸馏水的质量，g；

m_2——密度瓶和酒样的质量，g。

根据计算出的相对密度 d_{20}^{20}，查附录 D，得出酒样的外观浓度（质量分数）。

二、实际浓度的测定

1. 知识要点

通过蒸馏除去啤酒中的酒精和二氧化碳，用密度瓶法测定蒸馏残液在 20 ℃时的相对密度 d_{20}^{20}，从附录 D 查得该酒样的实际浓度（质量分数）。啤酒实际浓度的标准：11 °P时，实际浓度（质量分数）≥3.9%；12 °P时，实际浓度（质量分数）≥4.0%。

2. 分析方法

密度瓶法。

3. 仪器

密度瓶。

4. 测定方法

按照相对密度的测定方法先确定密度瓶的质量，以及密度瓶和蒸馏水的质量。称取100.0 g除气啤酒于200～250 mL烧杯中，用文火或水浴蒸出酒精至残液为原来体积的1/3(也可以用蒸馏酒精后的蒸馏残液)；冷却后用蒸馏水补充至100.0 g，用密度瓶法测蒸馏残液在20 ℃时的相对密度d_{20}^{20}，从附录D相对密度与浸出物对照表查得该酒样的实际浓度(质量分数)。

5. 结果计算

$$d_{20}^{20}=\frac{m_2-m}{m_1-m} \tag{2-5}$$

式中：d_{20}^{20}——蒸馏残液在20 ℃时的相对密度；

m——密度瓶的质量，g；

m_1——密度瓶和蒸馏水的质量，g；

m_2——密度瓶和蒸馏残液的质量，g。

根据计算出的相对密度d_{20}^{20}，查附录D，得出酒样的实际浓度(质量分数)。

项目六　啤酒发酵度的测定

学习目标

- 知识目标：能应用发酵度的测定原理解释操作过程。
- 技能目标：会熟练运用密度瓶测定原麦汁浓度和发酵度。
- 素质目标：能严格按操作规程进行安全操作，真实记录；会分析实验结果；有效地核算实验成本，能进行环保处理。学会分析、判断、解决问题，在学与做的过程中锻炼与他人交往、合作的能力。

1. 知识要点

发酵度是麦芽汁在酵母所分泌的酒化酶的作用下，将糖转化为酒精和二氧化碳的程度，用麦芽汁经发酵后原麦汁浓度降低量与原麦汁浓度的比值表示。啤酒发酵度有两种表示方法，即外观发酵度表示法和实际发酵度表示法，其标准见表2-3。

表2-3　啤酒发酵度标准

发酵度	外观发酵度/(%)		实际发酵度/(%)	
	浅色啤酒	浓色啤酒	浅色啤酒	浓色啤酒
低发酵度	60～70	55～58	48～56	41～47
中发酵度	73～78	60～65	59～63	48～53
高发酵度	80以上	70以上	65以上	56以上

浅色啤酒以中发酵度和高发酵度较好，低发酵度会使啤酒保存性差；浓色啤酒以低发酵度和中发酵度较好，否则啤酒过于淡薄。

2. 分析方法

密度瓶法。

3. 仪器

密度瓶。

4. 测定方法

啤酒外观浓度和实际浓度的测定同项目五。

5. 结果计算

$$外观发酵度 = \frac{w - w_3}{w} \times 100\% \tag{2-6}$$

$$实际发酵度 = \frac{w - w_2}{w} \times 100\% \tag{2-7}$$

式中：w——样品的原麦汁浓度，%；

w_2——样品的实际浓度，%；

w_3——样品的外观浓度，%。

6. 说明

(1) 进行酒精含量分析时，首先要保证样品中的酒精不挥发，样品应先冷却至10～15 ℃备用，开启后不要在高温下放置。

(2) 作业环境温度为20～25 ℃，应无明显的空气流动。

(3) 样品过滤时，上面用玻璃皿罩上，以避免酒精挥发。

(4) 定期对密度瓶及附带的温度计进行清洗、校验，保证称量的准确性。

(5) 称量密度瓶时，瓶内应无气泡，避免测出的密度值偏低。

(6) 克服用手保温的方式，在恒温水浴中操作。

思考题

1. 比较说明锤度计、酒精计和密度计之间的异同。

2. 简述密度瓶法测定样液相对密度的基本原理。试说明密度瓶上的小帽起什么作用。

3. 密度计的表面如果有油污，会给密度的测定带来怎样的影响？试用液体的表面张力作用原理进行分析。

4. 密度瓶法测定相对密度时误差的来源有哪几个方面？如何防止？

5. 分别用酒精计法和密度瓶法测定酒精度，哪种方法更准确？请对这两种方法进行比较。

模块二 折 光 法

折光法是利用测定溶液的折光率来测定溶液浓度的一种方法。折光率是一个重要的物理常数，通常用阿贝折光仪测定时，仅需几滴试液，测量速度快，准确度高(能测出5位有效数字)。蔗糖溶液的折光率随蔗糖浓度的增大而升高，所以含糖的发酵产品都可利用此关系测定糖度或可溶性固形物的含量。当这些液态发酵产品由于掺杂或品种改变等原因品质发生改变时，折光率常常会发生变化，故测定折光率可以进行初步定性，以判断产品是否正常，是否适合工厂使用，所以折光法在发酵工业中得到广泛应用，特别在中间产品的质量控制和成品分析中具有重要作用。

折光仪是利用光的全反射原理测出临界角而得到物质折光率的仪器。比较先进的是数字折光仪和自动温度补偿型手提式折光仪。数字折光仪采用光传感器自动进行浓度测量，并通过内置的微信息处理器对温度误差进行自动校正，测量准确度高达±0.2%；自动温度补偿型手提式折光仪则是通过内置的机构进行温度补偿的。我国食品工业中最常用的是阿贝折光仪(见图2-3)和手提式折光仪(见图2-4)，测定结果须进行温度校正。

图2-3 阿贝折光仪

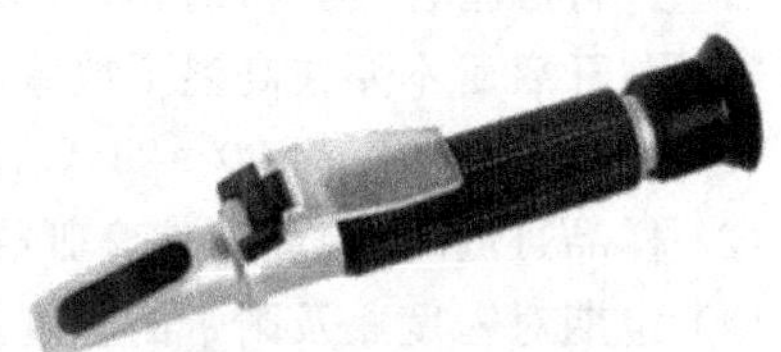

图2-4 手提式折光仪

项目一 折光法测定葡萄汁浓度

学习目标

- 知识目标：能说明葡萄汁浓度的测定原理。
- 技能目标：会进行折光仪等的操作。
- 素质目标：能严格按操作规程进行安全操作，真实记录；会分析实验结果；能与小组成员协调合作。

1. 知识要点

折光率与溶液中可溶性化合物的含量成一定比例关系，故测定折光率也可用于测定可溶性固形物的含量。

2. 分析方法

折光法。

3. 仪器

阿贝折光仪(或其他折光仪)；组织捣碎机等。

4. 测定方法

将新鲜葡萄破碎，用四层纱布挤出滤液，弃去最初几滴，收集滤液供测试用。按说明书校正折光仪。分开折光仪两面棱镜，用脱脂棉蘸乙醚或乙醇擦净。用末端熔圆的玻璃棒蘸取试液 2～3 滴于折光仪棱镜面中央(注意勿使玻璃棒触及镜面)。迅速闭合棱镜，静置 1 min，使试液均匀无气泡，并充满视野。对准光源，通过目镜观察接物镜。调节棱镜调节旋钮，使视野分成明暗两部分，再调节消色调节旋钮，使明暗界限清晰，并使其分界线恰在接物镜的十字交叉点上。读取目镜视野中的百分数或折光率，并记录棱镜的温度。

5. 结果计算

根据记录的温度，查附录 E 换算为可溶性固形物的实际质量分数。

同一样品两次测定值之差不应大于 0.5%。可取两次测定的算术平均值作为结果，精确到小数点后一位。

6. 说明

(1) 每次在向折光仪注入新的样品之前，要用脱脂棉花蘸一定量的无水乙醇与乙醚(1∶4)的混合液轻擦折光仪的棱镜表面，以免留有其他物质，影响成像清晰度和测量精度。

(2) 折光仪应放在干燥、空气流通的室内，防止受潮后光学零件发霉。

(3) 在使用中必须细心谨慎，严格按说明书使用，不得任意松动仪器各连接部分，防止跌落、碰撞，严禁发生剧烈震动。

(4) 折光仪在使用完毕后，须进行清洁，待溶剂挥发后放入贮有干燥剂的箱内，防止湿气和灰尘侵入。严禁直接将折光仪放入水中清洗，应用干净的软布擦拭，对于光学表面，不应碰伤、划伤。

(5) 严禁用油手或汗手触及光学零件，如光学零件不清洁，可先用汽油后用二甲苯擦干净。切勿用硬质物料触及棱镜，以防损伤。

(6) 仪器应避免强烈震动或撞击，以免光学零件损伤而影响精度。

项目二　利用浸入式折光仪测定啤酒酒精度和浸出物

学习目标

• 知识目标：能说明酒精度和浸出物的测定原理。

• 技能目标：会进行折光仪的基本操作。

• 素质目标：能严格按操作规程进行安全操作，真实记录；会分析实验结果；能与小组成员协调合作。

1. 知识要点

啤酒的折光率受浸出物和酒精度两者的影响，这就使得测定工作复杂化，加之仪器较贵重，导致这种方法未能得到普遍推广。但此方法免去了蒸馏操作，如果能作出相应的查对表，则方法的最大优点为快速。

2. 分析方法

折光仪法。

3. 仪器

折光仪。

4. 测定方法

取除气啤酒，经过滤，用浸入式折光仪测出 20 ℃的折光指数(即刻度数)，然后按式(2-8)和式(2-9)计算浸出物和酒精含量。

5. 结果计算

残余浸出物含量为

$$n[\text{g}/(100\ \text{g 啤酒})] = 0.251 + 1.298L + 0.1179r_0 \tag{2-8}$$

酒精含量为

$$A[\text{g}/(100\ \text{g 啤酒})] = 0.323 - 2.774L + 0.2691r_0 \tag{2-9}$$

式中：r_0——浸入式折光仪 20 ℃时读数减去 14.5，其中 14.5 为 20 ℃纯水在浸入式折光仪中的读数；

L——$(d-1)\times 100$，其中 d 为用密度瓶法测定的啤酒密度。

知识拓展

阿贝折光仪的使用方法

1. 准备和校正

将折光仪置于光线充足的地方，与恒温水浴连接，使折光仪棱镜的温度保持在 20 ℃，然后将进光棱镜打开，使进光棱镜的表面呈水平状态(仪器倒转)，将折射棱镜和校正用的标准玻璃用丙酮洗净吹干。将一滴 1-溴代苯滴在标准玻璃的光滑面上，然后贴在折射棱镜面上，标准玻璃抛光的一端向下，用手指轻压标准玻璃的四周，使棱镜与标准玻璃之间铺有一层均匀的 1-溴代苯。转动反光镜，使光射在标准玻璃的光面上，调节棱镜旋钮，使目镜远望系统视野分为明、暗两部分，再转动消色调节旋钮，消除虹彩并使明暗分界清晰，然后调节分界线旋钮，使明暗分界线对准在十字线上，若有偏差，可调节分界线旋钮，使明暗分界线恰好在十字线上。此时由读数视野读出折光率(或质量分数)，与标准玻璃上所刻的数值比较，两者相差不大于±0.0001，校正才结束。也可用纯水校正，纯水的折光率为 0.33299。

2. 测定

将进光棱镜和折射棱镜用丙酮或乙醚洗净，用擦镜纸擦干或吹干，注入一滴 20 ℃的试液，立即闭合上、下棱镜并旋紧，应使样品均匀、无气泡并充满视场，待棱镜温度计读数恢复到(20.0±0.1) ℃，调整反射镜，使光线摄入棱镜，转动棱镜旋钮，使目镜视野呈明、暗两部分。旋动补偿旋钮，使视野呈黑白分明的两色，旋转棱镜旋钮，使明暗分界线在十字交叉点上，观察读数镜视场右边所指示的刻度值，即为所测折光率。读出折光率，估读至小数点后第四位。

3. 维护

测定完毕后，打开棱镜，用水洗净，用擦镜纸轻轻擦干，如果测油质样品，要先用乙醚擦洗。不论在任何情况下，不允许用擦镜纸和药棉以外的东西接触棱镜，以免损坏它的光学平面。

思考题

1. 折光法测定的条件是什么？
2. 折光法的基本原理是什么？
3. 折光仪如何校正？
4. 折光仪在使用过程中有哪些注意事项？
5. 举例说明折光法在工业发酵分析中的应用。

模块三 旋 光 法

应用旋光仪测量旋光性物质的旋光度以确定其浓度、含量及纯度的分析方法称为旋光法。将样品在指定的溶剂中配成一定浓度的溶液，由测得的旋光度算出比旋光度，与标准比较，或以不同浓度溶液绘制出标准曲线，求出含量。比如蔗糖的糖度、味精的纯度、淀粉和某些氨基酸的含量与其旋光度成正比，故测定它们的旋光度便可获得它们的各项指标，达到鉴别发酵产品的纯杂程度的目的，同时能够对生产工艺流程进行实时控制。

旋光法的基本原理如下。

1. 自然光与偏振光

光是一种电磁波，是横波，即光波的振动方向与其前进方向互相垂直。自然光有无数个与光线前进方向互相垂直的光波振动面。若光线前进的方向指向我们，则与之互相垂直的光波振动面可表示为图 2-5 中的(a)，图中箭头表示光波振动方向。若使自然光通过尼科耳棱镜，由于尼科耳棱镜只能让振动面与尼科耳棱镜光轴平行的光波通过，所以通过尼科耳棱镜的光只有一个与光线前进方向垂直的光波振动面，如图 2-5 中的(b)所示。这种只在一个平面上振动的光称为偏振光。

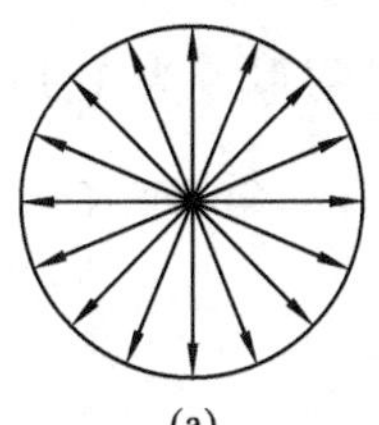

(a)

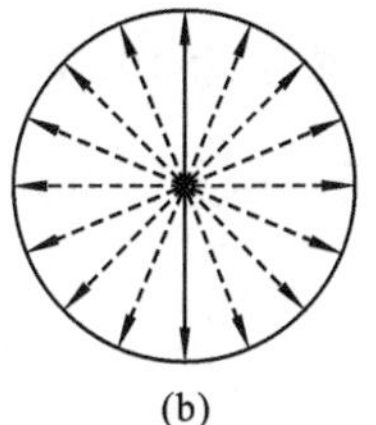

(b)

图 2-5 自然光与偏振光

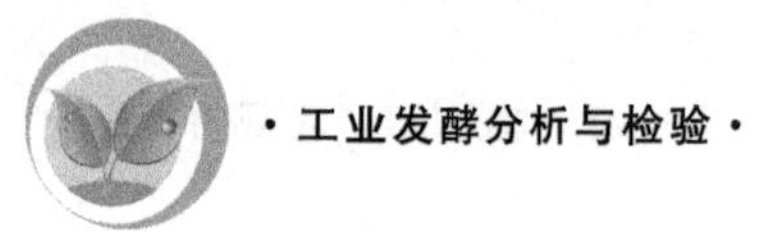

2. 偏振光的产生

产生偏振光的方法很多，通常采用尼科耳棱镜或偏振片。把一块方解石的菱形六面体末端的表面磨光，使镜角等于68°，然后将其对角切成两半，把切面磨成光学平面后，再用加拿大树胶粘在一起，便成为一个尼科耳棱镜（见图2-6）。由于方解石的光学特性，当自然光通过尼科耳棱镜时，发生双折射，产生两道振动面互相垂直的平面偏振光。其中O称为寻常光线，E称为非常光线。方解石对它们的折光率不同，对寻常光线的折光率是1.658，对非常光线的折光率是1.486。加拿大树胶对两种光线的折光率都是1.55。寻常光线O由方解石到加拿大树胶是由光密介质到光疏介质，因其入射角（76°25′）大于临界角（69°12′）而被加拿大树胶层全反射，并被涂黑的侧面吸收。非常光线E由方解石到加拿大树胶是由光疏介质到光密介质，必将发生折射而通过加拿大树胶，由棱镜的另一端射出，从而产生了平面偏振光。

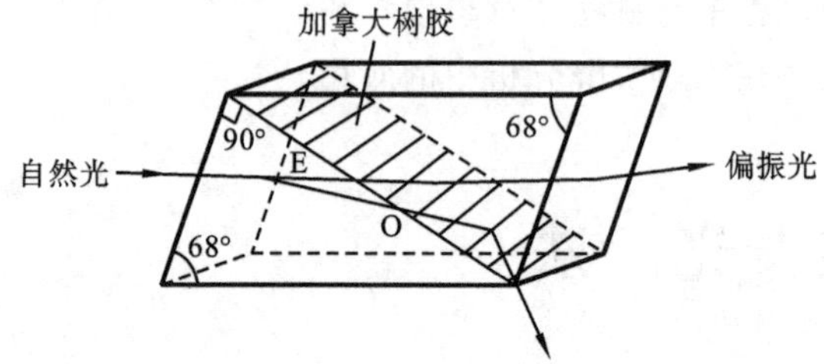

图2-6 尼科耳棱镜

用偏振片产生偏振光的原理是利用某些双折射晶体（如电气石）的二色性，即可选择性吸收寻常光线而让非常光线通过的特性，把自然光变成偏振光。

3. 光学活性物质、旋光度与比旋光度

分子结构中凡有不对称碳原子，能把偏振光的偏振面旋转一定角度的物质称为光学活性物质。许多食品成分都具有光学活性，如单糖、低聚糖、淀粉以及大多数氨基酸等。其中能把偏振光的振动面向右旋转的，称为“具有右旋性”，以“+”号表示；反之，称为“具有左旋性”，以“−”号表示。

偏振光通过光学活性物质的溶液时，其振动平面所旋转的角度称为该物质溶液的旋光度，以α表示。旋光度的大小与光源的波长、测定温度、光学活性物质的种类、溶液的浓度及液层的厚度有关。对于特定的光学活性物质，在光波长和测定温度一定的情况下，其旋光度α与溶液的浓度c和液层的厚度L成正比。即

$$\alpha = KcL$$

当光学活性物质的浓度为100 g/(100 mL)，液层厚度为1 dm时所测得的旋光度称为比旋光度，以$[\alpha]_{\lambda}^{t}$表示。由上式可知：$[\alpha]_{\lambda}^{t}=K\times100\times1$，即$K=\frac{[\alpha]_{\lambda}^{t}}{100}$，故

$$\alpha = [\alpha]_{\lambda}^{t}\frac{cL}{100} \tag{2-10}$$

式中：$[\alpha]_{\lambda}^{t}$——比旋光度（°）；

t——测定温度，℃；

λ——光源波长，nm；

α——旋光度(°)；

L——液层厚度或旋光管长度，dm；

c——样液浓度，g/mL。

比旋光度与光波波长及测定温度有关。通常规定用钠光 D 线(λ＝589.3 nm)在 20 ℃时测定，此时，比旋光度用$[\alpha]_D^{20}$表示。因在一定条件下比旋光度$[\alpha]_\lambda^t$是已知的，L 为一定值，故测得了旋光度 α 就可以计算出旋光性物质溶液的浓度 c。主要糖类，如葡萄糖、乳糖、果糖和麦芽糖，它们的比旋光度分别为＋52.5°、＋53.3°、－92.5°和＋138.5°。

4. 变旋光作用

具有光学活性的还原糖类(如葡萄糖、果糖、乳糖、麦芽糖等)溶解后，其旋光度起初迅速变化，然后渐渐变化缓慢，最后达到恒定值，这种现象称为变旋光作用。这是由于这些还原性糖类存在两种异构体，即 α 型和 β 型，它们的比旋光度不同。因此，在用旋光法测定蜂蜜或商品葡萄糖等含有还原糖的样品时，宜将配成溶液后的样品放置过夜再测定。

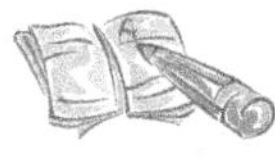

项目一　味精成品纯度的测定

学习目标

- 知识目标：学会用旋光法测定味精纯度的原理。
- 技能目标：会熟练运用旋光仪测定谷氨酸钠的含量。
- 素质目标：能严格按操作规程进行安全操作，真实记录；会分析实验结果；有效地核算实验成本，能进行环保处理。学会分析、判断、解决问题，在学与做的过程中锻炼与他人交往、合作的能力。

1. 知识要点

食品味精为 L-谷氨酸单钠盐。L-谷氨酸分子具有不对称碳原子，故具旋光性。在水溶液中，比旋光度$[\alpha]_D^{20}=\pm 12.1°$，在 2 mol/L 盐酸中为＋32°。L-谷氨酸在盐酸中的比旋光度在一定盐酸浓度范围内随酸度增加而增加。在测定味精纯度时，加入盐酸使其浓度为 2 mol/L，此时谷氨酸钠盐以谷氨酸形式存在。在一定的温度下测定比旋光度，并与该温度下纯 L-谷氨酸的比旋光度比较，即可求得味精中谷氨酸钠的含量，即味精纯度(%)。结晶味精的纯度可达 99%以上。

$$\text{味精纯度}=\frac{[\alpha]_{\text{样}}^t}{[\alpha]_{\text{纯}}^t}\times 100\%$$

L-谷氨酸的比旋光度与温度的关系可用下式表示：

$$[\alpha]_D^t=[\alpha]_D^{20}+0.06(20-t)$$

式中：0.06——L-谷氨酸比旋光度的温度校正系数。

2. 分析方法

旋光法(GB/T 8967—2007)。

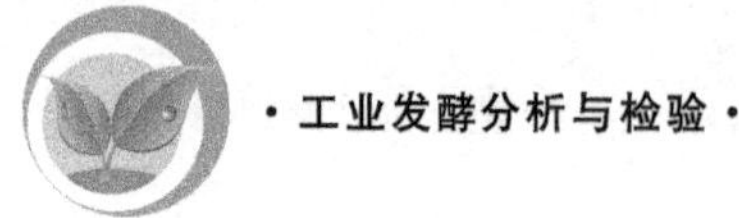

图 2-7　旋光仪

3. 仪器

旋光仪(精度±0.01°)，备有钠光灯(钠光谱 D 线 589.3 nm)(见图 2-7)。

4. 试剂

盐酸。

5. 测定方法

1) 试样的制备

称取试样 10 g(精确至 0.0001 g)，加少量水溶解并转移至 100 mL 容量瓶中，加盐酸 20 mL，混匀并冷却至 20 ℃，定容并摇匀。

2) 旋光仪零点校正

有两种校正方法：一种为空白溶液校正法，即吸取 20 mL 浓盐酸，移入 100 mL 容量瓶中，用水稀释至刻度，于旋光仪上测定其旋光度；另一种为空气法，即不用溶液和旋光管，空着仪器观测其旋光度。

将上述校正法所测得的旋光零点校正值在正式测定中加上或减去。

3) 测定前的准备

用少量样品溶液洗涤旋光管三次，然后注满一管，将玻璃盖片从管的侧面水平地推进盖好，适当拧紧螺旋盖，用干布擦干盖片。

4) 测定

打开旋光仪光源，稳定后校正零点。放入装好样品的旋光管，记录旋光仪的读数，并记录样液的温度。

6. 结果计算

1) 样品含量计算

样品中谷氨酸钠含量按下式计算，其数值以%表示。

$$X=\frac{\frac{\alpha}{Lc}}{25.16+0.047(20-t)}\times 100\% \tag{2-11}$$

式中：X——样品中谷氨酸钠的含量，%；

α——实测试样液的旋光度(°)；

L——旋光管长度(液层厚度)，dm；

c——1 mL 试样液中含谷氨酸钠的质量，g/mL；

25.16——谷氨酸钠的比旋光度$[\alpha]_{D}^{20}$(°)；

0.047——温度校正系数；

t——测定时试液的温度，℃。

计算结果保留至小数点后第一位。同一样品的测定结果的相对平均偏差不得超过 0.3%。

2) 比旋光度的计算

若采用钠光谱 D 线，1 dm 旋光管，在样液温度为 20 ℃测定时，可直接读数。

在样液温度 t 测定时，样品的比旋光度按下式计算：

$$[\alpha]=[\alpha]_D^t-0.047(20-t) \quad (2\text{-}12)$$

式中：$[\alpha]$——样品的比旋光度（°）；

$[\alpha]_D^t$——温度为 t 时试样液的比旋光度（°）；

t——测定样液的温度，℃；

0.047——温度校正系数。

计算结果保留至小数点后第一位。同一样品两次测定的绝对值之差不得超过0.02%。

7. 说明

(1) 样品质量标准不确定度主要来源于电子天平的重复性和示值误差。

(2) 用 100 mL 容量瓶定容，其标准不确定度来源于容量瓶体积的不确定性，定容至刻度，人员操作时视觉误差带来的不确定性以及定容时溶液的温度偏离引来的不确定性。

(3) 根据法定检定机构出具的检定证书直接给出了旋光仪的不确定度，实验时可直接引用其数据。

项目二　谷物淀粉含量的测定

学习目标

- 知识目标：学会旋光仪的测定原理。
- 技能目标：会熟练运用旋光仪测定谷物淀粉的含量。
- 素质目标：能严格按操作规程进行安全操作，真实记录；会分析实验结果；有效地核算实验成本，能进行环保处理。学会分析、判断、解决问题，在学与做的过程中锻炼与他人交往、合作的能力。

1. 知识要点

淀粉是植物的主要贮藏物质，大部分贮存于种子、块根和块茎中。淀粉不仅是重要的营养物质，并且在工业上的应用也很广泛，是酿酒的原材料。

酸性氯化钙溶液与磨细的含淀粉样品共煮，可使淀粉轻度水解。同时钙离子与淀粉分子上的羟基配合，这就使得淀粉分子充分地分散到溶液中，成为淀粉溶液。淀粉分子具有不对称碳原子，因而具有旋光性，可以利用旋光仪测定淀粉溶液的旋光度 α，旋光度的大小与淀粉的浓度成正比，据此可以求出淀粉含量。溶提淀粉溶液所用的酸性氯化钙溶液的 pH 必须保持在 2.30，相对密度须为 1.30，加入时间长短也要控制在一定范围内。因为只有在这些条件下，各种不同来源的淀粉溶液的比旋光度$[\alpha]$都是 203°，恒定不变。样品中其他旋光性物质（如糖分）须预先除去。

2. 分析方法

旋光法（GT/B 20378—2006）。

3. 仪器

植物样品粉碎机；离心机；分析天平；台秤；旋光仪及附件；锥形瓶；分样筛（100 目）；

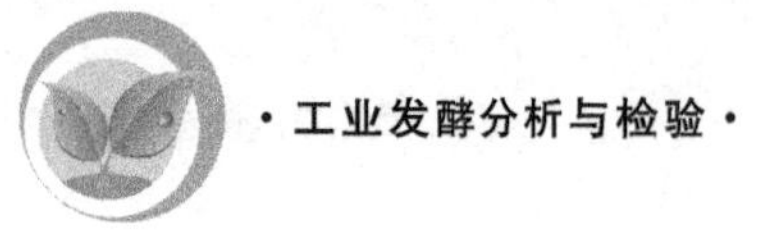

布氏漏斗、抽滤瓶及真空泵；离心管；小电炉。

4. 试剂

(1) 乙酸-氯化钙溶液：将氯化钙($CaCl_2 \cdot 2H_2O$，分析纯)500 g 溶解于 600 mL 蒸馏水中，冷却后，过滤。其澄清液以波美密度计测定，在 20 ℃条件下调溶液相对密度为 1.3±0.02；用精密 pH 试纸检查，滴加冰乙酸，粗调氯化钙溶液 pH 为 2.3 左右，然后用酸度计准确调 pH 为 2.3±0.05。

(2) 30%硫酸锌溶液：取硫酸锌($ZnSO_4 \cdot 7H_2O$，分析纯)30 g，用蒸馏水溶解并稀释至 100 mL。

(3) 15%亚铁氰化钾溶液：取亚铁氰化钾[$K_4Fe(CN)_6 \cdot 3H_2O$，分析纯]15 g，用蒸馏水溶解并稀释至 100 mL。

5. 测定方法

1) 样品准备

(1) 称取样品：将样品风干、研磨，通过 100 目筛，精确称取约 2.5 g 样品细粉(要求含淀粉约 2 g)，置于离心管内。

(2) 脱脂：加少许乙醚到离心管内，用细玻璃棒充分搅拌，然后离心。倾出上清液并收集以备回收乙醚。重复脱脂数次，以去除大部分油脂、色素等(因油脂的存在会使以后淀粉溶液的过滤困难)。大多数谷物样品含脂肪较少，可免去脱脂步骤。

(3) 抑制酶活性：加含有氯化高汞的乙醇溶液 10 mL 到离心管内，充分搅拌，然后离心，倾去上清液，得残余物。

(4) 脱糖：加 80%乙醇 10 mL 到离心管中，充分搅拌以洗涤残余物(每次都用同一玻璃棒)，离心，倾去上清液。重复洗涤数次以除去可溶性糖分。

2) 溶提淀粉

(1) 加乙酸-氯化钙：先将乙酸-氯化钙溶液约 10 mL 加到离心管中，搅拌后全部倾入 250 mL 锥形瓶内，再用乙酸-氯化钙溶液 50 mL 分数次洗涤离心管，洗涤液并入锥形瓶内，搅拌玻璃棒的洗液也转移到锥形瓶内。

(2) 煮沸溶解：先用蜡笔标记液面高度，直接置于加有石棉网的小电炉上，在 4～5 min内迅速煮沸，保持沸腾 15～17 min，立即将锥形瓶取下，置于流水中冷却。煮沸过程中要不时加以搅拌，勿令烧焦，要调节温度，勿使泡沫涌出瓶外，常用玻璃棒将瓶侧的细粒擦下，并加水保持液面高度。

3) 沉淀杂质和定容

(1) 加沉淀剂：将锥形瓶内的水解液转入 100 mL 容量瓶，用乙酸-氯化钙溶液充分洗涤锥形瓶，洗液并入容量瓶内，加 30%硫酸锌溶液 1 mL，混合后，再加 15%亚铁氰化钾溶液1 mL，用水稀释至接近刻度时，加 95%乙醇一滴以破坏泡沫，然后稀释到刻度，充分混合，静置，以使蛋白质充分沉淀。

(2) 滤清：用布氏漏斗(加一层滤纸)吸气过滤。先倾清溶液约 10 mL 于此滤纸上，使其完全湿润，让溶液流干，弃去滤液，再倾清溶液进行过滤，用干燥的容器接收此滤液，收集约 50 mL，即可供测定用。

6. 结果计算

用旋光测定管装满滤液，小心地按照旋光仪使用说明进行旋光度的测定。

$$淀粉含量=\frac{100\alpha N}{[\alpha]_D^{20}Lm(1-K)}\times 100\% \quad (2\text{-}13)$$

式中：α——用钠光时观测到的旋光度(°)；

$[\alpha]_D^{20}$——淀粉的比旋光度，在这种方法下为203°；

L——旋光管长度，cm；

m——样品质量，g；

K——样品水分含量，%；

N——稀释倍数。

也可以不用上述公式计算，改用工作曲线来求得淀粉含量，这样准确度高些。

7. 说明

(1) 本方法尤其适用于黏稠制品、含悬浮物质的制品以及重糖制品。如果此制品中含有其他溶解性物质，则此测定结果仅是近似值。然而，为了方便起见，用此方法测得的结果习惯上可以认为是可溶性固形物的含量。

(2) 同一个试验样品进行两次测定，如果测定的重现性能满足要求，取两次测定的算术平均值作为结果。

(3) 由同一个分析者紧接着进行两次测定的结果之差应不超过0.5%。

(4) 测定时温度最好控制在20 ℃左右，尽可能缩小校正范围。

思考题

1. 为测定味精纯度，制备试样时为何要加盐酸？
2. 旋光法测定样品的纯度，零点校正的方法有几种？怎样校正？
3. 溶液的旋光度与哪些因素有关？
4. 比旋光度如何计算？
5. 简述谷物淀粉含量的主要测定步骤。

模块四 分光光度法

分光光度法是工业发酵分析与检验中常用的一种物理仪器分析方法，它是通过测定物质对某一特定波长光的选择性吸收来对该物质进行定性或定量分析的。其光谱是由于分子之中价电子的跃迁而产生的，因此这种吸收光谱取决于分子中价电子的分布和结合情况。该法最大的特点是不经化学或物理方法分离，就能解决一些复杂混合物中各组分的含量测定，在消除干扰、提高结果准确度方面起了很大的作用。

基本原理：溶液中待测物分子中的价电子能够选择性地吸收紫外或可见光，从基态跃迁到激发态，形成紫外-可见吸收光谱。根据紫外-可见吸收光谱中的吸收峰和摩尔吸收系数，进行定性分析。从光源辐射出的光，经过波长选择器成为单色光，当单色光通过待测溶液时，被溶液中具有一定特征吸收的化合物吸收，吸光度与待测物浓度的关系符合朗伯-比耳定律：

$$A = \lg \frac{I_0}{I_t} = \lg \frac{1}{T} = KLc \tag{2-14}$$

式中：A——吸光度；

I_0——入射辐射[光]通量；

I_t——透射辐射[光]通量；

T——透射比或透光度；

K——线性吸收系数；

L——光路长度；

c——溶液中待测物浓度。

当光路长度与吸收系数一定时，吸光度 A 与溶液中待测物浓度 c 成正比，因此利用此定律可进行定量分析。

图 2-8　723 型分光光度计

分光光度计(见图 2-8)主要由以下几部分组成。

(1) 光源：能发射所需波长范围的光的器件。可见光源常用钨丝灯(或碘钨灯)，波长范围为 320～2500 nm；紫外光源常用氢灯(或氘灯)，波长范围为 200～350 nm。

(2) 波长选择器：能从光源辐射光中分离出一定波长范围光的器件，通常为滤光片、棱镜或光栅。固定波长选择器常用滤光片，连续变化波长选择器常用棱镜或光栅。

(3) 吸收池：盛放待测样品溶液的容器。该容器应具有两面互相平行、透光且有精确厚度的平面。按材质可分为玻璃和石英两种。玻璃吸收池用于可见光波长范围的测定，石英吸收池用于紫外光及可见光波长范围的测定。

(4) 检测器：能把光信号转变为电信号的器件，通常为光电管或光电倍增管等。

(5) 测量系统：能放大电信号并将其转变为用透光度或吸光度显示的器件，由放大器及指示器等组成。

项目一　啤酒中乳酸含量的测定

学习目标

- 知识目标：能应用分子吸收分光光度法测定原理解释操作过程。
- 技能目标：会熟练操作分光光度计，能运用比色法测定啤酒中乳酸的含量。
- 素质目标：能严格按操作规程进行安全操作，真实记录；会分析实验结果；有效地

核算实验成本，能进行环保处理。学会分析、判断、解决问题，在学与做的过程中锻炼与他人交往、合作的能力。

1. 知识要点

乳酸是一种广泛应用于食品、制药、纺织、制革等工业中的有机酸。乳酸具有柔和的酸味，品性温和且稳定，其纯品为无色液体，无气味，具有吸湿性。乳酸能与水、乙醇、甘油混溶，不溶于氯仿、二硫化碳和石油醚。

乳酸在啤酒酿造中可以作为灭菌剂、风味剂，还可代替苯甲酸钠作为防腐剂。乳酸比磷酸、盐酸安全性高，对人体有益。乳酸能促进完全糖化和提高啤酒质量，有效地改良啤酒的感官特性和稳定性，增加人体对食物的吸收率和延长食物的保质期。

2. 分析方法

分光光度法。

3. 仪器

分光光度计、离心机、水浴锅、5 mL 具塞试管、20 mL 具塞比色管。

4. 试剂

(1) 氢氧化钙。

(2) 钨酸溶液：0.303 mol/L 硫酸及 10%钨酸钠($Na_2WO_4 \cdot 2H_2O$)溶液等体积混合，当天配用。

(3) 20%硫酸铜溶液：称取硫酸铜($CuSO_4 \cdot 5H_2O$)20 g，加蒸馏水约 70 mL，加热使之溶解，再用蒸馏水稀释至 100 mL。

(4) 4%硫酸铜溶液：取 20%硫酸铜溶液 10 mL，加蒸馏水稀释至 50 mL。

(5) 对羟基联苯溶液：称取对羟基联苯 1.5 g，溶于 100 mL 0.125 mol/L 氢氧化钠溶液中(稍稍加温助溶)。贮于棕色瓶中，保存于冰箱内，可使用一个月。

(6) 乳酸标准贮备液(1 mg/mL)：精确称取无水乳酸锂 106.5 mg，溶于 50 mL 蒸馏水中，加 0.5 mol/L 硫酸 20 mL，再加蒸馏水稀释至 100 mL。混匀后保存于冰箱中。

(7) 乳酸标准使用液(200 g/mL)：使用时取贮备液 10 mL，用蒸馏水稀释至 50 mL。在冰箱中可保存数天。

5. 测定方法

1) 样品预处理

取约 3.0 mL 的啤酒酒液，离心(3000 r/min，5 min)，取上清液适当稀释。取样液 2.00 mL于洁净离心管中，准确加入 2.00 mL 钨酸溶液，混匀，室温静置至溶液出现明显絮状物(30～45 min)，离心(10000 r/min，5 min)，取上清液，加入 0.3 g 活性炭，反复摇匀，置于室温 30 min，过滤，滤液收集于 5 mL 具塞试管中，60 ℃水浴 30 min，冷却待用。

2) 标准曲线的绘制

用 200 g/mL 乳酸标准使用液同样品溶液预处理后，按表 2-4 操作。

所得数据以乳酸含量为横坐标，以 565 nm 波长处的吸光度为纵坐标，绘制标准曲线。

表 2-4　啤酒中乳酸含量操作参照表

试管编号	1	2	3	4	5	6	7
滤液体积/mL	0.00	0.10	0.20	0.30	0.40	0.50	0.60
蒸馏水体积/mL	2.00	1.90	1.80	1.70	1.60	1.50	1.40
操作	(1) 各管中分别加入氢氧化钙粉末 100 mg,混匀,离心(8000 r/min,5 min); (2) 取上清液 1.5 mL,加入预先装有 20 mg 氢氧化钙粉末的小试管中,混匀,加 1.0 mL 20%硫酸铜溶液,称重,迅速混匀,置于沸水浴内加热 3 min,水浴冷却,补足质量; (3) 离心(3000 r/min,5 min),各取上清液 0.5 mL 加入比色管中; (4) 在各管中加入 25 μL 的 4%硫酸铜溶液,混匀后置于冰水浴内冷却; (5) 将预冷的浓硫酸缓缓加入各管中,每管各加 6.0 mL,边加边摇,混匀后置于沸水浴内加热 5 min,取出后置于冰水浴内冷却 3 min; (6) 在各管中加对羟基联苯溶液 0.05 mL,混匀后静置 30 min,其间每 10 min 振摇一次; (7) 各管置于沸水浴中准确加热 90 s,立即放入冰水中冷却。在 565 nm 波长处用 1 cm 比色皿,1 号管作参比,分别测定吸光度							

3) 样品的测定

将样品溶液稀释一定倍数后,按标准曲线的测定方法,以蒸馏水为空白测定其在 565 nm 波长处的吸光度,根据所得数据在标准曲线上查得相应的乳酸含量。

6. 结果计算

将测定结果填入表 2-5 中。其中乳酸含量按下式计算:

乳酸含量=标准曲线上查得相应的乳酸含量×稀释倍数

表 2-5　啤酒中乳酸含量测定结果

测定项目	标准溶液							样品溶液	
	1	2	3	4	5	6	7	8	9
各待测溶液中乳酸的含量/(μg/mL)									
吸光度									
样品中乳酸的含量/(μg/mL)									
样品中乳酸的平均含量/(μg/mL)									
相对偏差/(%)									

7. 说明

(1) 啤酒中其他糖类会影响实验结果。啤酒中尚含有一些酵母不能利用的小分子多糖,如麦芽三糖、麦芽四糖等。这些糖类物质在加入浓硫酸后,在加热条件下可能发生脱水反应,使溶液呈黄色而影响比色,因而必须预先除去。

(2) 样品处理时增加了活性炭脱色是为了将啤酒中的一些有色物质吸附除去。乳酸由于极性较大,一般不会被活性炭吸附(或吸附量有限)。

(3) 实验结果与试剂的加样次序关系较大。最明显的是应先加氢氧化钙,然后加硫酸铜,这样形成较多的 $Cu(OH)_2$,有利于干扰物质的氧化,而且硫酸铜不宜多加。如果使用氢氧化钠,则溶液的碱度不易控制,高浓度碱度对测定十分不利(影响显色)。

(4) 本实验成功与否与所用浓硫酸关系极大。必须保证浓硫酸是新近出厂的,否则难以显色。最好是优级纯。

(5) 对羟基联苯难溶于浓硫酸,必须充分振摇。最好在试管混悬器上进行操作。

(6) 煮沸温度应保持在沸腾状态,否则显色后溶液偏紫蓝色,影响结果,误差较大。

(7) 本法可以推广到测定啤酒发酵液中乳酸的含量,条件是将啤酒发酵液进行适当的稀释,如稀释 4~10 倍。具体可根据实验情况而定。

项目二 酒中锰离子的测定

学习目标

- 知识目标:能应用分光光度法的测定原理解释操作过程。
- 技能目标:会熟练操作分光光度计,能运用比色法测定食品中锰离子的含量。
- 素质目标:能严格按操作规程进行安全操作,真实记录;会分析实验结果;有效地核算实验成本,能进行环保处理。学会分析、判断、解决问题,在学与做的过程中锻炼与他人交往、合作的能力。

1. 知识要点

在勾兑酒工艺中,常常用高锰酸钾来处理酒基。因此锰可随饮酒进入体内。锰在体内积蓄到一定程度时,能导致中枢神经系统慢性中毒,并且抑制某些酶的活性。故国家食品卫生标准中对酒中锰的残留量规定,每升酒不得超过 2 mg。过碘酸钾法测定锰含量,灵敏度高、显色稳定,被列为标准检验方法。在酸性条件下,二价锰被过碘酸钾氧化为紫红色的七价锰,可与标准系列比色定量。其化学反应式如下:

$$5KIO_4+2MnSO_4+3H_2O=\!=\!=2HMnO_4+5KIO_3+2H_2SO_4$$

2. 分析方法

分光光度法。

3. 仪器

可见分光光度计。

4. 试剂

(1) 硫酸(分析纯)。

(2) 磷酸(分析纯)。

(3) 硝酸(分析纯)。

(4) 过碘酸钾。

(5) 锰标准贮备液:准确称取 0.2746 g 经 400~500 ℃灼烧至恒重的硫酸锰,加水溶解后,移入 100 mL 容量瓶中,加入 3 滴硫酸,再加水至刻度。此液每毫升含锰 1 mg。

(6) 锰标准使用液：准确吸取锰标准贮备液 1 mL 于 100 mL 容量瓶中，用水稀释至刻度，混匀。此液每毫升含锰 10 μg，临用前配制。

5. 测定方法

1) 样品处理

吸取 50 mL 酒样，加热除去乙醇后，加入 20 mL 硫酸、10 mL 硝酸，小火消化至冒白烟为止，加水定容至 100 mL，供测定用。

2) 测定

(1) 准确吸取样品处理液 10 mL 于 100 mL 锥形瓶中，加水至总体积达 22 mL，混匀。

(2) 准确吸取锰标准使用液 0 mL、1.0 mL、2.0 mL、3.0 mL、4.0 mL、5.0 mL(相当于锰的含量为 0 μg、10 μg、20 μg、30 μg、40 μg、50 μg)，分别置于 100 mL 锥形瓶中，加水至总体积为 20 mL，再加 2 mL 硫酸，混匀。

(3) 向盛有样品及标准溶液的锥形瓶中，分别加入 1.5 mL 磷酸和 0.3 g 过碘酸钾，混匀。于小火上煮沸 5 min，然后移入 25 mL 比色管中，以少量水洗涤锥形瓶，洗液一并移入比色管中，加水至刻度，混匀。用 3 cm 比色皿于 530 nm 波长处测定吸光度，绘制标准曲线。依测定用样品处理液的吸光度在标准曲线上查得锰含量。

6. 结果计算

$$\text{酒样中锰含量(mg/L)} = \frac{X}{V \times \frac{V_2}{V_1} \times 1000} \times 1000 \tag{2-15}$$

式中：X——测定用样品处理液中锰含量，μg；

V_1——样品处理液总体积，mL；

V_2——测定用样品处理液体积，mL；

V——取酒样体积，mL。

7. 说明

(1) 选用磷酸作为介质，是因为在其中吸光度值较大且比较稳定。

(2) 也可用火焰原子吸收光谱法测定微量元素，操作简便，回收率为 92%～106%。

(3) 常见的共存离子如 K^+、Ca^{2+}、Mg^{2+}、Fe^{3+}、Al^{3+}、Cu^{2+}、Zn^{2+}、Na^+ 有时对测定有一定的干扰。

项目三　果胶物质的测定

学习目标

- 知识目标：能应用分光光度法测定的原理解释操作过程。
- 技能目标：会熟练操作分光光度计，能运用比色法测定果胶物质的含量。
- 素质目标：能严格按操作规程进行安全操作，真实记录；会分析实验结果；有效地核算实验成本，能进行环保处理。学会分析、判断、解决问题，在学与做的过程中锻炼与他人交往、合作的能力。

1. 知识要点

果胶物质存在于水果、蔬菜、薯类、谷物中，它是细胞的一种成分。果胶是高分子聚合物，基本化学组成为半乳糖醛酸。果胶水解时产生果胶酸和甲醇，因此原料中果胶质含量会影响蒸馏酒如白酒、白兰地等甲醇的含量。果胶物质水解生成半乳糖醛酸，在强酸中与咔唑发生缩合反应生成紫红色溶液，可进行比色定量测定。颜色在反应后 1～2 h 内达到最深，然后逐渐消退。在颜色最深时测定吸光度。

2. 分析方法

分光光度法。

3. 仪器

可见分光光度计。

4. 试剂

(1) 优级纯硫酸。

(2) 0.15%咔唑-乙醇溶液：称取化学纯咔唑 0.150 g，溶解于无水乙醇中，定容至 100 mL。咔唑溶解较慢，需搅拌。

(3) 半乳糖醛酸：以 α-D-半乳糖醛酸作为标准半乳糖醛酸。

(4) 0.05 mol/L 盐酸。

(5) 乙醇：化学纯无水乙醇和 95%乙醇。

5. 测定方法

1) 半乳糖醛酸标准曲线的绘制

精密称取 α-D-半乳糖醛酸 100 mg，溶解于蒸馏水中，并定容至 100 mL，混合后得 1 mg/mL的半乳糖醛酸原液。移取上述原液 1.0 mL、2.0 mL、3.0 mL、4.0 mL、5.0 mL、6.0 mL 和 7.0 mL，分别注入 100 mL 容量瓶中，稀释至刻度，即得一组浓度为 10 μg/mL、20 μg/mL、30 μg/mL、40 μg/mL、50 μg/mL、60 μg/mL 和 70 μg/mL 的半乳糖醛酸标准溶液。

取 25 mL 比色管 7 支，用吸管注入浓硫酸各 6 mL，置于冰水浴中冷却，边冷却边分别徐徐加入上述不同浓度的半乳糖醛酸标准溶液各 1 mL，盖塞混匀后，再置于冰水浴中冷却。然后，在沸水浴中加热 10 min，冷却至室温后，加入 0.15%咔唑-乙醇溶液各 0.5 mL，充分混合。另以蒸馏水代替半乳糖醛酸标准溶液，依上法同样处理，作为试剂空白。在室温下放置 2 h，于 530 nm 波长处分别测定其吸光度。以测得的吸光度为纵坐标，每毫升标准溶液中半乳糖醛酸的含量为横坐标，绘制标准曲线。

2) 样品中果胶物质的提取和测定

称取均浆样品 4 g，注入 50 mL 烧杯中，加入无水乙醇 100 mL，充分搅拌混合后表面盖以玻璃，在 80～90 ℃恒温水浴中加热 20 min，冷却并静置 1 h 后，用 G_3 玻璃砂芯滤器，在轻微抽气下过滤，弃去含糖的乙醇滤液。沉淀用乙醇分次洗涤，除去糖分，直至滤液无色，用 Molish 反应检验时无糖或接近无糖反应为止。然后将沉淀移入 250 mL 锥形瓶中，并用 150 mL 加热至沸的 0.05 mol/L 盐酸将滤器上残留的沉淀无损地洗入同一烧瓶中，摇匀，接上回流冷凝管，在沸水浴上回流 1 h，冷却至室温，用蒸馏水定容至 200 mL。混合后，先经脱脂棉粗滤，再用滤纸过滤。移取上述澄清的提取液 10 mL，注入 100 mL 容量瓶中，用水稀释至刻度。然后，吸取此稀释液 1 mL，加入已有 6 mL 浓硫酸的比色管中，按半乳糖醛酸标准曲线的绘制方法操作测定其吸光度，由标准曲线查出稀释液中半乳糖醛酸的浓度（μg/mL）后，按下式计算测定结果，样品中的果胶物质总量以半乳糖醛酸表示：

$$果胶物质总量=\frac{半乳糖醛酸含量(\mu g/mL)}{样品质量(g)\times\frac{10}{200}\times\frac{1}{100}\times10^6}\times100\% \tag{2-16}$$

3）糖分的 Molish 反应法检验

取待测液 0.5 mL，注入小试管中，加入 5%α-萘酚的乙醇溶液 2～3 滴，充分混合，此时溶液稍有白色混浊。然后，使试管稍稍倾斜，用吸管沿管壁徐徐加入浓硫酸 1 mL（注意水层和浓硫酸不可混合）。将试管稍微静置后，若在两液层的界面产生紫红色环，则证明待测液含有糖分。

6. 说明

（1）应用咔唑反应比色法测定果胶物质时，其试样提取液必须是不含糖分的溶液。糖分的存在对硫酸-半乳糖醛酸混合液的咔唑呈色反应起较大干扰，而使测定结果偏高。因此，从样品中提取果胶物质之前，用乙醇使果胶物质与其他多糖一起沉淀，并尽量洗涤除去糖分是十分重要的。

（2）半乳糖醛酸在低浓度的硫酸中，与咔唑试剂的呈色度极低，甚至不起呈色反应，而仅在浓硫酸中，才可使其充分呈色。

项目四　游离 α-氨基氮的测定

学习目标

• 知识目标：能应用分光光度法的测定原理解释操作过程。

• 技能目标：会熟练操作分光光度计，能运用比色法测定食品中游离 α-氨基氮的含量。

• 素质目标：能严格按操作规程进行安全操作，真实记录；会分析实验结果；有效地核算实验成本，能进行环保处理。学会分析、判断、解决问题，在学与做的过程中锻炼与他人交往、合作的能力。

1. 知识要点

α-氨基酸是指在 α-碳原子上结合有氨基的所有氨基酸的总称，它占啤酒中各种氨基酸总量的绝大部分。在正常的酿造过程中，各种氨基酸的相对组成变化不大，所以啤酒中 α-氨基酸的含量变化，即代表其中所有氨基酸的含量变化。本测定方法是以 α-氨基酸中含氮量（即 α-氨基氮量）来表示 α-氨基酸含量的。

水合茚三酮与氨基酸反应，水合茚三酮被还原成还原型水合茚三酮，氨基酸被氧化脱羧,产生醛、二氧化碳和氨。然后,氨、水合茚三酮和还原型水合茚三酮三者作用,生成蓝紫色配合物,以比色法测定。

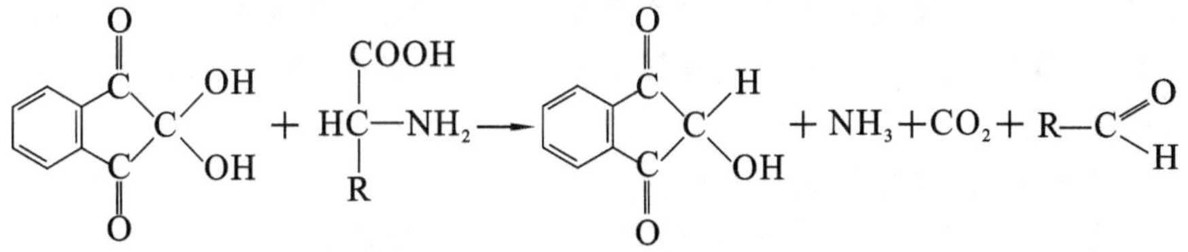

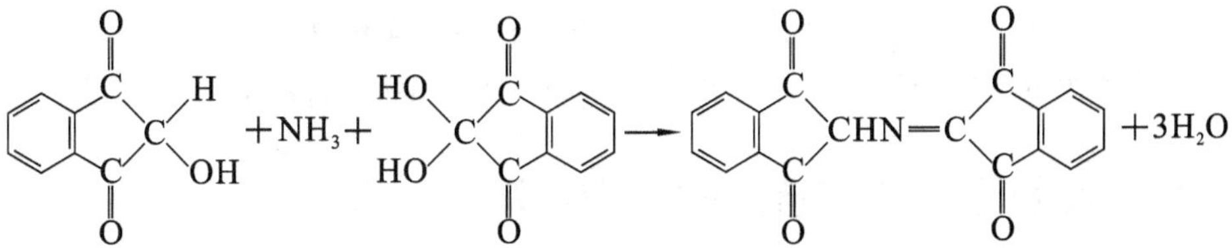

茚三酮 + 氨基酸 → 还原型茚三酮 + NH_3 + CO_2 + 醛类

还原型茚三酮 + NH_3 + 茚三酮 → 蓝紫色产物 + $3H_2O$

2. 分析方法

分光光度法。

3. 仪器

可见分光光度计。

4. 试剂

(1) 显色剂:称取 10 g 磷酸氢二钠($Na_2HPO_4 \cdot 12H_2O$)、6 g 磷酸二氢钾(KH_2PO_4)、0.5 g茚三酮、0.3 g 果糖,用水溶解并定容至 100 mL,pH 为 6.6~6.8,贮存于棕色瓶中,低温保存,可使用两个星期。

(2) 稀释液:称取 2 g 碘酸钾,溶于 600 mL 水中,加 400 mL 95%乙醇(应无色透明)。

(3) 标准甘氨酸溶液:准确称取 0.1072 g 甘氨酸,用水溶解并定容至 100 mL,于 0 ℃保存。

5. 测定方法

以水稀释试样,使浓度为每升含 α-氨基氮 1~3 mg。建议对麦芽汁稀释 100 倍,对啤酒稀释 50 倍。

取五支试管,其中三支各加 2 mL 甘氨酸标准溶液(每毫升含 2 μg α-氨基氮),一支加 2 mL 试样稀释液,另一支加 2 mL 水作空白。然后在各管中加 1 mL 显色剂,摇匀,并在管口放一玻璃球,在沸水浴上加热 16 min。取出,立即在 20 ℃水浴中冷却 20 min。加 5 mL稀释液,摇匀,在 30 min 内,于 570 nm 波长下测吸光度。

6. 结果计算

$$\text{游离}\ \alpha\text{-氨基氮含量(mg/L)} = \frac{\text{试样管的吸光度}}{\text{标准管平均吸光度}} \times 4 \times \frac{1}{2} \times \text{试样稀释倍数} \tag{2-17}$$

式中:4——标准管中甘氨酸的质量,μg;

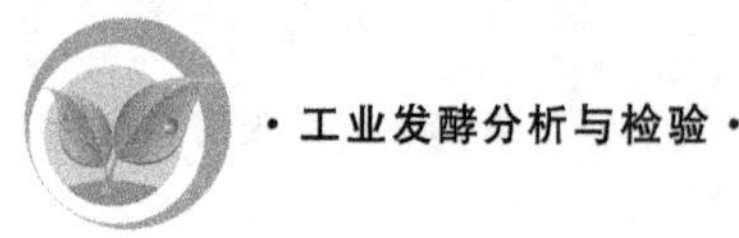

2——所取稀释试样体积,mL。

7. 说明

(1) 茚三酮与氨基酸反应非常灵敏,痕量的氨基酸也能给结果带来很大误差,故操作中要十分注意:容器必须洗净,手只能接触其外表面。玻璃球要以镊子夹取。吸取溶液要用自动吸管或洗耳球等。

(2) 茚三酮与氨基酸显色反应要求在 pH 为 6.7 的条件下加热进行,果糖作为还原物质参加显色反应,碘酸钾在稀溶液中氧化茚三酮,以阻止副反应。

(3) 深色麦芽汁或啤酒需加以校正:吸取 2 mL 试样稀释液,加 1 mL 蒸馏水和 5 mL 稀释液,在 570 nm 波长下测吸光度,将此值从测定样品的读数中减去。

(4) 结果表示单位:麦芽汁和啤酒用 mg/L,麦芽用 mg/(100 g)。

项目五　单核苷酸的定磷法测定

学习目标

• 知识目标:能应用分光光度法的测定原理解释操作过程。

• 技能目标:会熟练操作分光光度计,能运用比色法测定食品中单核苷酸的含量。

• 素质目标:能严格按操作规程进行安全操作,真实记录;会分析实验结果;有效地核算实验成本,能进行环保处理。学会分析、判断、解决问题,在学与做的过程中锻炼与他人交往、合作的能力。

1. 知识要点

核酸经降解为单核苷酸,单核苷酸由磷酸、戊糖(核糖)、碱基(嘌呤和嘧啶衍生物)组成。单核苷酸在医学上常用作药剂,在食品中用作增鲜剂(如次黄嘌呤核苷酸,即肌苷酸)。

单核苷酸的测定方法分为三种类型:碱基中具有共轭双键,在紫外光区有强烈吸收,可用紫外分光光度法测定;嘌呤糖苷键经浓硫酸作用,戊糖断裂出来形成糠醛,与地衣酚形成蓝色物质,可用比色法测定;单核苷酸中磷酸经硫酸消化为无机磷,与钼酸铵作用,在酸性条件下被维生素 C 还原生成钼蓝,用比色法测定。下面仅介绍定磷法。

2. 分析方法

分光光度法。

3. 仪器

可见分光光度计。

4. 试剂

(1) 5 mol/L 硫酸溶液:量取 27.8 mL 浓硫酸,缓慢倒入适量水中,用水稀释并定容至 100 mL。

(2) 3 mol/L 硫酸溶液:量取 16.7 mL 浓硫酸,缓慢倒入适量水中,用水稀释并定容至 100 mL。

(3) 定磷试剂:取 3 mol/L 硫酸溶液,2.5%钼酸铵溶液(称取 2.5 g 钼酸铵,用水溶解并稀释至 100 mL),水和 10%维生素 C 溶液(称取 10 g 维生素 C——抗坏血酸,用水溶解并稀释至 100 mL),顺序按体积比 1∶1∶2∶1 混合。本试剂应新鲜配制。

(4) 标准磷溶液:准确称取 0.4390 g 磷酸二氢钾(KH_2PO_4),用水溶解并定容至 1000 mL。使用时,吸取 10 mL 上述溶液,用水稀释并定容至 100 mL,此溶液每毫升含磷 10 μg。

(5) 浓硫酸。

(6) 过氧化氢溶液。

5. 测定方法

1) 标准曲线的绘制

在六支试管中,分别加入 0.0 mL、0.2 mL、0.4 mL、0.6 mL、0.8 mL、1.0 mL 标准磷溶液(10 μg/mL),各管加水至 3 mL,加 3 mL 定磷试剂,于 45 ℃水浴中显色 25 min,在 660 nm 波长下测吸光度,绘制标准曲线。

2) 测定

准确称取约 0.1 g 试样,溶于水中(难溶时可加 1~2 滴浓氨水),用水稀释并定容至 100 mL。

总磷测定:吸取 1 mL 试样稀释液,置于 50 mL 凯氏瓶中,加 2.5 mL 浓硫酸,加热至冒白烟,冷却。加 2 滴过氧化氢溶液,继续加热至无色透明,冷却,用水稀释并定容至 50 mL。吸取 3 mL 稀释消化液(含磷量 10 μg 以下),以下操作同标准曲线的绘制,测其吸光度,从标准曲线中求得磷量 m_1(μg)。

无机磷测定:吸取 1 mL 试样稀释液,用水稀释并定容至 50 mL,吸取 3 mL 稀释液,以下操作同标准曲线的绘制,测其吸光度,从标准曲线中求得磷量 m_2(μg)。

6. 结果计算

$$\text{单核苷酸含量} = (m_1 - m_2) \times \frac{M_1}{M_2} \times \frac{50}{3} \times \frac{100}{1} \times \frac{1}{10^6} \times \frac{1}{m} \times 100\% \qquad (2\text{-}18)$$

式中:M_1——单核苷酸相对分子质量;

M_2——磷相对原子质量;

m——称取试样的质量,g。

7. 说明

本法中磷在 0~10 μg 内符合朗伯-比耳定律。

项目六 单核苷酸的分光光度法测定

学习目标

- 知识目标:能应用分光光度法测定原理解释操作过程。
- 技能目标:会熟练操作分光光度计,能运用比色法测定食品中单核苷酸的含量。

• 素质目标：能严格按操作规程进行安全操作，真实记录；会分析实验结果；有效地核算实验成本，能进行环保处理。学会分析、判断、解决问题，在学与做的过程中锻炼与他人交往、合作的能力。

1. 知识要点

核苷酸分子中的碱基含有共轭双键，故具有吸收紫外光的特性，其最大吸收波长多在 260 nm 附近，可用紫外分光光度法测定。

本实验以 AMP 粗制品中 AMP 的含量测定为例，此方法也适用于其他几种单核苷酸的含量测定，定量测定时可采用标准曲线法，也可采用摩尔吸光系统直接推算。现将几种单核苷酸的摩尔吸光系数列于表 2-6 中。

表 2-6　几种单核苷酸的摩尔吸光系数

单核苷酸	摩尔吸光系数(ε_{260})		相对分子质量	
	pH=2.0	pH=7.0	氢型	钠型
腺嘌呤核苷 5′-单磷酸(AMP)	14.2×10^3	15.0×10^3	374.22	391.22
鸟嘌呤核苷 5′-单磷酸(GMP)	11.8×10^3	11.4×10^3	363.24	407.24
胞嘧啶核苷 5′-单磷酸(CMP)	6.2×10^3	7.4×10^3	323.31	367.31
尿嘧啶核苷 5′-单磷酸(UMP)	10.0×10^3	10.0×10^3	324.18	368.18

被测液中核苷酸含量在 0.01～0.02 mg/mL 最合适。

2. 分析方法

分光光度法。

3. 仪器

紫外-可见分光光度计。

4. 试剂

0.01 mol/L 盐酸：取 0.84 mL 浓盐酸，用水稀释至 1000 mL。

5. 测定方法

准确量取样品 25 mL，用 0.01 mol/L 盐酸溶解并定容至 100 mL，摇匀。吸取 5 mL，再用 0.01 mol/L 盐酸稀释并定容至 100 mL。以 0.01 mol/L 盐酸为空白，在 260 nm 波长下测吸光度。

6. 结果计算

$$\text{核苷酸含量}[\text{mg/(100 mg)}] = A_{260} \times \frac{M}{\varepsilon_{260}} \times \text{稀释倍数} \times 100 \qquad (2\text{-}19)$$

式中：M——单核苷酸的相对分子质量；

ε_{260}——260 nm 波长下单核苷酸的摩尔吸光系数；

A_{260}——260 nm 波长下测定的吸光度。

项目七　谷氨酸发酵醪中总酮酸的测定

学习目标

- 知识目标：能应用分光光度法的测定原理解释操作过程。
- 技能目标：会熟练操作分光光度计，能运用比色法测定食品中总酮酸的含量。
- 素质目标：能严格按操作规程进行安全操作，真实记录；会分析实验结果；有效地核算实验成本，能进行环保处理。学会分析、判断、解决问题，在学与做的过程中锻炼与他人交往、合作的能力。

1. 知识要点

α-酮戊二酸是谷氨酸发酵过程中一个重要的中间代谢产物，它的积累量与生物素含量，特别是与通氧量有密切关系，通氧量过多或过少均不利于谷氨酸的生成。故测定发酵醪中 α-酮戊二酸的含量对发酵过程的代谢控制具有一定的参考价值。

酮酸可与 2,4-二硝基苯肼作用生成酮酸二硝基苯肼，用乙酸乙酯将所生成的酮酸二硝基苯肼自反应液中萃取出来，加入碳酸钠使生成钠盐，再让其钠盐与氢氧化钠反应，生成稳定的红棕色化合物，用比色法测定。

一羧基酮酸（如丙酮酸）与二羧基酮酸（如 α-酮戊二酸）均可发生上述反应，故本法测定结果为总酮酸含量。标准酮酸采用 α-酮戊二酸。

2. 分析方法

分光光度法。

3. 仪器

可见分光光度计。

4. 试剂

(1) α-酮戊二酸标准溶液：准确称取 0.01 g α-酮戊二酸，用水溶解并定容至 100 mL。每毫升含 α-酮戊二酸 100 μg。

(2) 0.1%2,4-二硝基苯肼溶液：称取 0.1 g 2,4-二硝基苯肼，溶于 100 mL 2 mol/L 盐酸中，过滤，避光冷处贮存。

(3) 5%碳酸钠溶液：称取 5 g 碳酸钠，用水溶解并稀释至 100 mL。

(4) 1.5 mol/L 氢氧化钠溶液：称取 6 g 氢氧化钠，用水溶解并稀释至 100 mL。

(5) 乙酸乙酯。

5. 测定方法

标准系列管的制备：准确吸取 α-酮戊二酸标准溶液（100 μg/mL）0.0 mL、0.3 mL、0.6 mL、0.9 mL、1.2 mL、1.5 mL，分别置于分液漏斗中，加水至总体积为 3 mL。

试样管的制备：分别取零时发酵醪（可预先取样，冷藏保存，备用）及待测发酵醪，以 2500 r/min 离心 30 min（或以滤纸过滤），吸取上清液（或滤液），用水稀释至酮酸含量在 150 μg/mL 以下（一般正常发酵时发酵醪中总酮酸含量为 1～3 mg/mL，应稀释 50 倍，零时发酵试样也以同样倍数稀释)。分别吸取两种稀释液各 1 mL 于分液漏斗中,加 2 mL水。

上述各分液漏斗中分别加入 2 mL0.1%2,4-二硝基苯肼溶液,放置 30 min,分别加 8 mL乙酸乙酯,振摇 5 min,弃下层水相,加 6 mL5%碳酸钠溶液,振摇 5 min,准确取下层溶液 5 mL 于比色管中,加 5 mL 1.5 mol/L 氢氧化钠溶液,摇匀,放置 10 min,呈红棕色。在 500 nm 波长下测吸光度,绘制标准曲线。

6. 结果计算

将待测发酵醪吸光度减去零时发酵醪吸光度,从标准曲线中查出酮酸量(μg),按下式计算:

$$\text{总酮酸含量(mg/mL)} = \text{从标准曲线上查得的酮酸含量}(\mu\text{g/mL}) \times \frac{1}{1000} \times \text{稀释倍数} \tag{2-20}$$

7. 说明

(1) 0.1%2,4-二硝基苯肼溶液应避光冷藏保存。

(2) 各标准管及试样管应采用相同的反应温度,各步反应时间均应一致。

(3) 酮酸含量在 200 μg/mL 以下符合朗伯-比耳定律。异常发酵时,发酵醪中酮酸含量过高,应增大稀释倍数进行测定,切不可将标准曲线任意延长,以免结果偏低。

项目八　啤酒中花色苷原的测定

学习目标

- 知识目标:能应用分光光度法的测定原理解释操作过程。
- 技能目标:会熟练操作分光光度计,能运用比色法测定食品中花色苷原的含量。
- 素质目标:能严格按操作规程进行安全操作,真实记录;会分析实验结果;有效地核算实验成本,能进行环保处理。学会分析、判断、解决问题,在学与做的过程中锻炼与他人交往、合作的能力。

1. 知识要点

大麦中的花色苷原(多酚化合物,啤酒花中也有少量)在啤酒酿造时,一部分残留于啤酒中。这类化合物经氧化产生醌型结构,进一步生成聚合物以及和蛋白质的结合产物,构成啤酒非生物混浊的主要成分,这就是造成啤酒“失光”现象和影响其保存期的主要原因。如何除去啤酒中的多酚化合物是延长啤酒保存期非常关键的问题,因此,测定啤酒中多酚化合物对于研究和预示啤酒保存期有着十分重要的意义。

在呈混浊的多酚化合物中,主要是花色苷原及小部分单宁类,因此测定多酚化合物实际是测定花色苷原。花色苷原能被聚酰胺树脂(尼龙 66)吸附,然后在树脂存在下,用体积比为 5∶1 的正丁醇-浓盐酸溶液使花色苷原变成红紫色花色素类,这时聚酰胺树脂呈可溶状,然后在 550 nm 波长下比色测定。

一般情况下不作定量测定，只测其吸光度的变化情况，作相对比较。

2. 分析方法

分光光度法。

3. 仪器

可见分光光度计。

4. 测定方法

1）尼龙 66 的预处理

（1）甲酸处理法：称取 10 g 尼龙 66，加 100 mL 甲酸，放置 24～48 h 溶解。在不断搅拌下，加两倍于甲酸量的无水甲醇，得白色沉淀，用 4 号耐酸玻璃漏斗真空抽滤，并用适量的无水甲醇充分洗涤，置于蒸发皿中，于 80 ℃干燥，研细，过 100 目筛。

（2）盐酸处理法：称取 10 g 尼龙 66，置于 100 mL20％沸盐酸中溶解，将黄色液倒入冷水中，得白色沉淀，用 4 号耐酸玻璃漏斗真空抽滤，用水洗，然后用丙酮洗，置于蒸发皿中，于 80 ℃干燥，研细，过 100 目筛。

2）测定

准确称取 0.5～0.6 g 已处理过的尼龙 66，置于 50 mL 三角瓶中，加 10 mL 除气啤酒，加塞，振摇 40 min，花色苷原被吸附。离心分离，弃清液，反复用水洗，直至洗涤液无色透明为止。在离心管中，加 12～15 mL 正丁醇-浓盐酸混合液（体积比为 5：1），于沸水浴中加热 30 min，不时搅拌使其溶解，得红紫色混合液。趁热转入 25 mL 容量瓶中，用正丁醇-浓盐酸混合液（同上）洗涤离心管，并用此溶液定容至刻度。同时配制一空白溶液：称取相同量的已处理过的尼龙 66，置于 25 mL 容量瓶中，用正丁醇-浓盐酸混合液（同上）溶解并定容至刻度，于 550 nm 波长下，用 1 cm 比色皿，测定吸光度，比色时间不能太长，以防色泽改变。

3）尼龙 66 的回收

用过的尼龙 66 先用水洗，再用 0.1 mol/L 氢氧化钠溶液洗，直至不呈颜色为止，再用水洗，然后依次用丙酮、乙醚洗。

5. 说明

（1）定容和比色一定要趁热进行，否则所得结果会因时间的推移而增大。

（2）对于检测后的比色皿、容量瓶（或比色管），一定要用重铬酸钾洗液浸泡后再用清水反复清洗。

项目九　啤酒中异 α-酸的测定

学习目标

- 知识目标：能应用分光光度法的测定原理解释操作过程。
- 技能目标：会熟练操作分光光度计，能运用比色法测定食品中异 α-酸的含量。
- 素质目标：能严格按操作规程进行安全操作，真实记录；会分析实验结果；有效地

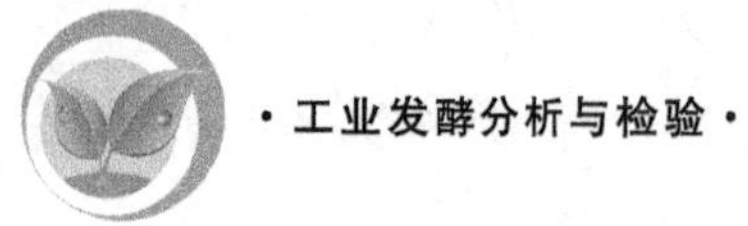

核算实验成本，能进行环保处理。学会分析、判断、解决问题，在学与做的过程中锻炼与他人交往、合作的能力。

1. 知识要点

啤酒中的异 α-酸是来自啤酒花中的 α-酸，再经异构化作用而产生的。α-酸是啤酒花中最主要的苦味成分，也是啤酒花的最有效成分。在麦芽汁煮沸过程中，α-酸的一部分溶出并异构化成异 α-酸。异 α-酸在麦芽汁中溶解度更大，苦味更强。异 α-酸是啤酒花的重要质量指标。异 α-酸的测定方法有重量法、旋光法、比色法、电位滴定法、电导法、层析法(纸上层析、薄层层析、气相色谱法等)以及紫外分光光度法。最后一种方法比较准确快速，也是欧洲啤酒协作会议(简称欧啤协)推荐的方法。

异 α-酸在 275 nm 波长处有最大吸收，可用紫外分光光度法测定。由于试样中有杂质干扰，所以必须预先用异辛烷萃取，然后控制一定的 pH，用甲醇将异辛烷萃取液再进行一次提纯，随后用紫外-可见分光光度计测定。

2. 分析方法

分光光度法。

3. 仪器

紫外-可见分光光度计。

4. 试剂

(1) 异辛烷：异辛烷加氢氧化钠，蒸馏，馏出液在 275 nm 波长下，用 1 cm 比色皿，以水为空白，测定吸光度，其值应小于 0.01。

(2) 4 mol/L 盐酸：量取 34 mL 浓盐酸，用水稀释至 100 mL。

(3) 3 mol/L 盐酸：量取 25 mL 浓盐酸，用水稀释至 100 mL。

(4) 酸化甲醇溶液：量取 64 mL 甲醇，加 36 mL4 mol/L 盐酸。

5. 测定步骤

将瓶酒放入 20 ℃水浴中恒温 1 h，开瓶取样，去沫后吸取 10 mL，置于 100 mL 具塞比色管中，加 1 mL 3 mol/L 盐酸酸化，加 20 mL 异辛烷，于(20±1) ℃水浴中摇 2 min。待澄清后，取上层异辛烷 10 mL，放入 50 mL 具塞比色管中，加 10 mL 酸化甲醇，继续在(20±1) ℃水浴中轻摇 1 min，静置分层，取异辛烷层进行测定。用酸化甲醇按同样方式洗涤异辛烷作为空白液，用 1 cm 比色皿，在 275 nm 波长下测定吸光度。

6. 结果计算

$$\text{异}\,\alpha\text{-酸含量(mg/L)} = \frac{A_{275} \times 20000}{285} \tag{2-21}$$

式中：A_{275}——吸光度读数；

285——在 275 nm 波长下，浓度为 1%的异 α-酸在 1 cm 比色皿中的吸光度值；

20000——即$\frac{20}{10}\times1000\times\frac{1000}{100}$，其中$\frac{20}{10}$为稀释倍数，1000 为克换算成毫克的系数，$\frac{1000}{100}$为换算为 1000 mL 中的量。

7. 说明

(1) 铁离子有干扰作用，要求全部试剂无铁。实验用水必须为重蒸馏水。使用同一批酸化甲醇。

(2) 在啤酒发酵过程中，异 α-酸损失在 25%～30%，其中异合葎草酮损失最小，异正葎草酮损失最大。在成品啤酒贮藏过程中，反式、顺式异 α-酸均在不断地降解，反式异 α-酸损失更多一些，顺式异 α-酸与反式异 α-酸的比例能很好地反应啤酒老化的程度。

思考题

1. 分光光度计的组成包括哪几部分?
2. 如何绘制紫外-可见光的工作曲线?
3. 比较定磷法和分光光度法测定单核苷酸含量的不同点。
4. 在游离 α-氨基氮的测定过程中，显色剂的工作原理是什么?
5. 简述啤酒中异 α-酸的测定原理。

模块五　原子吸收分光光度法

原子吸收分光光度法是基于从光源发出的被测元素特征辐射通过元素的原子蒸气时被其基态原子吸收，由辐射的减弱程度测定元素含量的一种现代仪器分析方法。此法是 20 世纪 50 年代中期出现并在以后逐渐发展起来的一种新型的仪器分析方法，它在地质、冶金、机械、化工、农业、食品、轻工、生物医药、环境保护、材料科学等各个领域都有广泛的应用。该法主要适用于样品中微量及痕量组分分析，在工业发酵检测领域中占有重要的地位，既可测定发酵产品中常规金属元素，如锌、铜等离子，又可精密测定锶、锗、硒等多种稀有元素。

物质中的原子、分子永远处于运动状态。这种物质的内部运动在外部可以以辐射或吸收能量的形式表现出来，而光谱就是按照波长顺序排列的电磁辐射。按照外部表现形式，光谱可分为连续光谱、窄带光谱和线光谱。原子吸收采用的光谱属于线光谱，波长区域在近紫外和可见光区。其分析原理是：当光源辐射出的待测元素的特征谱线通过样品的蒸气时，被蒸气中待测元素的基态原子所吸收，由发射光谱减弱的程度求得样品中待测元素的含量。

原子吸收分光光度计(见图 2-9)是根据被测元素的基态原子对特征辐射的吸收程度进行定量分析的仪器，测量原理是基于光吸收定律。

$$A = \lg \frac{I_0}{I_t} = \lg \frac{1}{T} = KLC \qquad (2\text{-}22)$$

图 2-9　原子吸收分光光度计

式中：A——吸光度；

I_0——入射光强度；

I_t——透射光强度；

T——透射比；

K——吸光系数；

C——样品中被测元素的浓度；

L——光通过原子化器的光程。

在仪器稳定时：

$$A = KC \tag{2-23}$$

式中：C——样品中被测元素的浓度；

K——与元素浓度无关的常数；

A——吸光度。

由于 K 值是一个与元素浓度无关的常数（实际上是标准曲线的斜率），只要通过测定标准系列溶液的吸光度，绘制工作曲线，根据同时测得的样品溶液的吸光度，在标准曲线上即可查得样品溶液的浓度。

原子吸收分光光度法的特点如下。

(1) 优点。

① 检出限低：火焰原子吸收光谱法（FAAS）的检出限可达到 mg/L 级，石墨炉原子吸收光谱法（GFAAS）的检出限可达到 $10^{-14} \sim 10^{-10}$ g。

② 选择性好：原子吸收光谱是元素的固有特征。

③ 精密度高：FAAS 相对标准偏差一般可控制在 1%内，GFAAS 相对标准偏差一般可控制在 5%之内。

④ 抗干扰能力强：一般不存在共存元素的光谱干扰，干扰主要来自化学干扰。

⑤ 分析速度快：使用自动进样器，每小时可测定几十个样品。

⑥ 应用范围广：可分析周期表中绝大多数的金属与非金属元素，利用联用技术可以进行元素的形态分析，用间接原子吸收光谱法可以分析有机化合物，还可以进行同位素分析。

⑦ 用样量小：FAAS 进样量一般为 3～6 mL/min，GFAAS 液体的进样量为 10～50 μL，固体进样量为毫克级。

⑧仪器设备相对比较简单，操作简便。

(2) 缺点。

原则上讲，原子吸收分光光度法不能多元素同时分析。测定不同元素，必须更换光源灯，这是它的不便之处。原子吸收分光光度法测定难熔元素的灵敏度还不怎么令人满意。在可以进行测定的 70 多种元素中，比较常用的仅 30 多种。当采用将试样溶液喷雾到火焰的方法实现原子化时，会产生一些变化因素，因此精密度稍差。现在还不能测定共振线处于真空紫外区域的元素，如磷、硫等。标准工作曲线的线性范围窄（一般在一个数量级范围），这给实际分析工作带来不便。对于某些基体复杂的样品分析，尚存在某些干扰问题需要解决。在高背景低含量样品测定任务中，精密度会下降。如何进一步提高灵敏度和降低干扰，仍是当前和今后原子吸收光谱分析工作者研究的重要课题。

项目一 果酒中铁的测定

学习目标

- 知识目标：能说明果酒中铁的测定原理。
- 技能目标：会进行原子吸收分光光度计的操作。
- 素质目标：能严格按操作规程进行安全操作，真实记录；会分析实验结果；能与小组成员协调合作。

1. 知识要点

将处理后的试样导入原子吸收分光光度计中，在乙炔-空气火焰中，试样中的铁被原子化，基态原子铁吸收特征波长（248.3 nm）的光，吸收量的大小与试样中铁原子浓度成正比，测其吸光度，求得铁含量。

2. 分析方法

原子吸收分光光度法（GB/T 15038—2006）。

3. 仪器

不同型号仪器的最佳测试条件不同，可参照仪器说明书自行选择。

(1) 原子吸收分光光度计。

(2) 铁空心阴极灯。

(3) 乙炔钢瓶或乙炔发生器。

(4) 空气压缩机，应备有除水、除油、除尘装置。

(5) 一般实验室仪器。所用玻璃及塑料器皿用前在 HNO_3 溶液（1∶1）中浸泡 24 h 以上，然后用水清洗干净。

4. 试剂

所用试剂除另有说明外，均使用符合国家标准或专业标准的分析纯试剂和去离子水或同等纯度的水。

(1) 硝酸（HNO_3）：ρ=1.42 g/mL，优级纯。

(2) 硝酸（HNO_3）：ρ=1.42 g/mL，分析纯。

(3) 盐酸（HCl）：ρ=1.19 g/mL，优级纯。

(4) HNO_3 溶液（1∶1）：用硝酸(2)配制。

(5) HNO_3 溶液（1∶99）：用硝酸(1)配制。

(6) HCl 溶液（1∶99）：用盐酸(3)配制。

(7) HCl 溶液（1∶1）：用盐酸(3)配制。

(8) 氯化钙溶液（10 g/L）：将无水氯化钙（$CaCl_2$）1 g 溶于水并稀释至 100 mL。

(9) 铁标准贮备液：称取光谱纯金属铁 1.0000 g（准确到 0.0001 g），用 60 mL HCl 溶液(7)溶解，用去离子水准确稀释至 1000 mL。

(10) 铁标准使用液：移取铁标准贮备液(9)50.00 mL 于 1000 mL 容量瓶中，用 HCl

溶液(6)稀释至标线，摇匀。此溶液中铁浓度为 50.0 mg/L。

5. 测定方法

1) 试样

测定时，样品通常需要消解。混匀后分取适量实验室样品于烧杯中，每 100 mL 水样加 5 mL 硝酸(1)，置于电热板上在近沸状态下将样品蒸至近干，冷却后再加入硝酸(1)重复上述步骤一次。必要时再加入硝酸(1)或高氯酸，直至消解完全，应蒸至近干，加盐酸(6)溶解残渣，若有沉淀，用定量滤纸滤入 50 mL 容量瓶中，加氯化钙溶液(8)1 mL，以盐酸(6)稀释至标线。

2) 空白试验

用水代替试样做空白试验。采用相同的步骤，且与采样和测定中所用的试剂用量相同。在测定样品的同时，测定空白。

3) 干扰

(1) 影响铁原子吸收法准确度的主要干扰是化学干扰，当硅的浓度大于 20 mg/L 时，对铁的测定产生负干扰；当硅的浓度大于 50 mg/L 时，对锰的测定也出现负干扰。当试样中存在 200 mg/L 氯化钙时，上述干扰可以消除。一般来说，铁的火焰原子吸收法的基体干扰不严重，由分子吸收或光散射造成的背景吸收也可忽略，但遇到高矿化度水样，有背景吸收时，应采用背景校正措施，或将水样适当稀释后再测定。

(2) 铁的光谱线较复杂，为克服光谱干扰，应选择小的光谱通带。

4) 校准曲线的绘制

取铁标准使用液(10)于 50 mL 容量瓶中，用盐酸(6)稀释至标线，摇匀。至少应配制 5 个标准溶液，且待测元素的浓度应当在这一标准系列范围内。根据仪器说明书选择最佳参数，用盐酸(6)调零后，在选定的条件下测量其相应的吸光度，绘制标准曲线。在测量过程中，要定期检查标准曲线。

5) 测量

在测量标准系列溶液的同时，测量样品溶液及空白溶液的吸光度。由样品吸光度减去空白吸光度，从标准曲线上求得样品溶液中铁的含量。

6. 结果计算

样品中铁的含量(mg/L)按下式计算：

$$X = AF \tag{2-24}$$

式中：X——样品中铁的含量，mg/L；

A——试样中铁的含量，mg/L；

F——样品稀释倍数。

所得结果应表示至一位小数。在重复性条件下获得的两次独立测定结果的绝对差值不得超过算术平均值的 10%。

7. 说明

(1) 果酒主要成分除水和酒精外，还含少量蛋白质、氨基酸等有机大分子及一些微量元素。微量元素的存在对产品口味和外观有很大影响。当铁元素含量大于 8 mg/L 时，会引起酒液的混浊或变色，因为铁能促进酒的氧化，白色破败病和蓝色破败病就是因胶质的三价磷酸盐和单宁铁的存在而产生的。

(2) 果酒中铜和铁含量非常少,所以一般都用石墨炉原子吸收分光光度法测定,但此法对仪器的要求很高,而且回收率不太好。经过研究,采用火焰原子吸收分光光度法加表面活性剂或有机溶剂增感,灵敏度、回收率等都能令人满意。

(3) 目前多数的原子吸收光谱仪器每次只能测定一种元素。现在也开发一些其他的新型的高级仪器,它们一次能测定多种元素。因此选择时也需关注此类问题。

项目二　果酒中铜的测定

学习目标

- 知识目标:能说明酒样中铜的测定原理。
- 技能目标:会进行原子吸收分光光度法的基本操作。
- 素质目标:能严格按操作规程进行安全操作,真实记录;会分析实验结果;能与小组成员协调合作。

1. 知识要点

将处理后的试样导入原子吸收分光光度计中,在乙炔-空气火焰中样品中的铜被原子化,基态原子吸收特征波长(324.7 nm)的光,其吸收量的大小与试样中铜的含量成正比,测其吸光度,求得铜含量。

2. 分析方法

原子吸收分光光度法(GB/T 15038—2006)。

3. 仪器

原子吸收分光光度计(备有铜空心阴极灯);捣碎机;马弗炉。

4. 试剂

(1) 硝酸。

(2) 石油醚。

(3) 硝酸溶液(0.5%):取 0.5 mL 硝酸于适量水中,再稀释至 100 mL。

(4) 硝酸溶液(10%):取 10 mL 硝酸于适量水中,再稀释至 100 mL。

(5) 硝酸溶液(1∶4)。

(6) 硝酸溶液(4∶6)。

(7) 铜标准溶液(0.1 mg/mL):准确称取 0.1000 g 金属铁(质量分数不小于 99.99%),加少量硝酸溶液(4∶6)溶解,移入 1000 mL 容量瓶中,此溶液每毫升相当于 0.1 mg铜。

(8) 铜标准使用液Ⅰ(1.0 μg/mL):吸取 1.00 mL 铜标准溶液于 100 mL 容量瓶中,用 0.5%硝酸溶液稀释至刻度,摇匀,如此多次稀释至此溶液每毫升含 1.0 μg 铜。

(9) 铜标准使用液Ⅱ(0.1 μg/mL):按铜标准使用液Ⅰ的方式,稀释至此溶液每毫升含 0.10 μg 铜。

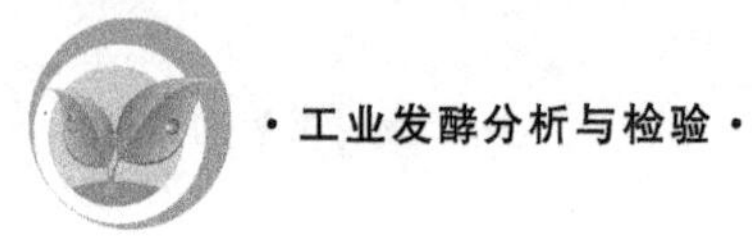

5. 测定方法

(1) 试样的制备。用硝酸溶液准确将样品稀释至5～10倍，摇匀，备用。

(2) 吸取0.0 mL、1.0 mL、2.0 mL、4.0 mL、6.0 mL、8.0 mL、10.0 mL铜标准使用液Ⅰ，分别置于10 mL容量瓶中，加0.5%硝酸溶液稀释至刻度，混匀。容量瓶中分别相当于每毫升含0 μg、0.10 μg、0.20 μg、0.40 μg、0.60 μg、0.80 μg、1.0 μg铜。

(3) 将处理后的样液、试剂空白液和各容量瓶中铜标准溶液分别导入调至最佳条件的火焰原子化器中进行测定。参考条件：灯电流3～6 mA，波长324.7 nm，光谱通带0.5 nm，空气流量9 L/min，乙炔流量2 L/min，灯头高度6 mm，氘灯背景校正。以铜标准溶液含量和对应的吸光度，绘制标准曲线或计算回归方程。样品吸光度与标准曲线比较或代入回归方程计算。

(4) 吸取0.0 mL、1.0 mL、2.0 mL、4.0 mL、6.0 mL、8.0 mL、10.0 mL铜标准使用液Ⅱ，分别置于10 mL容量瓶中，加0.5%硝酸稀释至刻度，混匀。容量瓶中分别相当于每毫升含0 μg、0.01 μg、0.02 μg、0.04 μg、0.06 μg、0.08 μg、0.1 μg铜。

(5) 将处理后的样液、试剂空白液和各容量瓶中铜标准溶液分别导入调至最佳条件的火焰原子化器中进行测定。参考条件：灯电流3～6 mA，波长324.7 nm，光谱通带0.5 nm，保护气1.5 L/min(原子化阶段停气)。操作参数：干燥90 ℃，20 s；灰化，20 s；升到800 ℃，20 s；原子化2300 ℃，4 s。以铜标准溶液Ⅱ系列含量和对应的吸光度，绘制标准曲线或计算回归方程。样品吸光度与标准曲线比较或代入回归方程计算。

6. 结果计算

(1) 火焰法。

$$X_1 = \frac{(A_1 - A_2) \times V_1 \times 1000}{m_1 \times 1000} \tag{2-25}$$

式中：X_1——样品中铜的含量，mg/kg(或mg/L)；

A_1——测定用样品中铜的含量，μg/mL；

A_2——试剂空白液中铜的含量，μg/mL；

V_1——样品处理后的总体积，mL；

m_1——样品质量(或体积)，g(或mL)。

(2) 石墨炉法。

$$X_2 = \frac{(m_2 - m_3) \times 1000}{m_4 \times (V_3/V_2) \times 1000} \tag{2-26}$$

式中：X_2——样品中铜的含量，mg/kg(或mg/L)；

m_2——测定用样品消化液中铜的含量，μg；

m_3——试剂空白液中铜的含量，μg；

V_2——样品消化液的总体积，mL；

V_3——测定用样品消化液的总体积，mL；

m_4——样品质量(或体积)，g(或mL)。

所得结果应保留两位有效数字。在重复性条件下获得的两次独立测定结果的绝对差值不得超过算术平均值的10%。

7. 说明

(1) 传统的铜含量测定采用的是火焰原子吸收分光光度法。该方法虽然简单快捷，但测定结果容易受酒样中的糖含量与测量温度的影响。糖的含量太高，难以汽化彻底，容易在汽化室中大量沉积，进一步影响汽化的效果，严重时还可能导致汽化室火焰熄灭。环境温度通过影响含糖酒样的温度，从而影响黏度，使测定结果失真，所以在传统的铜含量测定过程中要求 20 ℃的环境温度。

(2) 通过预先消化，去除酒样中的有机质，再测定铜的含量，可以同时消除糖含量和环境温度的影响，提高测量的精确度。

(3) 不管仪器的灵敏度如何，测定结果的准确性要通过测定标准品后获得。一般的标准品要采用标准参照物。

思考题

1. 简述原子吸收光谱分析的基本原理。
2. 简述原子吸收分光光度法的优缺点。
3. 简述石墨炉法和火焰法的区别。
4. 测定果酒中的铁含量时，干扰来自哪些方面？
5. 测定果酒中铜的含量的主要步骤有哪些？

第三章

常规成分分析

模块一　水分的测定

水分测定是酿酒原料分析中最基本的测定项目之一。其中水分含量是评价原料质量和利用价值的重要指标。一般来说，原料中水分含量越高，相对的固形物和可利用的成分就越少，生产原料的投料量就要增加。由于不同的原料或不同批次的同一种原料之间存在水分含量的差异，要比较其他测定项目的含量时，应该以绝干试样为基础进行计算。因此，水分含量测定的准确性直接关系到其他检测项目的准确性。

酿酒原料中水分的测定对原料的贮存和使用也有重要意义。粮食与豆类种子为了维持其生命和保持其固有的品质，都需要含有适量的水分，一般在12%左右。若水分含量过高，在贮藏期间会促使原料的呼吸作用旺盛，释放出更多的二氧化碳、水和热量，而消耗淀粉，使其可利用成分相对减少，同时易引发霉变、发热及发生病虫害，使淀粉受到不应有的损失。原料中的水分含量过高，在加工时还会增加粉碎的困难，使粉碎机的生产能力下降。

原料中水分分类如下。

(1) 根据原料中水分的存在状态，可分为两种：游离水分和束缚水分。

游离水分由湿润水分和毛细管水分两部分组成。其中，物料外表面在表面张力的作用下附着的水分为湿润水分；充满在原料中毛细管内的水分称为毛细管水分。以各种分子间力与原料中物质结合在一起的水分，称为束缚水分(又称结合水分)。

(2) 根据原料中水分的存在位置，可分为外在水分和内在水分。

外在水分又称为风干水分，是将原料放在空气中，风干数日后，因蒸发而消失的水分。性质上，它属于游离水分中的湿润水分。它的多少不仅取决于原料中湿润水分的多少，还与风干条件即风干时空气的温度和相对湿度有关，一般规定温度为20 ℃，相对湿度为65%。

内在水分指在风干原料中所含的水分，它包括游离水分中的毛细管水分和束缚水分。但束缚水分往往不能100%被测定，且不同的测定方法所测得的结果通常是不同的。

项目一 原料中水分测定的方法

学习目标

- 知识目标：学习水分测定的意义和原理。
- 技能目标：掌握直接干燥法的操作技术和注意事项，并且能够熟练完成样品检测。
- 素质目标：能严格按操作规程进行安全操作，真实记录；能够分析影响测定准确性的因素；会分析实验结果。学会分析、判断、解决问题，在学与做的过程中锻炼与他人交往、合作的能力。

一、105 ℃恒重法(GB 5497—1985)

1. 知识要点

原料中水分的测定方法很多，其中，加热干燥法是常用的测定方法，它是在一定温度和压力下，将试样加热干燥，以排除其中水分的方法。用加热干燥法测定其水分含量的试样，应符合以下条件：①水分是唯一的挥发物质；②水分的排除应完全；③试样中其他组分在加热过程中，由于发生化学变化而引起的质量变化可以忽略不计。

2. 仪器

(1) 电热恒温箱。

(2) 分析天平：感量0.001 g。

(3) 实验室用电动粉碎机或手摇粉碎机。

(4) 谷物选筛。

(5) 备有变色硅胶的干燥器(变色硅胶一经呈现红色就不能继续使用，应在130～140 ℃下烘至全部呈蓝色后再用)。

(6) 铝盒：内径4.5 cm，高2.0 cm。

3. 试样制备

从平均样品中分取一定量的样品，分样数量为30～50 g，除去大样杂质和矿物质，粉碎细度通过1.5 mm圆孔筛的不少于90%。

4. 测定方法

1) 定温

使烘箱中温度计的水银球距离烘网2.5 cm左右，调节烘箱温度在(105±2) ℃。

2) 烘干铝盒

取干净的空铝盒，放在烘箱内温度计水银球下方的烘网上，烘30 min至1 h取出，置于干燥器内冷却至室温，取出称重，再烘30 min，烘至前后两次质量差不超过0.005 g，即为恒重。

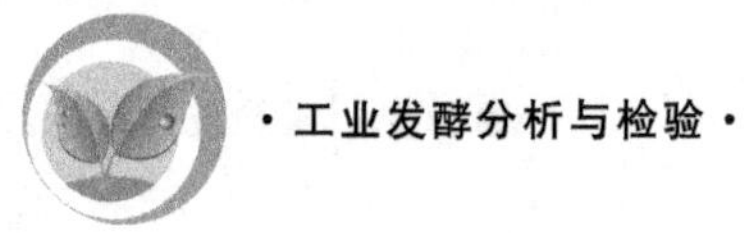

3）称取试样

用烘至恒重的铝盒(m_0)称取试样约 3 g,对带壳油料可按仁、壳比例称样或将仁、壳分别称样(m_1,准确至 0.001 g)。

4）烘干试样

将铝盒盖套在盒底上,放入烘箱内温度计周围的烘网上,在 105 ℃下烘 3 h(油料烘 90 min)后取出铝盒,加盖,置于干燥器内冷却至室温,取出称重后,再按以上方法进行复烘,每隔 30 min 取出冷却称重一次,烘至前后两次质量差不超过 0.005 g 为止。如后一次质量高于前一次质量,以前一次质量计算(m_2)。

5. 结果计算

$$水分含量 = \frac{m_1 - m_2}{m_1 - m_0} \times 100\% \tag{3-1}$$

式中:m_0——铝盒质量,g;

m_1——烘前试样和铝盒质量,g;

m_2——烘后试样和铝盒质量,g。

双试验结果允许差不超过 0.2%,求其平均数,即为测定结果。测定结果取小数点后第一位。

二、定温定时烘干法

1. 仪器

同 105 ℃恒重法。

2. 试样制备

同 105 ℃恒重法。

3. 试样用量计算

本法用定量试样,先计算铝盒底面积,再按每平方厘米为 0.126 g 计算试样用量(底面积×0.126)。如用直径 4.5 cm 的铝盒,试样用量为 2 g;用直径 5.5 cm 的铝盒,试样用量为 3 g。

4. 测定方法

用已烘至恒重的铝盒称取定量试样(准确至 0.001 g),待烘箱温度升至 135～145 ℃时,将盛有试样的铝盒送入烘箱内温度计周围的烘网上,在 5 min 内,将烘箱温度调到(130±2) ℃,开始计时,烘 40 min 后取出放入干燥器内冷却,称重。

5. 结果计算

定温定时烘干法的含水量计算与 105 ℃恒重法的计算相同。

三、隧道式烘箱法

1. 知识要点

隧道式烘箱法测定禾谷类粮食水分用(160±2) ℃,烘干 20 min;测定油料和豆类水分用(130±2) ℃,烘干 30 min。

2. 仪器

隧道式烘箱;秒表。

3. 试样制备

同 105 ℃恒重法。

4. 测定方法

1) 定温

放平仪器,将温度计移入烘干室内,使水银球距烘盒口约 1 cm,接通电源进行定温。

2) 烘盒称样

将干净的烘盒向烘干室内推进三个,10 min 后再推进一个,这时先推进的烘盒有一个被推出隧道,将这个烘盒放在烘箱上的秤盘内,加 10 g 砝码,调整象限秤上的螺丝,使指针指向标尺的零点。取下砝码,向烘盒内放入制备的试样,增减试样使指针停于零点为止。再将称好的试样均匀地分布在烘盒内,推入烘干室,关闭左门,同时计时。

3) 烘干试样

采用 160 ℃烘 20 min 法时,每隔 6 min 40 s 向烘干室内推进一个称有试样的烘盒;采用 130 ℃烘 30 min 法时,每隔 10 min 推进一个称有试样的烘盒。待推进第四个试样盒时,第一个试样盒的烘干时间已到,即被推到秤盘上,拉下天平指针的固定托杆,观察指针所指的数值,即为测定的水分含量。

四、两次烘干法

1. 知识要点

粮食水分含量在 18%以上,大豆、甘薯片水分含量在 14%以上,油料水分含量在 13%以上,采取两次烘干法测定。

2. 测定方法

第一次烘干:称取整粒试样 20 g(m,准确至 0.001 g),放入直径 10 cm 或 15 cm,高 2 cm 的烘盒中摊平。粮食在 105 ℃下,大豆和油料在 70 ℃下烘 30~40 min,取出,自然冷却至恒重(两次称量差不超过 0.005 g),此为第一次烘后试样质量(m_1)。

第二次烘干:试样制备及操作方法与 105 ℃恒重法相同。

3. 结果计算

两次烘干法测定含水量的计算公式如下:

$$\text{水分含量} = \frac{m \times m_2 - m_1 \times m_3}{m \times m_2} \times 100\% \tag{3-2}$$

式中:m——第一次烘前试样质量,g;

m_1——第一次烘后试样质量,g;

m_2——第二次烘前试样质量,g;

m_3——第二次烘后试样质量,g。

双试验结果允许差不超过 0.2%,求其平均数,即为测定结果。测定结果取小数点后第一位。

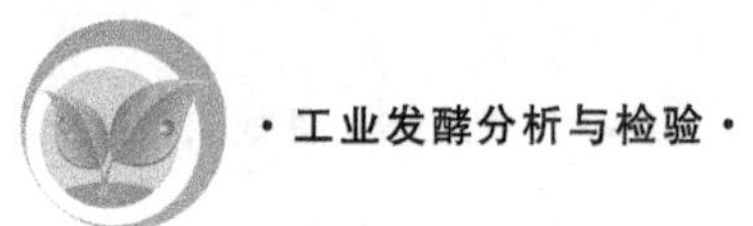

知识拓展

1. 试样的粉碎

水分测定是首先要进行的检测项目。

粉碎时，水分可能变化，应在空气流动小的室内，尽可能迅速进行粉碎。通常，粉碎一份试样需要20～30 s。如果试样粉碎后全部用于测定，粉碎时水分的变化在0.1%以内。如果粉碎量多而只取一部分用于测定，则试样会不均匀，所以，必须将粉碎后的试样全部混匀后采样。

水分含量在20%以上的试样，如果直接粉碎，可能使水分损失超过0.1%，而且由于试样易黏在辊子上，会给粉碎带来困难。所以，一般先将整粒试样预干燥后，进行二次干燥前再粉碎。

试样粉碎的粒度对于分析结果影响较大，试样粒度越大，误差越容易增大。国标中规定为粉碎至通过40目筛。粉碎试样表面积大，水分变化也快。如不能立即测定，含水量在15%以下的试样可以在室温下密闭保存，如需长期保存，则应在低温下(5 ℃以下)保存。含水量在16%以上的试样，最好在低温下保存。特别是在夏季温度高时，若在室温下保存，不仅容易损失水分，还会引起试样变质。

2. 干燥过程中易出现的问题

干燥减量受很多因素影响，这些因素包括烘箱类型、称量皿类型、试样多少、干燥的温度和时间等。自然对流式烘箱箱内不同高度的温差较大，试样放置的位置不同会给测定结果带来偏差。鼓风式烘箱风量较大，干燥大量试样时效率高，但质轻的试样有时会飞散。如仅测定水分，不需要鼓风量很大，最好采用可调节风量的鼓风式烘箱，而且能使风量调小后，上层隔板1/3～1/2面积保持温度变化不超过±1 ℃。如果选用对流式烘箱，应调节箱顶插温度计的通风孔，使箱内各部位温度变化不超过±2 ℃。

不管用何种类型的烘箱，试样都不能放在烘箱底板上，因为底板直接被电热丝加热，一般温度都超过烘箱所控制的温度。试样放置的最佳位置是上层隔板。将温度计插在上层隔板中心，距上层隔板约3 cm，试样则排列于以温度计为中心的隔板1/3～1/2面积上。所用烘箱的大小，则以在这1/3～1/2隔板面积上能排列12个用于测定水分的称量皿为宜。因为如果要把水分测定的误差控制在0.1%以内，为了减少称量皿取出过程中因吸湿而产生的误差，一次测定的称量皿最多为8～12个。

水分含量较高的试样，烘干过程中会因表面固化结成薄膜，而妨碍水分从试样内部扩散到它的表层。对这样的试样，应采用两步干燥法。固化与否因试样的种类、性状不同而有差异，不能笼统地只根据水分多少来判定。如果测定时发现试样已经固化或部分固化，则应采用高水分试样的测定方法重新测定。

干燥次数的确定，一般要求达到恒量为止。恒量的标准因试样的种类、性状而异，我国对食品试样统一规定为连续两次干燥质量差不超过 2 mg。有的试样虽然干燥多次，减量总是在 2 mg 以上，这多半是因为加热引起试样分解，可以减量 3 mg 为标准，参照干燥前后的测定值作为恒量。另一种确定干燥时间的方法，是规定一个统一的干燥时间来代替干燥至恒重的方法。为了保证在干燥时间内，试样水分确定已被除去，再继续干燥对测定结果改变很少，必须经过试验，而且操作条件比恒重法更为严格。

3. 干燥器与干燥剂的选择

干燥器的大小，考虑测定样品的份数，以选择孔板直径为 20～22 cm 的为宜。如直径过大，则由于多余的空间大，取出称量皿称量时会因启闭干燥器而增加吸湿的影响。这种干燥器能排列 8 个小型铝制称量皿，如果同一批次测定的称量皿经常少于这个数，则可选用更小的干燥器。

常见的干燥剂有五氧化二磷、高氯酸镁、氧化钙、浓硫酸、氯化钙和硅胶等。五氧化二磷去湿能力较强，但使用不方便；高氯酸镁去湿能力非常显著，但是价格较高；浓硫酸、氯化钙的去湿能力较差，而且浓硫酸使用不便。硅胶因使用最方便、表面积大、去湿效果显著、再生简单故采用较多。但是硅胶吸湿后，去湿能力会减弱，所以在使用加有钴盐的变色硅胶时，蓝色稍褪去，即要在 135 ℃干燥 2～3 h，使其再生。变色硅胶的用量，一般以装入干燥器底后，占底部 1/3～1/2 容积为宜。使用中要保持干燥剂的清洁，防止试样或其他赃物落入干燥器底部。硅胶一旦吸附油脂等赃物，其吸湿能力会明显降低，应特别注意。

4. 称量过程容易出现的误差

称量应尽可能迅速，以防止试样在称量过程中重新吸湿而引入误差。称量时，应盖严盖子，天平室也应保持干燥。为了消除大气湿度的影响，天平最好能放置在恒温恒湿(25 ℃，相对湿度 40%)的室内，并为直读式分析天平。如果不是直读式，最好在称量皿移出干燥器前，就在天平托盘上放好大致质量的砝码，称量皿放在托盘上，很快就可以在光幕上读出 10 mg 以下的数值。

称量天平与称量皿的温度若有差异，会使天平内空气产生对流，并使天平臂长发生改变，从而影响称量结果。一个质量为 10 g 的铝制称量皿的温度若比天平高 5 ℃，则称量结果将偏低 1～2 mg。因此，必须使称量皿冷却到与天平的温度相同后，再进行称量。至于冷却时间，与称量皿的大小、干燥器中放入的称量皿的多少有关。一次放入 8 个小型称量皿(质量 10～13 g)时，冷却 45 min，大型铝制称量皿，即使冷却 60 min，也不会完全变冷，但测定的冷却时间与空称量瓶求恒量的冷却时间相同时，误差可以减小。如果称量皿少，一次放入 2～4 个，求恒量和测定时都冷却 30 min 左右即可。

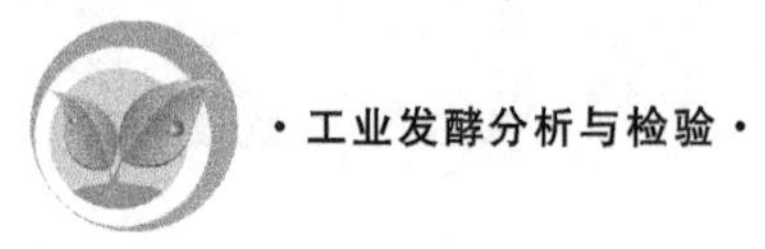

项目二　近红外法测定原料中的水分含量(GB/T 24896—2010)

学习目标

- 知识目标：学习近红外法测定水分的意义。
- 技能目标：掌握红外测定仪的使用和注意事项，并且能够熟练完成样品检测。
- 素质目标：能严格按操作规程进行安全操作，真实记录；能够分析影响测定准确性的因素；会分析实验结果。学习仪器的使用、维护。在学与做的过程中锻炼与他人交往、合作的能力。

1. 知识要点

利用水分子中的C—H、N—H、O—H等化学键的泛频振动或转动对近红外光的吸收特征，用化学计量学方法建立玉米样品近红外光谱与水分含量之间的相关关系，计算玉米样品的水分含量。

2. 仪器

(1) 近红外分析仪。

(2) 样品粉碎设备(适用于测定粉状样品的近红外分析仪)：仅用于玉米粉样品的制备，粉碎后样品的粒度分布和均匀性应符合近红外分析仪建立定标模型时的要求，使用时应采用和定标模型建立与验证时同样的制备过程。

3. 测定方法

1) 测试前的准备

整理样品，除去样品中的杂质和破碎粒。

按照近红外分析仪说明书的要求进行仪器预热及自检测定。在使用状态下每天至少用监控样品对近红外分析仪监测一次。跟踪每天监测的结果，同一监控样品的水分测定结果与最初的测定结果比较，绝对差应不大于0.2%。如监控样品测定结果不符合要求，应停止使用。测试样品的温度应控制在定标模型实验中规定的测试温度范围内。

2) 整粒玉米样品的测定

按照近红外分析仪说明书的要求，取适量的玉米样品，用近红外分析仪进行测定，记录测定数据。每个样品应测定两次，第一次测定后的测定样品应与原待测样品混合均匀后，再次进行第二次测定。

3) 粉碎样品的测定

按照近红外分析仪说明书的要求，取适量的玉米样品，使用规定的粉碎设备粉碎，将玉米粉样品用近红外分析仪进行测定，记录测定数据。每个样品应测定两次，第一次测定后的玉米粉样品应与原待测样品混匀后，再次取样进行第二次测定。

4. 结果处理和表示

(1) 为了得到有效的结果，测定结果应在近红外分析仪使用的定标模型所覆盖的水分含量范围内。

(2) 两次测定结果的绝对差应符合重复性的要求，取两次数据的平均值为测定结果，测定结果保留小数点后一位。

(3) 如果两次测定不符合重复性的要求，则必须再进行两次独立测试，获得 4 个独立测试结果。若 4 个独立测试结果的极差($X_{max}-X_{min}$)等于或小于允许差的 1.3 倍，则取 4 个独立测试结果的平均值作为最终测试结果，如果 4 个独立测试结果的极差($X_{max}-X_{min}$)大于允许差的 1.3 倍，则取 4 个独立测试结果的中位数作为最终测试结果。

(4) 对于仪器报警的异常测定结果，所得的数据不应作为有效测定的数据。

5. 说明

(1) 异常样品的确认。

① 该样品水分的含量超过了该仪器定标模型的范围；

② 该样品品种与参与该仪器定标样品集的品种有很大差异；

③ 采用了错误的定标模型；

④ 样品中杂质过多；

⑤ 光谱扫描过程中样品发生了位移；

⑥ 样品温度超出定标模型规定的温度范围。

应对造成测定结果异常的原因进行分析和排除，再进行第二次近红外测定，如仍出现报警，则确认为异常样品。

(2) 准确性：验证样品集水分含量扣除系统偏差后的近红外测定值与其标准值之间的标准差(SEP)应不大于 0.25%。

(3) 重复性：在同一实验室，由同一操作者使用相同的仪器设备，按相同的测定方法，在短的时间内通过重新分样和重新装样，对同一被测样品相互独立进行测定，获得的两次测定结果的绝对差值应不大于 0.3%。

(4) 再现性：在不同实验室，由不同操作人员使用同一型号不同设备，按相同测定方法，对相同样品，获得的两个独立试验结果之间的绝对差值应不大于 0.4%。

思考题

1. 水分测定的意义是什么？
2. 简述原料中水分的存在状态。
3. 常用的水分测定的方法有哪些？简述其适用范围。
4. 干燥法测定原料中的水分，容易引起误差的操作有哪些？
5. 如何判断样品是否恒重？
6. 干燥器有何作用？如何正确使用干燥器干燥样品？
7. 水分测定中干燥剂有何作用？如何使用？
8. 为什么经加热干燥的称量皿要迅速放到干燥器中？
9. 在下列情况下，水分测定结果偏高还是偏低？

①样品粉碎不充分；②样品中含有较多挥发性成分；③脂肪的氧化；④样品的吸湿性较强；⑤样品表面结了硬皮；⑥装有样品的干燥器未密封好；⑦干燥器中硅胶受潮。

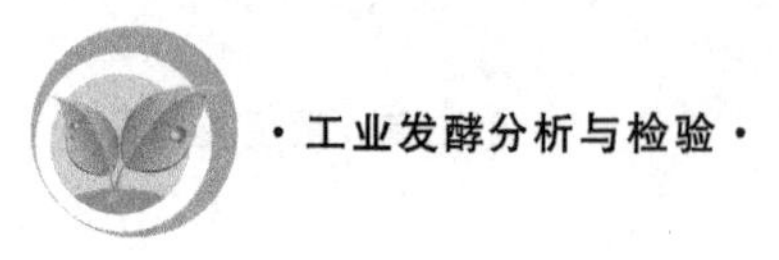

模块二　酸和酯的分析

酒的分析检测是食品安全和产品质量的基本要求。甲醇、重金属(铅、锰)、杂醇油、氰化物、食品添加剂等含量的测定,都是国家标准中明确规定必须强制执行的项目;乙醇浓度、总酸、总酯、固形物和特征香味成分含量的测定是产品质量标准检测的项目。在生产过程控制中,通过对白酒质量指标如总酸、总酯、乙醇浓度、香味成分含量的分析检测,可以对其质量进行初步判断,也可追溯到对生产过程、科研的控制,如对糟醅发酵、产品设计、酒处理、新产品开发、工艺革新的检测与控制等等。因此,白酒的分析检测在白酒生产监控和质量控制等方面具有重要的作用和意义。

目前,白酒中通过色谱定性定量的酸有42种。有机酸类化合物在白酒组分中除水和乙醇外,占其他组分总量的14%～16%。白酒中的有机酸种类较多,大多是含碳链的脂肪酸化合物。在发酵过程中各种有机酸虽是糖的不完全氧化物,但糖并不是形成有机酸的唯一原始物质,因为其他非糖化合物也能形成有机酸。发酵过程是一个极其复杂的生化过程,有机酸既要产生又要消耗,同时不同种类的有机酸之间还不断转化。

白酒中的酸虽都是弱酸,但是它们极性较强并且都有腐蚀性,主要表现为能凝固蛋白质,能与蛋白质发生多种的复杂反应,部分改变或破坏蛋白质。白酒中的羧酸有较强的附着力,意味着羧酸与口腔的味觉器官作用时间长,即刺激作用持续时间长,这是酸能增长味道的原因之一。在乙醇水溶液中羧酸发生解离,因而它有羧酸分子、羧酸负离子和氢离子这三种物质共同作用于人们的味觉器官。酸的沸点高,比热容大,常温下蒸气压不大,因此它对白酒香气贡献不大。

酸与白酒中的酯、醇、醛等物质相比,其作用力最强,功能相当丰富,主要有以下几方面的影响。

1. 消除酒的苦味

酒中有苦味是白酒的通病,酒的苦味多种多样,以口和舌的感觉而言,有前苦、后苦、舌苦、舌面苦,苦的持续时间有长或有短,有的苦味重,有的苦味轻,有的苦中带甜,有的甜中带苦,或者是苦辣、焦苦、杂苦等等。白酒不可避免都含有苦味物质,在正常生产的情况下,苦味物质大体相同,但是有的批次酒不苦,有的苦。不苦的酒中苦味物质依然存在,它们不可能消失,显然是苦味物质和酒中的某一些物质之间存在一种明显的相互作用,这些物质就是酸类。

2. 酸是新酒老熟的有效催化剂

白酒内部的酸本身就是很好的老熟催化剂,它们的量和组成情况及酒本身的协调性,对酒加速老熟的能力均会产生影响。控制入库新酒的酸量,把握好其他一些必要的协调因素,对加速酒的老熟可起到事半功倍的效果。

3. 酸是白酒最重要的味感剂

白酒对味觉刺激的综合反应就是口味。对口味的描述尽管多种多样,但都有共识,如讲究白酒入口的后味、余味、回味等。酸主要表现出对味的贡献，是白酒最重要的味感物质。主要表现在：增长后味，增加味道，减少或消除杂味，可出现甜味和回甜感，消除燥辣感，可适当减轻中、低度酒的水味。

4. 对白酒香气有抑制和掩盖作用

勾兑实践中往往碰到这种情况，含酸量高的酒加到含酸量正常的酒中，对正常酒的香气有明显的压抑作用，俗称“压香”。白酒酸量不足时，普遍存在的问题是酯香突出，香气复合程度不高等，用含酸量较高的酒作适当调整后，酯香突出，香气复合性差等弊病在相当大的程度上得以解决。酸在解决酒中各类物质之间的融合程度，改变香气复合性方面，显示出它特殊的作用。

5. 酒中酸控制不当可使酒质变坏

白酒中的酸量首先应符合国家标准或其他行业、企业标准规定。针对不同的酒体来说，总酸量达到多少为较好或最好效果是一个不定值，要通过勾兑人员的经验和口感来决定，并且要考虑含量较多的四大酸构成比例是否合理，若四大酸的比例关系不当，将给酒质带来不良后果。另外，酸量严重不足或超量太多，势必影响酒质甚至改变风格。

实践证明，酸量不足酒发苦，邪杂味露头，酒味不净，单调，不协调；酸量过多，酒质粗糙，芳香差，闻香不正，带涩等等。

6. 酸的恰当运用可以产生新风格

国家名酒董酒的特点之一是酸含量特别高，比国家任何一种香型的白酒都高。董酒中的丁酸含量是其他香型白酒的 2～3 倍，但它与其他成分协调并具有爽口的特点，因此可以说在特定条件下，酸的恰当运用可以产生新的酒体和风格。

项目一　白酒中总酸的测定（GB/T 10345—2007）

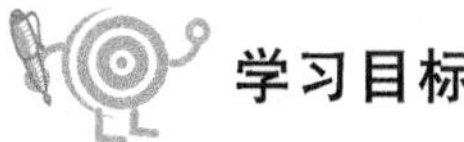

学习目标

- 知识目标：掌握总酸的概念和测定原理。
- 技能目标：掌握滴定法测定总酸的要领，并且能够熟练使用酸度计完成检测。
- 素质目标：能严格按操作规程进行安全操作，真实记录；会分析实验结果；学会分析、判断、解决问题，在学与做的过程中锻炼与他人交往、合作的能力。

对于白酒而言，它的酸类物质主要由有机酸组成，主要来源于酒醅发酵过程中的乙酸、丙酸、丁酸、乳酸、己酸和高级脂肪酸等。其大部分以游离状态存在，小部分以盐类形式存在。计算白酒总酸时，以有机酸为主，折算为乙酸的含量。总酸的概念并未直接表示出酒的酸度的强弱，只表明了酒中有机酸相对含量即每升中有机酸的质量(g)。

一、指示剂法

1. 知识要点

白酒中的有机酸，采用氢氧化钠标准溶液进行中和滴定，以消耗氢氧化钠标准溶液的

体积计算总酸的含量。

2. 试剂

(1) 酚酞指示剂(10 g/L):称取 1 g 酚酞,溶于 60 mL 乙醇(95%),用乙醇(95%)稀释至 100 mL。

(2) 氢氧化钠标准溶液(0.1 mol/L)。

3. 测定方法

吸取样品 50.0 mL 于 250 mL 锥形瓶中,加入酚酞指示剂 2 滴,以氢氧化钠标准溶液滴定至微红色,即为终点,记录消耗氢氧化钠标准溶液的体积。

4. 数据记录

将所测数据填入表 3-1 中。

表 3-1　白酒中总酸测定数据记录表(一)

测 定 序 号	1	2	3
滴定管终读数/mL			
滴定管初读数/mL			
消耗氢氧化钠标准溶液的体积/mL			
消耗氢氧化钠标准溶液的平均体积/mL			

5. 结果计算

样品中的总酸含量按照式(3-3)计算:

$$X = \frac{c \times V \times 60}{50.0} \tag{3-3}$$

式中:X——样品中总酸的质量浓度(以乙酸计),g/L;

c——氢氧化钠标准溶液的实际浓度,mol/L;

V——测定时消耗氢氧化钠标准溶液的体积,mL;

60——乙酸的摩尔质量,g/mol;

50.0——吸取样品的体积,mL。

所有结果应表示至两位小数。

二、电位滴定法

1. 知识要点

白酒中的有机酸,以酚酞为指示剂,采用氢氧化钠标准溶液进行中和滴定,当滴定接近等当点时,利用 pH 变化指示终点。

图 3-1　酸度计

2. 试剂

氢氧化钠标准溶液,同指示剂法。

3. 测定方法

1) 酸度计(见图 3-1)的校正

(1) 按照使用说明书安装调试仪器,开启酸度计电源，预热 30 min，连接玻璃电极及甘汞电极，在读数开关放开情况下调零。

(2) 选择适当 pH 的标准缓冲溶液(其 pH 与被测样液的 pH 应接近)。

(3) 测量标准缓冲溶液的温度，将两个电极浸入缓冲溶液中，调节温度补偿旋钮，按下读数开关，调节定位旋钮使 pH 指针指在缓冲溶液的 pH 上，放开读数开关，指针回零，如此重复操作两次。

2) 样品测定

吸取样品 50.0 mL(若用复合电极可酌情增加取样量)于 100 mL 烧杯中，插入电极，放入一枚转子，置于电磁搅拌器上，开始搅拌，初始阶段可快速滴加氢氧化钠标准溶液，当溶液 pH=8.00 后，放慢滴定速度，每次滴加半滴，直至 pH=9.00，即为其终点。记录消耗氢氧化钠标准溶液的体积。

4. 数据记录

将所测数据填入表 3-2 中。

表 3-2 白酒中总酸测定数据记录表(二)

测定序号	1	2	3
样品溶液的体积/mL			
氢氧化钠标准溶液的浓度/(mol/L)			
滴定终体积/mL			
滴定初体积/mL			
氢氧化钠标准溶液实际消耗体积/mL			
氢氧化钠标准溶液实际消耗平均体积/mL			

5. 结果计算

计算公式与指示剂法相同。

6. 说明

(1) 新电极或很久未用的干燥电极，必须预先浸在蒸馏水或 0.1 mol/L HCl 溶液中 24 h 以上，其目的是使玻璃电极球膜表面形成有良好离子交换能力的水化层。玻璃电极不用时，宜浸在蒸馏水中。

(2) 玻璃电极的玻璃球膜薄而易碎，使用时应特别小心，安装两电极时玻璃电极应比甘汞电极稍高些。若玻璃球膜上有油污，则将玻璃电极依次浸入乙醇、丙酮中清洗，最后用蒸馏水冲洗干净。

(3) 甘汞电极中的氯化钾为饱和溶液，为避免在室温升高时，氯化钾溶液变得不饱和，建议加入少许氯化钾晶体，但应防止晶体堵塞甘汞电极砂芯陶瓷通道。在使用时，应注意排除弯管内的气泡和电极表面或液体接界部位的空气泡，以防溶液被隔断，引起测量电路断路或读数不稳。还应检查陶瓷砂芯(毛细管)是否畅通，检查方法是：先将砂芯擦干，然后用滤纸紧贴在砂芯上，如有溶液渗下，则证明陶瓷砂芯未堵塞。

(4) 在使用甘汞电极时，要把电极上部的小橡胶塞拔出，并使甘汞电极内氯化钾溶液的液面高于被测样液的液面，以使陶瓷砂芯处保持足够的液位压差，从而有少量的氯化钾

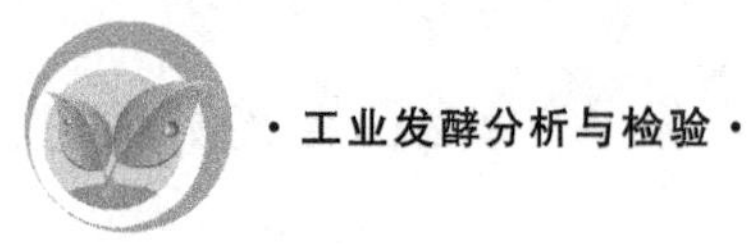

溶液从砂芯中流出，否则，待测样液会回流扩散到甘汞电极中，使结果不准确。

(5) 使用玻璃电极测试 pH 时，由于液体接界电势随试液的 pH 及成分的改变而改变，故在校正和测定过程中，公式 $E=E_0-0.0591\text{pH}$ 中的 E_0 可能发生变化，为了尽量减少误差，应该选用 pH 与待测样液 pH 相近的标准缓冲溶液校正仪器。

(6) 仪器一经标定，定位和调零两旋钮就不得随意触动，否则必须重新标定。

(7) 精密度：在重复性条件下获得的两次独立测定结果的绝对差值不应超过算术平均值的 2%。

项目二　啤酒中总酸的测定(GB/T 4928—2008)

学习目标

- 知识目标：能应用酸碱中和反应原理解释操作过程及样品预处理的方法。
- 技能目标：掌握滴定法测定总酸的要领，并且能够熟练使用酸度计完成检测。
- 素质目标：能严格按操作规程进行安全操作，真实记录；能够对实验结果进行正确分析；能够找出影响测定准确性的因素；在学与做的过程中锻炼与他人交往、合作的能力。

啤酒中含有的各类酸类物质有 100 种以上，这些酸类影响着啤酒的总酸含量。就口感而言，酸类物质是啤酒的主要风味成分之一，适量的酸会使啤酒口感清爽；酸含量太低或不协调时啤酒口感粗糙、黏稠、不爽口；酸过量会使啤酒口味单调、不柔和，同时过量的酸也意味着啤酒发酵异常，是产酸菌污染的标志。国标中对啤酒总酸作了严格规定，因此控制啤酒总酸指标十分重要。

啤酒中酸类物质的主要来源有：①麦芽中的酸；②工艺过程调节的外加酸；③发酵产生的有机酸。麦芽总酸不足，或酿造水碱度偏大，为了调节糖化、洗槽、麦汁煮沸的 pH，采用加酸调节。否则，由于 pH 偏高，会出现抑制酶活性、麦汁浸出率低、麦汁及啤酒色深且苦涩味大、麦汁煮沸时凝结不好、保质期短等问题。因此测定总酸是啤酒生产中非常重要的项目。

一、电位滴定法

1. 知识要点

电位滴定法是根据酸碱中和原理，采用氢氧化钠标准溶液直接滴定啤酒试样中的总酸，以 pH=8.2 为电位滴定终点，根据消耗氢氧化钠标准溶液的体积计算出啤酒中总酸的含量。

2. 仪器

(1) 自动电位滴定仪：精度±0.02，附电磁搅拌器。

(2) 恒温水浴：精度±0.5 ℃，带振荡装置。

3. 试剂

(1) 氢氧化钠标准溶液(0.1 mol/L)。

(2) 标准缓冲溶液:现用现配。

4. 试样制备

1) 除去二氧化碳

在保证样品有代表性、不损失或少损失酒精的前提下,用振摇、超声波或搅拌等方式除去酒样中的二氧化碳气体。

第一法:将恒温至 15～20 ℃的酒样约 300 mL 倒入 1000 mL 锥形瓶中,盖塞(橡皮塞),在恒温室内,轻轻摇动,开塞放气(开始有"砰砰"声),盖塞,反复操作,直至无气体逸出为止,用单层中速干滤纸(漏斗上面盖表面玻璃)过滤。

第二法:采用超声波或磁力搅拌法除气,将恒温至 15～20 ℃的酒样约 300 mL 移入带排气塞的瓶中,置于超声波水槽中(或搅拌器上),超声(或搅拌)一定时间后,用单层中速干滤纸过滤(漏斗上面盖表面玻璃)。

第二法要通过与第一法比对,使其酒精度测定结果相似,以确定超声(或搅拌)时间和温度。

2) 试样的保存

将除气后的酒样收集于具塞锥形瓶中,温度保持在 15～20 ℃,密封保存,限制在 2 h 内使用。

5. 测定方法

取制备好的试样约 100 mL 于 250 mL 烧杯中,置于(40±0.5) ℃恒温水浴中振荡 30 min,取出,冷却至室温。

按照使用说明书安装调试仪器,然后用标准缓冲溶液校正自动电位滴定仪。用水清洗电极,并用滤纸吸干附着在电极上的液珠。

吸取样品 50.0 mL 于 100 mL 烧杯中,插入电极,开启电磁搅拌器,初始阶段可快速滴加氢氧化钠标准溶液,当溶液接近 pH=8.00 后,放慢滴定速度,每次滴加半滴,直至 pH=8.2,即为其终点。记录消耗氢氧化钠标准溶液的体积。

6. 结果计算

试样的总酸含量(即 100 mL 试样消耗 1 mol/L 氢氧化钠标准溶液的体积)按照式(3-4)计算:

$$X = 2 \times c_1 \times V_1 \tag{3-4}$$

式中:X——试样的总酸含量,mL/(100 mL);

c_1——氢氧化钠标准溶液的浓度,mol/L;

V_1——消耗氢氧化钠标准溶液的体积,mL;

2——换算成 100 mL 试样的系数。

所得结果表示至一位小数。

二、指示剂法

1. 知识要点

以酚酞为指示剂,采用氢氧化钠标准溶液进行中和滴定,以消耗氢氧化钠标准溶液的量计算总酸的含量。

2. 仪器

(1) 锥形瓶:250 mL。

(2) 移液管:10 mL。

(3) 滴定管。

3. 试剂

(1) 酚酞指示剂(10 g/L):称取 1 g 酚酞,溶于乙醇(95%),用乙醇(95%)稀释至 100 mL。

(2) 氢氧化钠标准溶液(0.1 mol/L)。

4. 测定方法

在 250 mL 锥形瓶中装入 100 mL 水,加热煮沸 2 min。然后加入制备好的试样 10.0 mL,继续加热 1 min,控制加热温度使其在最后 30 s 内再次沸腾。放置 5 min 后,用自来水迅速冲冷盛样的锥形瓶至室温。加入酚酞指示剂 0.50 mL,以氢氧化钠标准溶液滴定至淡粉色,即为终点,记录消耗氢氧化钠标准溶液的体积。

5. 结果计算

试样的总酸含量(即 100 mL 试样消耗 1 mol/L 氢氧化钠标准溶液的体积)按照式(3-5)计算:

$$X = 10 \times c_2 \times V_2 \tag{3-5}$$

式中:X——试样的总酸含量,mL/(100 mL);

c_2——氢氧化钠标准溶液的浓度,mol/L;

V_2——消耗氢氧化钠标准溶液的体积,mL;

10——换算成 100 mL 试样的系数。

所得结果表示至一位小数。

三、说明

(1) 分析过程中使用的滴定管、酸度计及玻璃计量器具应按照有关检定规程进行校正。

(2) 本标准中所用的水,在未注明其他要求时,应符合国标中三级以上(含三级)的水的标准。所使用的试剂,在未注明其他规格时,均指分析纯(A.R.)。

(3) 同一检测项目,有两种或两种以上分析方法时,各实验室可根据各自条件选用,但是第一法为仲裁法。

(4) 精密度:在重复性条件下获得的两次独立测定结果的绝对差值不得超过算术平均值的 4%。

项目三 葡萄酒(果酒)中总酸的测定(GB/T 15038—2006)

学习目标

- 知识目标:能应用酸碱中和反应原理解释操作过程。

• 技能目标：掌握滴定法测定总酸的要领，并且能够熟练使用酸度计完成检测。

• 素质目标：能严格按操作规程进行安全操作，真实记录；会分析实验结果；学会分析、判断、解决问题，在学与做的过程中锻炼与他人交往、合作的能力。

酸在葡萄酒的酿造中和酿造后都占有重要的地位，它存在于葡萄和葡萄酒中，直接影响葡萄酒的颜色、葡萄酒的平衡感和葡萄酒的口感。葡萄酒中的酸一般用 pH 来表示，通常为 2.9～3.9。葡萄酒的品尝学中，将“酸性”描述成清爽、酸涩等，用来评估葡萄酒的酸度是否平衡了葡萄酒中的甜度和苦味。葡萄酒酿造中 3 种主要的酸是酒石酸、苹果酸、柠檬酸。在酿造过程中和酿造后的葡萄酒中有醋酸、酪酸、乳酸和琥珀酸。葡萄酒中的酸除了醋酸外都是比较稳定的酸类，因此醋酸会让葡萄酒变质。有时候在酿造过程中，酿酒师也会加酸，主要是添加山梨酸和含有硫黄的酸类物质。

1. 葡萄酒中的酵母菌、细菌活动与 pH

葡萄酒中的酵母菌、细菌活动与 pH 有着密切的关系。不同的 pH 对酒中的酵母菌、细菌的生长和代谢产物的形成都有很大的影响。不同种类的酵母菌和细菌对 pH 的要求不同。葡萄酒酵母适宜生长的 pH 为 3.3～3.5，大多数细菌适宜生长的 pH 为 6.5～7.5。pH 的高或低能抑制微生物体内某些酶的活性，使细胞的代谢受阻，而且影响微生物对营养物质的吸收和代谢产物的排泄。pH 的改变往往引起菌体代谢途径的改变，使代谢产物发生变化。葡萄酒在发酵时 pH 应控制在 3.3～3.5，因为酵母比细菌耐酸，在这个酸度下，杂菌受到了抑制，而酵母能正常发酵。如果 pH 太低（<3.0），发酵会减慢。对于某种已知的细菌，只有 pH 高于某一界限，它才能分解葡萄酒中的一种或多种成分。如在葡萄酒酿造中，需要进行苹果酸-乳酸发酵，pH 就很重要（不能低于 3.25），所以在发酵结束后常常需要添加碳酸钙或碳酸氢钾，以提高葡萄酒的 pH。在苹果酸-乳酸发酵结束后，生活细菌的数量仍然取决于 pH 的高低，pH 越低其数量下降速度越快。因此，pH 是决定酵母菌及细菌的重要依据。

2. 葡萄酒中的 SO_2 与 pH

葡萄酒中的 SO_2 主要以两种形式存在：一种是游离形式，另一种是与葡萄酒某些分子结合形成结合 SO_2。只有游离的 SO_2 在葡萄酒中才具有杀菌、澄清、溶解、增酸、抗氧作用，这些作用都与 pH 有很大关系。在 SO_2 含量一定的情况下，pH 越低，其杀菌能力越强。因此，在葡萄酒酿造中 pH 是决定 SO_2 使用量的主要因素。

3. 葡萄酒的澄清与 pH

pH 是影响葡萄酒澄清的重要因素。pH 较低时，葡萄酒的澄清就比较困难；pH 较高时，絮凝作用强，澄清速度快，效果好。通常情况下，只要将葡萄酒的 pH 控制在 3.4～3.6，就可提高澄清效果。

总之，葡萄酒在酿造过程中发生了一系列的物理、化学和生物化学的变化，使葡萄酒的成分产生了不平衡，如铁、铜的氧化还原，蛋白质与单宁的沉淀等等，这些现象都与 pH 的变化有关。所以，葡萄酒的质量好坏关键之一在于是否能及时掌握 pH 在葡萄酒中的变化。因此，葡萄酒中酸的测定是一项非常重要的检测项目。

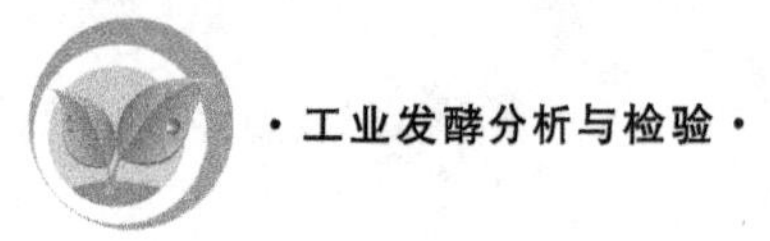

一、电位滴定法

1. 知识要点

利用酸碱中和原理，采用氢氧化钠标准溶液直接滴定试样中的有机酸，以 pH＝8.2 为电位滴定终点，根据消耗氢氧化钠标准溶液的体积计算试样中总酸的含量。

2. 仪器

(1) 自动电位滴定仪：精度为±0.01pH，附电磁搅拌器。

(2) 恒温水浴：精度为±0.1 ℃，带振荡装置。

3. 试剂

(1) 氢氧化钠标准溶液：$c_{NaOH}=0.05$ mol/L。

(2) 酚酞：10 g/L。

4. 试样制备

吸取约 60 mL 样品于 100 mL 烧杯中，将烧杯置于(40±0.1) ℃恒温水浴中振荡 30 min，取出，冷却至室温。

此操作只针对起泡葡萄酒和葡萄汽酒，目的是排除二氧化碳。

5. 测定方法

按照使用说明书安装调试并校正仪器。用水清洗电极，并用滤纸吸干附着在电极上的液珠。

吸取处理后的样品(液温 20 ℃)10.0 mL 于 100 mL 烧杯中，加入 50 mL 水，插入电极，放入一枚转子，置于电磁搅拌器上，开始搅拌，初始阶段可快速滴加氢氧化钠标准滴定溶液，当溶液接近 pH＝8.00 后，放慢滴定速度，每次滴加半滴，直至 pH＝8.2，即为其终点。记录消耗氢氧化钠标准溶液的体积。同时做空白试验。

6. 结果计算

试样的总酸含量按照式(3-6)计算：

$$X=\frac{c\times(V_1-V_0)\times 75}{V_2} \tag{3-6}$$

式中：X——试样的总酸含量(以酒石酸计)，g/L；

c——氢氧化钠标准溶液的浓度，mol/L；

V_0——空白试验消耗氢氧化钠标准溶液的体积，mL；

V_1——消耗氢氧化钠标准溶液的体积，mL；

V_2——吸取样品的体积，mL；

75——酒石酸的摩尔质量，g/mol。

所得结果表示至一位小数。

7. 说明

精密度：在重复性条件下获得的两次独立测定结果的绝对差值不得超过算术平均值的 3％。

二、指示剂法

1. 知识要点

以酚酞为指示剂，采用氢氧化钠标准溶液进行中和滴定，以消耗氢氧化钠标准溶液的量计算总酸的含量。

2. 仪器

(1) 锥形瓶：250 mL。

(2) 移液管：10 mL。

(3) 滴定管。

3. 试剂

(1) 酚酞指示剂(10 g/L)：称取 1 g 酚酞，溶于乙醇(95%)，用乙醇(95%)稀释至 100 mL。

(2) 氢氧化钠标准溶液：c_{NaOH}=0.05 mol/L。

4. 试样制备

同电位滴定法。

5. 测定方法

吸取制备好的样品 2～5 mL(液温 20 ℃，取样量可根据酒的颜色深浅而增减)，置于 250 mL 锥形瓶中，加入 50 mL 水，同时加入 2 滴酚酞指示剂，摇匀后，立即用氢氧化钠标准溶液滴定至淡粉色，并保持 30 s 内不褪色，即为终点，记录消耗氢氧化钠标准溶液的体积。同时做空白试验。

对于颜色较深的样品，终点颜色变化不明显，可以通过加水稀释或用活性炭脱色等方法处理后再进行滴定。若样液颜色过深，则宜用电位滴定法。

6. 数据记录

将所测数据填入表 3-3 中。

表 3-3　葡萄酒中总酸的测定数据记录表

测定内容	样　　品	空　　白
氢氧化钠标准溶液终读数/mL		
氢氧化钠标准溶液初读数/mL		
实际消耗氢氧化钠标准溶液体积/mL		

7. 结果计算

同电位滴定法。

8. 说明

精密度：在重复性条件下获得的两次独立测定结果的绝对差值不得超过算术平均值的 5%。

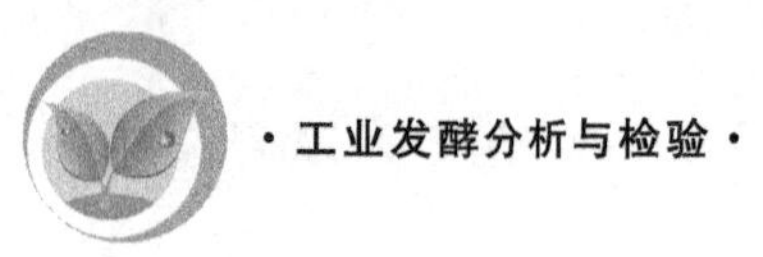

项目四　葡萄酒(果酒)中挥发酸的测定(GB/T 15038—2006)

学习目标

- 知识目标:能应用酸碱中和反应原理解释操作过程。
- 技能目标:掌握滴定法测定挥发酸的要领,并且能够熟练完成检测。
- 素质目标:能严格按操作规程进行安全操作,真实记录;会分析实验结果,出具完整的报告;学会分析、判断、解决问题,在学与做的过程中锻炼与他人交往、合作的能力。

葡萄酒中的挥发酸主要包括甲酸、乙酸、丙酸等,其中乙酸占挥发酸总量的90%,是挥发酸的主体,但挥发酸不包括乳酸、琥珀酸以及CO_2和SO_2。正常的葡萄酒中挥发酸含量在8 g/L以下,其含量接近或超过规定标准时,一方面是被细菌污染,另一方面可能是SO_2的影响。如果是后者,可以通过修正得到真正挥发酸的含量。国标中以碘量法测定挥发酸馏出液中游离SO_2和结合SO_2,分别换算成乙酸,再从挥发酸中减去,这是因为采用蒸馏方法将挥发酸蒸出的同时,葡萄酒中的部分SO_2也一同被蒸出,形成的亚硫酸也消耗碱液,由于挥发酸中不含有SO_2,故应消除由此造成挥发酸偏高的现象。

1. 知识要点

以蒸馏的方式蒸出样品中低沸点酸类即挥发酸,利用酸碱中和原理,用碱标准溶液进行滴定,再测定游离SO_2和结合SO_2,通过计算与修正,得出样品中挥发酸的含量。

2. 仪器

蒸馏装置。

3. 试剂

(1) 氢氧化钠标准溶液:$c_{NaOH}=0.05$ mol/L。

(2) 酚酞指示液(10 g/L):称取1 g酚酞,溶于乙醇(95%),用乙醇(95%)稀释至100 mL。

(3) 盐酸:将浓盐酸用水稀释四倍。

(4) 碘标准溶液:$c_{1/2I_2}=0.005$ mol/L。

(5) 碘化钾。

(6) 淀粉指示液(5 g/L):称取5 g淀粉,溶于500 mL水中,加热至沸,并持续搅拌10 min,再加入200 g氯化钠,冷却,定容至1000 mL。

(7) 硼酸钠饱和溶液:称取5 g硼酸钠($Na_2B_4O_7\cdot 10H_2O$),溶于100 mL热水中,冷却备用。

4. 测定方法

1) 实测挥发酸

安装好蒸馏装置。吸取10 mL样品(液温20 ℃)在该装置上进行蒸馏,收集100 mL馏出液。将馏出液加热至沸,加入2滴酚酞指示剂,用氢氧化钠标准溶液滴定至淡粉色,且30 s内不变色即为终点,记下消耗氢氧化钠标准溶液的体积(V_1)。

2）测定游离 SO_2

于上述溶液中加入 1 滴盐酸酸化，加入 2 mL 淀粉指示液和几粒碘化钾，混合均匀后用碘标准溶液滴定，记下消耗碘标准溶液的体积（V_2）。

3）测定结合 SO_2

在上述溶液中加入硼酸钠饱和溶液，至溶液显粉红色，继续用碘标准溶液滴定，至溶液呈蓝色，记下消耗碘标准溶液的体积（V_3）。

此操作只针对起泡葡萄酒和葡萄汽酒，目的是排除二氧化碳。

5. 数据记录

将实验数据填入表 3-4 至表 3-6 中。

表 3-4　实测挥发酸数据记录表

测定内容	样品	空白
氢氧化钠标准溶液终读数/mL		
氢氧化钠标准溶液初读数/mL		
实际消耗氢氧化钠标准溶液的体积 V_1/mL		

表 3-5　测定游离 SO_2 数据记录表

测定内容	样品	空白
碘标准溶液终读数/mL		
碘标准溶液初读数/mL		
实际消耗碘标准溶液的体积 V_2/mL		

表 3-6　测定结合 SO_2 数据记录表

测定内容	样品	空白
碘标准溶液终读数/mL		
碘标准溶液初读数/mL		
实际消耗碘标准溶液的体积 V_3/mL		

6. 结果计算

样品中实测挥发酸的含量按照式(3-7)计算：

$$X_1 = \frac{c \times V_1 \times 60.0}{V} \tag{3-7}$$

式中：X_1——样品中实测挥发酸的含量（以乙酸计），g/L；

c——氢氧化钠标准溶液的浓度，mol/L；

V_1——消耗氢氧化钠标准溶液的体积，mL；

60.0——乙酸的摩尔质量，g/mol；

V——吸取样品的体积，mL。

若挥发酸含量接近或超过理化指标，则需进行修正。修正时，按式(3-8)计算：

$$X = X_1 - \frac{c_2 \times V_2 \times 32 \times 1.875}{V} - \frac{c_2 \times V_3 \times 32 \times 0.9375}{V} \tag{3-8}$$

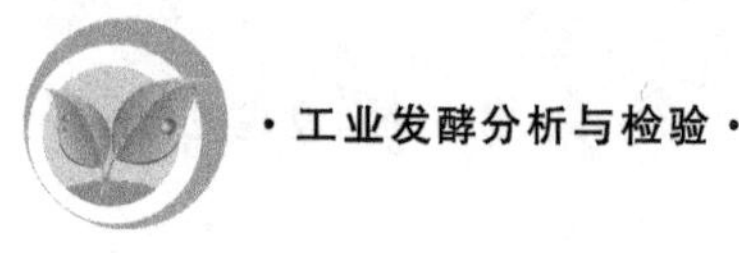

式中：X——样品中真实挥发酸的含量(以乙酸计)，g/L；

X_1——样品中实测挥发酸的含量，g/L；

c_2——碘标准溶液的浓度，mol/L；

V——吸取样品的体积，mL；

V_2——测定游离 SO_2 消耗碘标准溶液的体积，mL；

V_3——测定结合 SO_2 消耗碘标准溶液的体积，mL；

32——SO_2 的摩尔质量，g/mol；

1.875——1 g 游离 SO_2 相当于乙酸的质量，g；

0.9375——1 g 结合 SO_2 相当于乙酸的质量，g。

所得结果表示至一位小数。

7. 说明

(1) 样品中挥发酸的蒸馏方式可采用直接蒸馏和水蒸气蒸馏两种，但直接蒸馏挥发酸比较困难，因为挥发酸与水构成有一定比例的混溶体，并有固定的沸点。在一定的沸点下，蒸气中的酸与留在溶液中的酸之间有一平衡关系，在整个平衡期内，这个平衡关系不变。但用水蒸气蒸馏，则挥发酸与水蒸气是按分压成比例地自溶液中一起蒸馏出来的，因而加速了挥发酸的蒸馏过程。

(2) 蒸馏前应先将水蒸气发生瓶中的水煮沸 10 min，或在其中加 2 滴酚酞指示液并滴加 NaOH 使其呈浅红色，以排除其中的 CO_2。

(3) 溶液中总挥发酸包括游离挥发酸和结合挥发酸。由于在水蒸气蒸馏时游离挥发酸易蒸馏出来，而结合挥发酸则不易挥发出来，因而给测定带来误差。故测定样液中总挥发酸含量时，须加少许磷酸使结合挥发酸游离出来，以便于蒸馏。

(4) 在整个蒸馏期间内，应注意蒸馏瓶内液面保持恒定，否则会影响测定结果，另外要注意将蒸馏装置密封良好，以防挥发酸损失。

(5) 精密度：在重复性条件下获得的两次独立测定结果的绝对差值不得超过算术平均值的 5%。

项目五　黄酒中总酸、氨基酸态氮的测定

学习目标

• 知识目标：能解释总酸、氨基酸态氮测定方法的原理。

• 技能目标：会熟练操作滴定分析方法。

• 素质目标：能严格按操作规程进行安全操作，真实记录；会分析实验结果；学会分析、判断、解决问题，在学与做的过程中锻炼与他人交往、合作的能力。

1. 知识要点

氨基酸是两性化合物，分子中的氨基与甲醛反应后失去碱性，而使羧基呈酸性。用氢氧化钠标准溶液滴定羧基，通过氢氧化钠标准溶液消耗的量可以计算出总酸、氨基酸态氮的含量。

2. 仪器

(1) 酸度计或自动电位滴定仪：精度为0.01pH。

(2) 磁力搅拌器。

(3) 分析天平：感量为0.0001 g。

3. 试剂

(1) 0.1 mol/L 氢氧化钠标准溶液。

(2) 甲醛溶液：36%～38%(无缩合沉淀)。

(3) 无二氧化碳的水。

4. 测定方法

按仪器使用说明书调试和校正酸度计。

吸取试样10 mL于150 mL烧杯中，加入无二氧化碳的水50 mL，烧杯中放入磁力搅拌棒，置于电磁搅拌器上，开始搅拌，用氢氧化钠标准溶液滴定，开始时可快速滴加氢氧化钠标准溶液，当滴定至pH=8.20的为终点。记录消耗0.1 mol/L氢氧化钠标准溶液的体积(V_1)。加入甲醛溶液10 mL，继续用氢氧化钠标准溶液滴定至pH=9.20，记录加甲醛后消耗氢氧化钠标准溶液的体积(V_2)。同时做空白试验，分别记录不加甲醛溶液及加甲醛溶液时，空白试验所消耗氢氧化钠标准溶液的体积(V_3、V_4)。

5. 数据记录

将所测数据填入表3-7中。

表3-7 黄酒中总酸、氨基酸态氮测定数据记录表

测定内容	1(不加甲醛)	2(加甲醛)	空白(不加甲醛)	空白(加甲醛)
样品体积/mL				
c_{NaOH}/(mol/L)				
滴定管终读数/mL				
滴定管初读数/mL				
消耗氢氧化钠标准溶液的体积/mL	$V_1=$	$V_2=$	$V_3=$	$V_4=$
样品中总酸含量/(g/L)				
样品中氨基酸态氮含量/(g/L)				
相对偏差/(%)				

6. 结果计算

按式(3-9)计算样品中总酸的含量：

$$X=\frac{(V_1-V_3)\times c\times 0.090}{V}\times 1000 \tag{3-9}$$

式中：X——试样中总酸的含量，g/L；

V_1——测定试样消耗0.1 mol/L氢氧化钠标准溶液的体积，mL；

V_3——空白试验消耗0.1 mol/L氢氧化钠标准溶液的体积，mL；

c——氢氧化钠标准溶液的浓度,mol/L;

0.090——乳酸的毫摩尔质量,g/mmol;

V——吸取试样的体积,mL。

试样中氨基酸态氮含量按式(3-10)计算:

$$X_1 = \frac{(V_2 - V_4) \times c \times 0.014}{V} \times 1000 \tag{3-10}$$

式中:X_1——试样中氨基酸态氮的含量,g/L;

V_2——加甲醛后,测定试样消耗0.1 mol/L氢氧化钠标准溶液的体积,mL;

V_4——加甲醛后,空白试验消耗0.1 mol/L氢氧化钠标准溶液的体积,mL;

c——氢氧化钠标准溶液的浓度,mol/L;

0.014——氮的毫摩尔质量,g/mmol;

V——吸取试样的体积,mL。

7. 说明

(1) 黄酒中总酸以乳酸计。

(2) 总酸测定后的酒样可留作测定氨基酸态氮用。

项目六　白酒中总酯的测定(GB/T 10345—2007)

学习目标

• 知识目标:掌握总酯测定的原理,并能对结果做出准确分析。

• 技能目标:能够独立完成样品中总酯的测定。

• 素质目标:能严格按操作规程进行安全操作,真实记录;会分析实验结果;学会分析、判断、解决问题,在学与做的过程中锻炼与他人交往、合作的能力。

白酒的香味物质中种类最多、对香气影响最大的是酯类。除乙酸乙酯、己酸乙酯及乳酸乙酯三大酯类在呈香过程中起主导作用外,其他酯类在呈香过程中起着烘托的作用。它们聚集在酒内以不同的强度放香,汇成白酒的复合香气,衬托出主体香韵,形成白酒的独特风格。因此白酒中总酯的含量及它们相互之间的配比对白酒的质量及香型起着决定性的作用。所以,白酒中酯的分析检测在白酒生产监控和质量控制等方面具有重要的作用和意义。

一、指示剂法

1. 知识要点

用碱中和样品中的游离酸,再准确加入一定量的碱,加热回流使酯类皂化,通过消耗碱的量计算出总酯的含量。

2. 仪器

(1) 全玻璃蒸馏器:500 mL。

(2) 全玻璃回流装置：回流瓶 1000 mL、250 mL(冷凝管不短于 45 cm)。

(3) 碱式滴定管：25 mL 或 50 mL。

(4) 酸式滴定管：25 mL 或 50 mL。

3. 试剂

(1) 氢氧化钠标准滴定溶液：$c_{NaOH}=0.1$ mol/L。

(2) 氢氧化钠标准溶液：$c_{NaOH}=3.5$ mol/L。

(3) 硫酸标准滴定溶液：$c_{1/2H_2SO_4}=0.1$ mol/L。

(4) 乙醇(无酯)溶液(40%，体积分数)：量取乙醇(95%)600 mL 于 1000 mL 回流瓶中，加氢氧化钠标准溶液 5 mL，加热回流皂化 1 h。然后移入蒸馏器中重蒸，再配成 40%(体积分数)的乙醇溶液。

(5) 酚酞指示剂(10 g/L)：称取 1 g 酚酞，溶于乙醇(95%)，用乙醇(95%)稀释至 100 mL。

4. 测定方法

吸取样品 50.0 mL 于 250 mL 回流瓶中，加入酚酞指示剂 2 滴，以氢氧化钠标准滴定溶液滴定至微红色，即为终点，记录消耗氢氧化钠标准滴定溶液的体积。再准确加入氢氧化钠标准滴定溶液 25.00 mL(若样品总酯含量较高，可加入 50.00 mL)，摇匀，放入几粒沸石或玻璃珠，装上冷凝管(冷却水温度低于 15 ℃)，于沸水浴上回流 30 min，取下，冷却。然后，用硫酸标准滴定溶液进行滴定，使微红色刚好完全消失即为终点，记录消耗硫酸标准滴定溶液的体积。同时吸取乙醇(无酯)溶液 50 mL，按上述方法同样操作做空白试验，记录消耗硫酸标准滴定溶液的体积。

5. 数据记录

将电位滴定法测定数据填入表 3-8 中。

表 3-8 电位滴定法测定(白酒中总酯含量)数据记录表

测定内容	1	2	3	空白
样品溶液的体积/mL				
硫酸标准滴定溶液的浓度/(mol/L)				
滴定终体积/mL				
滴定初体积/mL				
硫酸标准滴定溶液实际消耗体积/mL				
硫酸标准滴定溶液实际消耗平均体积/mL				

6. 结果计算

样品中的总酯含量按照式(3-11)计算：

$$X=\frac{c\times(V_0-V_1)\times 88}{50.0} \tag{3-11}$$

式中：X——样品中总酯的质量浓度(以乙酸乙酯计)，g/L；

c——硫酸标准滴定溶液的实际浓度，mol/L；

V_0——空白试验消耗硫酸标准滴定溶液的体积，mL；

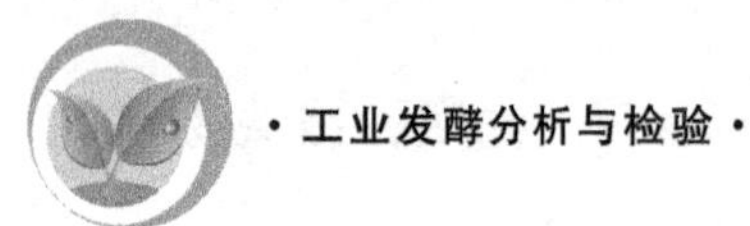

V_1——样品消耗硫酸标准滴定溶液的体积，mL；

88——乙酸乙酯的摩尔质量，g/mol；

50.0——吸取样品的体积，mL。

所有结果应表示至两位小数。

二、电位滴定法

1. 知识要点

用碱中和样品中的游离酸，再加入一定量的碱，回流皂化。用硫酸溶液进行中和滴定，当滴定接近等当点时，利用 pH 变化指示终点。

2. 仪器

电位滴定仪(或酸度计)：精度为 2 mV。其余同指示剂法。

3. 试剂

同指示剂法。

4. 测定方法

按照使用说明书安装调试仪器，然后对仪器进行校正定位。

吸取样品 50.0 mL 于 250 mL 回流瓶中，加 2 滴酚酞指示剂，以氢氧化钠标准滴定溶液滴定至淡粉色(切勿过量)，记录消耗氢氧化钠标准滴定溶液的体积(也可作为总酸含量计算)。再准确加入氢氧化钠标准滴定溶液 25.00 mL(若样品总酯含量较高，可加入 50.00 mL)。摇匀，放入几粒沸石或玻璃珠，装上冷凝管(冷却水温度低于 15 ℃)。于沸水浴上回流 30 min，取下，冷却。将样液移入 100 mL 烧杯中，用 10 mL 水分次冲洗回流瓶，洗液并入小烧杯。插入电极，放入一枚转子，置于电磁搅拌器上，开始搅拌，初始阶段可快速滴加硫酸标准滴定溶液，当溶液 pH＝9.00 后，放慢滴定速度，每次滴加半滴，直至 pH＝8.70 即为其终点。记录消耗硫酸标准滴定溶液的体积。同时，吸取乙醇(无酯)溶液 50 mL，按上述方法做空白试验，记录消耗硫酸标准滴定溶液的体积。

5. 结果计算

计算公式与指示剂法相同。

三、说明

(1) 氢氧化钠、硫酸标准滴定溶液的浓度必须尽可能地接近 0.1 mol/L，浓度值应在规定浓度值的±5%范围以内。每人四次平行测定结果极差的相对值不得大于重复性临界值的 0.15%，两人共八次平行测定结果极差的相对值不得大于重复性临界极差相对值的0.18%，取两人八次平行测定结果的平均值为测定结果。在贮存过程中要密封，严防吸收空气中的 CO_2，滴定管内残留的碱液必须放尽，不能留作下次使用。

(2) 样品的移取一般用 50 mL 移液管，每次使用前应用蒸馏水冲洗两次，再用酒样冲洗 2～3 次，样品流完后应等待几秒钟使管壁上滞留的样品也流入三角瓶中，这样就不会因样品的吸取量不够而引起误差。

(3) 中和滴定法一般以酚酞为指示剂。指示剂的用量直接影响其变色范围，酚酞为弱酸，在溶液中解离，反应式为 $HIn \rightleftharpoons H^+ + In^-$，如果酚酞加入过多，平衡向右移动，$H^+$浓度增大，变色范围朝 pH 降低的方向移动，而且酚酞作为弱酸，在滴定过程中会消耗一定量的碱液，所以指示剂加入过多会使测定值偏低，在操作中一般加入两滴即可。

(4) 第一次加入的氢氧化钠溶液用于中和样品中固有的酸，对于总酯的计算并不需要读取加入的体积。但若加入量不足，样品中未中和的酸会消耗第二次加入的氢氧化钠；若加入过量，则会使反滴定皂化后试液时酸的用量增加，使结果出现较大误差。所以必须小心滴定，切勿过量。

(5) 第二次加入的氢氧化钠溶液的体积不是一个固定不变的数值，应当根据样品中酯的多少而增减。为了使皂化完全，碱的加入必须过量。经多次试验，以皂化后能消耗的硫酸标准溶液($c_{1/2H_2SO_4}=0.1$ mol/L)体积在 3 mL 以上为宜，如果消耗的硫酸溶液的体积小于 3 mL，则会使样品皂化不完全，从而使测定结果偏低。

(6) 将三角瓶放入水浴锅中皂化 30 min(一般来说，成品酒为 30 min，半成品酒为 50 min，检测数据比较稳定)，这里涉及一个计时的问题。一般是以三角瓶放入沸腾的水浴锅的那一刻开始计时，实际上应该是从回流第一滴开始准确计时 30 min，皂化完全后从水浴锅中迅速拿出放入冷却水中冷却，然后用硫酸标准溶液反滴定，滴定时也应遵照以上提到的滴定原则。

(7) 一些酒厂在总酯的测定中，常采用室温皂化法，室温皂化是指在室温不低于 25 ℃环境中放置 24 h 进行皂化反应。当室内温度较低时，会出现皂化不完全，使测定结果偏低。经试验比较，加热皂化法皂化较为完全，所得结果略高于室温皂化法。正式测定时，应当使用加热皂化法。在皂化过程中要将所测酒体完全浸入水浴中，若水浴锅中水太少，酒液的一部分或全部在蒸汽浴中，会导致副反应产生，使测定总酯结果偏高。

(8) 用酸滴定皂化后剩余的碱时，以酚酞为批示剂，终点由微红色变为无色时不易判断。为此，总酯的测定中加入了电位滴定法，用 pH 的突跃指示终点。

(9) 精密度：在重复性条件下获得的两次独立测定结果的绝对差值不应超过算术平均值的 2%。

项目七　原料酸度的测定(GB/T 5517—2010)

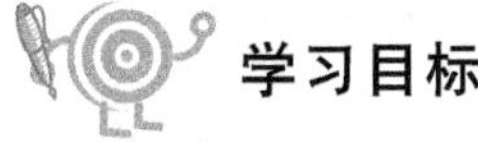

学习目标

- 知识目标：能应用酸碱中和反应原理解释操作过程。
- 技能目标：掌握滴定法测定总酸的要领，并且能够熟练使用酸度计完成检测。
- 素质目标：能严格按操作规程进行安全操作，真实记录；会分析实验结果，出具实验报告。学会分析、判断、解决问题，在学与做的过程中锻炼与他人交往、合作的能力。

原料酸度的测定也是非常重要的检测项目，它直接影响生产条件的控制及成品的质量。例如，大曲酒生产中，酒醅发酵需要适宜的酸度，酸度过大或过小，都会严重影响酒醅的正常糖化、发酵。因为糖化发酵的各种酶要在适宜的 pH 下活力才最高。酒醅酸度是指 100 g 酒醅滴定消耗氢氧化钠的物质的量(mmol),以度表示。生产中若酒醅酸度适中,可以抑制部分有害杂菌的生长繁殖,起到以酸抑制酸的作用,不影响酵母菌的发酵能力。酸能把淀粉等物质水解成糖,有利于糊化和糖化作用。而且酸能增加呈香呈味物质的形成,另外在发酵过程中酸还参与酯化反应。

1. 知识要点

粮食及其制品中含有磷酸、酸性磷酸盐、乳酸、乙酸等水溶性酸性物质的总量,以 10 g 样品所消耗的 0.1 mol/L 氢氧化钠或氢氧化钾标准溶液的体积(mL)计。

在室温下用水浸提试样中水溶性酸性物质(如磷酸及其酸性盐、乳酸、乙酸等),用氢氧化钾或氢氧化钠标准溶液滴定,计算酸度。

2. 仪器

(1) 粉碎机:可使粉碎的样品 95%以上通过 40 目筛,粉碎样品时磨膛不应发热。

(2) 具塞磨口锥形瓶:250 mL。

(3) 振荡器:往返式,振荡频率为 100 次/min。

(4) 中速定性滤纸。

(5) 移液管:10 mL、20 mL。

(6) 锥形瓶:100 mL。

(7) 量筒:50 mL、250 mL。

(8) 玻璃漏斗和漏斗架。

(9) 天平:感量为 0.01 g。

(10) 滴定管:10 mL,最小刻度为 0.05 mL。

3. 试剂

(1) 酚酞指示剂(10 g/L):称取 1 g 酚酞,溶于乙醇(95%),用乙醇(95%)稀释至 100 mL。

(2) 氢氧化钾或氢氧化钠标准溶液(0.01 mol/L)。

(3) 三氯甲烷。

(4) 不含二氧化碳的蒸馏水:将水煮沸 15 min,逐出二氧化碳,冷却、密闭。

4. 分析方法

1) 试样的制备

取混合均匀的样品 80~100 g,用粉碎机粉碎,粉碎细度要求 95%以上通过 40 目筛,将粉碎后的全部筛分样品充分混合,装入磨口瓶中,制备好的样品应立即测定。

2) 样品测定

称取制备好的试样 15 g,置于 250 mL 具塞磨口锥形瓶中,加入蒸馏水 150 mL(V_3)(先加少量水与试样混合成稀糊状,再全部加入),滴入三氯甲烷 5 滴,加塞后摇匀,在室温下放置提取 2 h,每隔 15 min 摇动一次(或置于振荡器上振荡 70 min),浸提完毕后静置数分钟,用干燥滤纸过滤,用移液管吸取滤液 10 mL(V_4),注入锥形瓶中,再加入蒸馏水 20 mL 和酚酞指示剂 3 滴,以氢氧化钾标准溶液滴定至微红色,且 30 s 内不褪色,即为终点,记录消耗氢氧化钾标准溶液的体积 V_1(mL)。

另用 30 mL 蒸馏水做空白试验,记下所消耗的氢氧化钾标准溶液的体积 V_2(mL)。

注:防腐剂三氯甲烷有毒,操作时在通风良好的通风橱内进行。

5. 结果计算

样品酸度按照式(3-12)计算：

$$X=(V_1-V_2)\times\frac{V_3}{V_4}\times\frac{c}{0.1}\times\frac{10}{m} \tag{3-12}$$

式中：X——试样酸度，以 10 g 样品所消耗的 0.1 mol/L 氢氧化钾标准溶液的体积计，mL/(10 g)；

V_1——试样滤液消耗的氢氧化钾标准溶液的体积，mL；

V_2——空白试验消耗的氢氧化钾标准溶液的体积，mL；

V_3——浸提试样的水的体积，mL；

V_4——用于滴定的试样滤液的体积，mL；

c——氢氧化钾标准溶液的实际浓度，mol/L；

m——试样的质量，g。

6. 说明

精密度：在重复性条件下获得的两次独立测定结果的绝对差值不应超过其算术平均值的 10%。

知识拓展

酸度计的保养与检查

酸度计(也称 pH 计)是用来测量溶液 pH 的仪器。下面从酸度计的原理、级别和准确度、使用和保养及酸度计操作等方面详细介绍酸度计。

一、酸度计基本原理

实验室常用的酸度计有雷磁 25 型、pHS-2 型和 pHS-3 型等。虽然型号较多、结构各异，但它们的原理相同。面板构造有刻度指针显示和数字显示两种。下面以 pHS-2C 型酸度计为例介绍。

酸度计测 pH 的方法是电位测定法。它除了可以用于测量溶液的酸度外，还可以测量电池电动势(mV)，主要由参比电极(饱和甘汞电极)、指示电极(玻璃电极)和精密电位计三部分组成。测量时用玻璃电极作指示电极，饱和甘汞电极(SCE)作参比电极，组成电池。

二、酸度计的保养

1. pH 玻璃电极的贮存

短期：贮存在 pH=4 的缓冲溶液中。

长期：贮存在 pH=7 的缓冲溶液中。

2. 酸度计 pH 玻璃电极的清洗

玻璃电极球泡受污染可能使电极响应时间加长。可用 CCl_4 或皂液揩去污物，然后浸入蒸馏水一昼夜后继续使用。污染严重时，可用 5%HF 溶液浸 10～20 min，立即用水冲洗干净，然后浸入 0.1 mol/L HCl 溶液一昼夜后继续使用。

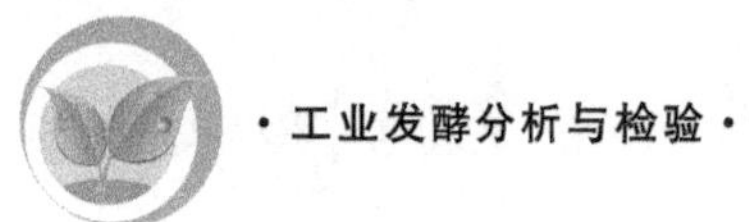

3. 酸度计玻璃电极老化的处理

玻璃电极的老化与胶层结构渐进变化有关。旧电极响应迟缓，膜电阻高，斜率低。用氢氟酸浸泡，去掉外层胶层，能改善电极性能。若能用此法定期清除内、外胶层，则电极的寿命几乎是无限的。

4. 酸度计参比电极的贮存

银-氯化银电极最好的贮存液是饱和氯化钾溶液，高浓度氯化钾溶液可以防止氯化银在液接界处沉淀，并维持液接界处于工作状态。此方法也适用于复合电极的贮存。

5. 酸度计参比电极的再生

参比电极发生的问题绝大多数是由液接界堵塞引起的，可用下列方法解决。

(1) 浸泡液接界：用10%饱和氯化钾溶液和90%蒸馏水的混合液，加热至60～70 ℃，将电极浸入约5 cm，浸泡20 min至1 h。此法可溶去电极端部的结晶。

(2) 氨浸泡：当液接界被氯化银堵塞时可用浓氨水浸除。具体方法是将电极内部冲洗干净，放空后浸入氨水中10～20 min，但不要让氨水进入电极内部。取出电极用蒸馏水洗净，重新加入内充液后继续使用。

(3) 真空方法：将软管套住参比电极液接界，使用水流吸气泵，抽吸部分内充液穿过液接界，除去机械堵塞物。

(4) 煮沸液接界：将银-氯化银参比电极的液接界浸入沸水中10～20 s。注意，下一次煮沸前，应将电极冷却到室温。

(5) 当以上方法均无效时，可采用砂纸研磨的机械方法去除堵塞。此法可能使研磨下的砂粒塞入液接界，造成永久性堵塞。

三、酸度计的检查

1. 玻璃电极的一般检查方法

1) 酸度计检查零电位

设置pH计在“mV”测量挡，将玻璃电极和参比电极一起插入pH=6.86的缓冲溶液中，仪器的读数应为−50～50 mV。

2) 检查斜率

接1)，再测pH=4.00或pH=9.18时缓冲溶液的电位值，计算电极的斜率，电极的相对斜率一般应符合技术指标。

注意：电极零电位值的检查方法仅针对等电位点为7的玻璃电极而言。若玻璃电极的等电位点不为7，则有所不同。

对于有的pH计，标定调节能够达到要求，上述检查结果超出范围不大时，电极仍可使用。对于有的智能pH计，可以直接查阅仪器标定结果得到零电位值和斜率值。

2. 酸度计参比电极的检查方法

1) 酸度计内阻检查方法

采用实验室电导率仪检查，电导率仪电极插座一端接参比电极，另一端接一根金属丝，将参比电极和金属丝同时浸入溶液中，测得的内阻应小于10 kΩ。如内阻过大，说明液接界有堵塞，应进行处理。

2) 酸度计电极电位检查

取型号相同的一支好的参比电极和被测参比电极接入pH计的输入两端，然后同时插入KCl溶液(或pH=4.00的缓冲溶液)，测得的电位差应为−3～+3 mV，且电位变化应小于±1 mV。否则，应该更换或再生参比电极。

3) 酸度计外观检查

银-氯化银丝应该呈暗棕色，若呈灰白色则说明氯化银已部分溶解。

思考题

1. 简述总酸的概念和测定原理。
2. 酸类对白酒有哪些影响?
3. 白酒中挥发酸的成分有哪些?
4. 简述测定啤酒中总酸的意义。
5. 在测定样品前，怎样对酸度计进行校正?
6. 测定葡萄酒总酸时，若样液颜色过深，应如何处理?
7. 测定啤酒总酸前要对样品怎样处理? 为什么?
8. 测定白酒总酯时应注意哪些问题?

模块三 灰分分析

灰分是粮食中矿物质成分灼烧后的残存物的统称，灰分中的无机盐是酵母和曲霉菌生长、发酵所需要的磷、钾、铁、钠等无机盐的来源，是必不可少的物质，但需要量甚微。含量适当对生产酒精有好处，含量超过了一定的范围，说明灰分含量和杂质泥沙太多，对酵母的发酵和酒精的蒸馏会产生不良影响。常用原料中的灰分含量在1%～3%。如玉米灰分含量约为1.4%，大麦占2.6%，小麦占1.3%，洗净的鲜红苕占0.4%～1.5%。所以原料中的灰分也是鉴别原料质量优劣的一个指标。

项目一 原料中灰分的测定(GB/T 5505—2008)

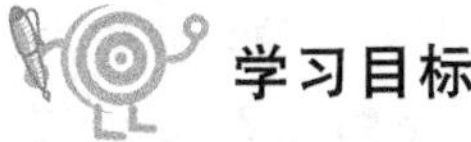

学习目标

- 知识目标：熟悉、掌握灰分的测定方法。

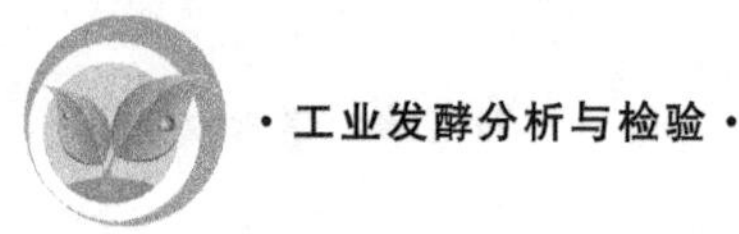

• 技能目标：熟悉与掌握灰分测定的基本操作，包括样品处理、分析操作、结果计算等。

• 素质目标：能严格按操作规程进行安全操作，真实记录；会分析实验结果，出具完善的报告；学会分析、判断、解决问题，在学与做的过程中锻炼与他人交往、合作的能力。

一、550 ℃灼烧法

1. 知识要点

试样经炭化后，置于(550±10) ℃高温炉内灼烧，样品中的水分及挥发性物质以气态形式放出，有机物质中的碳、氢、氮等元素与有机物质本身的氧及空气中的氧生成二氧化碳、氮氧化物及水分而散失，无机物以硫酸盐、磷酸盐、碳酸盐等无机盐和金属氧化物的形式残留下来，这些残留即为灰分。称量残留物的质量即可算出样品中总灰分的含量。

2. 仪器

(1) 分析天平：感量为 0.1 mg。

(2) 马弗炉：能产生 550 ℃以上的高温，并可控制温度。

(3) 瓷坩埚：容量为 18～20 mL。

(4) 粉碎机、研钵。

(5) 备有变色硅胶的干燥器。

(6) 坩埚钳：长柄和短柄。

3. 试剂

(1) 三氯化铁：分析纯。

(2) 三氯化铁溶液(5 g/L)：称取 0.5 g 三氯化铁，溶于 100 mL 蓝黑墨水中。

4. 试样制备

从平均样品中分取一定样品，分取数量为 30～50 g，除去大样杂质和矿物质。粉碎细度为能通过孔径 1.5 mm 的圆孔筛的不少于 90%。

5. 测定方法

1) 样品水分的测定

按照本章模块一的方法测定试样水分含量(w)。

2) 坩埚处理

取洁净干燥的瓷坩埚，用蘸有三氯化铁蓝黑墨水溶液的毛笔在坩埚上编号，然后将编号坩埚放入(550±10) ℃马弗炉内灼烧 30～60 min，移动坩埚至炉门口处，待坩埚红热消失后，转移至干燥器内冷却至室温，取出并称量坩埚的质量，再重复灼烧、冷却、称量，直至前后两次质量之差不超过 0.2 mg，记录坩埚质量(m_0)。

3) 样品测定

称取混匀试样(m)2～3 g，准确至 0.0002 g，置于处理好的坩埚中，将坩埚放在电炉上，错开坩埚盖，加热试样至完全炭化为止。然后，把坩埚放在(550±10) ℃的马弗炉内，先放在炉口片刻，再移入炉膛内，错开坩埚盖，关闭炉门，在(550±10) ℃下灼烧 2～3 h。在灼烧过程中，应将坩埚位置调换 1～2 次，样品灼烧至黑色炭粒全部消失并变成灰白色为止。移动坩埚至炉门口处，待坩埚红热消失后，转移至干燥器内冷却至室温，称量。再灼烧 30 min，冷却，称量至恒重(m_1)。最后一次灼烧的质量如果增加，取前一次质量计算。

6. 结果计算

样品中灰分(干基)含量按照式(3-13)计算：

$$X=\frac{m_1-m_0}{m\times(1-w)}\times 100\% \tag{3-13}$$

式中：X——样品灰分(干基)含量，%；

m_0——坩埚质量，g；

m_1——坩埚和灰分质量，g；

m——试样质量，g；

w——试样的水分含量，%。

测定结果取小数点后第二位。

7. 说明

重复性：同一分析者使用相同仪器，相继或同时对同一试样进行两次测定，所得到的两个测定值的绝对差值不应超过 0.03%。

二、乙酸镁法

1. 知识要点

试样中加入助灰化试剂乙酸镁后，经(850±25) ℃高温灰化至有机物完全灼烧挥发后，称量其残留物，并计算灰分含量。

2. 仪器

5.0 mL 移液管。其余同 550 ℃灼烧法。

3. 试剂

(1) 乙酸镁：分析纯。

(2) 乙酸镁-乙醇溶液(15 g/L)：称取 1.5 g 乙酸镁，溶于 100 mL 95%乙醇中。

4. 试样制备

从平均样品中分取一定样品，分取数量为 30～50 g，除去大样杂质和矿物质。粉碎细度为能通过孔径 1.5 mm 的圆孔筛的不少于 90%。

5. 测定方法

1) 样品水分的测定

按照本章模块一的方法测定试样水分含量(w)。

2) 坩埚处理

取洁净干燥的瓷坩埚，用蘸有三氯化铁蓝黑墨水溶液的毛笔在坩埚上编号，然后将编号坩埚放入(850±25) ℃马弗炉内灼烧 30～60 min，移动坩埚至炉门口处，待坩埚红热消失后，转移至干燥器内冷却至室温，取出并称量坩埚的质量，再重复灼烧、冷却、称量，直至前后两次质量之差不超过 0.2 mg，记录坩埚质量(m_0)。

3) 样品测定

称取混匀试样(m)2～3 g，准确至 0.0002 g，置于处理好的坩埚中，加入乙酸镁-乙醇

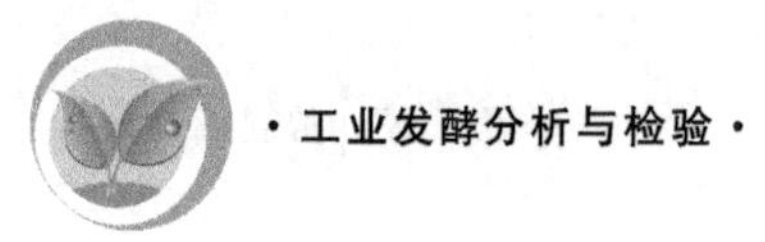

溶液 3 mL，静置 2～3 min，用点燃的酒精棉引燃样品，将坩埚放在电炉上，错开坩埚盖，加热试样至完全炭化为止。然后，把坩埚放在马弗炉内，先放在炉口预热片刻，再移入炉膛内，错开坩埚盖，关闭炉门，在(850±25) ℃下灼烧 1 h。待剩余物变成灰白色或白色时，停止灼烧，移动坩埚至炉门口处，待坩埚红热消失后，转移至干燥器内冷却至室温，称量(m_1)。

注：3 mL 乙酸镁-乙醇溶液灼烧后得到的氧化镁质量为 0.0085～0.0090 g，应以空白试验所得的氧化镁质量为依据。

4) 空白试验

在已恒重(m_2)的坩埚中加入乙酸镁-乙醇溶液 3 mL，用点燃的酒精棉引燃并炭化后，与样品测定同样的操作进行灼烧、冷却、称量(m_3)。

6. 结果计算

样品中灰分(干基)含量按照式(3-14)计算：

$$X = \frac{(m_1 - m_0) - (m_3 - m_2)}{m \times (1 - w)} \times 100\% \tag{3-14}$$

式中：X——样品灰分(干基)含量，%；

m_0——坩埚质量，g；

m_1——坩埚和灰分质量，g；

m_2——空白试验坩埚质量，g；

m_3——氧化镁和坩埚质量，g；

m——试样质量，g；

w——试样的水分含量，%。

测定结果取小数点后第二位。

7. 说明

重复性：同一分析者使用相同仪器，相继或同时对同一试样进行两次测定，所得到的两个测定值的绝对差值不应超过 0.03%。

三、灰化与炭化

1. 测定灰分时必须将试样先进行炭化

所谓炭化就是将试样在较低的温度下(在万用电炉上或者高温炉炉膛口处)进行慢慢灼烧，将试样烧焦变黑的过程。灰化则是在 550 ℃以上高温(高温炉炉膛内)灼烧，将变黑的试样灼烧成灰分的过程。测定时，若不炭化而直接灰化，粮食等有机试样会因高温骤变，试样剧烈干馏或急剧灼烧，使部分试样颗粒被产生的明火和大量溢出的气体带走，造成试样损失。直接灰化易引起试样发生熔融，造成灰化不彻底，引起测定误差。试样在高温下直接灰化，还会产生大量烟雾而污染高温电炉炉膛。因此试样一定要炭化后再进行灰化。

2. 炭化、灰化程度

炭化是否完全对于以后试样的灰化有很大的影响，炭化不彻底，不仅使试样灰化的时间延长，而且不容易灰化完全，最终影响测定结果的准确性。完全炭化的标志是试样在低温下慢慢灼烧至不冒烟，全部变成黑色的炭粒(块)后，再稍微延长灼烧时间。灰分呈白色或灰白色并不是完全灰化的标志。因为灼烧后的残渣颜色与试样中元素含量有关，铁含量高的试样，残灰呈褐色或红棕色；小麦由于含有锰的成分，得到的灰分往往呈现浅粉色。另外要看灰分中有没有黑色斑点，因为矿物质的高温热变化可消除黑色斑点。若灰化后还有炭粒，则可认为仍有可燃物未灰化完全，即使极少，也不可忽视，应适当地延长灼烧时间。想要证明灰化已经完全，应该是灰分中不再有黑色炭粒残留，称重后并重新灼烧30 min后，能够恒重。

3. 注意事项

(1) 样品经预处理后，在放入高温炉灼烧前要先进行炭化处理，样品炭化时要注意热源强度，防止在灼烧时因高温引起试样中的水分急剧蒸发，使试样飞溅；防止糖、蛋白质、淀粉等易发泡膨胀的物质在高温下发泡膨胀而逸出坩埚；不经炭化而直接灰化的炭粒易被包裹，使灰化不完全。

(2) 把坩埚放入马弗炉或从炉中取出时，要放在炉口停留片刻，使坩埚预热或冷却，防止因温度剧变而使坩埚破裂。

(3) 灼烧后的坩埚应冷却到200 ℃以下再移入干燥器中，否则因热的对流作用，易造成残灰飞散，且冷却速度慢，冷却后干燥期内形成较大真空，盖子不易打开。从干燥器内取出坩埚时，因内部形成真空，开盖恢复常压时，应使空气缓慢流入以防残灰飞散。

(4) 如液体样品量过多，可分次在同一坩埚中蒸干，在测定蔬菜、水果这一类含水量高的样品时，应预先测定这些样品的水分，再将其干燥物继续加热灼烧，测定其灰分含量。

(5) 灰化后所得的残渣可留作Ca、P、Fe等无机成分的分析。

(6) 用过的坩埚经初步洗刷后，可用粗盐酸浸泡10～20 min，再用水冲洗干净。

(7) 近年来灰化常采用红外灯。

4. 加速灰化

对于含磷较多的谷物及其制品，磷酸过剩于阳离子，随着灰化的进行，磷酸将以磷酸二氢钾、磷酸二氢钠等形式存在，在比较低的温度下会熔融而包住炭粒，从而难以完全灰化，即使灰化相当长时间也达不到恒量。对于这类难灰化的样品，可采用下列方法加速灰化。

(1) 改变操作方法，样品经初步灼烧后，取出坩埚，冷却，沿坩埚边沿慢慢加入少量去离子水，使其中的水溶性盐类溶解，被包住的炭粒暴露出来，然后在水浴上蒸干，置于120～130 ℃烘箱中充分干燥，再灼烧至恒重。

(2) 样品经初步灼烧后，取出坩埚，冷却，沿坩埚边沿慢慢加入几滴硝酸或双氧水，蒸干后再灼烧至恒重。利用硝酸或双氧水的氧化作用来加速炭粒灰化。也可以加入10%碳酸氨等疏松剂，在灼烧时分解为气体逸出，使灰分呈松散状态，促进未灰化的炭粒灰化。这些物质经灼烧后完全分解，不增加残灰的质量。

(3) 加入乙酸镁、硝酸镁等灰化助剂，这类镁盐随灰化的进行而分解，与过剩的磷酸结合，残灰不会发生熔融而呈松散状态，避免炭粒被包裹，可大大缩短灰化时间。此法应做空白试验，以校正加入的镁盐灼烧后分解产生氧化镁的量。

(4) 加速灰化时，一定要沿坩埚壁加去离子水，不可直接将水洒在残灰上，以防残灰飞散造成损失和测定误差。

思考题

1. 为什么样品在高温灼烧前要炭化至无烟?
2. 为什么样品经过长时间灼烧后,灰分中仍有炭粒?该如何处理?
3. 如何判断是否灰化完全?
4. 什么情况下要进行加速灰化?
5. 如何对样品进行加速灰化?
6. 灰化过程中有哪些注意事项?

模块四　碳水化合物的分析

在白酒生产中,酿酒原料颇多,但主要是谷类、薯类,如高粱、玉米、甘薯等,一般优质原料以高粱为主,适当搭配玉米、小麦、糯米、大米等粮食。淀粉是制曲制酒原料、辅料的重要组成部分。淀粉按结构分为直链淀粉和支链淀粉,是两种不同类型结构分子的混合物。淀粉的外层主要由支链淀粉构成,支链淀粉的内层主要为直链淀粉。

直链淀粉分子结构中只有很少部分是β-糖苷键,在水溶液中并不是线型分子,而是由分子内氢键作用卷曲成螺旋状,每个环含6个葡萄糖残基。直链淀粉相对分子质量为几万至几十万,不溶于冷水,易溶于温水,溶液黏度不大,易老化,酶解较完全,遇碘液呈蓝色。支链淀粉易分散于冷水中,不同来源的淀粉对酸水解难易有差别,马铃薯淀粉较玉米、高粱等谷类淀粉易水解,大米淀粉则较难水解,无定形结构淀粉较晶体结构淀粉易水解,淀粉粒中的支链淀粉较直链淀粉易水解;β-1,4-糖苷键水解速度较β-1,6-糖苷键快。支链淀粉相对分子质量为几万至几十万,在热水中难溶解,溶液黏度较高,不易老化,糖化过程中易留有具有分支的β-界限糊精,糖化速度较慢,遇碘液呈蓝紫色,每隔8～9个葡萄糖单位即有一个分支。

项目一　葡萄酒(果酒)中总糖、还原糖的测定

(GB/T 15038—2006)

学习目标

- 知识目标:掌握直接滴定法的测定原理及注意事项。
- 技能目标:掌握直接滴定法测定总糖、还原糖的要领,并且能够熟练完成检测。
- 素质目标:能严格按操作规程进行安全操作,真实记录;会分析实验结果;学会分析、判断、解决问题,在学与做的过程中锻炼与他人交往、合作的能力。

葡萄中的糖类是葡萄酒发酵的条件之一，在发酵过程中，酵母将糖分转化成酒精和CO_2。葡萄糖分的积累是通过葡萄藤将葡萄叶子光合作用产生的蔗糖分子转移至葡萄而完成的。葡萄酒在成熟期时，蔗糖被酶分解成葡萄糖和果糖。在采收时，葡萄中的糖类15%～25%都以简单的形式存在，葡萄糖和果糖都以6碳糖形式存在，当然也存在3、4、5、7碳糖。葡萄中的糖类并不是都可以被发酵转化成酒精。因此，没有葡萄酒是绝对的干性的，因为总会有残糖的存在。葡萄中的糖分含量直接影响葡萄酒的酒精度，因此在必要的时候，酿酒师也在酿造过程中加糖，就是为了让酿造后的葡萄酒酒精度较高。葡萄酒中主要的糖类有以下几种。

(1) 葡萄糖。葡萄糖是葡萄中主要的糖类。品尝葡萄酒的时候，葡萄糖的甜度要比果糖低，葡萄糖是由蔗糖转化而来的6碳糖。葡萄成熟期开始的时候，葡萄中的葡萄糖含量比果糖含量高，最高可以达到5倍，但是随着葡萄的成熟，采收的时候，两者的含量几乎持平。有一些过熟的葡萄，例如晚收型的葡萄，葡萄中的果糖含量要比葡萄糖高得多。

(2) 果糖。果糖与葡萄糖一样，是葡萄中主要的糖类。葡萄酒中，同等量的果糖的甜度比葡萄糖高出将近2倍，它也是酿制餐后甜酒的主要糖类。酿造过程中，葡萄糖首先被酵母转化成酒精。酿酒师如果要中止发酵，可以改变发酵温度，也可以添加白兰地中止发酵，此时，葡萄酒中的果糖含量就会很高，并且有明显的残糖存在葡萄酒里面。葡萄汁完全发酵过后再加入未发酵的葡萄原汁的葡萄酒的甜度比被中止的葡萄酒的甜度要低，这是因为未发酵过的葡萄原汁含有几乎同等含量的果糖和甜度低的葡萄糖。同样地，在加糖过程中，加入的蔗糖通常也并没有增加葡萄酒的甜度。

(3) 蔗糖。大部分的葡萄酒中，蔗糖的含量都很少，因为蔗糖并不是葡萄的天然存在物，而且加糖程序添加的糖也在发酵的时候被消耗掉。但是，香槟和其他的气泡酒则除外，因为这些是在瓶中二次发酵过后添加的糖。不同甜度有不同的含糖量，但是大部分极干的香槟只添加很少量的蔗糖。

葡萄酒的品尝中，人类可以辨别出来甜度的酒内残糖含量为1%～2.5%。葡萄酒中的含糖量是区分葡萄酒类型的重要标志，准确地测定糖的含量，对于指导葡萄酒的生产，控制葡萄酒的质量，引导葡萄酒的消费，都有十分重要的意义。

1. 知识要点

费林试液与样品共沸，样品中的还原糖在加热条件下将费林试液中的二价铜还原为氧化亚铜。以次甲基蓝为指示剂，在终点稍过量时，还原糖将蓝色的氧化型次甲基蓝还原为无色的还原型次甲基蓝。根据样液消耗的体积，计算还原糖的含量。

费林试液由甲、乙液组成，甲液为硫酸铜溶液，乙液为氢氧化钠与酒石酸钾钠溶液。平时甲、乙液分别贮存，测定时才等体积混合，混合时，硫酸铜与氢氧化钠反应，生成氢氧化铜沉淀：

$$2NaOH + CuSO_4 = Cu(OH)_2 \downarrow + Na_2SO_4$$

生成的氢氧化铜沉淀与酒石酸钾钠反应，生成酒石酸钾钠与铜的配合物，使氢氧化铜溶解：

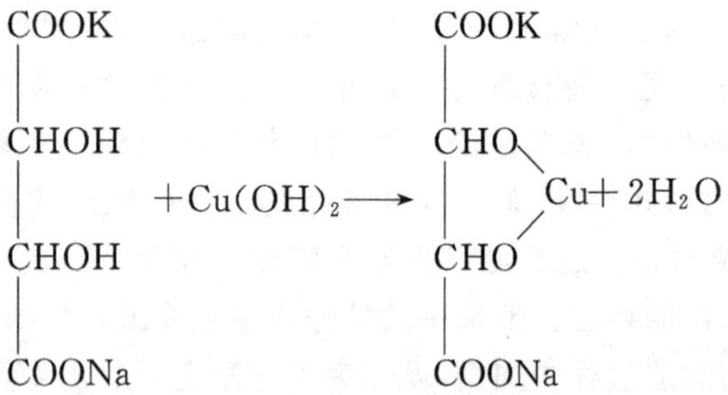

$$\begin{array}{l}COOK\\ |\\ CHOH\\ |\\ CHOH\\ |\\ COONa\end{array} + Cu(OH)_2 \longrightarrow \begin{array}{l}COOK\\ |\\ CHO\diagdown\\ |\qquad\quad Cu\\ CHO\diagup\\ |\\ COONa\end{array} + 2H_2O$$

酒石酸钾钠铜配合物中的二价铜是氧化剂，能使还原糖氧化，而二价铜被还原成一价的红色氧化亚铜沉淀：

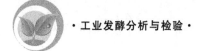

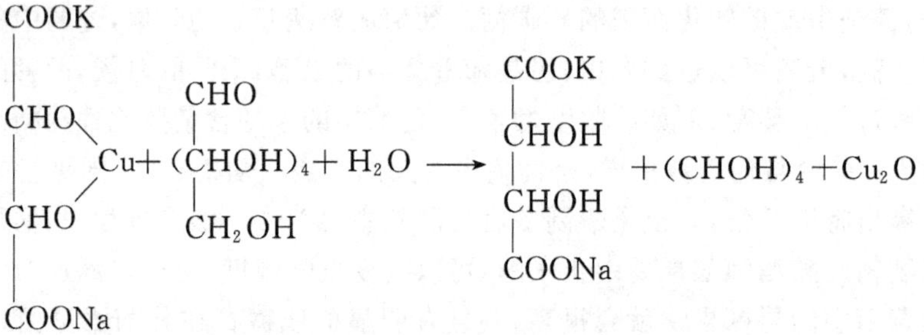

$$\begin{array}{l}COOK\\ |\\ CHO\diagdown\\ |\qquad\quad Cu\\ CHO\diagup\\ |\\ COONa\end{array} + \begin{array}{l}CHO\\ |\\ (CHOH)_4\\ |\\ CH_2OH\end{array} + H_2O \longrightarrow \begin{array}{l}COOK\\ |\\ CHOH\\ |\\ CHOH\\ |\\ COONa\end{array} + (CHOH)_4 + Cu_2O\downarrow$$

反应终点用次甲基蓝指示液显示。次甲基蓝是氧化能力较二价铜更弱的一种弱氧化剂，故待二价铜全部被还原糖还原，过量一滴还原糖立即使次甲基蓝还原，溶液的蓝色消失，只呈现氧化亚铜的红色，此时为反应终点。由于空气中氧气有氧化性，会干扰实验，故操作必须在隔绝空气的条件下进行，所以要持续加热保持液面沸腾，使水汽逸出，防止空气进入。

2. 试剂

(1) 盐酸(1∶1)。

(2) 氢氧化钠溶液：200 g/L。

(3) 葡萄糖标准溶液(2.5 g/L)：称取在105～110 ℃烘箱内烘干3 h并在干燥器中冷却的无水葡萄糖2.5 g(精确至0.0001 g)，用水溶解并定容至1000 mL。

(4) 次甲基蓝指示液(10 g/L)：称取1.0 g次甲基蓝，用水溶解并定容至100 mL。

(5) 费林试液(甲、乙)。

① 配制。

费林甲液：称取34.7 g硫酸铜($CuSO_4 \cdot 5H_2O$)，溶于水，稀释至500 mL；

费林乙液：称取173 g酒石酸钾钠($C_4O_6H_4KNa \cdot 4H_2O$)和50 g氢氧化钠，溶于水，稀释至500 mL。

② 标定。

预备试验：吸取费林甲、乙液各5.00 mL于250 mL三角瓶中，加50 mL水，摇匀，在电炉上加热至沸，在沸腾状态下用葡萄糖标准溶液滴定，当溶液的蓝色将消失并呈红色时，加2滴次甲基蓝指示液，继续滴至蓝色消失，记录消耗葡萄糖标准溶液的体积。

正式滴定：吸取费林甲、乙液各5.00 mL于250 mL三角瓶中，加50 mL水和比预备试验少1 mL的葡萄糖标准溶液，加热至沸，并保持沸腾2 min，加入2滴次甲基蓝指示液，在沸腾状态下于 1 min 内用葡萄糖标准溶液滴至终点，记录消耗葡萄糖标准溶液的体积(V)。

③ 计算。

费林试液(甲、乙)各 5 mL 相当于葡萄糖的质量(g)，按式(3-15)计算：

$$F=\frac{m}{1000}\times V \tag{3-15}$$

式中：F——费林试液(甲、乙)各 5 mL 相当于葡萄糖的质量，g；

m——称取无水葡萄糖的质量，g；

V——消耗葡萄糖标准溶液的总体积，mL。

3. 试样制备

1) 测总糖用试样

准确吸取一定量的样品(V_1)(液温 20 ℃)于 100 mL 容量瓶中，使之所含糖量为 0.2～0.4 g，加入 5 mL 盐酸，加水至 20 mL，摇匀。于(68±1) ℃水浴上水解 15 min，取出，冷却。用氢氧化钠溶液中和至中性，调温至 20 ℃，加水定容至刻度(V_2)，备用。

2) 测还原糖用试样

准确吸取一定量的样品(V_1)(液温 20 ℃)于 100 mL 容量瓶中，使之所含糖量为 0.2～0.4 g，加水定容至刻度，备用。

4. 测定方法

(1) 预备试验：吸取费林甲、乙液各 5.00 mL 于 250 mL 三角瓶中，加 50 mL 水，摇匀，在电炉上加热至沸，在沸腾状态下用样液进行滴定，当溶液的蓝色将消失并呈红色时，加 2 滴次甲基蓝指示液，继续滴至蓝色消失，记录消耗样液的体积。

(2) 正式滴定：吸取费林甲、乙液各 5.00 mL 于 250 mL 三角瓶中，加 50 mL 水和比预备试验少 1 mL 的样液，加热至沸，并保持沸腾 2 min，加入 2 滴次甲基蓝指示液，在沸腾状态下于 1 min 内用样液滴至终点，记录消耗样液的体积(V_3)。结果按式(3-14)计算。

(3) 测定干葡萄酒或含糖较低的半干葡萄酒，先吸取一定量的样品(V_3)(液温 20 ℃)于预先装有费林溶液(甲、乙各 5 mL)的 250 mL 三角瓶中，再用葡萄糖标准溶液按费林试液标定的操作进行测定，记录消耗葡萄糖标准溶液的体积(V)，结果按式(3-17)计算。

5. 结果计算

干葡萄酒、半干葡萄酒总糖或还原糖的含量按式(3-16)计算，其他葡萄酒总糖或还原糖的含量按式(3-17)计算：

$$X_1=\frac{F-C\times V}{(V_1/V_2)\times V_3}\times 1000 \tag{3-16}$$

$$X_2=\frac{F}{(V_1/V_2)\times V_3}\times 1000 \tag{3-17}$$

式中：X_1——干葡萄酒、半干葡萄酒总糖或还原糖的含量，g/L；

F——费林试液甲、乙各 5 mL 相当于葡萄糖的质量，g；

C——葡萄糖标准溶液的浓度，g/mL；

V——消耗葡萄糖标准溶液的体积，mL；

V_1——吸取样品的体积，mL；

V_2——样品稀释后或水解定容的体积，mL；

V_3——消耗样液的体积，mL；

X_2——其他葡萄酒总糖或还原糖的含量，g/L。

所有结果应表示至一位小数。

6. 说明

(1) 费林试液与还原糖反应是定量关系，它的量直接影响测定结果的准确性，所以费林试液必须精确吸取，保证每次取样量一致。应注意以下几点。

① 甲液和乙液使用各自的吸管，不能混用，而且溶液在吸管中刻度液面的位置要保持一致。

② 吸管外壁残留的溶液会造成取样量的误差，所以要习惯性地对吸管外壁的残留液进行相同处理，保证每次外壁残留液相对一致，从而减少误差。

③ 甲、乙液放入三角瓶的速度要保持一致(不可吹)，放完后要观察其残留在吸管中的量有多少，要保证每次残留量一致。

④ 甲液的不是很明显的沉淀(或浓度变化)也会对测定造成波动，取甲液的器具切记不要与碱性物质接触(同时也要注意防止将碱性物质带入甲液中)，以避免产生沉淀，盛甲液的容器时间长了，内壁上也会残留固体(硫酸铜)，这些固体颗粒也会造成检测误差。

⑤ 容器内剩余少量甲、乙液时，其几个小时的蒸发量也会造成浓度的变化，所以检测时还应经常验证一下空白，特别是数据异常时。

(2) 滴定速度要保持均衡一致，速度以每1～2 s一滴为好(速度不要因滴定时间的长短而变化)。

(3) 电炉的温度对检测结果也有影响，所以要保证电炉充分预热，同时三角瓶在电炉上的放置位置要保持一致。

(4) 测定时液体沸腾后开始滴定的时间也要保持一致，一般等液体充分沸腾后再开始滴定。

(5) 滴定终点的判断也要保持一致。

(6) 样液稀释及取样也要注意精确，注意吸管的正确使用方法。

(7) 注意滴定管尖端气泡等对检测数值的影响。

(8) 三角瓶使用后要清洗干净。

(9) 检测样品时注意加水体积，加水量为滴定数与空白数之差，使样品检测总体积与空白滴定总体积大致相等。

(10) 滴定速度、锥形瓶壁厚度和热源的稳定程度等，对测定精密度影响很大。平行测定的滴定体积相差不应超过0.1 mL，故在标定、预滴、正式滴定过程中，实验条件应力求一致。

(11) 滴定应该始终保持在微沸状态下进行。沸腾后继续滴定至终点的体积应控制在0.5～1 mL内，否则应重新测定。

(12) 样品液中还原糖浓度不宜过高或过低，根据预备滴定结果，应将样品液稀释至还原糖的含量在1%左右。

(13) 滴定至终点蓝色褪去之后，就不应再滴定，因为次甲基蓝指示液被还原褪色后，当接触空气时，又会被氧化而重显蓝色。

(14) 费林试剂与还原糖之间的反应因受溶液碱性、加热温度和时间以及副反应等影响，而没有严格的定量关系，不能由当量定律来求出试样中的还原糖的含量，只能根据在相同实验条件下消耗相应的标准还原糖量或由严格相同的实验条件下得出的还原糖检索表上查得相应的还原糖量来进行计算。所以用这种方法测定糖时，必须先用相应的标准还原糖标定费林试剂。

(15) 精密度：在重复条件下获得的两次独立测定结果的绝对差值不得超过算术平均值的 2%。

项目二　原料中还原糖和非还原糖的测定

(GB/T 5513—2008)

学习目标

- 知识目标：掌握铁氰化钾法、莱-爱农法的测定原理及注意事项。
- 技能目标：掌握铁氰化钾法、莱-爱农法测定总糖、还原糖的要领，并且能够熟练完成检测。
- 素质目标：能严格按操作规程进行安全操作，真实记录；会分析实验结果；学会分析、判断、解决问题，在学与做的过程中锻炼与他人交往、合作的能力。

酿酒原料中，淀粉含量是反映其质量优劣的重要指标之一，因此，准确测定原料中淀粉含量是一项非常有意义的工作，并有利于指导酿酒生产工艺。

一、铁氰化钾法

1. 知识要点

还原糖是指分子结构中含有游离半缩醛羟基或半缩酮羟基的糖。非还原糖是指分子结构中不含游离半缩醛羟基或半缩酮羟基的糖。

还原糖在碱性溶液中将铁氰化钾还原为亚铁氰化钾，本身被氧化为相应的糖酸。过量的铁氰化钾在乙酸的存在下，与碘化钾作用析出碘，析出的碘以硫代硫酸钠标准溶液滴定。通过计算氧化还原糖时所用去的铁氰化钾的量，查经验表得试样中还原糖的含量。

2. 仪器

(1) 分析天平：感量为 0.0001 g。

(2) 振荡器。

(3) 磨口具塞锥形瓶：100 mL。

(4) 量筒：50 mL、25 mL。

(5) 移液管：5 mL。

(6) 玻璃漏斗。

(7) 试管:直径 1.8～2.0 cm,高约 18 cm。

(8) 铝锅:作沸水浴用。

(9) 电炉:2000 W。

(10) 锥形瓶:100 mL。

(11) 微量滴定管:5 mL 或 10 mL。

3. 试剂

(1) 95%乙醇。

(2) 乙酸缓冲溶液:将 3.0 mL 冰乙酸、6.8 g 无水乙酸钠和 4.5 mL 密度为 1.84 g/mL 的浓硫酸混合溶解,然后稀释至 1000 mL。

(3) 12.0%钨酸钠溶液:将 12.0 g 钨酸钠($Na_2WO_4 \cdot 2H_2O$)溶于 100 mL 水中。

(4) 0.1 mol/L 碱性铁氰化钾溶液:将 32.9 g 纯净干燥的铁氰化钾[$K_3Fe(CN)_6$]与 44.0 g 碳酸钠(Na_2CO_3)溶于 1000 mL 水中。

(5) 乙酸盐溶液:将 70 g 纯氯化钾(KCl)和 40 g 硫酸锌($ZnSO_4 \cdot 7H_2O$)溶于 750 mL 水中,然后缓缓加入 200 mL 冰乙酸,再用水稀释至 1000 mL,混匀。

(6) 10%碘化钾溶液:称取 10 g 纯碘化钾,溶于 100 mL 水中,再加入一滴饱和氢氧化钠溶液。

(7) 1%淀粉溶液:称取 1 g 可溶性淀粉,用少量水润湿调和后,缓慢倒入 100 mL 沸水中,继续煮沸直至溶液透明。

(8) 0.1 mol/L 硫代硫酸钠溶液。

4. 样液制备

精确称取试样 5.675 g 于 100 mL 磨口锥形瓶中,倾斜锥形瓶以便所有试样粉末集中于一侧,用 5 mL 乙醇浸没全部试样,再加入 50 mL 乙酸缓冲溶液,振荡摇匀后立即加入 2 mL钨酸钠溶液,在振荡器上混合振摇 5 min。将混合液过滤,弃去最初几滴滤液,收集滤液于干净锥形瓶中,此滤液作为样品测定液。另取一锥形瓶不加试样,其他操作与样品测定相同,此滤液为空白液。

5. 测定方法

1) 还原糖的测定

(1) 氧化:用移液管精确吸取样品液 5 mL 于试管中,再精确加入 5 mL 碱性铁氰化钾溶液,混合后立即将试管浸入剧烈沸腾的水浴锅中,并确保试管内液面低于沸水液面下 3～4 cm,加热 20 min 后取出,立即用冷水迅速冷却。

(2) 滴定:将试管内容物倾入 100 mL 锥形瓶中,用 25 mL 乙酸盐溶液荡洗试管,洗液一并倾入锥形瓶中,加 5 mL 10%碘化钾溶液,混匀后,立即用 0.1 mol/L 硫代硫酸钠溶液滴定至淡黄色,再加入 1 mL 淀粉溶液,继续滴定至溶液蓝色消失,记下用去硫代硫酸钠溶液体积(V_1)。

(3) 空白试验:吸取空白液 5 mL,代替样品液,按照样品测定的操作,记下消耗的硫代硫酸钠溶液的体积(V_0)。

2) 非还原糖的测定

分别吸取样品液及空白液各 5 mL 于试管中,先在剧烈沸腾的水浴中加热 15 min(样品液中非还原糖转化为还原糖)，取出迅速冷却后，加入碱性铁氰化钾溶液 5 mL，混匀后，再放入沸腾水浴中继续加热 20 min，取出迅速冷却后，将试管内容物倾入 100 mL 锥形瓶，用 25 mL 乙酸盐溶液荡洗试管，洗液一并倾入锥形瓶中，加 5 mL 10%碘化钾溶液，混匀后，立即用 0.1 mol/L 硫代硫酸钠溶液滴定至淡黄色，再加入 1 mL 淀粉溶液，继续滴定至溶液蓝色消失，分别记下滴定样液和空白液消耗的硫代硫酸钠溶液体积(V_1',V_0')。

6. 结果计算

1) 还原糖含量的计算

根据氧化样品中还原糖所需 0.1 mol/L 铁氰化钾溶液的体积，查表 3-9，即可得到试样中还原糖(以麦芽糖计算)的质量分数。铁氰化钾溶液的体积(V_3)按式(3-18)计算：

$$V_3 = \frac{(V_0 - V_1) \times c}{0.1} \tag{3-18}$$

式中：V_3——氧化样品液中还原糖所需 0.1 mol/L 铁氰化钾溶液的体积，mL；

V_0——滴定空白液消耗 0.1 mol/L 硫代硫酸钠溶液的体积，mL；

V_1——滴定样品液消耗 0.1 mol/L 硫代硫酸钠溶液的体积，mL；

c——硫代硫酸钠溶液实际浓度，mol/L。

计算结果保留小数点后两位。

0.1 mol/L 铁氰化钾溶液体积与还原糖含量对照如表 3-9 所示。

表 3-9 0.1 mol/L 铁氰化钾溶液体积与还原糖含量对照表

0.1 mol/L $K_3Fe(CN)_6$ 体积/mL	还原糖含量/(%)	0.1 mol/L $K_3Fe(CN)_6$ 体积/mL	还原糖含量/(%)	0.1 mol/L $K_3Fe(CN)_6$ 体积/mL	还原糖含量/(%)	0.1 mol/L $K_3Fe(CN)_6$ 体积/mL	还原糖含量/(%)
0.10	0.05	1.60	0.80	3.10	1.56	4.60	2.44
0.20	0.10	1.70	0.85	3.20	1.61	4.70	2.51
0.30	0.15	1.80	0.90	3.30	1.66	4.80	2.57
0.40	0.20	1.90	0.96	3.40	1.71	4.90	2.64
0.50	0.25	2.00	1.01	3.50	1.76	5.00	2.70
0.60	0.31	2.10	1.06	3.60	1.82	5.10	2.76
0.70	0.36	2.20	1.11	3.70	1.88	5.20	2.82
0.80	0.41	2.30	1.16	3.80	1.95	5.30	2.88
0.90	0.46	2.40	1.21	3.90	2.01	5.40	2.95
1.00	0.51	2.50	1.26	4.00	2.07	5.50	3.02
1.10	0.56	2.60	1.30	4.10	2.13	5.60	3.08
1.20	0.60	2.70	1.35	4.20	2.18	5.70	3.15
1.30	0.65	2.80	1.40	4.30	2.25	5.80	3.22
1.40	0.71	2.90	1.45	4.40	2.31	5.90	3.28
1.50	0.76	3.00	1.51	4.50	2.37	6.00	3.34

续表

0.1 mol/L $K_3Fe(CN)_6$ 体积/mL	还原糖含量/(%)	0.1 mol/L $K_3Fe(CN)_6$ 体积/mL	还原糖含量/(%)	0.1 mol/L $K_3Fe(CN)_6$ 体积/mL	还原糖含量/(%)	0.1 mol/L $K_3Fe(CN)_6$ 体积/mL	还原糖含量/(%)
6.10	3.41	6.80	3.85	7.50	4.31	8.20	4.78
6.20	3.47	6.90	3.92	7.60	4.38	8.30	4.85
6.30	3.53	7.00	3.98	7.70	4.45	8.40	4.92
6.40	3.60	7.10	4.06	7.80	4.51	8.50	4.99
6.50	3.67	7.20	4.12	7.90	4.58	8.60	5.05
6.60	3.73	7.30	4.18	8.00	4.65	8.70	5.12
6.70	3.79	7.40	4.25	8.10	4.72	8.80	5.19

注:还原糖含量以麦芽糖计算。

2）非还原糖含量的计算

非还原糖含量根据氧化样品液中总还原糖所需的0.1 mol/L铁氰化钾溶液的体积(V_4)，减去氧化样品液中还原糖所需的铁氰化钾溶液体积(V_3)，最后根据V_4-V_3的结果查表3-10，即可得到试样中非还原糖(以蔗糖计)的质量分数。铁氰化钾溶液的体积(V_4)按式(3-19)计算：

$$V_4=\frac{(V_0'-V_1')\times c}{0.1} \tag{3-19}$$

式中：V_4——氧化样品液中还原糖所需0.1 mol/L铁氰化钾溶液的体积，mL；

V_0'——滴定空白液消耗0.1 mol/L硫代硫酸钠溶液的体积，mL；

V_1'——滴定样品液消耗0.1 mol/L硫代硫酸钠溶液的体积，mL；

c——硫代硫酸钠溶液实际浓度，mol/L。

计算结果保留小数点后两位。

0.1 mol/L铁氰化钾溶液体积与非还原糖含量对照如表3-10所示。

表3-10　0.1 mol/L铁氰化钾溶液体积与非还原糖含量对照表

0.1 mol/L $K_3Fe(CN)_6$ 体积/mL	非还原糖含量/(%)	0.1 mol/L $K_3Fe(CN)_6$ 体积/mL	非还原糖含量/(%)	0.1 mol/L $K_3Fe(CN)_6$ 体积/mL	非还原糖含量/(%)	0.1 mol/L $K_3Fe(CN)_6$ 体积/mL	非还原糖含量/(%)
0.10	0.05	0.70	0.34	1.30	0.62	1.90	0.91
0.20	0.10	0.80	0.38	1.40	0.67	2.00	0.95
0.30	0.15	0.90	0.43	1.50	0.71	2.10	1.00
0.40	0.19	1.00	0.48	1.60	0.76	2.20	1.04
0.50	0.24	1.10	0.52	1.70	0.81	2.30	1.09
0.60	0.29	1.20	0.57	1.80	0.86	2.40	1.14

续表

0.1 mol/L $K_3Fe(CN)_6$ 体积/mL	非还原糖含量/(%)	0.1 mol/L $K_3Fe(CN)_6$ 体积/mL	非还原糖含量/(%)	0.1 mol/L $K_3Fe(CN)_6$ 体积/mL	非还原糖含量/(%)	0.1 mol/L $K_3Fe(CN)_6$ 体积/mL	非还原糖含量/(%)
2.50	1.19	4.10	1.95	5.70	2.70	7.30	3.47
2.60	1.23	4.20	2.00	5.80	2.75	7.40	3.52
2.70	1.28	4.30	2.04	5.90	2.80	7.50	3.57
2.80	1.33	4.40	2.09	6.00	2.85	7.60	3.62
2.90	1.38	4.50	2.14	6.10	2.90	7.70	3.67
3.00	1.43	4.60	2.18	6.20	2.94	7.80	3.72
3.10	1.48	4.70	2.23	6.30	2.99	7.90	3.77
3.20	1.52	4.80	2.28	6.40	3.04	8.00	3.82
3.30	1.57	4.90	2.33	6.50	3.09	8.10	3.87
3.40	1.61	5.00	2.38	6.60	3.13	8.20	3.92
3.50	1.66	5.10	2.42	6.70	3.18	8.30	3.97
3.60	1.71	5.20	2.47	6.80	3.23	8.40	4.02
3.70	1.76	5.30	2.51	6.90	3.28	8.50	4.07
3.80	1.81	5.40	2.56	7.00	3.33	—	—
3.90	1.85	5.50	2.61	7.10	3.37	—	—
4.00	1.90	5.60	2.66	7.20	3.42	—	—

注:非还原糖含量以蔗糖计算。

7. 说明

重复性:同一实验室,由同一操作者使用相同设备,按照相同的测试方法,并在短时间内,对同一被测试对象,相互独立进行测试获得的两次独立测试结果差的绝对值不大于这两个测定值的算术平均值的5%。如果两次测定结果符合要求,则取结果的平均值。

二、莱-爱农法(费林试剂法)

1. 知识要点

还原糖将费林试剂中的铜还原为氧化亚铜,加入过量的酸性硫酸铁溶液后,氧化亚铜被氧化为铜盐而溶解,而硫酸铁被还原为硫酸亚铁。高锰酸钾标准溶液滴定氧化后生成的亚铁盐。根据高锰酸钾标准溶液的消耗量,计算氧化亚铜含量,再查表得到还原糖的量。

2. 仪器

(1) 天平:分度值为0.01 g。

(2) 粉碎磨。

(3) 古氏坩埚:25 mL。

(4) 抽滤瓶:500 mL。

(5) 真空泵或水泵。

(6) 烧杯:400 mL。

(7) 移液管:50 mL。

(8) 滴定管。

(9) 容量瓶:250 mL、1000 mL。

3. 试剂

(1) 费林试剂甲液:取硫酸铜($CuSO_4 \cdot 5H_2O$)34.639 g,加适量水溶解,加硫酸 0.5 mL,再加水至 500 mL,用精制石棉过滤。

(2) 费林试剂乙液:取酒石酸钾钠 173 g 与氢氧化钠 50 g,加适量水溶解,稀释至 500 mL,用精制石棉过滤,贮于具橡胶塞的玻璃瓶内。

(3) 3 mol/L 盐酸:取浓盐酸 25 mL,加水至 100 mL。

(4) 精制石棉:先用 3 mol/L 盐酸将石棉浸泡 2～3 天后,用水洗净。再加 10%氢氧化钠溶液浸泡 2～3 天,倾去溶液,用热费林试剂乙液浸泡数小时,用水洗净。再用 3 mol/L 盐酸浸泡数小时,用水洗至不呈酸性,使之成为微细的软纤维,用水浸泡,贮存于玻璃瓶内,作填充古氏坩埚用。

(5) 0.1 mol/L 高锰酸钾标准溶液。

(6) 1.0 mol/L 氢氧化钠溶液:取氢氧化钠 4.0 g,加水溶解并稀释至 100 mL。

(7) 硫酸铁溶液:称取硫酸铁 50 g,加水 200 mL 溶解,然后慢慢加入浓硫酸 100 mL,冷却后加水至 1000 mL。

(8) 6 mol/L 盐酸:取浓盐酸 100 mL,加水至 200 mL。

(9) 甲基红指示液:0.1%甲基红-乙醇溶液。

(10) 20%氢氧化钠溶液:取氢氧化钠 4.0 g,加水溶解并稀释至 100 mL。

4. 试样制备

取混合均匀的试样,用粉碎磨粉碎,使 90%通过孔径 0.27 mm(60 目)筛,合并筛上、筛下物,充分混合后,保存使用。

称量试样 10～20 g,精确至 0.01 g,置于 250 mL 容量瓶中,加水 200 mL,在 45 ℃水浴中加热 1 h,并不断振荡,待冷却后加水定容。静置后,吸取澄清液 200 mL,置于另一 250 mL 容量瓶中,加费林试剂甲液 10 mL 和 1 mol/L 氢氧化钠溶液 4 mL,摇匀后定容,然后静置 30 min。用干燥滤纸过滤,弃去初滤液,其余滤液供测定还原糖和非还原糖用。

5. 测定方法

1) 还原糖的测定

移取试样溶液 50 mL 于 400 mL 烧杯中,加入费林试剂甲、乙液各 25 mL,加盖表面皿,置于电炉上加热,并在 4 min 内沸腾,再煮沸 2 min,趁热用铺有石棉的古氏坩埚(或垂熔坩埚)抽滤,并用 60 ℃热水洗涤烧杯和沉淀,至洗液不呈碱性为止。向古氏坩埚中加入硫酸铁溶液和水各 25 mL,用玻璃棒搅拌,使氧化亚铜完全溶解,用前面使用过的烧杯收集溶液,以 0.1 mol/L 高锰酸钾标准溶液滴定至微红色。同时取水 50 mL,加费林试剂甲、乙液各 25 mL,做试剂空白试验。

2）非还原糖的测定

准确吸取已制备的样品液 50 mL，转移至 1000 mL 容量瓶中，加 6 mol/L 盐酸 5 mL，在 68～70 ℃水浴中加热 15 min，冷却后加甲基红指示液 2 滴，用 20%氢氧化钠溶液中和，加水至刻度线，混匀。

以下步骤同还原糖的测定。

6. 结果计算

1）还原糖的计算

相当于试样中还原糖质量的氧化亚铜质量按式(3-20)计算：

$$X=(V-V_0)\times c\times 71.54 \tag{3-20}$$

式中：X——相当于试样中还原糖质量的氧化亚铜的质量，mg；

V——试样消耗高锰酸钾标准溶液的体积，mL；

V_0——试剂空白消耗高锰酸钾标准溶液的体积，mL；

c——高锰酸钾标准溶液的浓度，mol/L；

71.54——1 mL 1 mol/L 高锰酸钾标准溶液相当于氧化亚铜的质量，mg。

由所得的氧化亚铜质量，按附录 F 查出相当的还原糖(以葡萄糖计)的质量。

还原糖干基含量(Y)以质量分数(%)表示，按式(3-21)计算：

$$Y=\frac{62.5\times m_1}{m\times(100-w)}\times 100\% \tag{3-21}$$

式中：m_1——由附录 F 查得的还原糖(以葡萄糖计)的质量，mg；

m——试样的质量，g；

w——试样水分含量，%。

计算结果保留小数点后两位。

注：①煮沸时间应控制在 4 min 内；②煮沸后的溶液颜色如不呈蓝色，表示糖量过高，可减少试样量，重新测定。

2）非还原糖的计算

非还原糖干基含量(Z，以蔗糖计)以质量分数(%)表示，按式(3-22)计算：

$$Z=\frac{6250\times 0.95\times m_2}{m\times V\times(100-w)}\times 100\% \tag{3-22}$$

式中：0.95——还原糖(以葡萄糖计)换算为蔗糖的系数；

m_2——转化后测得的还原糖(以葡萄糖计)的质量，mg；

m——原测定还原糖时试样的质量，g；

V——转化后用于测定还原糖的样品液的体积，mL；

w——试样水分含量，%。

计算结果保留小数点后两位。

7. 说明

重复性：同一实验室，由同一操作者使用相同设备，按照相同的测试方法，并在短时间内，对同一被测对象，相互独立进行测试获得的两次独立测试结果差的绝对值不大于这两个测定值的算术平均值的 5%。如果两次测定结果符合要求，则取结果的平均值。

项目三　原料中淀粉含量的测定(GB/T 5514—2008)

学习目标

- 知识目标:掌握淀粉含量测定的原理,并能解释操作过程。
- 技能目标:掌握滴定法测定总酸的要领,并且能够熟练使用酸度计完成检测。
- 素质目标:能严格按操作规程进行安全操作,真实记录;会分析实验结果;有效地核算实验成本,能进行环保处理。学会分析、判断、解决问题,在学与做的过程中锻炼与他人交往、合作的能力。

1. 知识要点

淀粉是由单一的葡萄糖分子脱水聚合而成的,葡萄糖分子是以 α-1,4-糖苷键、α-1,3-糖苷键、α-1,6-糖苷键连接而成的天然物质。

试样经除去脂肪和可溶性糖类后,其中 α-淀粉经淀粉酶水解成双糖,双糖再用盐酸水解成具有还原性的单糖,最后按还原糖测定,并折算成淀粉。

2. 仪器

(1) 粉碎磨:粉碎样品,使其完全通过孔径 0.45 mm(40 目)的筛。

(2) 天平:分度值 0.01 g。

(3) 锥形瓶:250 mL。

(4) 回流冷凝装置:能与 250 mL 锥形瓶瓶口相匹配。

(5) 容量瓶:250 mL。

(6) 抽滤装置:由玻璃砂芯漏斗和抽滤瓶组成,用水泵或真空泵抽滤。

(7) 恒温水浴锅。

3. 试剂

(1) 淀粉酶溶液:称取 α-淀粉酶 0.5 g,加 100 mL 水溶解,加入数滴甲苯或三氯甲烷,防止长霉。

(2) 碘溶液:称取 3.6 g 碘化钾溶于 20 mL 水中,加入 1.3 g 碘,溶解后加水稀释至 100 mL。

(3) 85%乙醇。

(4) 6 mol/L 盐酸:取盐酸 100 mL,加水至 200 mL。

(5) 200 g/L 氢氧化钠溶液。

(6) 甲基红指示液:称取 0.1 g 甲基红,用 95%乙醇溶液定容至 100 mL。

(7) 乙醚。

(8) 盐酸(1∶1):量取 50 mL 盐酸,加水稀释至 100 mL。

(9) 碱性酒石酸铜甲液:称取 15 g 硫酸铜($CuSO_4 \cdot 5H_2O$)及 0.05 g 次甲基蓝,溶于水,并稀释至 1000 mL。

(10) 碱性酒石酸铜乙液:称取 50 g 酒石酸钠和 75 g 氢氧化钠,溶于水中,再加入 4 g

亚铁氰化钾，完全溶解后，用水稀释至 1000 mL，贮于具橡胶塞玻璃瓶内。

(11) 乙酸锌溶液(219 g/L)：称取 21.9 g 乙酸锌，加入 3 mL 冰乙酸，加水溶解并稀释至 100 mL。

(12) 亚铁氰化钾溶液(106 g/L)：称取 10.6 g 亚铁氰化钾，加水溶解并稀释至 100 mL。

(13) 氢氧化钠溶液(40 g/L)：称取 4 g 氢氧化钠，加水溶解并稀释至 100 mL。

(14) 葡萄糖标准溶液：称取 1 g(精确至 0.0001 g)经过 98～100 ℃干燥 2 h 的葡萄糖，加水溶解后，加入 5 mL 盐酸，并用水稀释至 1000 mL。此溶液每毫升相当于 1.0 mg 葡萄糖。

4. 试样制备

(1) 试样的制备：取经缩分的待测样品，用粉碎磨粉碎至全部通过 0.45 mm 孔筛，充分混合，保存备用。

(2) 水分测定：试样水分含量的测定按照本章介绍的水分测定方法进行测定。

5. 试样处理

(1) 称取试样 2～5 g(m_0，精确至 0.01 g)，置于放有折叠滤纸的漏斗内，先用 50 mL 乙醚分 5 次洗涤去除脂肪，再用约 100 mL 乙醇洗涤除去可溶性糖类，将残留物移入 250 mL 烧杯内，并用 50 mL 水洗滤纸及漏斗，洗液并入烧杯内。

注：试样中含脂肪量很少时，可不用乙醚洗涤。

(2) 将烧杯置于沸水浴上加热 15 min，使淀粉糊化。

(3) 将糊化的试样放置冷却至 60 ℃以下，加 20 mL α-淀粉酶溶液，在恒温水浴锅中 55～60 ℃保温 1 h，并经常搅拌。取酶解液 1 滴，加 1 滴碘溶液，应不显蓝色，若显蓝色，再加热糊化并加入 20 mL α-淀粉酶溶液，继续保温，直至加碘不显蓝色为止。

(4) 将酶解完全的试样加热至沸，冷却后移入 250 mL 容量瓶中并加水定容至刻度线，混匀，过滤，弃去初滤液。

(5) 取 50 mL 滤液，置于 250 mL 锥形瓶中，加入 5 mL 盐酸，装上回流冷凝管，在沸水浴中回流 1 h，冷却后加入 2 滴甲基红指示液，用氢氧化钠溶液中和至中性，溶液转入 100 mL 容量瓶中，洗涤锥形瓶，洗液并入 100 mL 容量瓶中，加水定容至刻度，混匀备用。

6. 测定方法

1) 样液的处理

取处理好的试样 5～15 g(精确至 0.001 g)，置于 250 mL 容量瓶中，加入 50 mL 水，慢慢加入 5 mL 亚铁氰化钾溶液，加水至刻度，混匀，静置 30 min，用干燥的滤纸过滤，弃去初滤液，取续滤液备用。

2) 标定碱性酒石酸铜溶液

吸取 5.0 mL 碱性酒石酸铜溶液甲液和 5.0 mL 碱性酒石酸铜溶液乙液，置于锥形瓶中，加水 10 mL，加入玻璃珠两粒，从滴定管中加入约 9 mL 葡萄糖标准溶液，控制在 2 min 内加热至沸腾，继续滴定，至溶液蓝色刚好褪去即为终点，记录消耗葡萄糖标准溶液的总体积。同时平行测定三份，取其平均值，计算 10 mL 碱性酒石酸铜溶液相当于葡萄糖的质量。

3）试样溶液预测

吸取 5.0 mL 碱性酒石酸铜溶液甲液和 5.0 mL 碱性酒石酸铜溶液乙液，置于锥形瓶中，加水 10 mL，加入玻璃珠两粒，控制在 2 min 内沸腾后，先快后慢从滴定管中滴加样液，保持溶液沸腾状态，直至溶液蓝色刚好褪去即为终点，记录消耗样液的体积。若样液中还原糖浓度过高，应适当进行稀释后再测定，使每次滴定消耗样液的体积控制在与标定碱性酒石酸铜溶液时所消耗的葡萄糖标准溶液体积相近，约 10 mL，最后结果按照式(3-23)计算。当浓度过低时则直接加入 10 mL 样液，免去加 10 mL 水，再用葡萄糖标准溶液滴定至终点，记录消耗的体积与标定时消耗的还原糖标准溶液体积之差相当于 10 mL 样液中所含还原糖的量，最后结果按式(3-24)计算。

4）试样溶液测定

吸取 5.0 mL 碱性酒石酸铜溶液甲液和 5.0 mL 碱性酒石酸铜溶液乙液，置于锥形瓶中，加水 10 mL，加入玻璃珠两粒，从滴定管中加入比预测体积少 1 mL 的试样溶液至锥形瓶中，使在 2 min 内加热至沸腾，保持沸腾状态滴定，直至蓝色刚好褪去即为终点，记录消耗体积，同时平行做三份测定，得出平均值即为消耗体积。

同时量取 10 mL 水及与试样处理时相同量的 α-淀粉酶溶液，按同一方法做试剂空白试验。

7. 结果计算

1）还原糖含量

试样中还原糖的含量(以葡萄糖计)按式(3-23)计算：

$$X_1 = \frac{m_1'}{m' \times V/250 \times 1000} \times 100 \tag{3-23}$$

式中：X_1——试样中还原糖的含量，g/(100 g)；

m_1'——碱性酒石酸铜溶液相当于某种还原糖的质量，mg；

m'——试样的质量，g；

V——测定时平均消耗样液的体积，mL。

当浓度过低时试样中还原糖的含量(以葡萄糖计)按式(3-24)计算：

$$X_1 = \frac{m_2'}{m' \times 10/250 \times 1000} \times 100 \tag{3-24}$$

式中：X_1——试样中还原糖的含量，g/(100 g)；

m_2'——标定时体积与加入样品后消耗的还原糖标准溶液体积之差相当于葡萄糖的质量，mg；

m'——试样的质量，g。

2）淀粉含量

试样中淀粉的干基含量(X)以质量分数表示，按式(3-25)计算：

$$X = \frac{500 \times 0.9 \times (m_1 - m_2)}{m_0 \times V \times (1 - w) \times 1000} \times 100\% \tag{3-25}$$

式中：X——试样中淀粉的干基含量，%；

m_1——转化后测得的还原糖(以葡萄糖计)的质量，mg；

m_2——试剂空白相当于还原糖(以葡萄糖计)的质量,mg;

m_0——试样质量,g;

V——测定时消耗样液的体积,mL;

w——试样水分含量,%;

0.9——还原糖(以葡萄糖计)换算成淀粉的换算系数。

8. 说明

(1) 每份样品应平行测定两次,平行试样测定的结果符合重复性要求时,取其算术平均值作为结果,测定结果保留到小数点后两位。

(2) 重复性:同一实验室,由同一操作者使用相同设备,按照相同的测试方法,并在短时间内,对同一被测对象,相互独立进行测试获得的两次独立测试结果差的绝对值不大于这两个测定值的算术平均值的5%。

思考题

1. 用莱-爱农法测定还原糖过程中,为什么要进行预滴?
2. 在整个滴定过程中,为什么要保持液面沸腾?
3. 滴定至终点,蓝色消失,停止加热,溶液又恢复蓝色,为什么?
4. 用莱-爱农法测定还原糖过程中,有哪些细节需要注意?
5. 费林试剂在配制和存放过程中需要注意些什么?
6. 测定淀粉含量时,请简述水解样品的过程,并指出需要注意的细节。
7. 铁氰化钾测定还原糖过程中,有哪些注意事项?

模块五 含氮化合物的分析

在啤酒生产过程中,大麦中的蛋白质含量及类型直接影响大麦的发芽力、酵母营养、啤酒风味、啤酒的泡持性、非生物稳定性、适口性等。因此选择含蛋白质适中的大麦品种对啤酒酿造具有十分重要的意义。

大麦中蛋白质含量一般在8%~14%,有的达18%。制造啤酒麦芽的大麦蛋白质含量需适中,一般在9%~12%为好。蛋白质含量太高时有如下缺点:相应淀粉含量会降低,最后影响到原料的收得率,更重要的是会形成玻璃质的硬麦;发芽过于迅速,温度不易控制,制成的麦芽会因溶解不足而使浸出物收得率降低,也会引起啤酒的混浊;蛋白质含量高易导致啤酒中杂醇油含量高。蛋白质过少,制成的麦汁会使酵母营养缺乏,引起发酵缓慢,造成啤酒泡持性差,口味淡薄等。在大麦中往往蛋白质含量过高,所以在制造麦芽时通常是寻找低蛋白质含量的大麦品种。近年来,由于辅料比例增加,利用蛋白质质量分数在11.5%~13.5%的大麦制成高糖化力的麦芽也受到重视。

大麦中的蛋白质按其在不同的溶液中溶解性及其沉淀度分为四大类。

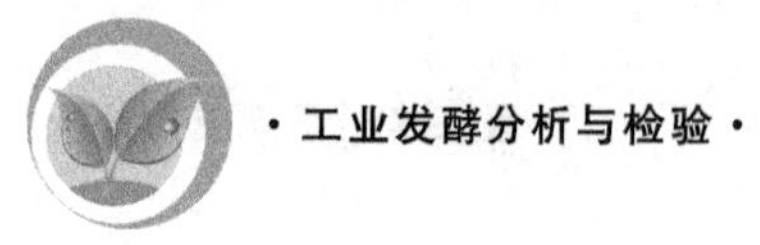

1. 清蛋白

清蛋白溶于水和稀中性盐溶液及酸、碱液中。在加热时,从 52 ℃开始,能由溶液中凝固析出;麦汁煮沸中,凝固加快,与单宁结合而沉淀。大麦清蛋白相对分子质量为 70000 左右,占大麦蛋白质总量的 3%～4%,包括十六种组分,等电点为 pH 4.6～5.8。

2. 球蛋白

球蛋白是种子的贮藏蛋白,不溶于纯水,可溶于稀中性盐类的水溶液中。溶解的球蛋白与清蛋白一样,在 92 ℃以上部分凝固,大麦球蛋白由 4 种组分(α、β、γ、δ)组成。其相对分子质量分别为 26000、100000、166000、300000。球蛋白等电点为 pH 4.9～5.7,球蛋白的含量为大麦蛋白质总量的 31%左右。

α-球蛋白和 β-球蛋白分布在糊粉层里,γ-球蛋白分布在胚里,在发芽时它会发生最大的变化。β-球蛋白的等电点为 pH 4.9,在麦汁制备过程中不能完全析出沉淀,发酵过程中酒的 pH 下降时,它就会析出而引起啤酒混浊。β-球蛋白在发芽时,其相对分子质量由 100000 减少到 30000,其裂解程度较小。β-球蛋白在麦汁煮沸时,碎裂至原始大小的约 1/3,同时与麦汁中的单宁,尤其与酒花单宁以 2∶1 或 3∶1 的比例相互作用,形成不溶解的纤细聚集物。β-球蛋白含硫量为 1.8%～2.0%,并以 SH 基活化状态存在,具有氧化趋势。在空气氧化的情况下,β-球蛋白的 SH 基氧化成二硫键,形成具有—S—S—键的更难溶解的硫化物,使啤酒变混浊。因此 β-球蛋白是引起啤酒混浊的根源。

3. 醇溶蛋白

醇溶蛋白主要存在于麦粒糊粉层里,相对分子质量为 27500,等电点为 pH 6.5,不溶于纯水及盐溶液,溶于 50%～90%的酒精溶液,也溶于酸碱。它含有大量的谷氨酸与脯氨酸,由五种组分(α、β、γ、δ、ε)组成,其中 δ 和 ε 组分是造成啤酒冷混浊和氧化混浊的重要成分。醇溶蛋白含量为大麦蛋白质含量的 36%,是麦糟蛋白的主要构成部分。

4. 谷蛋白

谷蛋白不溶于中性溶剂和乙醇,溶于碱性溶液。谷蛋白也是由四种组分组成的,它和醇溶蛋白是构成麦糟蛋白的主要成分,其含量为大麦蛋白质含量的 29%。

项目一　原料中氮含量测定和粗蛋白的计算

(GB/T 5511—2008)

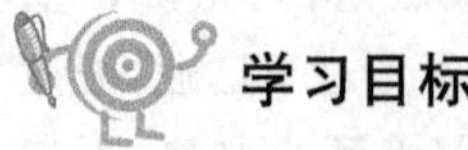

学习目标

• 知识目标:掌握粗蛋白的测定方法。

• 技能目标:熟悉与掌握凯氏定氮法的基本操作,包括样品处理、蒸馏、滴定等。

• 素质目标:能严格按操作规程进行安全操作,真实记录;会分析实验结果,出具完整的报告;学会分析、判断、解决问题,在学与做的过程中锻炼与他人交往、合作的能力。

1. 知识要点

1）消化

试样与浓硫酸和催化剂一同加热消化，使有机质破坏、蛋白质分解，其中碳和氢完全被氧化为二氧化碳和水逸去，样品中的有机氮转化为氨，与过量的硫酸结合生成硫酸铵，留在溶液中。

蛋白质在酸的作用下，分解生成氨基酸，氨基酸又与硫酸发生反应：

$$\text{蛋白质}+\text{酸}\xrightarrow{\text{水解}}\text{氨基酸}$$

$$\text{氨基酸}+H_2SO_4\longrightarrow NH_3+CO_2+SO_2+H_2O$$

反应中产生的 CO_2、SO_2、H_2O 都在分解时挥发，其中 NH_3 与硫酸相结合生成硫酸铵：

$$2NH_3+H_2SO_4\longrightarrow(NH_4)_2SO_4$$

消化时加入硫酸铜作催化剂，因为用硫酸分解有机物反应非常缓慢，加入硫酸铜可以加速分解反应，消化完成后，溶液变为清澈的淡绿色。

$$C+2CuSO_4\longrightarrow Cu_2SO_4+SO_2\uparrow+CO_2\uparrow$$

$$Cu_2SO_4+2H_2SO_4\longrightarrow 2CuSO_4+2H_2O+SO_2$$

加入硫酸钾，是为了提高溶液沸点，从而加速分解这一过程：

$$K_2SO_4+H_2SO_4\longrightarrow 2KHSO_4$$

$$2KHSO_4\longrightarrow K_2SO_4+H_2O+SO_2$$

在消化过程中，随着硫酸的不断分解，水分的不断蒸发，硫酸钾的浓度逐渐增大，沸点升高，加速了对有机物的分解作用。

加入过氧化氢，是利用其氧化性，以加快反应速度或补充消化：

$$H_2O_2\xrightarrow{\text{加热}}O_2+H_2O$$

2）蒸馏

硫酸铵在碱性条件下，释放出氨，通过加热蒸馏，氨随水蒸气蒸出：

$$(NH_4)_2SO_4+2NaOH\longrightarrow Na_2SO_4+2H_2O+2NH_3$$

3）吸收和滴定

蒸馏出来的氨被硼酸溶液吸收，然后用硫酸标准溶液滴定生成的硼酸铵（属于盐类的滴定）。硼酸为极弱的酸，在滴定中并不影响所用指示剂的变色反应。根据消耗硫酸标准溶液的体积，计算总氮含量，再乘以蛋白质系数，即为粗蛋白质的含量。

$$2NH_3+4H_3BO_3\longrightarrow(NH_4)_2B_4O_7+5H_2O$$

$$(NH_4)_2B_4O_7+H_2SO_4+5H_2O\longrightarrow(NH_4)_2SO_4+4H_3BO_3$$

2. 仪器

(1) 机械研磨机。

(2) 筛子：孔径为 0.8 mm。

(3) 分析天平：分度值为 0.001 g。

(4) 消化、蒸馏和滴定仪器（消化单元应确保温度的均匀性）。

3. 试剂

(1) 浓硫酸：相对密度为1.84。

(2) 硫酸钾(K_2SO_4)。

(3) 五水硫酸铜($CuSO_4 \cdot 5H_2O$)。

(4) 二氧化钛(TiO_2)。

(5) 石蜡油。

(6) 乙酰苯胺(C_8H_9NO)：熔点114 ℃，氮含量10.36 g/(100 g)。

(7) 色氨酸($C_{11}H_{12}N_2O_2$)：熔点282 ℃，氮含量13.72 g/(100 g)。

(8) 五氧化二磷(P_2O_5)。

(9) 硼酸溶液(H_3BO_3)：$\rho_{20}=40$ g/L，或使用仪器所推荐的浓度。

(10) 指示剂：一定体积的A和B(例如5体积A和1体积B)，临用时混合。

溶液A：200 mg溴甲酚绿溶于体积分数为95%的乙醇，配成100 mL溶液。

溶液B：200 mg甲基红溶于体积分数为95%的乙醇，配成100 mL溶液。

(11) 硫酸标准溶液：0.05 mol/L，因为硫酸在连接管中不产生气泡，所以推荐用硫酸代替盐酸。

(12) 氢氧化钠水溶液：质量分数为33%或40%，氮含量小于或等于0.001%。也可以使用氮含量小于或等于0.001%的工业级氢氧化钠。

(13) 硫酸铵标准溶液：0.05 mol/L。

(14) 浮石：颗粒状，盐酸酸洗并灼烧。

(15) 蔗糖(可选择)：不含氮。

4. 试样制备

如果需要，样品要进行研磨，使其完全通过孔径为0.8 mm的圆孔筛，研磨后的样品要充分混匀。

5. 测定方法

1) 水分的测定

用本章模块一中原料中水分测定的方法，对样品进行水分测定。

2) 消化

依据预估氮含量称取试样，精确到0.001 g，使试样的氮含量在0.005～0.2 g，最好大于0.02 g。

将试样转移到消解烧瓶，然后加入10 g硫酸钾、0.30 g五水硫酸铜、0.30 g二氧化钛(也可以使用规定成分的粒状催化剂)，加入20 mL硫酸(可根据仪器情况调整硫酸的加入量，但应确认此改进可以满足对乙酰苯胺的回收率达到99.5%和对色氨酸的回收率达到99.0%的要求。

小心混合以确保试样的完全浸润。将烧瓶置于预热到(420±10) ℃的消化单元。从消化单元温度再次达到(420±10) ℃时开始计时，至少消化2 h，然后取下自然冷却。

注：建议加入沸石作为沸腾调节器，加入石蜡油作为消泡剂。

最短消化时间应使用参考物质进行检验，因为参考物质很难达到回收率的要求。

3）蒸馏

小心地向冷却后的消解瓶中加入 50 mL 水，放冷至室温。量取 50 mL 硼酸到接收瓶中，无论是使用目测或光学探头，均要向其中加至少 10 滴指示剂。

连接好蒸馏装置（见图 3-2），向消解瓶中加入 5 mL 氢氧化钠溶液（过量），使其完全中和所使用的硫酸，然后开始蒸馏。

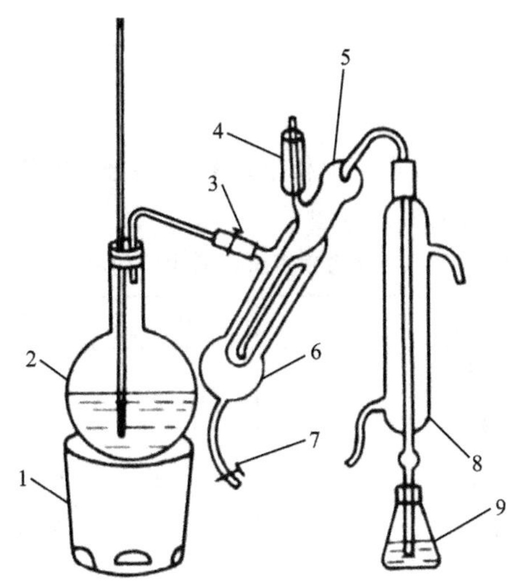

图 3-2 蒸馏装置图

1—电炉；2—蒸汽发生器；3—螺旋夹；4—棒状玻璃塞；5—反应室；6—反应室外层；7—橡皮管及螺旋夹；8—冷凝管；9—蒸馏液接收瓶

根据仪器大小，所使用的试剂量可以变化。

4）滴定

使用硫酸溶液进行滴定，滴定既可以在蒸馏过程中进行，也可以在蒸馏结束后进行。滴定终点的确定可以使用目测比色、光学探头或采用 pH 计的电位分析判定。

5）空白试验

使用和样品测定同样的试剂，不加试样进行空白试验。

注：也可用 1 g 蔗糖代替试样。

6）参考物质测试

在五氧化二磷的存在下，60～80 ℃真空干燥参考物质。

注：可以在参考物质中加入 1 g 蔗糖。

进行检查试验，试样的最小量根据乙酰苯胺或色氨酸的氮含量决定，至少 0.15 g。乙酰苯胺的氮回收率至少为 99.5%，色氨酸的氮回收率至少为 99.0%。

6. 结果计算

1）氮含量

样品中氮含量以干基质量分数表示，按照式(3-26)计算：

$$w_N = \left[\frac{(V_1 - V_0) \times c \times 0.014 \times 100}{m} \times \frac{100}{100 - w_H}\right] \times 100\% = \frac{140c(V_1 - V_0)}{m(100 - w_H)} \times 100\% \tag{3-26}$$

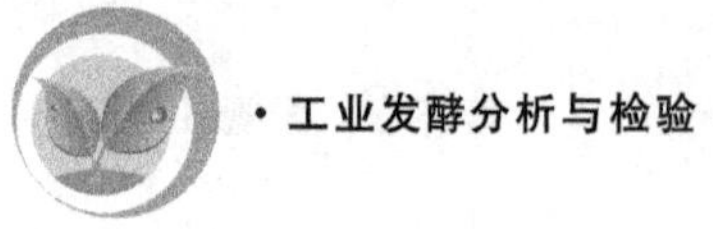

式中：V_0——空白试验滴定消耗的硫酸溶液的体积，mL；

V_1——试样滴定消耗硫酸溶液的体积，mL；

0.014——滴定 1 mL 0.5 mol/L 硫酸溶液所需要氮的量，g；

c——滴定所使用的硫酸溶液的浓度，mol/L；

m——试样的质量，g；

w_H——试样的水分含量，%。

结果保留两位小数。

2）粗蛋白含量

根据谷物或豆类的品种的不同采用相应的换算系数（见表 3-11），乘以测定结果的氮含量的值，计算得到干物质的粗蛋白含量。

表 3-11　氮含量换算蛋白质含量的校正因子

粮食谷物	校正因子
普通小麦	5.7
杜伦麦	5.7
小麦研磨制品	5.7 或 6.25
饲料小麦	6.25
大麦	6.25
燕麦	5.7 或 6.25
黑麦	5.7
玉米	6.25
黑小麦	6.25
豆类	6.25

7. 说明

(1) 样品应尽量选取具有代表性的，大块的固体样品应用粉碎设备打得细小均匀，液体样要混合均匀。

(2) 样品放入定氮瓶内时，不要沾附在颈上，可以折叠纸槽渗入定氮烧瓶，然后将样品用纸槽加入。万一沾附，可用少量水冲下，以免被检样消化不完全，结果偏低。

(3) 消化时如不容易呈透明溶液，可将定氮瓶放冷后，慢慢加入 30% 过氧化氢（H_2O_2）溶液 2～3 mL，补充消化。

(4) 在整个消化过程中，不要用强火。保持缓和的沸腾，使火力集中在凯氏烧瓶底部，以免附在壁上的蛋白质处于无硫酸存在的情况下，造成氮损失。

(5) 如硫酸量缺少，过多的硫酸钾会引起氨的损失，因为会形成硫酸氢钾，而不与氨作用。因此，当硫酸过多地被消耗或样品中脂肪含量过高时，要增加硫酸的量。

(6) 消化至液体澄清透明后只需继续加热 0.5 h 即可，若加热过久，硫酸不断被分解，水分不断逸出而使硫酸钾浓度增大，沸点升高，易使已生成的铵盐发生热分解放出氨而造成损失，特别是对于蛋白质含量低的样品，无法测定。

(7) 加入硫酸钾的作用为增加溶液的沸点,硫酸铜为催化剂,硫酸铜在蒸馏时作碱性反应的指示剂。

(8) 混合指示剂在碱性溶液中呈绿色,在中性溶液中呈灰色,在酸性溶液中呈红色。如果没有溴甲酚绿,可单独使用0.1%甲基红-乙醇溶液。

(9) 在蒸馏前应检查蒸馏装置的密封情况,避免因蒸馏装置漏气造成氨的逸出而影响测定结果。

(10) 氨是否完全蒸馏出来,可用pH试纸检测馏出液是否为碱性。

(11) 以硼酸为氨的吸收液,可省去标定碱液的操作,且硼酸的体积要求并不严格,也可免去使用移液管,操作比较简便。

(12) 向蒸馏瓶中加入浓碱时,往往出现褐色沉淀物,这是由于分解促进碱与加入的硫酸铜反应,生成氢氧化铜,经加热后又分解生成氧化铜沉淀。有时铜离子与氨作用,生成深蓝色的配合物$[Cu(NH_3)_4]^{2+}$。

(13) 这种测算方法的本质是测出氮的含量,再作蛋白质含量的估算。只有在被测物的组成是蛋白质时才能用此方法来估算蛋白质含量。

(14) 为了提高检测数据的准确性,减少随机误差,检验一个样品一定要进行平行试验。

项目二　稻谷中粗蛋白质的测定——近红外法

(GB/T 24897—2010)

学习目标

• 知识目标:熟练掌握粗蛋白的测定方法。

• 技能目标:熟悉与掌握凯氏定氮法的基本操作,包括样品处理、蒸馏、滴定等。

• 素质目标:能严格按操作规程进行安全操作,真实记录;会分析实验结果,出具分析报告;学会分析、判断、解决问题,在学与做的过程中锻炼与他人交往、合作的能力。

1. 知识要点

利用蛋白质分子中的C—N、N—H、O—H、C—O等化学键的泛频振动或转动对近红外光的吸收特性,用化学计量方法建立稻谷近红外光谱与粗蛋白质含量之间的相关关系,计算稻谷等样品的粗蛋白含量。

2. 仪器

(1) 近红外分析仪。

(2) 样品粉碎设备(适用于测定粉状样品的近红外分析仪):粉碎后样品的粒度分布和均匀性应符合近红外分析仪建立定标模型时的要求,使用时应采用和定标模型建立与验证时同样的制备过程。

3. 试样制备

如果需要,样品要进行研磨,使其完全通过孔径为0.8 mm的圆孔筛,研磨后的样品要充分混匀。

4. 测试前的准备

(1) 仪器预热自检：在使用状态下每天至少用监控样品对近红外分析仪监测一次。监控样品制备方法如下。

① 取样：选择品种单一的稻谷，按照规定方法进行采样。

② 样品预处理：样品应除去杂质、谷外糙米及破碎粒，分样至每份样品为 500 g 左右。

③ 样品的测试：利用近红外分析仪测定样品中粗蛋白质的含量(干基)。

④ 监控样品的保存：监控样品应至少制备两份，其中一份留作备用。将样品密封，保存于通风、干燥、阴凉的环境中。保存期不宜超过一年。每个监控样品在使用 100 次后或出现生虫、被污染等情况时，应重新制备。

(2) 应跟踪每天检验的结果，同一监控样品的粗蛋白含量测定结果与最初的测定结果比较，绝对值应不大于 0.2%。如果监控结果不符合要求，应立即停止使用。

(3) 测试样品的温度应控制在定标模型验证规定的测试温度范围内。

5. 测定方法

1) 整粒样品的测定

按照近红外分析仪说明书的要求，取适量的稻谷样品，用近红外分析仪进行测定，记录测定数据。每个样品应测定两次，第一次测定后的测定样品应与原待测样品混匀后，再次取样进行第二次测定。

2) 粉碎样品的测定

按照近红外分析仪说明书的要求，取适量的稻谷样品，使用规定的粉碎设备粉碎，将粉碎好的样品用近红外分析仪进行测定，记录测定数据。每个样品应测定两次，第一次测定后的测定样品应与原待测样品混匀后，再次取样进行第二次测定。

6. 结果处理和表示

(1) 为了得到有效的结果，测定结果应在仪器使用的定标模型所覆盖的粗蛋白质含量范围内。

(2) 两次测定结果的绝对差应符合重复性要求，取两次数据的平均值为测定结果，测定结果应保留至小数点后一位。

(3) 如果两个测定结果的绝对差不符合重复性的要求，则必须再进行 2 次独立测定，获得 4 个独立测定结果。若 4 个独立测定结果的极差($X_{max}-X_{min}$)等于或小于允许差的 1.3 倍，则取 4 个独立测定结果的平均值作为最终测定结果；如果 4 个独立测定结果的极差($X_{max}-X_{min}$)大于允许差的 1.3 倍，则取 4 个独立测定结果的中位数作为最终测定结果。

(4) 对于仪器测定报警的异常测试结果，所得数据不应作为有效测试数据。

7. 说明

1) 形成异常测试结果的原因

(1) 样品中粗蛋白质含量超过了该仪器的定标模型的范围。

(2) 该样品的品种与参与该仪器定标样品集的品种有很大差异。

(3) 采用了错误的定标模型。

(4) 样品中杂质过多。

(5) 光谱扫描过程中样品发生了位移。

(6) 样品温度超出了定标模型规定的温度范围。

应对造成测试结果异常的原因进行分析和排除，再进行第二次近红外测试，如仍出现报警，则确定为异常样品。

2) 准确性和精密度

(1) 准确性：验证样品集粗蛋白含量扣除系统偏差后的近红外测定值与其标准值之间的标准差(SEP)应不大于0.30%。

(2) 重复性：在同一实验室，由同一操作者使用相同的仪器设备，按相同测试方法，在短时间内通过重新分样和重新装样，对同一被测样品相互独立进行测定，获得的两个测定结果的绝对差不大于0.3%。

(3) 再现性：在不同实验室，由不同操作人员使用同一型号不同设备，按相同测试方法，对相同样品进行测定，获得的两个独立测定结果之间的绝对差不大于0.4%。

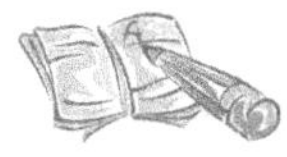

项目三 啤酒中蛋白质的测定

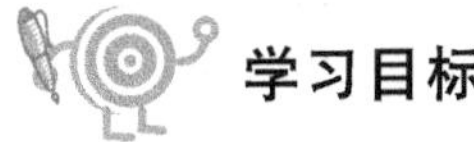

学习目标

- 知识目标：熟练掌握粗蛋白的测定方法。
- 技能目标：熟悉与掌握凯氏定氮法的基本操作，包括样品处理、蒸馏、滴定等。
- 素质目标：能严格按操作规程进行安全操作，真实记录；会分析实验结果；学会分析、判断、解决问题，在学与做的过程中锻炼与他人交往、合作的能力。

啤酒中蛋白质的含量及组成直接影响到啤酒品质，尤其是非生物稳定性、泡持性及风味等方面。其影响主要体现在以下几方面。

(1) 蛋白质的组成与啤酒的非生物稳定性。

研究表明，啤酒出现非生物混浊是由蛋白质中高水平的脯氨酸与多酚的反应造成的，经过大量的研究得到，这些易引起混浊的物质为敏感多肽。这些多肽主要来源于醇溶蛋白，而且富含脯氨酸，也有人认为醇溶蛋白不是蛋白混浊的唯一来源，清蛋白和球蛋白也能引起混浊。

(2) 蛋白质与啤酒的泡沫质量。

泡沫是啤酒的重要特征之一，优质啤酒有着稳定、细腻、优雅的泡沫。啤酒泡沫质量是对其稳定性、起泡性、挂壁性、色泽、细腻度以及强度等一系列性质的总体评价。泡沫蛋白、异葎草酮、CO_2是形成啤酒泡沫的三大要素，其中蛋白质中的泡沫活性蛋白决定着泡沫的质量。

(3) 蛋白质与啤酒的风味。

蛋白质对啤酒风味的影响主要是其降解产物影响啤酒高级醇及酯的形成。此外，蛋

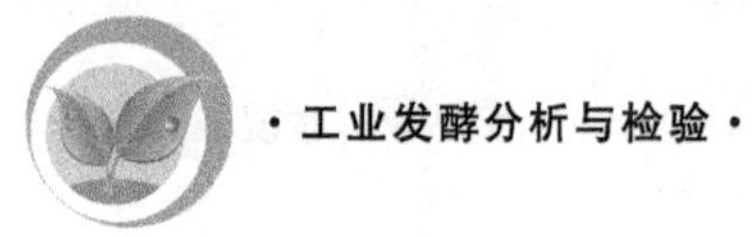

白质的分解产物缬氨酸对形成双乙酰的前驱体有反馈抑制作用。啤酒在贮存过程中，氨基酸降解产生的短链醛类与醇缩合产生不饱和脂肪醛类，从而产生啤酒的老化味。

1. 知识要点

在催化剂的作用下，用硫酸分解样品，使有机化合物中的氮转变成氨，以硼酸溶液吸收蒸馏出的氨，用酸碱滴定法测定氮含量。

2. 仪器

(1) 凯氏定氮仪：自行组装的仪器或成套的仪器。

(2) 分析天平：感量为 0.1 mg。

(3) 滴定管：50 mL。

(4) 锥形瓶：250 mL。

3. 试剂

(1) 浓硫酸：不含氮。

(2) 无氨的水。

(3) 混合催化剂：将硫酸钾(K_2SO_4)100 g、二氧化钛(TiO_2)3 g 和硫酸铜($CuSO_4 \cdot 5H_2O$)3 g 混合并研细。

(4) 氢氧化钠溶液(450 g/L)：称取氢氧化钠 450 g，溶解于 1 L 水中。用一个带盖的不锈钢杯加热煮沸，以排除氢。冷却，让其不溶物沉淀。将上清液移入一个带胶塞的塑料瓶内贮存，此溶液相对密度不低于 1.35。

(5) 锌粒。

(6) 硼酸溶液(20 g/L)：称取 20 g 硼酸，用水溶解并定容至 1 L。

(7) 盐酸标准溶液：c_{HCl}=0.1 mol/L。

(8) 溴甲酚绿混合指示液。

4. 测定方法

1) 消化

吸取试样 25 mL，置于凯氏烧瓶内(或消化管)，在通风橱中，加入 2 mL 浓硫酸，浓缩至黏稠状。加入混合指示剂 10 g，浓硫酸 25 mL，轻轻摇动，混合均匀。将凯氏烧瓶斜放在加热器的支架上，加热至不再发泡时，提高温度，继续消化。待溶液澄清透亮后再消化 30 min。将消化液冷却至室温。

2) 蒸馏

待消化液冷却后，缓缓加入无氨的水 250 mL，摇匀，冷却。加入少许锌粒。连接凯氏烧瓶与蒸馏装置，馏出管的管尖插入已盛有 25 mL 硼酸和 0.5 mL 溴甲酚绿混合指示液的三角瓶中，馏出管的管尖应在液面以下。通过加液漏斗加 70 mL 氢氧化钠溶液于凯氏烧瓶中，轻轻摇匀，使内容物混匀，然后开始加热蒸馏。等到馏出液达到 180 mL 时，停止蒸馏。

3) 滴定

用盐酸标准溶液滴定馏出液，溶液由绿色转变为灰紫色即为终点。记录消耗盐酸标准溶液的体积(V_{11})。

同时，按上述方法做空白试验，记录消耗盐酸标准溶液的体积(V_{10})。

5. 结果计算

试样的蛋白质含量按式(3-27)计算：

$$X_8=\frac{(V_{11}-V_{10})\times c_4\times 14\times 6.25}{V_{12}}\times 100 \tag{3-27}$$

式中：X_8——试样中蛋白质含量，mg/(100 mL)；

V_{11}——滴定试样馏出液时消耗盐酸标准溶液的体积，mL；

V_{10}——滴定空白馏出液时消耗盐酸标准溶液的体积，mL；

c_4——盐酸标准溶液的浓度，mol/L；

14——氮的摩尔质量，mg/mmoL；

6.25——氮与蛋白质的转换系数；

V_{12}——吸取试样的体积，mL。

6. 说明

精密度：重复性误差的变异系数为1.9%；再现性误差的变异系数为3.9%。

知识拓展

全自动凯氏定氮仪的维护与保养

全自动凯氏定氮仪作为测定蛋白质的首选仪器，广泛应用于发酵行业中蛋白质的含量的测定。全自动凯氏定氮仪具有灵敏度高，分析速度快，应用范围广，所需试样少，设备和操作比较简单等特点。

一、仪器的检查

全自动凯氏定氮仪的简单分析装置由四个基本部分组成：①蒸馏装置；②滴定装置；③检测装置；④排废装置。

1. 使用前学习说明书

反复认真地阅读仪器使用说明书，做到对仪器的主要部件如蒸馏装置、滴定装置、检测装置和排废装置的功能、特点及其相互关联匹配情况熟悉、理解并融会贯通。严格按照说明书和仪器操作规程的要求，进行规范操作，这是正确使用和科学保养仪器的前提。为了使凯氏定氮仪保持良好的灵敏度和稳定性，能高效、快速地分析样品，得到准确的分析结果，平时使用时，应注意保持仪器各个部件正常工作。开机前仔细检查一下，确认无误后再开机测定。

2. 测定样品前检查仪器是否正常

(1) 开机之前，保证各个溶液能够满足此次试验测定，检查去离子水、碱液和接收液的使用情况，以及废液桶中废液是否得到了及时的清理。如果去离子水、碱液和接收液的液位低于液位传感器，或废液的液位高于液位传感器，仪器将报警，正在进行的试验将被停止，影响测定工作的正常进行。

(2) 开机之前，保证冷却水开关是打开了，如果冷却水开关关闭，仪器虽然能自检通过，但是在蒸馏过程中，由于蒸馏装置的温度太高，仪器将报警，提示

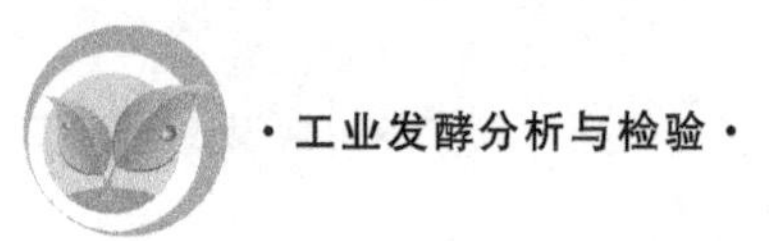

打开冷却水开关。打开冷却水开关后，仪器将继续工作。但此次试验会被停止，影响正常测定的同时，在没有冷却水保护的情况下，对蒸馏装置也有损伤。

(3) 确认无误后开机，仪器自检，自检通过后，仪器进入等待选择程序阶段。首先进入手动模式，对滴定器中的气泡进行排除。气泡的存在会影响测定结果，因为气泡进入后，会占据标准滴定酸的体积，使标准滴定酸的体积减小，测定结果偏低。

(4) 排除气泡的方法是：首先打开仪器前盖，仪器报警，提示仪器前盖被打开，找一块小磁铁放在仪器前面的触点上，按面板上的回车键，此时仪器默认前盖关闭。将仪器功能选择滴定器充液，滴定器活塞向上移动停止后，用手捏住滴定器的塑料软管，选择滴定器排空，滴定器活塞向下移动，待移动 3～5 s 后立刻松手，滴定器中气泡将上浮至滴定器上端，选择滴定器充液，气泡被排出滴定器，反复 2～3 次，气泡排净后开始测定。

二、保养方法

1. 蒸馏装置

1) 清洗

样品测定完毕后，采用手动模式加入 80 mL 水，开蒸汽蒸馏 5 min，对蒸馏装置进行清洗。清洗后取下消化管，倒掉内容物，对安全门和滴流盘进行擦拭，去除测定过程中残留的碱液。

2) 橡皮头的更换

在蒸馏过程中，热的碱液对蒸馏装置的橡皮头有腐蚀作用，长时间使用后，会造成橡皮头和消化管接触不密闭，导致游离氨泄露，影响测定结果。应定期对橡皮头进行检查，若发现腐蚀严重，立即更换。

3) 更换橡皮头的方法

关闭仪器电源开关，打开仪器前盖，取下安全门，用钳子夹住橡皮头一端，用力向下拉扯即可。安装新的橡皮头时，先用热水浸泡 5 min，热水会使橡皮头变软，从而易于安装。

2. 滴定装置

1) 清洗

检测完毕后，清洗滴定缸及液位探针，防止残留的接收液附着在滴定缸的内表面，影响下次测定。

2) 标准酸溶液的更换

当采用浓度不同的标准酸溶液时，应将仪器滴定器中残留的酸液清除掉。

3) 排除酸液的方法

首先打开仪器前盖，仪器报警，提示仪器前盖被打开，找一块小磁铁放在仪器前面的触点上，按面板上的回车键，此时仪器默认前盖关闭。将仪器功能选择滴定器充液，滴定器活塞向上移动停止后；再选择滴定器排空，滴定器活塞向下移动，反复 3～5 次，旧酸液将被新酸液置换出来。

3. 排废装置

1）清洗

定期对排废装置进行清洗，若长时间不清洗，会堵塞管路。量取 25 mL 乙酸溶液和 5 mL 水，采用手动蒸馏半小时，挥发的乙酸将清除排废装置内壁上残留的碱液。

2）维修

排废装置堵塞的原因一般为废液缸下方的电磁阀内被炭化的颗粒堵塞。关闭仪器电源开关，打开仪器后盖，取下电磁阀，拆开后清除内部废渣并安装。

4. 注意事项

在每次更换完标准滴定酸或接收液后，以及对仪器进行维修后，都要对仪器进行回收率的测定。一般采用硫酸铵进行回收率分析，若回收率在 99.5%～100.5%的范围之内，则说明仪器正常，可以进行样品测定。

思考题

1. 简述凯氏定氮法测定蛋白质的原理。

2. 蒸馏时为什么要加入氢氧化钠溶液？加入量对结果有何影响？

3. 在蒸汽发生器中加入少许硫酸和指示剂的作用是什么？若在蒸馏过程中蒸汽发生器内颜色变为淡黄色，说明什么？

4. 实验过程中有哪些细节需要注意？

模块六 脂肪含量的分析

脂肪广泛存在于许多植物的种子和果实中，测定脂肪的含量，可以作为鉴别其品质的一个指标，从而确定该原料是否能够用于工业生产。脂肪的测定方法有很多，如抽提法、酸水解法、比重法、折射法等，其中索氏抽提法是公认的经典方法，也是我国标准中规定的仲裁法。

学习目标

- 知识目标：熟练掌握粗脂肪的测定方法。
- 技能目标：熟悉与掌握重量分析的基本操作，包括样品处理、烘干、恒重等。
- 素质目标：能严格按操作规程进行安全操作，真实记录；会分析实验结果；学会分析、判断、解决问题，在学与做的过程中锻炼与他人交往、合作的能力。

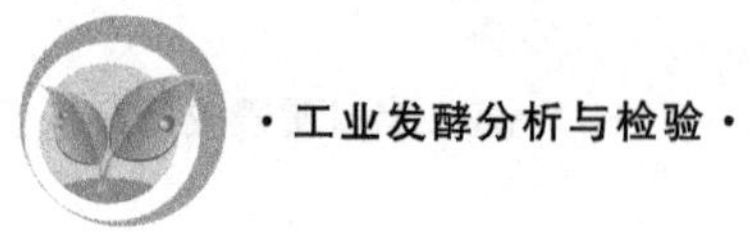

一、索氏抽提法

1. 知识要点

本法为重量法，用脂肪溶剂将脂肪提出后进行称量，该法适用于固体和液体样品。通常将样品浸于脂肪溶剂(乙醚或沸点为 30～60 ℃的石油醚)，借助于索氏抽提器(见图 3-3)进行循环抽提。用本法提取的脂肪性物质为混合物，其中含有游离脂肪酸、磷脂/酯、固醇、芳香油、某些色素及有机酸等，因此又称为粗脂肪。

2. 仪器

(1) 分析天平：分度值为 0.1 mg。

(2) 电热恒温箱。

(3) 电热恒温水浴锅。

(4) 粉碎机、研钵。

(5) 备有变色硅胶的干燥器。

(6) 滤纸筒：如无备好的滤纸筒，可取长 28 cm、宽 17 cm 的滤纸，用直径 2 cm 的试管，沿滤纸长边卷成筒形，抽出试管至滤纸筒高的一半处，压平抽空部分，折过来，使之紧靠试管外层，用脱脂线系住，下部的折角向上折，压成圆形底部，抽出试管，即成直径 2 cm、高约 7.5 cm 的滤纸筒。

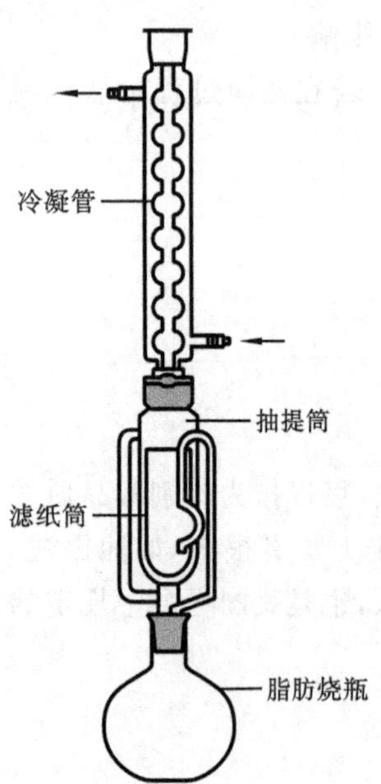

图 3-3 索氏抽提器

(7) 索氏抽提器：各部件应洗净，在 105 ℃下烘干。

(8) 圆孔筛：孔径为 1 mm。

(9) 广口瓶。

(10) 脱脂线、脱脂细沙。

(11) 脱脂棉：将医用级棉花浸泡在乙醚或乙烷中 24 h，其间搅拌数次，取出后在空气中晾干。

3. 试剂

无水乙醚：分析纯。

注：溶剂应贮存于合乎安全规定的溶剂室或溶剂柜中的金属容器中，乙醚和己烷极度易燃。进行分析操作的实验室不能有明火。操作者应避免吸入溶剂蒸气。应在装备有防爆的照明、配线、风扇并适合操作的通风罩中使用溶剂。乙醚有随贮藏时间延长产生对撞击敏感、有爆炸性的过氧化物的趋势。打开新的乙醚贮存容器时要逐个检查过氧化物。几个月未用的乙醚再次使用时也要进行过氧化物的检查。含有过氧化物的乙醚应作为危险物质进行处理，不要使用含有过氧化物的乙醚。可以使用进行过稳定处理的乙醚。将电气设备放在地上，保持在适合的工作位置。遵守所有关于抽提仪器安装、操作和安全的建议。确认将萃取杯放入干燥炉前所有的溶剂已全部蒸发完，以避免引起火灾或爆炸。

4. 试样制备

取除去杂质的干净试样 30～50 g，磨碎，通过孔径为 1 mm 的圆孔筛，然后装入广口瓶中备用。试样应研磨至适当的粒度，保证连续测定 10 次，测定的相对标准偏差 RSD≤2.0%。

5. 分析方法

1）试样的包扎

从备用的样品中，用烘盒称取 2～5 g 试样，在 105 ℃下烘 30 min，趁热倒入研钵中，加入约 2 g 脱脂细沙一同研磨。将试样和细沙研磨到出油状，完全转入滤纸筒内（筒底塞一层脱脂棉，并在 105 ℃下烘 30 min），用脱脂棉蘸少量乙醚揩净研钵上的试样和脂肪，并入滤纸筒，最后用脱脂棉塞入上部，压住试样。

2）抽提与烘干

将抽提器安装妥当，然后将装有试样的滤纸筒置于抽提筒内，同时注入乙醚至虹吸管高度以上，待乙醚流净后，再加入乙醚至虹吸管高度的三分之二处。用一小块脱脂棉轻轻塞入冷凝管上口，打开冷凝管进水管，开始加热抽提。控制加热的温度，使冷凝的乙醚每分钟为 120～150 滴，抽提的乙醚每小时回流 7 次以上。抽提时间须视试样含油量而定，一般在 8 h 以上，抽提至抽提管内的乙醚用玻璃片检查（点滴试验）无油迹为止。

抽净脂肪后，用长柄镊子取出滤纸筒，再加热使乙醚回流 2 次，然后回收乙醚，取下冷凝管和抽提筒，加热除尽抽提瓶中残余的乙醚，用脱脂棉蘸乙醚擦净抽提瓶外部，然后将抽提瓶在 105 ℃下烘 90 min，再烘 20 min，烘至恒重为止（前后两次质量之差在 0.2 mg 以内），抽提瓶增加的质量即为粗脂肪的质量。

6. 结果计算

粗脂肪湿基含量、干基含量和标准水分及杂质下的粗脂肪含量分别按照式(3-28)、式(3-29)、式(3-30)计算：

$$X_a = \frac{m_1}{m} \times 100\% \tag{3-28}$$

$$X_g = \frac{m_1}{m(1-w)} \times 100\% \tag{3-29}$$

$$X_z = \frac{m_1(1-w_b)}{m(1-w)} \times 100\% \tag{3-30}$$

式中：X_a——湿基粗脂肪含量（以质量分数计），%；

X_g——干基粗脂肪含量（以质量分数计），%；

X_z——标准水分和杂质下的粗脂肪含量（以质量分数计），%；

m_1——粗脂肪质量，g；

m——试样的质量，g；

w——试样水分含量（以质量分数计），%；

w_b——试样标准水分、标准杂质含量之和（以质量分数计），%。

测定结果保留至小数点后一位。

二、粗脂肪萃取仪法

1. 知识要点

同索氏抽提法。

2. 仪器

(1) 分析天平:分度值为 0.1 mg。

(2) 粉碎机、研钵。

(3) 备有变色硅胶的干燥器。

(4) 圆孔筛:孔径为 1 mm。

(5) 粗脂肪萃取仪:多位萃取单元、控制两阶段包括溶剂回收循环的兰德尔萃取过程,配置有耐乙醚的氟化橡胶和特富龙密封。

(6) 套筒和支架:纤维质套筒和放置套筒的支架。

(7) 萃取杯:铝制或玻璃制(不同质地的萃取杯萃取时间可能不同,要查阅相关制造商的操作手册)。

3. 试剂

(1) 硅藻土。

(2) 无水乙醚:分析纯。

4. 试样制备

同索氏抽提法。

5. 测定方法

根据表 3-12 称量 1～5 g 试样(精确到 0.001 g),直接放入经称量去皮的纤维质套筒,使试样含脂肪 100～200 mg。记录质量(S)和萃取套筒序号。

表 3-12 试样加入量参考表

粗脂肪含量/(%)	试样质量/g
＜2	5
5	2～4
10	1～2
＞20	1

注:如果试样含有大量尿素盐(＞5%)或可溶性碳水化合物(＞15%)、甘油、乳酸、氨基酸盐(＞10%)或其他水溶性物质,用水萃取除去。称量试样到滤纸上,每次用水 20 mL,萃取 5 次,试样排干水分。将装有洗涤过试样的滤纸放入套筒并于(102±2) ℃干燥 2 h。为方便过滤,在用水萃取前在滤器底部加入或与试样混合 1～2 g 经灰化、酸洗的沙子或硅藻土。

将装有试样的套筒在(102±2) ℃干燥 2 h。如果干燥过的试样未马上进行萃取,须保存在干燥器中。溶剂和试样都应无水,以避免水溶性物质如碳水化合物、尿素、乳酸、甘油被萃取产生错误高值。

如存在预干燥时会融化浸透套筒的高脂肪含量试样,可以向试样中加入吸附剂如硅藻土,也可以在预干燥时加入脱脂棉吸附融出套筒的融化脂肪。

在试样顶部放置脱脂棉(用和萃取剂同样的溶剂进行脱脂),保证在萃取步骤中试样完全浸没,防止试样从套筒顶部的任何损失。准备棉塞的大小要足够保持试样的适当位置,同时要尽可能小,以使对溶剂的吸收降到最少。

在每个萃取杯中放置3～5粒直径为5 mm的玻璃珠。在(102±2) ℃干燥萃取杯30 min,然后转移到干燥器中静置冷却至室温。称量萃取杯,记录其质量(T),精确至0.1 mg。

萃取时应遵守制造商关于萃取仪器的操作说明。预热萃取仪,打开冷凝器冷凝水。将装有干试样的套筒连接到萃取柱。当套筒处于萃取位置时,向每个萃取杯中加入足够的溶剂以浸没试样。在萃取柱下放置萃取杯,并保证位置适当。确保萃取杯与相应的套筒匹配。将套筒位置降低,浸入溶剂中,沸腾20 min。调整适当的回流速率,回流速率是脂肪完全萃取的关键。很多萃取仪器适用每秒3～5滴的回流速率。

提升套筒至溶剂液面上,在此位置淋洗萃取40 min。然后使溶剂尽可能从萃取杯中蒸发出来,回收溶剂,得到表观上的干燥。

从萃取器上取出萃取杯,放入通风罩中,在低温下完成溶剂的蒸发。(注:小心操作,防止通风罩顶部的碎屑掉入。放置萃取杯在通风罩中直到溶剂完全干净。)

在(102±2) ℃干燥萃取杯30 min,除去水汽。过度干燥会造成脂肪氧化,导致测定结果偏高。干燥后,萃取杯在干燥器中静置冷却至室温。称量萃取杯(F),精确到0.1 mg。

6. 结果计算

粗脂肪含量按式(3-31)计算:

$$X_e = \frac{F - T}{S} \times 100\% \tag{3-31}$$

式中:X_e——乙醚萃取的粗脂肪含量(以质量分数计),%;

F——萃取杯的质量与脂肪的质量,g;

T——空萃取杯的质量,g;

S——试样质量,g。

三、说明

1. 乙醚中过氧化物的检查

乙醚若放置时间过长,会产生过氧化物。过氧化物不稳定,当蒸馏或干燥时会发生爆炸,因此使用前要进行严格的检查。

取适量乙醚,加入碘化钾溶液,用力摇动,放置1 min,若出现黄色则表明存在过氧化物,应进行处理后使用。处理方法是:将乙醚放入分液漏斗,先以1/5乙醚量的稀氢氧化钾溶液洗涤2～3次,以除去乙醇,然后用盐酸酸化,加入1/5乙醚量的硫酸亚铁或亚硫酸钠溶液,振摇,静置。分层后弃去下层水溶液,以除去过氧化物,最后用水洗至中性,用无水氯化钙或无水硫酸钠脱水,并进行重蒸馏。

2. 回收乙醚的步骤

回收乙醚分为三个步骤。①除去过氧化物:将乙醚注入分液漏斗中,加入占乙醚量

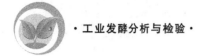

1/5的10%的硫酸亚铁溶液(取100 g硫酸亚铁溶于600 mL水中,加30 mL浓硫酸进行酸化,再加水稀释至1000 mL)充分混合,静置澄清后放出水溶液;②除去乙醇:加入占乙醚量1/5的10%的氢氧化钾溶液,振荡洗涤后静置,放出水溶液,再重复洗涤2～3次即可;③除去水分和蒸馏:在乙醚瓶中加入适量(占乙醚量的1/10～1/5)的小颗粒无水氯化钙,放置一昼夜,不时加以振摇,取上层清液进行蒸馏,收集33～37 ℃之间的馏分,乙醚的接收器需要用冷水或冰水冷却,同时连接一个安全瓶,并将瓶内气体排出室外或排入下水道中。

3. 试样的细度要适宜

试样粉碎过粗,则脂肪不易抽提干净;试样粉碎过细,则有可能透过滤纸孔隙,使回流溶剂流失,影响测定结果。

4. 干燥处理

测定用的试样、抽提器、抽提用的有机溶剂都需要进行干燥处理。因为抽提体系中若有水,会使样品中的水溶性物质溶出,导致测定结果偏高;某些溶剂易被水饱和(尤其是乙醚,可以饱和约2%的水),从而影响抽提效率;抽提溶剂不易渗入细胞组织内部,结果是不易将脂肪抽提干净。

脂肪瓶在烘箱中干燥时,瓶口侧放,有利于空气流通,而且先不要关上烘箱门,于90 ℃以下鼓风干燥10～20 min,驱尽残余溶剂后再将烘箱门关紧,升至所需温度。

思考题

1. 简述索氏抽提器的抽提原理。
2. 简述索氏抽提法的适用范围。
3. 潮湿的样品是否可以直接进行抽提?为什么?
4. 使用乙醚作为抽提剂有哪些注意事项?
5. 使用乙醚前要对其进行检查,为什么?怎么进行检查?
6. 粗脂肪的概念是什么?脂肪的存在状态有哪些?

模块七　酶活力的分析

酶活力是指酶催化一定化学反应的能力。酶活力的大小可用一定条件下,酶催化某一化学反应的速率来表示,酶催化反应速率愈大,酶活力愈高,反之酶活力愈低。测定酶活力实际就是测定酶促反应的速率。酶促反应速率可用单位时间内、单位体积中底物的减少量或产物的增加量来表示。在一般的酶促反应体系中,底物往往是过量的,测定初速率时,底物减少量占总量的极少部分,不易准确检测,而产物则是从无到有,只要测定方法灵敏,就可准确测定。因此一般以测定产物的增量来表示酶促反应速率较为合适。酶活力分析对发酵过程的监测具有重要的意义。

酶活力的大小用酶活力单位(active unit)(U)表示。1961年国际生物化学学会酶学委员会提出采用统一的“国际单位”(IU)来表示酶的活力，规定在最适条件(25 ℃)下，每分钟内催化 1 μmol 底物转化为产物所需的酶量为一个活力单位。这样酶的含量就可用每克酶制剂或每毫升酶制剂含有多少酶活力单位来表示(U/g 或 U/mL)，企业可根据每种酶的具体情况定义酶活力。

酶活力的测定方法主要有终止反应法和连续反应法。

终止反应法：在恒温反应系统中，每隔一定时间，取出一定体积的反应液，用强酸强碱或 SDS 以及加热等使反应立即停止，然后用化学法或酶偶联法分析产物的形成量或底物的消耗量。

连续反应法：不需要终止反应，而是在酶反应过程中用光化学仪器或电化学仪器等来监测反应的进行情况，对记录结果进行分析，然后计算出酶活力。

项目一　蛋白酶活力的测定

学习目标

- 知识目标：能应用蛋白酶活力的测定原理解释操作过程。
- 技能目标：会熟练运用紫外-可见分光光度计测定蛋白酶活力。
- 素质目标：能严格按操作规程进行安全操作，真实记录；会分析实验结果；学会分析、判断、解决问题，在学与做的过程中锻炼与他人交往、合作的能力。

蛋白酶是水解蛋白质肽链酶类的总称。这种酶在适宜的温度和 pH 条件下，能催化蛋白质分解为肽段和氨基酸。蛋白酶制剂广泛应用于发酵食品、皮革脱毛和软化、丝绸脱胶以及医药生产中。

蛋白酶按其作用的最适 pH 可分为碱性蛋白酶、中性蛋白酶、酸性蛋白酶。其中酸性蛋白酶属于内肽酶，应用于发酵酒精生产中，可将蛋白质水解得较为彻底，增加醪液中 α-氨基氮含量，为酵母细胞的生长、繁殖提供丰富的氮源，增加主发酵期酵母菌浓度，提高发酵速率，从而缩短发酵周期和提高发酵设备生产能力；同时可使发酵成熟醪黏度明显降低，有利于浓醪发酵和发酵罐清洗以及酒精蒸馏。

上述三类蛋白酶活力测定的方法基本相同。

一、福林法(SB/T 10317—1999)

本方法适用于酿造酱油时在制品菌种、成曲的蛋白酶活力测定。

1. 知识要点

福林试剂(磷钼酸与磷钨酸的混合物)在碱性情况下极不稳定，可被酚类化合物还原而呈蓝色反应(钼蓝和钨蓝的混合物)，由于蛋白质分子中含有具有酚基的氨基酸(如酪氨酸、色氨酸及苯丙氨酸等)，它使蛋白质或其水解产物也呈这个反应，于是可利用这个原理来测定蛋白酶活力的强弱，即以酪蛋白为作用底物，在一定 pH 与温度下，同酶液反应，经过一定时间后，加入三氯乙酸，以终止酶反应，并使残余的酪蛋白质沉淀，同水解产物分开,经过滤后取滤液(即含蛋白水解产物的三氯乙酸溶液),用碳酸钠碱化,再加入福林试剂使之发色,用分光光度计或光电比色计测定。蓝色反应的强弱,同三氯乙酸中蛋白水解产物的多少成正比,而水解产物的量又同酶活力成正比例关系。因此,根据蓝色反应的强弱就可推测蛋白酶的活力。

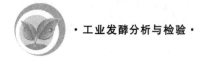

酶活力单位:1 mL 液体或 1 g 固体酶粉在一定温度、pH 下,每分钟水解酪蛋白产生 1 μg 酪氨酸,定义为 1 个蛋白酶活力单位。液体剂型用 U/mL 表示,固体剂型用 U/g 表示。

图 3-4　电热恒温水浴锅

2. 仪器

(1) 电子天平:感量为 0.1 mg。

(2) 电热恒温水浴锅[(40±0.05) ℃],如图 3-4 所示。

(3) 紫外-可见分光光度计。

3. 试剂

(1) 福林试剂:于 2000 mL 磨口回流装置内加入钨酸钠($Na_2WO_4 \cdot 2H_2O$)100 g、钼酸钠($Na_2MoO_4 \cdot 2H_2O$)25 g、水 700 mL、85%磷酸 50 mL、浓盐酸 100 mL,文火回流 10 h。加入硫酸锂(Li_2SO_4)150 g、蒸馏水 50 mL,混匀,取下冷凝器,加入几滴液溴,再煮沸 15 min,以驱逐残溴及除去颜色,溶液应呈黄色而非绿色。若溶液仍有绿色,需再滴加液溴后煮沸除去。冷却后,定容至 1000 mL。用 4~5 号细菌漏斗过滤,置于棕色瓶中保存。此溶液使用时加 2 倍蒸馏水稀释,即成稀释的福林试剂。

(2) 0.4 mol/L 三氯乙酸(TCA)溶液:称取三氯乙酸 65.4 g,溶解后定容至 1000 mL。

(3) 0.4 mol/L 碳酸钠溶液:称取无水碳酸钠(Na_2CO_3)42.4 g,溶解后定容至 1000 mL。

(4) pH=7.2 的磷酸盐缓冲溶液。

A 液(0.2 mol/L NaH_2PO_4溶液):称取 31.2 g $NaH_2PO_4 \cdot 2H_2O$,用水溶解后定容至 1000 mL。B 液(0.2 mol/L Na_2HPO_4溶液):称取 71.6 g $Na_2HPO_4 \cdot 12H_2O$,用水溶解后定容至 1000 mL。

取 28 mL A 液、72 mL B 液,混合后,用蒸馏水稀释 1 倍,即为 pH=7.2 的磷酸盐缓冲溶液。

(5) 2%酪蛋白溶液:称取干酪素 2 g,加入 0.1 mol/L NaOH 溶液 10 mL,在水浴中加热使溶解(必要时用小火加热煮沸),然后用 pH=7.2 的磷酸盐缓冲溶液定容至 100 mL 即成。配制后应及时使用或放入冰箱内保存。否则极易繁殖细菌,引起变质。配制酪蛋白溶液定容时,若泡沫过多,可加 1~2 滴酒精消泡。

(6) 100 μg/mL 酪氨酸溶液:精确称取在 105 ℃烘箱中烘至恒重的酪氨酸 0.1 g,逐步加入 6 mL 0.1 mol/L HCl 溶液使溶解,加 0.2 mol/L 定容至 100 mL,其浓度为 1000 μg/mL。再吸取此液 10 mL,以 0.2 mol/L 定容至 100 mL,即成 100 μg/mL 酪氨酸溶液。此溶液配成后也应及时使用或放入冰箱内保存,以免繁殖细菌而变质。

(7) 1 mol/L HCl 溶液:吸取 8.4 mL 浓盐酸,用水稀释至 100 mL。

(8) 0.2 mol/L HCl 溶液:吸取 1.7 mL 浓盐酸,用水稀释至 100 mL。

4. 测定方法

1）标准曲线的绘制

酪氨酸系列标准溶液的配制如表 3-13 所示。

表 3-13 酪氨酸系列标准溶液配制

试　剂	管　号					
	1	2	3	4	5	6
蒸馏水/mL	10	8	6	4	2	0
100 μg/mL 酪氨酸/mL	0	2	4	6	8	10
酪氨酸最终浓度/(μg/mL)	0	20	40	60	80	100

另取 6 支试管按表 3-14 编号，分别吸取不同浓度的酪氨酸 1 mL，各加入 0.4 mol/L 碳酸钠溶液 5 mL，再加入已稀释的福林试剂 1 mL。摇匀，置于水浴锅中，40 ℃保温显色 20 min，于 660 nm 波长处测定吸光度。一般测 3 次，取平均值。

将 1～6 号管所测得的吸光度减去 1 号管（蒸馏水空白试验）所得的吸光度，即为净吸光度。

数据记录如表 3-14 所示。

表 3-14 福林法测定蛋白酶活力数据记录表

试　剂		管　号					
		1	2	3	4	5	6
按表 3-13 制备的不同浓度酪氨酸溶液/mL		1	1	1	1	1	1
0.4 mol/L Na_2CO_3 溶液/mL		5	5	5	5	5	5
福林试剂/mL		1	1	1	1	1	1
吸光度	1						
	2						
	3						
	平均						
净吸光度							

以净吸光度为横坐标，酪氨酸的浓度为纵坐标，绘制标准曲线。

2）酶液的制备

(1) 待测酶制剂：称取 0.100 g 酶粉，用 pH＝7.2 的磷酸盐缓冲溶液溶解并定容至 100 mL，吸取此溶液 5.00 mL，再用 pH＝7.2 的磷酸盐缓冲溶液稀释至 25 mL，即为稀释 5000 倍的待测酶液。

(2) 成品曲：称取 5.000 g 充分研细的成品曲粉末，加水定容至 100 mL，在 40 ℃水浴中间断搅拌 1 h，抽提蛋白酶。以 3000 r/min 离心 10 min，取一定体积上清液，用 pH＝7.2的磷酸盐缓冲溶液稀释至一定倍数（使其测定吸光度在 0.2～0.7 范围内为宜，一般 5～10 倍）。

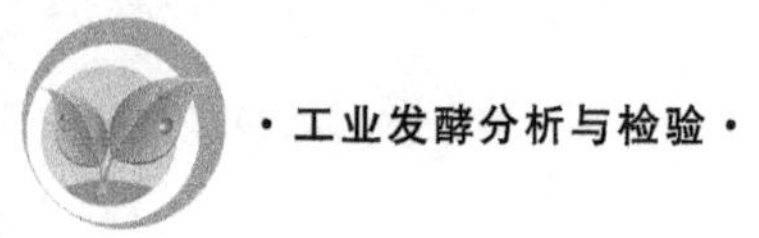

3）样品测定

取 3 支 10 mL 具塞比色管，编号 1、2、3，分别加入 1 mL 待测酶液，置于 40 ℃水浴中预热 2 min，再分别加入 1 mL 经同样预热的 2%酪蛋白溶液，准确计时，保温 10 min。立即加入 2 mL 三氯乙酸溶液，充分混匀，使蛋白酶终止反应并继续置于水浴中保温 20 min，使残余蛋白质沉淀后，3000 r/min 离心 10 min。然后另取 3 支 10 mL 具塞比色管，编号 1′、2′、3′，每管加 1.00 mL 离心上清液、5.00 mL 0.4 mol/L 碳酸钠溶液、1.00 mL 福林试剂使用液，摇匀，于 40 ℃水浴保温显色 20 min 后，测定吸光度。

空白试验：取 6 支 10 mL 具塞比色管，编号 4、5、6、4′、5′、6′，测定方法同上，只是先各加入 2.00 mL 0.4 mol/L 三氯乙酸溶液，使酶失活，再加 1.00 mL 2%酪蛋白溶液，15 min 后于 3000 r/min 离心 10 min。以下操作与样品测定相同。

列表如下：第一步见表 3-15，第二步见表 3-16。

表 3-15　第一步操作数据记录

操作步骤	样品管号			操作步骤	空白管号		
	1	2	3		4	5	6
加预热酶液/mL		1.00		加预热酶液/mL		1.00	
加预热 2%酪蛋白溶液/mL		1.00		加 0.4 mol/L 三氯乙酸溶液/mL		2.00	
保温显色/min		10		保温显色/min		5	
加 0.4 mol/L 三氯乙酸溶液/mL		2.00		加预热 2%酪蛋白溶液/mL		1.00	
保温显色/min		20		保温显色/min		15	
离心		10		离心		10	

表 3-16　第二步操作数据记录

操作步骤	样品管号			空白管号		
	1′	2′	3′	4′	5′	6′
加对应的离心上清液/mL		1.00			1.00	
加 0.4 mol/L 碳酸钠溶液/mL		5.00			5.00	
加福林试剂使用液/mL		1.00			1.00	
保温显色/min		20			20	
吸光度						
平均吸光度						

以空白管作对照，在 680 nm 波长处测定吸光度，取其平均值计算。

5. 结果计算

蛋白酶活力单位定义：在 40 ℃、pH=7.2 下，每分钟水解酪蛋白释放 1 μg 酪氨酸的酶量定义为 1 个蛋白酶活力单位。

$$蛋白酶活力 = \frac{A}{10} \times 4 \times n \times \frac{1}{1-w} \tag{3-32}$$

式中：A——标准曲线中查得的酪氨酸的浓度，μg/mL；

4——试管中反应液总体积(4 mL 反应液取 1 mL 测定),mL;

10——反应时间,min;

n——待测酶液稀释倍数;

w——样品中水分含量,%。

6. 说明

(1) 该方法仅用于测定中性蛋白酶(pH=7.2),若要测定酸性蛋白酶或碱性蛋白酶,则需将配制酪蛋白溶液和稀释酶液用的 pH 缓冲溶液换成相应的 pH 缓冲溶液。

(2) 2%酪蛋白溶液配成酸性溶液时,需先加数滴浓乳酸,将其润湿以加速溶解。

(3) 酪蛋白与酪氨酸溶液均极易被空气中杂菌感染,繁殖细菌而引起变质,应严格控菌操作。酪蛋白与酪氨酸溶液配制后应及时使用或放入冰箱内保存。

(4) 对于同一台分光光度计与同一批福林试剂,其工作曲线 K 值可以沿用,当另配福林试剂时,工作曲线应重做。

(5) 当用不同产品的酪蛋白对同一蛋白酶测定时,其结果会有差异,故表示蛋白酶活力时应注明所用酪蛋白的生产厂家。

二、甲醛法(SB/T 10317—1999)

成曲蛋白酶活力的测定,当用福林法测定确有困难时,可用甲醛法测定作过渡。

1. 知识要点

利用氨基酸的两性作用,加入甲醛以固定氨基的碱性,使羧基显示出酸性,用氢氧化钠标准溶液滴定后定量,以目视或酸度计确定终点。

2. 仪器

(1) 分析天平:感量为 0.01 g。

(2) 水浴锅。

(3) 电烘箱。

(4) 容量瓶、滴定管等常见仪器。

3. 试剂

(1) 1%酚酞指示剂:将 1 g 酚酞溶于 100 mL 95%的乙醇中。

(2) 0.1%麝香草酚蓝:取 0.1 g 麝香草酚蓝,溶解在 100 mL 蒸馏水中,滴入少量 0.1%氢氧化钾溶液,使它成为弱碱性溶液而呈蓝色。

(3) 0.1 mol/L 氢氧化钠标准溶液。

(4) 36%甲醛(不含聚合物)。

4. 测定方法

1) 目测法

称取研细均匀的成曲样品 10 g,放入 250 mL 锥形瓶中,加 55 ℃温水 80 mL,充分摇匀,置于 55 ℃水浴锅中保温 3 h,取出后加热煮沸以破坏酶活力,冷却后定容至 100 mL,充分摇匀后以脱脂棉过滤,吸取滤液 10 mL,移至 150 mL 锥形瓶中,加水 50 mL、1%酚酞指示剂 0.2 mL,以 0.1 mol/L 氢氧化钠标准溶液滴定至刚显微红色(pH=8.2),记下滴定体积作为总酸，继续加 36%甲醛 10 mL，用 0.1 mol/L 氢氧化钠标准溶液滴定至深红色(pH=8.5)为终点，若再加 0.1%麝香草酚蓝 1 mL 作指示剂，则滴至紫红色为终点。记下滴定体积，减去空白滴定体积后计算成氨基酸态氮。另称取曲 10 g 作水分测定，再折算成干基数。

2）酸度计法

所用仪器、药品、操作方法等与氨基酸态氮测定法同。

5. 结果计算

$$蛋白酶活力[(g\ 氨基酸态氮)/(100\ g\ 干基)]=\frac{(V-V_0)\times c\times 0.014}{10\times\frac{10}{100}}\times\frac{100}{1-w} \tag{3-33}$$

式中：V——加入甲醛后消耗氢氧化钠标准溶液的体积，mL；

V_0——甲醛空白消耗氢氧化钠标准溶液的体积，mL；

w——曲水分含量，%；

c——氢氧化钠标准溶液的浓度，mol/L；

0.014——与 1.00 mL 0.1 mol/L 氢氧化钠标准溶液相当的氮的质量，g。

知识拓展

常用几种缓冲溶液的配制方法

1. pH=7.5 的磷酸盐缓冲溶液(0.02 mol/L)

称取磷酸氢二钠($Na_2HPO_4\cdot 12H_2O$)6.02 g 和磷酸二氢钠($NaH_2PO_4\cdot 2H_2O$)0.5 g，以蒸馏水溶解并定容至 1000 mL。

2. pH=2.5 的乳酸-乳酸钠缓冲溶液

A 液：称取 80%～90%乳酸 10.6 g，加蒸馏水稀释并定容至 1000 mL。

B 液：称取 70%乳酸钠 16 g，加水稀释并定容至 1000 mL。

取 A 液 16 mL 与 B 液 1 mL 混合，稀释一倍即成。

3. pH=3.0 的乳酸-乳酸钠缓冲溶液

A 液：称取 80%～90%乳酸 10.6 g，以水定容至 1000 mL。

B 液：称取 70%乳酸钠 16 g，用蒸馏水溶解并定容至 1000 mL。

取 A 液 8 mL 与 B 液 1 mL 混合，稀释一倍即成。

4. pH=10 的硼砂-氢氧化钠缓冲溶液

A 液：称取硼砂 19.08 g，用蒸馏水溶解并定容至 1000 mL。

B 液：称取氢氧化钠 8 g，用蒸馏水溶解并定容至 1000 mL。

取 A 液 250 mL 与 B 液 215 mL 混合，用蒸馏水稀释并定容至 1000 mL 即成。

5. pH=11.0 的硼砂-氢氧化钠缓冲溶液

A 液：称取硼砂 19.08 g，用蒸馏水溶解并定容至 1000 mL。

B 液：称取氢氧化钠 4 g，用蒸馏水溶解并定容至 1000 mL。

取 A 液与 B 液等量混合。

项目二 糖化酶活力的测定

学习目标

- 知识目标：能应用糖化酶活力的测定原理解释操作过程。
- 技能目标：会熟练运用滴定分析技术测定糖化酶活力。
- 素质目标：能严格按操作规程进行安全操作，真实记录；会分析实验结果；学会分析、判断、解决问题，在学与做的过程中锻炼与他人交往、合作的能力。

1. 知识要点

糖化型淀粉酶（即淀粉 α-1,4-葡萄糖苷酶）有催化淀粉水解的作用，从淀粉分子非还原性末端开始，分解 α-1,4-糖苷键生成葡萄糖，也能缓慢切开 α-1,6-糖苷键，生成葡萄糖。葡萄糖分子中含有醛基，可被次碘酸钠（NaIO）氧化，过量的次碘酸钠酸化后析出碘（I_2），再用硫代硫酸钠（$Na_2S_2O_3$）标准溶液滴定，计算酶活力。

酶活力单位：1 mL 液体酶（或 1 g 固体酶粉）在 40 ℃、pH=4.6 的条件下，1 h 降解可溶性淀粉每产生 1 mg 葡萄糖，即为 1 个酶活力单位，液体剂型酶用 U/mL 表示，固体剂型用 U/g 表示。

糖化酶的理化指标见表 3-17。

表 3-17 糖化酶的理化指标

项 目	液体剂型	固体剂型
酶活力/（U/mL 或 U/g） ≥	100×10^3	150×10^3
pH（25 ℃）	3.0～5.0	—
干燥失重/（%） ≤	—	8.0
细度（0.4 mm 标准筛的通过率）/（%） ≥	—	80
容重（密度）/（g/mL） ≤	1.20	—

2. 分析方法

物理化学分析法（GB 8276—2006）。

3. 仪器

分析天平（感量为 0.1 mg）；碘量瓶；棕色碱式滴定管；酸度计（感量为 0.01pH）。

4. 试剂

（1）0.05 mol/L pH=4.6 的乙酸-乙酸钠缓冲溶液：称取乙酸钠（$CH_3COONa\cdot3H_2O$）6.7 g 和冰乙酸（CH_3COOH）2.6 mL，用蒸馏水溶解，定容至 1000 mL。上述缓冲溶液应以酸度计或精密试纸校正 pH 至 4.6。

（2）0.05 mol/L 硫代硫酸钠标准溶液。

① 配制：称取硫代硫酸钠（$Na_2S_2O_3\cdot5H_2O$）24.82 g 和硫酸钠 0.2 g，溶于煮沸后冷却的蒸馏水中，定容至 1000 mL，即得 0.1 mol/L 硫代硫酸钠溶液。贮于棕色瓶中密封保

存，配制后应放置一星期再标定使用。

② 标定：取在 120 ℃下干燥至恒重的标准重铬酸钾 0.25 g，精密称量，置于碘量瓶中，加水 50 mL 使溶解，加碘化钾 2 g。轻轻振摇使溶解，加 1 mol/L 硫酸溶液 40 mL，摇匀，密塞。在暗处放置 10 min 后用蒸馏水 250 mL 稀释，用此液滴定至近终点时，加淀粉指示液 3 mL，继续滴定至蓝色消失而显亮绿色。并将滴定的结果用空白试验校正。每毫升 0.1 mol/L 硫代硫酸钠溶液相当于 4.903 mg 重铬酸钾。根据本液的消耗量与重铬酸钾的用量，计算硫代硫酸钠标准溶液的浓度。本溶液需每月标定一次。

③ 计算。

$$c_{Na_2S_2O_3}=\frac{m}{(V_2-V_1)\times 0.04903} \tag{3-34}$$

式中：$c_{Na_2S_2O_3}$——硫代硫酸钠标准溶液的实际浓度，mol/L；

m——基准物重铬酸钾（$K_2Cr_2O_7$）的质量，g；

V_1——滴定消耗硫代硫酸钠标准溶液的体积，mL；

V_2——试剂空白消耗硫代硫酸钠标准溶液的体积，mL；

0.04903——与 1.0 mL 0.05 mol/L 硫代硫酸钠标准溶液相当的重铬酸钾的质量，g。

(3) 0.1 mol/L 碘液：称取碘化钾（KI）36 g，溶解在 100 mL 蒸馏水中，再加入碘（I_2）12.98 g，溶解并定容至 1000 mL，贮存于棕色瓶中。

用 0.05 mol/L 硫代硫酸钠标准溶液标定碘液。

吸取 10 mL 待标定的碘液放入 250 mL 碘量瓶中，以 0.05 mol/L 硫代硫酸钠标准溶液滴定至淡黄色时，加入 1%淀粉指示剂 1～2 滴，继续滴定至无色即为终点。

$$c_{I_2}=\frac{cV_1}{2V_2} \tag{3-35}$$

式中：c_{I_2}——碘液的实际浓度，mol/L；

c——硫代硫酸钠标准溶液的浓度，mol/L；

V_1——消耗硫代硫酸钠标准溶液的体积，mL；

V_2——吸取碘液的体积，mL。

(4) 0.1 mol/L NaOH 溶液：称取 4 gNaOH，加蒸馏水溶解，定容至 1000 mL。

(5) 2 mol/L 硫酸溶液：量取浓硫酸（相对密度为 1.84）5.6 mL，慢慢加入 80 mL 蒸馏水中，冷却后定容至 100 mL，摇匀。

(6) 200 g/L NaOH 溶液：称取 20 gNaOH，用水溶解，定容至 100 mL。

(7) 20 g/L 可溶性淀粉：称取可溶性淀粉（2±0.001）g，然后用少量蒸馏水调匀，徐徐倾入已沸的蒸馏水中，煮沸至透明，冷却定容至 100 mL，此溶液需当天配制。

(8) 0.5%淀粉指示剂：称取 0.5 g 可溶性淀粉于 100 mL 烧杯中，用少量水调成糊状，倒入 70 mL 沸水，继续煮沸 2 min，冷却后用水定容至 100 mL（临用前现配）。

5. *测定方法*

1) 待测酶液的制备

(1) 液体剂型糖化酶：用洁净干燥的吸量管精确吸取液体酶试样 1.00 mL 于已放置

缓冲溶液的 500 mL 容量瓶中，用 pH＝4.6 的乙酸-乙酸钠缓冲溶液定容后待测。

(2) 固体剂型糖化酶：根据样品标示酶活力，准确称取酶粉 1.5～2 g，用缓冲溶液溶解。在磁力搅拌器低速搅拌下，全部溶解后移入 500 mL 容量瓶中，用 pH＝4.6 的乙酸-乙酸钠缓冲溶液定容至刻度，摇匀。用 3000 r/min 离心机离心 10 min，上清液供测定用。

取发酵液的滤液，用 pH＝4.6 的乙酸-乙酸钠缓冲溶液适当稀释，供测定用。

2) 酶活力测定

于甲、乙两支比色管(50 mL)中，分别加入 20 g/L 可溶性淀粉溶液 25 mL 及 0.1 mol/L pH＝4.6 的乙酸-乙酸钠缓冲溶液 5 mL，摇匀，于(40±0.2) ℃的恒温水浴中预热 5～10 min。在甲管中加入酶液 2.0 mL，立即记下时间，摇匀。在此温度下准确反应 30 min 后，立即向两管中各加 200 g/L NaOH 溶液 0.2 mL，摇匀，将两管取出，迅速用水冷却，并于乙管中补加酶液 2.0 mL。

分别取上述两管反应液 5.0 mL 放入碘量瓶中，准确加入 0.1 mol/L 碘液 10.0 mL，再加入 0.1 mol/L NaOH 溶液 15 mL(边加边摇晃)。于暗处放置 15 min，加入 2 mol/L 硫酸 2.0 mL，立即用 0.05 mol/L 硫代硫酸钠标准溶液滴定至无色即为终点。分别记录空白和样品消耗的硫代硫酸钠标准溶液的体积(V_A、V_B)。

6. 结果计算

$$酶活力单位 = (V_A - V_B) \times c \times 90.05 \times \frac{1}{2} \times \frac{32.2}{5} \times n \times 2 \tag{3-36}$$

式中：V_A——空白所消耗硫代硫酸钠标准溶液的体积，mL；

V_B——样品所消耗硫代硫酸钠标准溶液的体积，mL；

c——硫代硫酸钠标准溶液的浓度，mol/L；

90.05——1 mL 1 mol/L 硫代硫酸钠标准溶液所相当的葡萄糖的质量，mg；

1/2——折算成 1 mL 酶液的量；

32.2——反应液总体积，mL；

5——吸取反应液的体积，mL；

n——稀释倍数；

2——反应 30 min，换算成 1 h 的酶活力系数。

7. 说明

(1) 制备酶液时，酶液浓度最好控制在消耗 0.05 mol/L 硫代硫酸钠标准溶液(空白和样品)的差数为 3～6 mL(以每毫升 50～90 单位为宜)。

(2) 糖化酶液体剂型为褐色液体，允许有少量凝聚物；固体剂型为黄褐色粉末，无潮解结块现象，易溶于水。

(3) 在重复性条件下获得的两次独立测定结果的绝对差值不大于这两个测定值的算术平均值的 10%，以大于这两个测定值的算术平均值 10%的情况不超过 5%为前提。

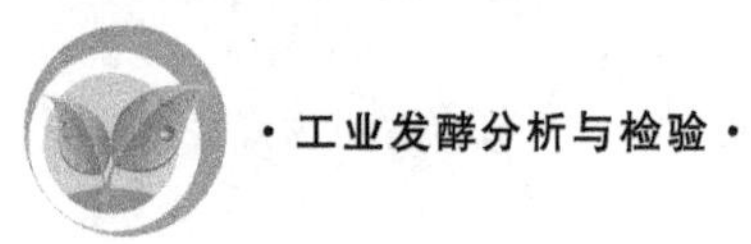

项目三　耐高温 α-淀粉酶活力的测定

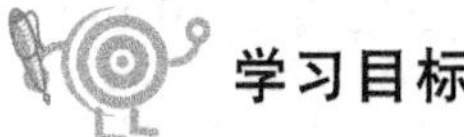

学习目标

- 知识目标：能应用耐高温 α-淀粉酶活力的测定原理解释操作过程。
- 技能目标：会熟练运用光度分析技术测定耐高温 α-淀粉酶的活力。
- 素质目标：能严格按操作规程进行安全操作，真实记录；会分析实验结果；学会分析、判断、解决问题，在学与做的过程中锻炼与他人交往、合作的能力。

目前在酒精和淀粉糖生产中应用的耐高温 α-淀粉酶，主要来自精选的地衣芽孢杆菌经发酵、分离、提取的具有较高耐热性能和酶活力的 α-淀粉酶。耐高温 α-淀粉酶和液化喷射器的出现，使淀粉转化成葡萄糖的技术发生了革命性的进步，所以掌握耐高温 α-淀粉酶活力的测定对于理解酶反应对温度的要求和体会酶制剂对淀粉的作用能力是很直观的。

α-淀粉酶能将淀粉分子链中的 α-1,4-葡萄糖苷键随机切断成长短不一的短链糊精、少量麦芽糖和葡萄糖，使淀粉对碘呈蓝紫色的特异性反应逐渐消失，而呈碘液本身的红棕色。其颜色消失的速度与酶活力有关，在标准条件下通过测定反应后的吸光度或目视比色计算其酶活力。

酶活力单位：在 70 ℃、pH=6.0 条件下，1 min 液化 1 mg 可溶性淀粉成为糊精等所需要的酶量，即为 1 个酶活力单位，液体剂型酶用 U/mL 表示，固体剂型酶用 U/g 表示。

α-淀粉酶的理化指标见表 3-18。

表 3-18　α-淀粉酶制剂的理化指标

项　目		液体剂型		固体剂型	
		中温 α-淀粉酶制剂	耐高温 α-淀粉酶制剂	中温 α-淀粉酶制剂	耐高温 α-淀粉酶制剂
酶活力/(U/mL 或 U/g)	≥	2000	20000	2000	20000
pH(25 ℃)		5.5～7.0	5.8～6.8	—	
容重/(g/mL)		1.10～1.25	1.10～1.25	—	
干燥失重/(%)	≤	—		8.0	
耐热性存活率/(%)	≥	—	90	—	90
铅/(mg/kg)	≤	5			
砷/(mg/kg)	≤	3			
菌落总数/(CFU/g)	≤	5×10^4			
大肠菌群/[MPN/(100 g)]	≤	3×10^3			
沙门氏菌(25 g 样)		不得检出			
致泻大肠埃希氏菌(25 g 样)		不得检出			

一、分光光度法（QB/T 2306—1997）

1. 仪器

（1）分光光度计。

（2）超级恒温水浴锅（精度在±0.1 ℃）。

（3）电子天平（0.1 mg）。

（4）大试管（ϕ25 mm×200 mm）。

（5）电子秒表。

（6）酸度计（见图 3-5）。

（7）磁力搅拌器。

图 3-5 酸度计

2. 试剂

（1）碘贮备液：称取 22.0 g 碘化钾（KI），溶于约 300 mL 水中，加入 11.0 g 碘（I_2），在搅拌下使其溶解，然后移入 500 mL 容量瓶中，用水定容，贮于棕色瓶中备用（每月配制一次）。

（2）碘使用液：称取 20.0 g 碘化钾，溶于约 300 mL 水中，准确加入 2.00 mL 碘贮备液，移入 500 mL 容量瓶中，用水定容，贮于棕色瓶中备用（须当天配制）。

（3）20 g/L 可溶性淀粉溶液：称取 2.000 g（以绝对干基计）可溶性淀粉于 250 mL 烧杯中，用少量水调成糊状，在搅拌下加入约 70 mL 沸水中，然后用少于 30 mL 水分几次冲洗盛淀粉的小烧杯，洗液并入其中，继续加热煮沸 2 min 直至透明，冷却后用水定容至 100 mL（此溶液须当天配制，存放于冰箱中备用）。

（4）pH＝6.0 的磷酸盐缓冲溶液：称取 45.23 g 磷酸氢二钠（$Na_2HPO_4 \cdot 12H_2O$）、8.07 g柠檬酸（$C_6H_8O_7 \cdot H_2O$），用水溶解并定容至 1000 mL，配好后用酸度计校正其 pH 至 6.0。

（5）0.1 mol/L HCl 溶液：量取 9.4 mL 浓 HCl，用水稀释并定容至 1000 mL。

3. 测定方法

1）待测酶液的制备

（1）液体剂型耐高温 α-淀粉酶：用缓冲溶液配制酶溶液，根据待测酶液标示的（即说明书上给出的）酶活力，用 pH＝6.0 的磷酸盐缓冲溶液将其稀释至 65～70 U/mL 范围内，便于测定准确。

（2）固体剂型耐高温 α-淀粉酶：称取 1～2 g（精确至 0.0001 g）待测酶，用 pH＝6.0 的磷酸盐缓冲溶液溶解，在磁力搅拌器低速搅拌下，全部溶解（10～15 min）后，将上清液小心倾入容量瓶中，沉渣部分再加入少量缓冲溶液，如此捣研 3～4 次，最后全部移入容量瓶中，用缓冲溶液定容至刻度（将酶活力稀释至 65～70 U/mL 范围内），摇匀，用 3000 r/min 离心机离心 10 min，上清液供测定用。

2）测定

（1）吸取 20.00 mL 20 g/L 可溶性淀粉溶液和 5.00 mL pH＝6.0 的磷酸盐缓冲溶液于大试管中，在 70 ℃恒温水浴中预热平衡 5 min。

（2）加入待测酶液 1.00 mL，立即摇匀并用秒表计时，准确反应 5 min。

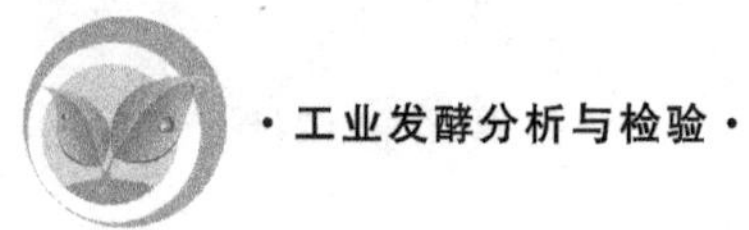

(3) 立即用洁净干燥的吸量管吸取上述反应液 1.00 mL，至预先盛有 0.50 mL 0.1 mol/L HCl 溶液和 5 mL 碘使用液的 10 mL 具塞比色管中，摇匀。

(4) 以 0.50 mL 0.1 mol/L HCl 溶液和 5.00 mL 碘使用液的混合液做空白，于 660 nm 波长下，用 1 cm 比色皿迅速测定其吸光度(A)。根据吸光度查附录 G，求得测试液酶液的浓度(C)。

4. 结果计算

$$样品的酶活力(U/mL 或 U/g) = 16.67 \times C \times n$$

式中：C——测试酶液的浓度，U/mL；

n——样品的稀释倍数；

16.67——换算常数。

所得结果表示至整数。结果的允许误差：平行试验相对误差不得超过 2%。

5. 说明

(1) 换算常数 16.67 来源于酶活力单位定义：1 h 液化 1 g 可溶性淀粉溶液所需的酶的量，为 1 个酶活力单位。

(2) 大型酒精和淀粉糖生产企业实际使用的耐高温 α-淀粉酶均为液体剂型，并标有酶活力(U/mL)。

(3) 耐高温 α-淀粉酶液体剂型为褐色液体，具有该酶特有的气味，允许有少量的凝聚物；固体剂型为黄褐色粉状，易溶于水，具有该酶特有的气味，无潮解结块现象。

(4) 目前淀粉主要来自玉米，玉米淀粉是小颗粒淀粉(5～25 μm)，其糊化初始温度为 62 ℃，终结温度为 72 ℃。在加热过程中，温度升至 75～85 ℃，淀粉浆黏度急剧上升，淀粉颗粒可膨胀至原体积的 50～100 倍，进一步升高温度，黏度开始迅速降低，淀粉浆变透明。在配制 20 g/L 可溶性淀粉溶液时一定要注意温度不能低于 62 ℃，也不能高于 100 ℃。超过 100 ℃，淀粉开始出现液化，将使酶活力的测定结果偏低。

(5) 在淀粉浆浓度较高的淀粉糖生产中，耐高温 α-淀粉酶可耐温 96 ℃，但在水或低浓度淀粉浆中耐高温 α-淀粉酶的耐高温能力则有所下降。

二、目视比色法(QB/T 2306—1997)

1. 仪器

(1) 恒温水浴：50～100 ℃，精度±0.1 ℃。

(2) 容量瓶。

(3) 试管：ϕ25 mm×200 mm。

(4) 秒表。

2. 试剂

(1) 碘贮备液：同分光光度法。

(2) 碘使用液：同分光光度法。

(3) 20 g/L 可溶性淀粉溶液：同分光光度法。

(4) 磷酸盐缓冲溶液(pH=6.0)：同分光光度法。

(5) 标准终点色溶液。

A液：称取氯化钴($CoCl_2 \cdot 6H_2O$)0.2439 g和重铬酸钾 0.4878 g,用水溶解并定容至500 mL。

B液：称取铬黑 T($C_{20}H_{12}N_3NaO_7S$)40 mg,用水溶解并定容至100 mL。

C液(标准终点色溶液)：取A液 40 mL与B液 5.0 mL充分混匀,备用。此混合液于冰箱中保存,15天后需要重新配制。

3. 测定方法

待测酶液的制备：按方法一(分光光度法)进行制备,但最终酶液浓度需控制在300～350 U/mL范围内。

吸取标准终点色溶液6 mL于试管中,作为比色标准。

吸取20 g/L可溶性淀粉溶液20 mL和pH=6.0的磷酸盐缓冲溶液5 mL,置于ϕ25 mm×200 mm试管中,在70 ℃恒温水浴中预热平衡5 min,然后加入预先稀释好的酶液0.5 mL,立即用秒表记录时间,充分摇匀,当反应接近2 min时,就开始不时地用吸管取出反应液1.00 mL,加到预先盛有5.00 mL碘使用液的试管中,当试管中反应溶液颜色由紫色渐变为红棕色、恰与标准终点色溶液相同时,即为反应终点,并记录到达终点所需时间(min)。

酶反应全部时间控制在2～2.5 min之内。

4. 结果计算

$$样品的酶活力(U/mL 或 U/g)=\frac{\frac{1}{T}\times 20\times \frac{20}{1000}\times n}{0.5}\times 1000 \tag{3-37}$$

式中：T——到达反应终点所需时间,min；

20——可溶性淀粉溶液体积,mL；

$\frac{20}{1000}$——可溶性淀粉溶液浓度,g/mL；

n——样品稀释倍数；

0.5——测定酶液用量,mL。

思考题

1. 各类酶的测定方法有何异同？酶测定时要注意哪些问题？
2. 简述糖化酶和耐高温 α-淀粉酶在分解淀粉时有什么不同？
3. 查阅文献,设计测定蛋白酶的其他方法。

模块八　水质的分析

水质是指水和其中所含的杂质共同表现出来的综合特性。

对发酵用水,要视产品而言,如果产品要求较高,如人用免疫试剂或者抗生素等,根据规定,需要用高纯水,保证菌种的稳定性,自来水中的颗粒也会对洁净区的操作带来隐患。

如果做斜面和平板，最好用蒸馏水。大罐发酵一般采用自来水，因为水中含有丰富的矿物质，有的是培养基里面没有加上的，对菌体生长比较有利。

判断水质的好坏，需要检测相当多的项目（见表 3-19），主要有水的硬度、溶解氧、浊度、电导率、pH、细菌总数等。

表 3-19　饮用水质一般检测项目及标准

编号	项　　目	标　准	编　号	项　　目	标　准
1	硬度(以 $CaCO_3$ 计)/(mg/L)	≤500	11	总磷 TP/(mg/L)	—
2	色度	≤15	12	总氮 TN/(mg/L)	—
3	浊度 NTU	≤1	13	铝/(mg/L)	≤0.2
4	溶解氧	—	14	菌落总数/(CFU/mL)	≤100
5	电导率	—	15	总大肠菌群	不得检出
6	硫化物/(mg/L)	≤0.035	16	粪大肠菌群/(CFU/mL)	不得检出
7	pH	6.5～8.5	17	耐热大肠菌群	不得检出
8	氨氮/(mg/L)	≤0.5	18	游离余氯/(mg/L)	≥0.3
9	化学需氧量 COD/(mg/L)	≤3	19	藻类密度/(万个/升)	—
10	Fe/(mg/L)	≤1.5	20	氨氮/(mg/L)	≤2.0

常见项目的检测方法如下。

(1) 硬度：测定方法见项目一。

(2) 氨氮：氨与碘化钾在碱性溶液中生成黄色配合物，其色度与氨氮的含量成正比，在 0～2.0 mg/L 的氨氮范围内近于直线。反应式如下：

$$2K_2[HgI_4]+3KOH+NH_3 \longrightarrow NH_2HgOI(\text{黄棕色沉淀})+7KI+2H_2O$$

(3) 亚硝酸盐：测定亚硝酸盐氮，通常使用重氮比色法，此法是基于亚硝酸盐和对氨基苯磺酸起重氮化作用，再与 α-萘胺起偶合反应，生成紫红色染料，与标准液进行比色测定。

(4) pH：利用玻璃电极作指示电极，甘汞电极作参比电极，组成一个电池。在此电池中，被测溶液的氢离子随其浓度不同将产生相应的电位差。此电位与溶液的 pH 的关系，符合 Nernst 方程：

$$E = E_0 - 0.05916\lg[H^+](25\ ℃),\quad E = E_0 + 0.05916\text{pH}$$

式中：E_0——常数。

(5) 浊度(NTU)：采用基于不同浊度的被测溶液对电磁辐射有选择性吸收而建立的比浊法。

(6) 铁：Fe^{2+} ＋邻二氮菲⟶橙红色配合物

基于在 pH＝3～9 的条件下，低价态铁离子与邻二氮菲生成稳定的橙红色配合物，对可见光有选择性吸收而建立的比色分析方法。

(7) 氟化物：氟离子＋氟试剂＋硝酸镧⟶蓝色三元配合物(F)

氟离子在 pH＝4.1 的乙酸盐缓冲溶液中与氟试剂（3-甲基胺-茜素-二乙酸）及硝酸镧

反应生成蓝色三元配合物，其颜色的深浅与氟离子浓度成正比，在 620 nm 波长处定量测定氟化物。

（8）硫化物：在酸性条件下，硫化物与过量的碘作用，剩余的碘用硫代硫酸钠溶液滴定。由硫代硫酸钠溶液的消耗量间接求出硫化物的含量。

（9）化学需氧量 COD：COD 越大，说明水体受有机物的污染越严重。在强酸性溶液中，一定量的重铬酸钾氧化水样中的还原性物质，用分光光度法检测消化显色后的溶液的吸光度，得出水样的 COD 值。

（10）总磷：在高温加热条件下使试样消解，将水样中所含磷全部氧化为正磷酸盐。在酸性介质中，正磷酸盐与试剂反应生成蓝色的配合物，通过测定其吸光度，即可得出水样中总磷的含量。

（11）溶解氧：测定方法见项目二。

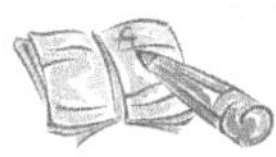

项目一　水的硬度的测定

学习目标

- 知识目标：能说明水的硬度的测定原理。
- 技能目标：会进行天平称量、滴定等操作。
- 素质目标：能严格按操作规程进行安全操作，真实记录；会分析实验结果；能与小组成员协调合作。

1. 知识要点

水的硬度原指沉淀肥皂的程度，使肥皂沉淀的原因主要是水中存在钙、镁离子，此外，铁、铝、锰、锶及锌也有同样作用。总硬度是将上述各离子的浓度相加进行计算的结果，结果虽然准确，但测定比较烦琐，而且在一般情况下，钙、镁离子以外的其他金属离子的浓度都很低，所以多采用乙二胺四乙酸二钠（EDTA）滴定法测定钙、镁离子的总量，并经过换算，以每升水中 $CaCO_3$ 的质量表示。

按钙、镁成盐形式的不同，含碳酸盐如 $Ca(HCO_3)_2$、$Mg(HCO_3)_2$，称为暂时硬度，含非碳酸盐如 $CaCl_2$、$MgCl_2$，称为永久硬度。碳酸盐硬度和非碳酸盐硬度，经长期烧煮后，都能形成锅垢，这样既浪费燃料，又易阻塞水管，严重时能引起锅炉爆炸。同时，硬水不宜作为酿造用水。

大型发酵企业用水量大，对水的质量要求高。如酒精生产的许多工序用水——湿法粉碎工艺浸泡玉米用水、干法玉米粉碎拌料用水、酵母菌扩培用水等，这些水直接参与发酵过程，此外换热器降温用水，成品、半成品冷却用水，粉浆罐、液化罐、糖化罐、蒸馏系统、DDGS 生产系统、玉米油生产系统等冲洗用水，这些水统称为工艺用水，其质量均需达到饮用水标准。

对于酿造用水，水的硬度有一样的规定，如白酒加浆用水的 Ca^{2+} 含量应控制在 45 mg/L 以下。

水的硬度一般用1°dH=10 mg (CaO)/L或7.18 mg (MgO)/L表示，即1 L水中含10 mg CaO或7.18 mg MgO为1°dH(德国标准)。按此标准，可将原水按硬度分类，如表3-20所示。

表3-20　水质类别

硬度值	水质类别	碱性离子浓度/[mmol/L(H_2O)]	硬度值	水质类别	碱性离子浓度/[mmol/L(H_2O)]
0～4.0	较软水	0～1.44	12.1～18.0	较硬水	4.33～6.48
4.1～8.0	软水	1.45～2.88	18.1～30.0	硬水	6.49～10.80
8.1～12.0	中硬水	2.89～4.32	≥31.0	极硬水	>10.81

硬水处理方法有离子交换树脂和电渗析法。钠型阳离子交换树脂可用10%～15% NaCl再生，反复使用。如用钠型阳离子交换树脂除去Ca^{2+}、Mg^{2+}，其制备原理如下：

$$RSO_3Na+\boxed{\begin{matrix}Ca^{2+}\\Mg^{2+}\end{matrix}}\longrightarrow\boxed{\begin{matrix}(RSO_3)_2Ca\\(RSO_3)_2Mg\end{matrix}}+Na^+$$

采用滴定法测定，其原理是EDTA(乙二胺四乙酸)的二钠盐可与水中钙、镁离子生成可溶性无色配合物，指示剂铬黑T(EBT)也能与钙离子、镁离子配位，生成酒红色配合物。但EDTA与钙离子、镁离子的配合物更稳定。当水样中加入蓝色的铬黑T后，生成铬黑T的钙、镁配合物，而使溶液呈酒红色。继续用EDTA滴定时，由于EDTA与钙、镁离子的配位能力强于铬黑T，故能将铬黑T钙、镁配合物中的钙、镁离子夺出来，进行配位，生成无色的EDTA钙、镁配合物，溶液从酒红色突变为蓝色，即为终点。

2. 分析方法

滴定法(GB/T 5750.4—2006)。

3. 仪器

酸式滴定管；容量瓶。

4. 试剂

(1) 0.01 mol/L乙二胺四乙酸二钠盐(EDTA)标准溶液：称取4 g $C_{10}H_{14}N_2O_8Na_2\cdot 2H_2O$(EDTA)于250 mL烧杯中，加热溶解，冷却后，用水定容至1000 mL，摇匀。

标定：准确称取0.1～0.2 g基准物$CaCO_3$于100 mL烧杯中，用少量水润湿，盖上表面皿，慢慢滴加HCl(1∶1)5～10 mL，加热溶解。然后将溶液定量转入250 mL容量瓶中，用水冲洗烧杯数次，一并转入容量瓶中，用水稀释至刻度，摇匀。移取25.00 mL上述溶液三份于250 mL锥形瓶中，加入20 mL pH=10的$NH_3\cdot H_2O$-NH_4Cl缓冲溶液，2～3滴铬黑T指示剂，用所配制的EDTA溶液滴定至溶液由紫红色变为蓝绿色即为终点，计算EDTA标准溶液的浓度及相对平均偏差。

(2) pH=10的$NH_3\cdot H_2O$-NH_4Cl缓冲溶液：称取16.9 g NH_4Cl，溶于143 mL浓氨水中，加Mg-EDTA配合物0.4 g，用水稀释至1 L。

(3) 10%(100 g/L)$NH_3\cdot H_2O$：量取40 mL浓氨水，用水稀释至100 mL。

(4) 1%铬黑T(EBT)指示剂：称取0.5 g EBT与1 g盐酸羟胺，溶于100 mL无水乙醇中(放于冰箱中保存,可稳定一个月)。

(5) Na_2S溶液(50 g/L):称取 5.0 g $Na_2S \cdot 9H_2O$ 或 3.7 g $Na_2S \cdot 5H_2O$,溶于 100 mL 水中,用于掩蔽少量的 Cu^{2+}。

(6) 三乙醇胺(1∶2):1 份三乙醇胺与 2 份水混合均匀,用于掩蔽少量的 Fe^{3+}、Al^{3+} 和 Mn^{2+}。

(7) 盐酸羟胺溶液(10 g/L):1 g 盐酸羟胺($NH_2OH \cdot HCl$)溶于 100 mL 水中,用于掩蔽少量的 Mn^{2+}。

5. 测定方法

1) 总硬度的测定

量取 50.00 mL 水样(硬度过高的水样,可取适量水样,用纯水稀释至 50 mL,硬度过低的水样可取 100 mL),置于 250 mL 锥形瓶中,加入 1～2 mL pH=10 的 $NH_3 \cdot H_2O$-NH_4Cl 缓冲溶液和 5 滴 1%铬黑 T 指示剂,用 0.01 mol/LEDTA 标准溶液滴定至溶液从紫红色转变为纯蓝色为止,同时做空白试验,记录消耗的 EDTA 标准溶液的体积。

2) 永久硬度的测定

量取 50.00 mL 水样,置于 250 mL 锥形瓶中,煮沸 10 min,用滤纸过滤,滤液用 250 mL 锥形瓶接收,用水充分洗涤滤纸,使滤液接近 50 mL,加入 1～2 mL pH=10 的 $NH_3 \cdot H_2O$-NH_4Cl 缓冲溶液和 5 滴 1%铬黑 T 指示剂,用 0.01 mol/LEDTA 标准溶液滴定至溶液从紫红色转变为纯蓝色为止,同时做空白试验,记录消耗的 EDTA 标准溶液的体积。

6. 结果计算

$$\rho_{CaCO_3} = \frac{(V_1 - V_0) \times c \times 100.09 \times 1000}{V} \tag{3-38}$$

式中:ρ_{CaCO_3}——总硬度(以 $CaCO_3$ 计),mg/L;

V_0——空白滴定所消耗 EDTA 标准溶液的体积,mL;

V_1——样品滴定时消耗 EDTA 标准溶液的体积,mL;

c——EDTA 标准溶液的浓度,mol/L;

V——水样体积,mL;

100.09——与 1.00 mL 1.000 mol/L EDTA 标准溶液相当的 $CaCO_3$ 的质量,mg。

永久硬度的计算方法同总硬度。暂时硬度=总硬度-永久硬度。

7. 说明

(1) 铬黑 T 指示剂易被空气氧化而失效,故配制时加入还原剂(如盐酸羟胺)可延长使用期限。若采用固体指示剂可长期保存。固体指示剂的配制方法:称取 0.5 g 铬黑 T,加 100 g NaCl,研磨均匀,置于干燥洁净的试剂瓶中,密封保存,用时加一小匙(但每次加入量应保持一致,有利于判断颜色)。

(2) 由于 EBT 与 Mg^{2+} 显色灵敏度高,与 Ca^{2+} 显色灵敏度低,故当水中 Mg^{2+} 含量较低时,使用 EBT 作指示剂往往得不到敏锐的终点。这时可在 EDTA 标定之前加入适量 Mg^{2+}(计量),或在缓冲溶液中加入一些 Mg-EDTA 配合物,利用置换滴定原理来提高终点变色的敏锐性。

(3) 若水样中含有金属干扰离子,会使滴定终点延迟或颜色变暗,可选用掩蔽方法消除。可另取水样,加入 0.5 mL 10 g/L 盐酸羟胺溶液,及 1 mL 50 g/L Na_2S 溶液或 KCN 溶液再行滴定。

(4) 水样中钙、镁的重碳酸盐含量较大时,要预先酸化水样,并加热除去 CO_2,以防碱化后生成碳酸盐沉淀,影响滴定时反应的进行。

(5) 水样中含悬浮性或胶体有机物可影响终点的观察。可预先将水样蒸干并于 550 ℃灰化,用纯水溶解残渣后再行滴定。

(6) Mn^{2+} 在水中浓度高于 1 mg/L 时,在碱性溶液中易氧化为 Mn^{6+},使铬黑 T 指示剂变成灰白色或混浊的玫瑰色。在水样中加入 0.5～2.5 mL 10 g/L 盐酸羟胺溶液,将 Mn^{6+} 还原为无色的 Mn^{2+},以消除干扰。

(7) 配位滴定反应进行较慢,滴定速度不宜太快,临近终点时,更应缓慢滴定并充分摇匀。滴定反应在 30～40 ℃进行较好,如室温太低,可将溶液稍微加热。

(8) 利用电导率仪测定水的电导率,也可以了解水的硬度情况。水的电导率越低,即水的导电能力越弱,表示水中阴离子和阳离子数目越少,水的纯度越高。表 3-21 列出了 25 ℃不同水的电导率。

表 3-21　25 ℃不同水的电导率

水的类型	电导率/(S/cm)	水的类型	电导率/(S/cm)
自来水	5.3×10^{-4}	电渗析水	1.0×10^{-5}
一次蒸馏水(玻璃)	2.9×10^{-6}	复床离子交换水	4.0×10^{-6}
三次蒸馏水(石英)	6.7×10^{-7}	混床离子交换水	8.0×10^{-8}

项目二　水的溶解氧的测定

学习目标

- 知识目标:能说明氧化还原滴定、标准溶液配制及标定的方法及原理。
- 技能目标:会进行碘量法滴定的基本操作及标准溶液的配制。
- 素质目标:能严格按操作规程进行安全操作,真实记录;会分析实验结果;能与小组成员协调合作。

1. 知识要点

溶解氧(DO)是指溶解于水中的氧的含量,它以每升水中氧气的质量(mg)表示。溶解氧以分子状态存在于水中。水中溶解氧量是水质的重要指标之一,也是水体净化的重要因素之一。溶解氧高有利于对水体中各类污染物的降解,从而使水体较快得以净化;反之,溶解氧低,水体中污染物降解较缓慢。

水中的溶解氧主要来源于两方面:一方面是水体中溶解氧小于其溶解度时,大气中的氧溶入水体，是水体中氧的主要来源；另一方面是水生植物通过光合作用向水中放出氧。水中溶解氧的含量与大气压力、水温及含盐量等因素有关。

测定水中的溶解氧量可以判断水体是否受到污染。

碘量法测定水中溶解氧是基于溶解氧的氧化性能。当水样中加入硫酸锰和碱性 KI 溶液时，立即生成 $Mn(OH)_2$ 沉淀。$Mn(OH)_2$ 极不稳定，迅速被水中溶解氧氧化成高价锰，生成四价锰的氢氧化物棕色沉淀。加入硫酸酸化后，氢氧化物棕色沉淀溶解形成可溶性四价锰 $Mn(SO_4)_2$，$Mn(SO_4)_2$ 将 KI 氧化并释放出与溶解氧量相当的游离碘。以淀粉作指示剂，用硫代硫酸钠标准溶液滴定，可计算出溶解氧的含量。

$MnSO_4 + 2NaOH = Mn(OH)_2\downarrow$（白色）$+ Na_2SO_4$

$2Mn(OH)_2 + O_2 = 2MnO(OH)_2\downarrow$（棕色）

$MnO(OH)_2 + Mn(OH)_2 = MnMnO_3 + 2H_2O$

$MnMnO_3 + 3H_2SO_4 + 2KI = 2MnSO_4 + I_2 + K_2SO_4 + 3H_2O$

$I_2 + 2Na_2S_2O_3 = 2NaI + Na_2S_4O_6$

从反应式可推算出：$O_2 \sim 2Mn(OH)_2 \sim MnMnO_3 \sim 2I_2 \sim 4Na_2S_2O_3$

1 mol O_2 和 4 mol $Na_2S_2O_3$ 相当，因此用硫代硫酸钠的物质的量乘氧的物质的量除以 4 可得到氧的质量(mg)，再乘 1000 可得每升水样所含氧的质量(mg)。

此法适用于含少量还原性物质及硝酸氮低于 0.1 mg/L、铁不大于 1 mg/L、较为清洁的水样。

2. 分析方法

碘量法。

3. 仪器

溶解氧瓶(250 mL)；锥形瓶(250 mL)；酸式滴定管(25 mL)；移液管(50 mL)；洗耳球。

4. 试剂

(1) 硫酸锰溶液：称取 480 g $MnSO_4 \cdot 4H_2O$，溶于蒸馏水中，过滤后稀释至 1 L。(此溶液在酸性时，加入 KI 后，遇淀粉不变色。)

(2) 碱性 KI 溶液：称取 500 g NaOH，溶于 300～400 mL 蒸馏水中，称取 150 g KI，溶于 200 mL 蒸馏水中，待 NaOH 溶液冷却后将两种溶液合并，混匀，用蒸馏水稀释至 1 L。若有沉淀，则放置过夜后，倾出上层清液，贮于塑料瓶中，用黑纸包裹避光保存。

(3) 硫酸溶液(1∶5)。

(4) 浓硫酸(相对密度为 1.84)。

(5) 1%淀粉溶液：称取 1 g 可溶性淀粉，用少量水调成糊状，再用刚煮沸的水冲稀至 100 mL。冷却后，加入 0.1 g 水杨酸或 0.4 g 氯化锌防腐。

(6) 0.02500 mol/L($1/6K_2Cr_2O_7$)重铬酸钾标准溶液：称取于 105～110 ℃烘干 2 h 并冷却的 $K_2Cr_2O_7$ 0.3064 g，溶于水，移入 250 mL 容量瓶中，用水稀释至标线，摇匀。

(7) 0.025 mol/L 硫代硫酸钠溶液：称取 6.2 g 硫代硫酸钠($Na_2S_2O_3 \cdot 5H_2O$)，溶于煮沸放冷的水中，加入 0.2 g 碳酸钠，用水稀释至 1000 mL。贮于棕色瓶中，使用前用 0.02500 mol/L 重铬酸钾标准溶液标定。标定方法见本章模块七。

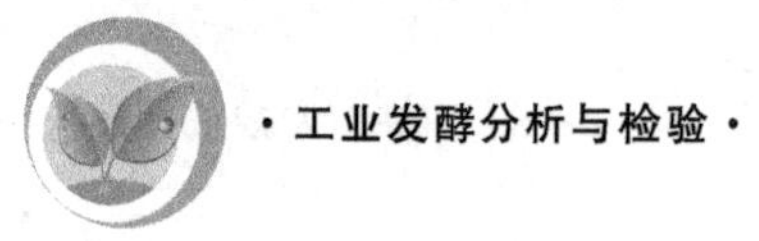

5. 测定方法

1）取样

取自来水样，将水龙头接一段乳胶管。打开水龙头，放水 10 min，冲洗溶解氧瓶，再将乳胶管插入溶解氧瓶底部，收集水样，直至水样从瓶口溢流 10 min 左右。取样时应注意水的流速不应过大，严禁产生气泡。若为其他水样，应在水样采集后，用虹吸法转移到溶解氧瓶内，同样要求水样从瓶口溢流。

2）溶解氧的固定

将移液管插入液面下，依次加入 1 mL 硫酸锰溶液及 2 mL 碱性 KI 溶液，盖好瓶塞，勿使瓶内有气泡，颠倒混合 15 次，静置。待棕色絮状沉淀降到一半时，再颠倒几次，最后让沉淀物下降到瓶底。一般在取样现场固定。

3）析出碘

分析时轻轻打开瓶塞，立即将吸管插入液面下，加入 1.5～2.0 mL 浓硫酸，小心盖好瓶塞，颠倒混合并摇匀至沉淀物全部溶解为止。若溶解不完全，可继续加入少量浓硫酸，但此时不可溢流出溶液。然后放置于暗处 5 min。

4）样品的测定

吸取 100.00 mL 上述溶液，注入 250 mL 锥形瓶中，用 0.025 mol/L 硫代硫酸钠标准溶液滴定到溶液呈微黄色，加入 1 mL 淀粉溶液，继续滴定至蓝色恰好褪去，记录硫代硫酸钠标准溶液的用量。

6. 结果计算

$$\text{溶解氧量(mg/L)} = \frac{c \times V \times 8 \times 1000}{100} \tag{3-39}$$

式中：c——硫代硫酸钠标准溶液的浓度，mol/L；

V——滴定时消耗硫代硫酸钠标准溶液的体积，mL；

8——$\frac{1}{4}O_2$ 的摩尔质量，g/mol；

100——水样体积，mL。

7. 说明

(1) 水样呈强酸或强碱性时，可用氢氧化钾或盐酸调至中性后测定。

(2) 水样中游离氯大于 0.1 mg/L 时，应加入硫代硫酸钠除去，方法如下：将 250 mL 碘量瓶装满水样，加入 5 mL 硫酸溶液(1∶5)和 1 g 碘化钾，摇匀，此时应有碘析出，吸取 100.0 mL 该溶液于另一个 250 mL 碘量瓶中，用硫代硫酸钠标准溶液滴定至浅黄色，加入 1%淀粉溶液 1.0 mL，再滴定至蓝色刚好消失。根据计算得到氯离子浓度，向待测水样中加入一定量的硫代硫酸钠溶液，以消除游离氯的影响。

(3) 水样采集后，应加入硫酸锰和碱性碘化钾溶液以固定溶解氧，当水样含有藻类、悬浮物、氧化还原性物质时，必须进行预处理。

思考题

1. 发酵产品中水分的测定方法有哪些？特点如何？

2. 测定发酵用水的硬度时，为什么常加入少量 Mg-EDTA？它对测定有无影响？如加 Zn-EDTA 行不行？

3. 水中溶解氧的来源主要有哪些？

4. 试用测得的结果对水质的污染程度进行判断。

模块九　固形物的分析

样品固形物是反映样品中干物质的一种指标，对于食品，固形物都有一定的标准，固形物含量的高低对食品影响很大。如白酒固形物超标，在白酒生产、贮存及销售过程中，往往会出现失光、混浊和沉淀现象，对产品感官质量影响甚大，同时也严重地影响产品的内在质量。对番茄等果蔬，可溶性固形物含量越高，则风味越佳，营养价值也越高。

项目一　白酒中固形物的测定

学习目标

- 知识目标：学习常温干燥法的测定总固形物的原理。
- 技能目标：会熟练运用干燥箱测定可溶性固形物的含量。
- 素质目标：能严格按操作规程进行安全操作，真实记录；会分析实验结果；学会分析、判断、解决问题，在学与做的过程中锻炼与他人交往、合作的能力。

1. 知识要点

总固形物是食品行业的一个技术指标，反映食品的可溶性固形物和不可溶性固形物的含量。理论上等同于干物质指标。

总固形物可用干燥法测定。

2. 分析方法

干燥法。

3. 仪器

分析天平；干燥器；鼓风干燥箱；平底皿；电热恒温水浴锅；平头玻璃棒。

4. 试剂

(1) 市售海沙或石英沙：规格在 200～250 μm，沙粒必须相继用 6 mol/L 浓盐酸和蒸馏水冲洗，干燥。如系自行加工处理的沙粒，应用 6 mol/L 盐酸煮沸，再用蒸馏水冲洗，干燥后过筛。

(2) 6 mol/L 盐酸：取 36%的盐酸 540 mL，加水稀释成 1000 mL，摇匀。

5. 测定方法

1) 试样的制备

将采取的样品置于室温下的称量皿中，充分搅拌混匀，但用力不能过大，以免溅出。盖好盖子。如果样品很稠厚，可用水浴器加温至30～40 ℃，以促进混合，然后将样品冷至室温。

2) 海沙干燥

称取25 g制备好的海沙，放入平底皿中，平头玻璃棒搁在皿盖上。将装有海沙的皿、皿盖和玻璃棒放入温度控制在(102±2) ℃的干燥箱内，约烘2.5 h后取出，移入干燥器内，冷却至室温，然后称重，直至恒重。

3) 试料称取

使皿内的海沙均匀移向四周，使皿中留出空余部位。将制备的试样5～10 g放入空余部位，盖上皿盖，连同玻璃棒一起称重，精确至0.0001 g。

4) 测定

用玻璃棒把试样与皿内沙粒混匀，棒的搅拌一端放在混合物内，另一端靠在皿边。将皿连同皿盖、玻璃棒一起放入(102±2) ℃的干燥箱内，约烘2.5 h。盖好皿盖，从干燥箱内取出，迅速放入干燥器内。待其冷却至室温后取出，称重。

重复加热1 h，冷却至室温并称重至恒重。

6. 结果计算

$$X=\frac{m_2-m_0}{m_1-m_0}\times 100\% \tag{3-40}$$

式中：X——样品中总固形物的含量，%；

m_0——装有海沙的平底皿、皿盖和玻璃棒的总质量，g；

m_1——装有海沙和试样的平底皿、皿盖和玻璃棒的总质量，g；

m_2——烘过并恒重后的平底皿、海沙、残留物及皿盖和玻璃棒的总质量，g。

7. 说明

(1) 平行测定的结果用算术平均值表示，所得结果应保持至一位小数。

(2) 组织均匀的样品两次平行测定的结果相差不得超过0.2%，组织不均匀的样品不得超过0.4%。

项目二　可溶性固形物分析

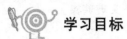

学习目标

- 知识目标：学习阿贝折光仪的测定原理。
- 技能目标：会熟练运用阿贝折光仪测定可溶性固形物的含量。
- 素质目标：能严格按操作规程进行安全操作，真实记录；会分析实验结果；学会分析、判断、解决问题，在学与做的过程中锻炼与他人交往、合作的能力。

1. 知识要点

可溶性固形物是指液体或流体食品中所有溶解于水的化合物的总称,包括蛋白质、糖、酸、维生素、矿物质及各种添加剂等,是影响风味的重要指标。酱油中可溶性固形物一般要求如下:特级、一级、二级、三级分别为≥20 g/(100 mL)、≥18 g/(100 mL)、≥15 g/(100 mL)、≥10 g/(100 mL)。

可溶性固形物是针对软饮料设置的一个常规检测项目,目的就在于控制其中的含糖量,许多劣质的风味饮料常常使用甜味剂来替代白砂糖以满足口感,则"可溶性固形物"这个指标会非常低。

在 20 ℃用阿贝折光仪测量试验溶液的折光率,并用折光率与可溶性固形物含量的换算表查出或从折光计上直接读出可溶性固形物的含量。

2. 分析方法

折光仪法(GB/T 12143.1—2000)。

3. 仪器

阿贝折光仪、组织捣碎器及实验室常用仪器。

4. 测定方法

1) 测试溶液的制备

(1) 透明的液体制品:将实验室样品充分混匀,用此液直接测定。

(2) 非黏稠制品(果浆、菜浆制品):将实验室样品充分混匀,用四层纱布挤出部分滤液,取剩余的滤液用于测定。

(3) 黏稠制品(果酱等):称取适当量(40 g 以下,精确到 0.01 g)的实验室样品到已称重的烧杯中,加 100~150 mL 蒸馏水,加热至沸,用玻璃棒搅拌,并用小火煮沸 2~3 min,冷却并充分混匀。20 min 后称重,精确到 0.01 g,然后用布氏漏斗过滤到干燥容器里,留滤液供测定用。

(4) 固相和液相分开的制品:按固、液相的比例,取一部分实验室样品,然后用组织捣碎器捣碎。按(2)所示进行。

2) 测定

(1) 折光仪在测定前按说明书进行校正。

(2) 分开折光仪的两面棱镜,以脱脂棉蘸乙醚或酒精擦净。

(3) 用末端熔圆的玻璃棒蘸取均匀试样汁液 2~3 滴,仔细滴于折光仪棱镜平面的中央(注意勿使玻璃棒触及棱镜)。

(4) 迅速闭合上、下两棱镜,静置 1 min,要求液体均匀、无气泡并充满视野。

(5) 对准光源,由目镜观察,调节指示规,使视野分成明、暗两部分。再旋动微调螺旋,使两部分界限明晰,其分界线恰在接物镜的十字交叉点上。

(6) 如折光仪读数标尺刻度为百分数,即可溶性固形物的含量按可溶性固形物对温度校正表(见表 3-22)换算成 20 ℃时标准的可溶性固形物含量。

(7) 若采用的折光仪不带有可溶性固形物百分数刻度,折光仪读数标尺刻度为折光率,仪器校准和样液测定时,折光率的温度校正及换算为可溶性固形物含量的方法如下。

表 3-22 可溶性固形物对温度校正表

温度/℃	可溶性固形物含量/(%)														
	0	5	10	15	20	25	30	35	40	45	50	55	60	65	70
	应减去之校正值														
10	0.50	0.54	0.58	0.61	0.64	0.66	0.68	0.70	0.72	0.73	0.74	0.75	0.76	0.78	0.79
11	0.46	0.49	0.53	0.55	0.58	0.60	0.62	0.64	0.65	0.66	0.67	0.68	0.69	0.70	0.71
12	0.42	0.45	0.48	0.50	0.52	0.54	0.56	0.57	0.58	0.59	0.60	0.61	0.61	0.63	0.63
13	0.37	0.40	0.42	0.44	0.46	0.48	0.49	0.50	0.51	0.52	0.53	0.54	0.54	0.55	0.55
14	0.33	0.35	0.37	0.39	0.40	0.41	0.42	0.43	0.44	0.45	0.45	0.46	0.46	0.47	0.48
15	0.27	0.29	0.31	0.33	0.34	0.34	0.35	0.36	0.37	0.37	0.38	0.39	0.39	0.40	0.40
16	0.22	0.24	0.25	0.26	0.27	0.28	0.28	0.29	0.30	0.30	0.30	0.31	0.31	0.32	0.32
17	0.17	0.18	0.19	0.20	0.21	0.21	0.21	0.22	0.22	0.23	0.23	0.23	0.23	0.24	0.24
18	0.12	0.13	0.13	0.14	0.14	0.14	0.14	0.15	0.15	0.15	0.15	0.16	0.16	0.16	0.16
19	0.06	0.06	0.06	0.07	0.07	0.07	0.07	0.08	0.08	0.08	0.08	0.08	0.08	0.08	0.08
	应加入之校正值														
21	0.06	0.07	0.07	0.07	0.07	0.08	0.08	0.08	0.08	0.08	0.08	0.08	0.08	0.08	0.08
22	0.13	0.13	0.14	0.14	0.15	0.15	0.15	0.15	0.15	0.16	0.16	0.16	0.16	0.16	0.16
23	0.19	0.20	0.21	0.22	0.22	0.23	0.23	0.23	0.23	0.24	0.24	0.24	0.24	0.24	0.24
24	0.26	0.27	0.28	0.29	0.30	0.30	0.31	0.31	0.31	0.31	0.31	0.32	0.32	0.32	0.32
25	0.33	0.35	0.36	0.37	0.38	0.38	0.39	0.40	0.40	0.40	0.40	0.40	0.40	0.40	0.40
26	0.40	0.42	0.43	0.44	0.45	0.46	0.47	0.48	0.48	0.48	0.48	0.48	0.48	0.48	0.48
27	0.48	0.50	0.52	0.53	0.54	0.55	0.55	0.56	0.56	0.56	0.56	0.56	0.56	0.56	0.56
28	0.56	0.57	0.60	0.61	0.62	0.63	0.63	0.63	0.64	0.64	0.64	0.64	0.64	0.64	0.64
29	0.64	0.66	0.68	0.69	0.71	0.72	0.72	0.73	0.73	0.73	0.73	0.73	0.73	0.73	0.73
30	0.72	0.74	0.77	0.78	0.79	0.80	0.80	0.81	0.81	0.81	0.81	0.81	0.81	0.81	0.81

首先用蒸馏水校准折光仪读数，在 20 ℃时，折光率调至 1.3330。温度在 15～25 ℃时，按表 3-23 中的折光率进行校准。

再根据在 20 ℃时检测的样液折光率读数，按折光率与可溶性固形物换算表(见表 3-24)查得样品中可溶性固形物的含量。

若测定时温度不为 20 ℃，需按下式先校正为 20 ℃时的折光率 n_{20}。

$$n_{20} = n + 0.00013(t - 20) \tag{3-41}$$

式中：n——温度为 t 时的折光率；

t——测定时的温度，℃。

表 3-23 纯水的折光率

温度/℃	折光率	温度/℃	折光率
15	1.33339	21	1.33290
16	1.33332	22	1.33281
17	1.33324	23	1.33272
18	1.33316	24	1.33263
19	1.33307	25	1.33253
20	1.332993	—	—

表 3-24 20 ℃折光率与可溶性固形物换算表

折光率	可溶性固形物/(%)	折光率	可溶性固形物/(%)	折光率	可溶性固形物/(%)	折光率	可溶性固形物/(%)	折光率	可溶性固形物/(%)	折光率	可溶性固形物/(%)
1.3330	0.0	1.3549	14.5	1.3793	29.0	1.4066	43.5	1.4373	58.0	1.4713	72.5
1.3337	0.5	1.3557	15.0	1.3802	29.5	1.4076	44.0	1.4385	58.5	1.4725	73.0
1.3344	1.0	1.3565	15.5	1.3811	30.0	1.4086	44.5	1.4396	59.0	1.4737	73.5
1.3351	1.5	1.3573	16.0	1.3820	30.5	1.4096	45.0	1.4407	59.5	1.4749	74.0
1.3359	2.0	1.3582	16.5	1.3829	31.0	1.4107	45.5	1.4418	60.0	1.4762	74.5
1.3367	2.5	1.3590	17.0	1.3838	31.5	1.4117	46.0	1.4429	60.5	1.4774	75.0
1.3373	3.0	1.3598	17.5	1.3847	32.0	1.4127	46.5	1.4441	61.0	1.4787	75.5
1.3381	3.5	1.3606	18.0	1.3856	32.5	1.4137	47.0	1.4453	61.5	1.4799	76.0
1.3388	4.0	1.3614	18.5	1.3865	33.0	1.4147	47.5	1.4464	62.0	1.4812	76.5
1.3395	4.5	1.3622	19.0	1.3874	33.5	1.4158	48.0	1.4475	62.5	1.4825	77.0
1.3403	5.0	1.3631	19.5	1.3883	34.0	1.4169	48.5	1.4486	63.0	1.4838	77.5
1.3411	5.5	1.3639	20.0	1.3893	34.5	1.4179	49.0	1.4497	63.5	1.4850	78.0
1.3418	6.0	1.3647	20.5	1.3902	35.0	1.4189	49.5	1.4509	64.0	1.4863	78.5
1.3425	6.5	1.3655	21.0	1.3911	35.5	1.4200	50.0	1.4521	64.5	1.4876	79.0
1.3433	7.0	1.3663	21.5	1.3920	36.0	1.4211	50.5	1.4532	65.0	1.4888	79.5
1.3441	7.5	1.3672	22.0	1.3929	36.5	1.4221	51.0	1.4544	65.5	1.4901	80.0
1.3448	8.0	1.3681	22.5	1.3939	37.0	1.4231	51.5	1.4555	66.0	1.4914	80.5
1.3456	8.5	1.3689	23.0	1.3949	37.5	1.4242	52.0	1.4570	66.5	1.4927	81.0
1.3464	9.0	1.3698	23.5	1.3958	38.0	1.4253	52.5	1.4581	67.0	1.4941	81.5
1.3471	9.5	1.3706	24.0	1.3968	38.5	1.4264	53.0	1.4593	67.5	1.4954	82.0
1.3479	10.0	1.3715	24.5	1.3978	39.0	1.4275	53.5	1.4605	68.0	1.4967	82.5
1.3487	10.5	1.3723	25.0	1.3987	39.5	1.4285	54.0	1.4616	68.5	1.4980	83.0
1.3494	11.0	1.3731	25.5	1.3997	40.0	1.4296	54.5	1.4628	69.0	1.4993	83.5
1.3502	11.5	1.3740	26.0	1.4007	40.5	1.4307	55.0	1.4639	69.5	1.5007	84.0
1.3510	12.0	1.3749	26.5	1.4016	41.0	1.4318	55.5	1.4651	70.0	1.5020	84.5
1.3518	12.5	1.3758	27.0	1.4026	41.5	1.4329	56.0	1.4663	70.5	1.5033	85.0
1.3526	13.0	1.3767	27.5	1.4036	42.0	1.4340	56.5	1.4676	71.0		
1.3533	13.5	1.3775	28.0	1.4046	42.5	1.4351	57.0	1.4688	71.5		
1.3541	14.0	1.3781	28.5	1.4056	43.0	1.4362	57.5	1.4700	72.0		

5. 结果计算

(1) 如果是不经稀释的液体或半黏稠制品，可溶性固形物含量与折光仪上所读得的数相等。

(2) 如果是经稀释的黏稠制品，则可溶性固形物含量(X)按下式计算：

$$X=\frac{D\times m_1}{m_0}\times 100\% \tag{3-42}$$

式中：X——可溶性固形物含量，%；

D——稀释溶液里可溶性固形物的含量，%；

m_0——稀释前的样品质量，g；

m_1——稀释后的样品质量，g。

6. 说明

(1) 本方法尤其适用于黏稠制品、含悬浮物质的制品以及重糖制品。如果此制品中含有其他溶解性的物质，则此测定结果仅是近似值。然而，为了方便起见，用此方法测得的结果习惯上可以认为是可溶性固形物的含量。

(2) 同一个试验样品进行两次测定，如果测定的重现性能满足要求，则取两次测定的算术平均值作为结果。

(3) 由同一个分析者紧接着进行两次测定的结果之差，应不超过0.5%。

(4) 用折光仪法测定的可溶性固形物含量，在规定的制备条件和温度下，水溶液中蔗糖的浓度和所分析的样品有相同的折光率，此浓度以质量分数表示。

(5) 测定时温度最好控制在20 ℃左右观测，尽可能缩小校正范围。

项目三　黄酒中非糖固形物分析

学习目标

- 知识目标：学习黄酒中非糖固形物的分析方法。
- 技能目标：会熟练运用重量法测黄酒中非糖固形物。
- 素质目标：能严格按操作规程进行安全操作，真实记录；会分析实验结果；学会分析、判断、解决问题，在学与做的过程中锻炼与他人交往、合作的能力。

1. 知识要点

黄酒是我国最古老的饮料酒，其色泽浅黄或红褐，质地醇厚，口味香甜甘冽，回味绵长，浓郁芳香，而酒精含量仅为15%～16%。“非糖固形物”中含有糊精、蛋白质及其分解物、甘油、不挥发酸、灰分等物质，是酒味的重要组成部分。同一类型的黄酒中，非糖固形物越高，黄酒的品质越好，口味越佳。

试样经100～105 ℃加热，其中的水分、乙醇等可挥发性物质被蒸发，剩余的残留物即为总固形物，总固形物减去总糖，即为非糖固形物。

2. 分析方法

重量法(GB/T 13662—2008)。

3. 仪器

分析天平(感量为 0.0001 g);电热恒温干燥箱;烧杯;蒸发皿(或称量瓶);干燥器。

4. 测定方法

吸取试样 5 mL(干、半干黄酒直接取样,半甜黄酒稀释 1～2 倍后取样,甜黄酒稀释 2～6 倍后取样),置于已干燥至恒重的蒸发皿(或直径为 50 mm、高 30 mm 的称量瓶)中,放入(103±2) ℃电热恒温干燥箱中烘 4 h,取出称量。

5. 结果计算

试样中总固形物含量:

$$X_1 = \frac{(m_1 - m_2) \times n}{V} \times 1000 \tag{3-43}$$

式中:X_1——试样中总固形物的含量,g/L;

m_1——蒸发皿(或称量瓶)和试样烘干至恒重的质量,g;

m_2——蒸发皿(或称量瓶)烘干至恒重的质量,g;

n——试样稀释倍数;

V——吸取试样的体积,mL。

试样中非糖固形物含量:

$$X = X_1 - X_2 \tag{3-44}$$

式中:X——试样中非糖固形物的含量,g/L;

X_1——试样中总固形物的含量,g/L;

X_2——试样中总糖的含量,g/L。

6. 说明

(1) 本方法适用于测定黄酒中非糖固形物的含量。

(2) 样品稀释倍数要依据黄酒的甜度确定。

思考题

1. 在实验室是如何利用阿贝折光仪测定可溶性固形物的含量的?
2. 可溶性固形物测定的意义是什么?
3. 黄酒中非糖固形物的测定原理是什么?
4. 查阅文献,设计酱油中可溶性固形物的测定方法。

模块十 金属含量的分析

铅、汞等几种重金属被公认为对人体有毒的元素。若人一次性食用含有大量有毒有害元素的食品,就可能发生急性中毒,产生明显的中毒症状,严重的可引起死亡。若长期食用被重元素污染的食物,这些有害元素就会聚集在人体的某些部位或器官内,破坏器官的正常功能,损害人体的健康。发酵工业样品中重金属的主要来源如下:样品加工、贮存、运输过程中造成的重金属污染;原料生产中使用过含重金属的农药;工业“三废”的排放,造成环境污染,进而直接或间接污染样品。因而在发酵工业中必须检测重金属的含量。

葡萄酒中含有的少量金属元素(如铁、铜等)对人体是有益的。但若含量超过一定限度,就会对人体的健康造成严重的影响。

项目一　样品中铅的含量的测定

学习目标

- 知识目标:能解释几种测定方法的原理。
- 技能目标:会熟练操作原子吸收分光光度计,能运用比色法测定食品中铅的含量。
- 素质目标:能严格按操作规程进行安全操作,真实记录;会分析实验结果,学会分析、判断、解决问题,在学与做的过程中锻炼与他人交往、合作的能力。

一、原子吸收光谱法(GB/T 5009.12—2010)

1. 知识要点

铅是一种蓄积性的毒物,对人体各组织都有毒性作用,主要损害神经系统、造血系统、消化系统和肾脏,还损害人体的免疫系统,使机体抵抗力下降。

试样经灰化或酸消解后,注入原子吸收分光光度计石墨炉中,电热原子化后吸收283.3 nm共振线,在一定浓度范围,其吸光度与铅含量成正比,与标准系列比较定量。

2. 仪器

(1) 原子吸收分光光度计,附石墨炉及铅空心阴极灯。

(2) 马弗炉。

(3) 天平:感量为1 mg。

(4) 恒温干燥箱。

(5) 瓷坩埚。

(6) 压力消解器、压力消解罐或压力溶弹。

(7) 可调式电热板、可调式电炉。

3. 试剂

除非另有规定,本方法所使用试剂均为分析纯,水为一级水。

(1) 硝酸:优级纯。

(2) 过硫酸铵。

(3) 过氧化氢溶液(30%)。

(4) 高氯酸:优级纯。

(5) 硝酸(1:1):取50 mL硝酸,慢慢加入50 mL水中。

(6) 硝酸(0.5 mol/L):取3.2 mL硝酸,加入50 mL水中,稀释至100 mL。

(7) 硝酸(1 mol/L):取6.4 mL硝酸,加入50 mL水中,稀释至100 mL。

(8) 磷酸二氢铵溶液(20 g/L):称取 2.0 g 磷酸二氢铵,以水溶解并稀释至 100 mL。

(9) 混合酸[硝酸-高氯酸(9∶1)]:取 9 份硝酸与 1 份高氯酸混合。

(10) 铅标准贮备液:准确称取 1.000 g 金属铅(99.99%),分次加少量硝酸(1∶1),加热溶解,总量不超过 37 mL,移入 1000 mL 容量瓶,加水至刻度。混匀。此溶液每毫升含 1.0 mg 铅。

(11) 铅标准使用液:每次吸取铅标准贮备液 1.0 mL 于 100 mL 容量瓶中,加 0.5 mol/L 硝酸至刻度,如此经多次稀释成每毫升含 10.0 ng、20.0 ng、40.0 ng、60.0 ng、80.0 ng的铅标准使用液。

4. 测定方法

1) 样品预处理

在采样和制备过程中,应注意不让样品受到污染。

(1) 粮食、豆类等水分含量低的食品去杂物后,磨碎,过 20 目筛,贮于塑料瓶中,保存备用。

(2) 蔬菜、水果、鱼类、肉类及蛋类等水分含量较高的鲜样,用食品加工机或匀浆机打成匀浆,贮于塑料瓶中,保存备用。

2) 试样消解(可根据实验室条件选用以下任何一种方法消解)

(1) 压力消解罐消解法:称取 1～2 g 试样(精确到 0.001 g,干样、含脂肪高的试样少于 1 g,鲜样少于 2 g 或按压力消解罐使用说明书称取试样)于聚四氟乙烯塑料内罐中,加硝酸(优级纯)2～4 mL 浸泡过夜。再加 30%的过氧化氢溶液 2～3 mL(总量不能超过罐容积的 1/3)。盖好内盖,旋紧不锈钢外套,放入恒温干燥箱,120～140 ℃保持 3～4 h,在箱内自然冷却至室温,用滴管将消化液洗入或过滤入(视消化后试样的盐分而定)10～25 mL 容量瓶中,用水少量多次洗涤罐,洗液合并于容量瓶中并定容至刻度,混匀备用。同时做试剂空白。

(2) 干法灰化:称取 1～5 g 试样(精确到 0.001 g,根据铅含量而定)于瓷坩埚中,先小火在可调式电热板上炭化至无烟,移入马弗炉(500±25) ℃灰化 6～8 h,冷却。若个别试样灰化不彻底,则加 1 mL 混合酸在可调式电炉上小火加热,反复多次直到消化完全,放冷,用 0.5 mol/L 的硝酸将灰分溶解,用滴管将试样消化液洗入或过滤入(视消化后试样的盐分而定)10～25 mL 容量瓶中,用水少量多次洗涤瓷坩埚,洗液合并于容量瓶中并定容至刻度,混匀备用。同时做试剂空白。

(3) 过硫酸铵灰化法:称取 1～5 g 试样(精确到 0.001 g)于瓷坩埚中,加 2～4 mL 硝酸(优级纯),浸泡 1 h 以上,先小火炭化,冷却后加 2.00～3.00 g 过硫酸铵固体盖于上面,继续炭化至不冒烟,转入马弗炉,(500±25) ℃恒温 2 h,再升至 800 ℃,保持 20 min,冷却,加 2～3 mL 1 mol/L 的硝酸,用滴管将试样消化液洗入或过滤入(视消化后试样的盐分而定)10～25 mL 容量瓶中,用水少量多次洗涤瓷坩埚,洗液合并于容量瓶中并定容至刻度,混匀备用。同时做试剂空白。

(4) 湿式消解法:称取试样 1～5 g(精确到 0.001 g)于锥形瓶或高脚烧杯中,放数粒玻璃珠,加 10 mL 混合酸,加盖浸泡过夜,加一小漏斗于电炉上消解,若变棕黑色,再加混合酸,直至冒白烟,消化液呈无色透明或略带黄色,放冷,用滴管将试样消化液洗入或过滤

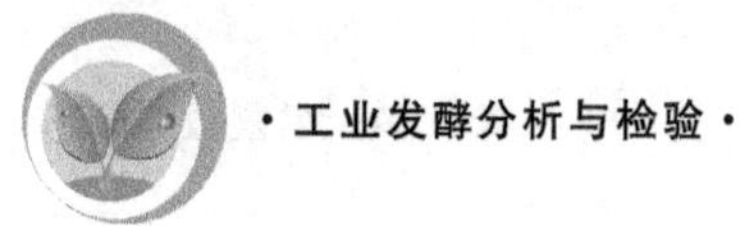

入(视消化后试样的盐分而定)10～25 mL容量瓶中,用水少量多次洗涤锥形瓶或高脚烧杯,洗液合并于容量瓶中并定容至刻度,混匀备用。同时做试剂空白。

3) 测定

(1) 仪器条件:根据各自仪器性能调至最佳状态。参考条件为波长283.3 nm,狭缝0.2～1.0 nm,灯电流5～7 mA,干燥温度120 ℃,持续20 s,灰化温度450 ℃,持续15～20 s,原子化温度1700～2300 ℃,持续4～5 s,背景校正为氘灯或塞曼效应。

(2) 标准曲线绘制:吸取上面配制的铅标准使用液10.0 ng/mL、20.0 ng/mL、40.0 ng/mL、60.0 ng/mL、80.0 ng/mL各10 μL,注入石墨炉,测得其吸光度值并求得吸光度值与浓度关系的一元线性回归方程。

(3) 试样测定:分别吸取样液和试剂空白液各10 μL,注入石墨炉,测得其吸光度值,代入标准系列的一元线性回归方程中求得样液中铅含量。

(4) 基体改进剂的使用:对有干扰试样,则注入适量的基体改进剂磷酸二氢铵溶液(一般为5 μL或与试样同量)消除干扰。绘制铅标准曲线时也要加入与试样测定时等量的基体改进剂磷酸二氢铵溶液。

5. 结果计算

试样中铅的含量:

$$X=\frac{(c_1-c_0)\times V\times 1000}{m\times 1000\times 1000} \tag{3-45}$$

式中:X——试样中铅含量,mg/kg或mg/L;

c_1——测定样液中铅含量,ng/mL;

c_0——空白液中铅含量,ng/mL;

V——试样消化液定容总体积,mL;

m——试样质量或体积,g或mL。

6. 说明

(1) 本法测定重金属的灵敏度很高。在分析之前,实验所用的玻璃仪器均应用10%～20%硝酸溶液浸泡过夜,用自来水反复冲洗,最后用无离子水冲洗干净。

(2) 在重复性条件下获得的两次独立测定结果的绝对差值不得超过算术平均值的20%。

(3) 每一类食品中所允许的铅的限量是不一样的,我国对食品中铅的允许量标准见表3-25。

表3-25 各类食品中铅的允许量标准

标准号	品种	限量(MLs)/(mg/kg)	标准号	品种	限量(MLs)/(mg/kg)
GB 2762—2005	粮食	0.2	GB 2762—2005	豆类	0.2
GB 2762—2005	蔬菜、水果	0.2	GB 2762—2005	肉类	0.2
GB 2762—2005	薯类	0.2	GB 2762—2005	鱼虾类	0.5

续表

标 准 号	品种	限量(MLs)/(mg/kg)	标 准 号	品 种	限量(MLs)/(mg/kg)
GB 2762—2005	鲜乳	0.05	GB 11674—2010	婴儿配方粉	0.02
GB 2711—2003	非发酵性豆制品及面筋	1.0	GB 2718—2003	酱	1.0
			GB 2719—2003	食醋	1.0
GB 2712—2003	发酵性豆制品	1.0	GB 2720—2003	味精	1.0
GB 2713—2003	沉淀类制品	1.0	GB 2757—1981	蒸馏酒及配制酒	1.0
GB 2714—2003	酱腌菜	1.0			
GB 2717—2003	酱油	1.0	GB 2721—2003	食盐	2.0
GB 7096—2003	干食用菌	2.0	GB 2758—2005	葡萄酒、果酒	0.2
GB 7096—2003	鲜食用菌	1.0	GB 2758—2005	啤酒、黄酒	0.5
GB 7098—2003	食用菌罐头	1.0	GB 2759.1—2003	冷冻饮品	0.3
GB 7099—2003	糕点、面包	0.5	GB 9678.2—2003	巧克力	1.0
GB 7100—2003	饼干	0.5	GB 2749—2003	糟蛋	1.0
GB 2762—2005	果汁	0.05	GB 2749—2003	皮蛋	2.0
GB 9678.1—2003	糖果	1.0	GB 2716—2005	食用植物油	0.1
GB 2762—2005	茶叶	5.0	GB 13104—2005	食糖	0.5
GB 10133—2005	水产调味品	0.5	GB 15196—2003	人造奶油	0.1
GB 11671—2003	果蔬类罐头	1.0	GB 15203—2003	淀粉糖	0.5
GB 14939—2005	鱼罐头	1.0	GB 14884—2003	蜜饯食品	1.0

二、氢化物原子荧光光谱法(GB/T 5009.12—2010)

1. 知识要点

试样经酸热消化后，在酸性介质中，试样中的铅与硼氢化钠($NaBH_4$)或硼氢化钾(KBH_4)反应生成挥发性铅的氢化物(PbH_4)。以氩气为载气，将氢化物导入电热石英原子化器中原子化，在特制铅空心阴极灯照射下，基态铅原子被激发至高能态；在去活化回到基态时，发射出特征波长的荧光，其荧光强度与铅含量成正比，根据标准系列进行定量。

2. 仪器

(1) 原子荧光光度计。

(2) 铅空心阴极灯。

(3) 电热板。

(4) 天平：感量为 1 mg。

3. 试剂

(1) 硝酸-高氯酸混合酸(9∶1)：分别量取硝酸 900 mL，高氯酸 100 mL，混匀。

(2) 盐酸(1∶1):量取 250 mL 盐酸,倒入 250 mL 水中,混匀。

(3) 草酸溶液(10 g/L):称取 1.0 g 草酸,加水溶解至 100 mL,混匀。

(4) 铁氰化钾[$K_3Fe(CN)_6$]溶液(100 g/L):称取 10.0 g 铁氰化钾,加水溶解并稀释至 100 mL,混匀。

(5) 氢氧化钠溶液(2 g/L):称取 2.0 g 氢氧化钠,溶于 1 L 水中,混匀。

(6) 硼氢化钠($NaBH_4$)溶液(10 g/L):称取 5.0 g 硼氢化钠,溶于 500 mL 氢氧化钠溶液(2 g/L)中,混匀,临用前配制。

(7) 铅标准贮备液(1.0 mg/mL)。

(8) 铅标准使用液(1.0 μg/mL):精确吸取铅标准贮备液,逐级稀释至 1.0 μg/mL。

4. 测定方法

1) 试样消化

湿消解:称取固体试样 0.2～2 g 或液体试样 2.00～10.00 g(或 mL)(均精确到 0.001 g),置于 50～100 mL 消化容器中(锥形瓶),然后加入硝酸-高氯酸混合酸 5～10 mL 摇匀浸泡,放置过夜。次日置于电热板上加热消解,至消化液呈淡黄色或无色(如消解过程色泽较深,稍冷补加少量硝酸,继续消解),稍冷,加入 20 mL 水再继续加热赶酸,至消解液为 0.5～1.0 mL 止,冷却后用少量水转入 25 mL 容量瓶中,并加入盐酸(1∶1) 0.5 mL、10 g/L 的草酸溶液 0.5 mL,摇匀,再加入 100 g/L 的铁氰化钾溶液 1.00 mL,用水准确稀释定容至 25 mL,摇匀,放置 30 min 后测定。同时做试剂空白。

2) 标准系列制备

在 25 mL 容量瓶中,依次准确加入铅标准使用液 0.00 mL、0.125 mL、0.25 mL、0.50 mL、0.75 mL、1.00 mL、1.25 mL(各相当于铅浓度 0.0 ng/mL、5.0 ng/mL、10.0 ng/mL、20.0 ng/mL、30.0 ng/mL、40.0 ng/mL、50.0 ng/mL),用少量水稀释后,加入 0.5 mL盐酸(1∶1)和 0.5 mL 10 g/L 的草酸溶液摇匀,再加入 100 g/L 的铁氰化钾溶液 1.0 mL,用水稀释至刻度,摇匀。放置 30 min 后待测。

3) 测定

(1) 仪器参考条件:负高压 323 V;铅空心阴极灯电流 75 mA;原子化器炉温 750～800 ℃,炉高 8 mm;氩气流速,载气 800 mL/min,屏蔽气 1000 mL/min;加还原剂时间 7.0 s;读数时间 15.0 s;延迟时间 0.0 s;测量方式为标准曲线法;读数方式为峰面积;进样体积 2.0 mL。

(2) 测量方式:设定好仪器的最佳条件,逐步将炉温升至所需温度,稳定 10～20 min 后开始测量。连续用标准系列的零管进样,待读数稳定之后,转入标准系列测量,绘制标准曲线,转入试样测量,分别测定试剂空白和试样消化液,并记录。

5. 结果计算

试样中铅的含量:

$$X=\frac{(c_1-c_0)\times V\times 1000}{m\times 1000\times 1000} \tag{3-46}$$

式中:X——试样中铅含量,mg/kg 或 mg/L;

c_1——测定样液中铅含量,ng/mL;

c_0——空白液中铅含量,ng/mL;

V——试样消化液定量总体积,mL;

m——试样质量或体积,g 或 mL。

以重复性条件下获得的两次独立测定结果的算术平均值表示,结果保留两位有效数字。

三、二硫腙比色法(GB/T 5009.12—2010)

1. 知识要点

试样经消化后,在 pH=8.5~9.0 时,铅离子与二硫腙生成红色配合物,溶于三氯甲烷。加入柠檬酸铵、氰化钾和盐酸羟胺等,防止铁、铜、锌等离子干扰,与标准系列比较定量。

2. 仪器

(1) 分光光度计。

(2) 天平:感量为 1 mg。

3. 试剂

(1) 氨水(1∶1)。

(2) 盐酸(1∶1):量取 100 mL 盐酸,加入 100 mL 水中。

(3) 酚红指示液(1 g/L):称取 0.10 g 酚红,用乙醇少量多次溶解后移入 100 mL 容量瓶中并定容至刻度。

(4) 盐酸羟胺溶液(200 g/L):称取 20.0 g 盐酸羟胺,加水溶解至 50 mL,加 2 滴酚红指示液,加氨水(1∶1),调 pH 至 8.5~9.0(由黄变红,再多加 2 滴),用二硫腙-三氯甲烷溶液提取至三氯甲烷层绿色不变为止,再用三氯甲烷洗两次,弃去三氯甲烷层,水层加盐酸(1∶1)至呈酸性,加水至 100 mL。

(5) 柠檬酸铵溶液(200 g/L):称取 50 g 柠檬酸铵,溶于 100 mL 水中,加 2 滴酚红指示液,加氨水(1∶1),调 pH 至 8.5~9.0,用二硫腙-三氯甲烷溶液提取数次,每次 10~20 mL,至三氯甲烷层绿色不变为止,弃去三氯甲烷层,再用三氯甲烷洗两次,每次 5 mL,弃去三氯甲烷层,加水稀释至 250 mL。

(6) 氰化钾溶液(100 g/L):称取 10.0 g 氰化钾,用水溶解后稀释至 100 mL。

(7) 三氯甲烷:不应含氧化物。

① 检查方法:量取 10 mL 三氯甲烷,加 25 mL 新煮沸过的水,振摇 3 min,静置分层后,取 10 mL 水溶液,加数滴碘化钾溶液(150 g/L)及淀粉指示液,振摇后应不显蓝色。

② 处理方法:于三氯甲烷中加入 1/20~1/10 体积的硫代硫酸钠溶液(200 g/L)洗涤,用水洗后,加入少量无水氯化钙脱水后进行蒸馏,弃去最初及最后的十分之一馏出液,收集中间馏出液备用。

(8) 淀粉指示液:称取 0.5 g 可溶性淀粉,加 5 mL 水搅匀后,慢慢倒入 100 mL 沸水中,边倒边搅拌,煮沸,放冷备用,临用时配制。

(9) 硝酸(1∶99):量取 1 mL 硝酸,加入 99 mL 水中。

(10) 二硫腙-三氯甲烷溶液(0.5 g/L):保存于冰箱中,必要时用下述方法纯化。

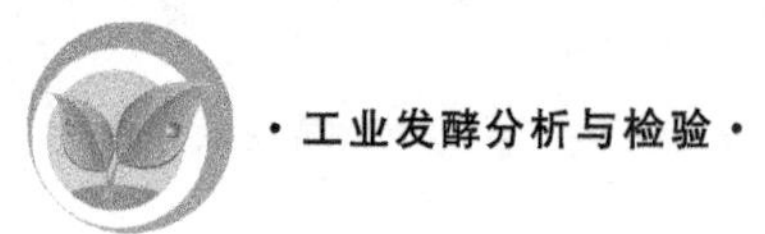

称取 0.5 g 研细的二硫腙，溶于 50 mL 三氯甲烷中，如不全溶，可用滤纸过滤于 250 mL 分液漏斗中，用氨水(1：99)提取三次，每次 100 mL，将提取液用棉花过滤至 500 mL 分液漏斗中，用盐酸(1：1)调至酸性，将沉淀出的二硫腙用三氯甲烷提取 2～3 次，每次 20 mL，合并三氯甲烷层，用等量水洗涤两次，弃去洗涤液，在 50 ℃水浴上蒸去三氯甲烷。将精制的二硫腙置于硫酸干燥器中，干燥备用。或将沉淀出的二硫腙用 200 mL、200 mL、100 mL 三氯甲烷提取三次，合并三氯甲烷层即为二硫腙溶液。

(11) 二硫腙使用液：吸取 1.0 mL 二硫腙溶液，加三氯甲烷至 10 mL，混匀。用 1 cm 比色皿，以三氯甲烷调节零点，于 510 nm 波长处测吸光度(A)，用下式算出配制 100 mL 二硫腙使用液(70%透光率)所需二硫腙溶液的体积 V。

$$V=\frac{10\times(2-\lg 70)}{A}=\frac{1.55}{A}$$

(12) 硝酸-硫酸混合液(4：1)。

(13) 铅标准溶液(1.0 mg/mL)：准确称取 0.1598 g 硝酸铅，加 10 mL 硝酸(1：99)，全部溶解后，移入 100 mL 容量瓶中，加水稀释至刻度。

(14) 铅标准使用液(10.0 μg/mL)：吸取 1.0 mL 铅标准溶液，置于 100 mL 容量瓶中，加水稀释至刻度。

4. 测定方法

1) 试样预处理

试样预处理按照原子吸收光谱法中样品的预处理方法进行操作。

2) 试样消化

(1) 硝酸-硫酸法。

① 粮食、粉丝、粉条、豆干制品、糕点、茶叶及其他含水分少的固体食品：称取 5 g 或 10 g 粉碎样品(精确到 0.01 g)，置于 250～500 mL 定氮瓶中，先加水少许使湿润，加数粒玻璃珠、10～15 mL 硝酸，放置片刻，小火缓缓加热，待作用缓和，放冷。沿瓶壁加入 5 mL 或 10 mL 硫酸，再加热，至瓶中液体开始变成棕色时，不断沿瓶壁滴加硝酸至有机质分解完全。加大火力，至产生白烟，待瓶口白烟冒净后，瓶内液体再产生白烟即为消化完全，该溶液应澄清无色或微带黄色，放冷(在操作过程中应注意防止暴沸或爆炸)。加 20 mL 水煮沸，除去残余的硝酸至产生白烟为止，如此处理两次，放冷。将冷后的溶液移入 50 mL 或 100 mL 容量瓶中，用水洗涤定氮瓶，洗液并入容量瓶中，放冷，加水至刻度，混匀。定容后的溶液每 10 mL 相当于 1 g 样品，相当加入硫酸量 1 mL。取与消化试样相同量的硝酸和硫酸，按同一方法做试剂空白试验。

② 蔬菜、水果：称取 25.00 g 或 50.00 g 洗净打成匀浆的试样(精确到 0.01 g)，置于 250～500 mL 定氮瓶中，加数粒玻璃珠、10～15 mL 硝酸，以下按①自“放置片刻……”起依法操作，但定容后的溶液每 10 mL 相当于 5 g 样品，相当加入硫酸 1 mL。

③ 酱、酱油、醋、冷饮、豆腐、腐乳、酱腌菜等：称取 10 g 或 20 g 试样(精确到 0.01 g)或吸取 10.0 mL 或 20.0 mL 液体样品，置于 250～500 mL 定氮瓶中，加数粒玻璃珠、5～15 mL 硝酸。以下按①自“放置片刻……”起依法操作，但定容后的溶液每 10 mL 相当于 2 g 或 2 mL 试样。

④ 含酒精性饮料或含二氧化碳饮料：吸取 10.00 mL 或 20.00 mL 试样，置于 250～500 mL 定氮瓶中，加数粒玻璃珠，先用小火加热除去乙醇或二氧化碳，再加 5～10 mL 硝酸，混匀，以下按①自“放置片刻……”起依法操作，但定容后的溶液每 10 mL 相当于2 mL 试样。

⑤ 含糖量高的食品：称取 5 g 或 10 g 试样(精确至 0.01 g)，置于 250～500 mL 定氮瓶中，先加少许水使湿润，加数粒玻璃珠、5～10 mL 硝酸，摇匀。缓缓加入 5 mL 或10 mL 硫酸，待作用缓和停止起泡后，先用小火缓缓加热(糖分易炭化)，不断沿瓶壁补加硝酸，待泡沫全部消失后，再加大火力，至有机质分解完全，发生白烟，溶液应澄清无色或微带黄色，放冷。以下按①自“加 20 mL 水煮沸……”起依法操作。

⑥ 水产品：取可食部分样品捣成匀浆，称取 5 g 或 10 g 试样(精确至 0.01 g，海产藻类、贝类可适当减少取样量)，置于 250～500 mL 定氮瓶中，加数粒玻璃珠、5～10 mL 硝酸，混匀，以下按①自“沿瓶壁加入 5 mL 或 10 mL 硫酸……”起依法操作。

(2) 灰化法。

① 粮食及其他含水分少的食品：称取 5 g 试样(精确至 0.01 g)，置于石英或瓷坩埚中，加热至炭化，然后移入马弗炉中，500 ℃灰化 3 h，放冷，取出坩埚，加硝酸(1∶1)润湿灰分，用小火蒸干，在 500 ℃烧 1 h，放冷。取出坩埚。加 1 mL 硝酸(1∶1)，加热，使灰分溶解，移入 50 mL 容量瓶中，用水洗涤坩埚，洗液并入容量瓶中，加水至刻度，混匀备用。

② 含水分多的食品或液体试样：称取 5.0 g 或吸取 5.00 mL 试样，置于蒸发皿中，先在水浴上蒸干，再按①自“加热至炭化……”起依法操作。

3) 测定

(1) 吸取 10.0 mL 消化后的定容溶液和同量的试剂空白液，分别置于 125 mL 分液漏斗中，各加水至 20 mL。

(2) 吸取 0 mL、0.10 mL、0.20 mL、0.30 mL、0.40 mL、0.50 mL 铅标准使用液(相当于 0.0 μg、1.0 μg、2.0 μg、3.0 μg、4.0 μg、5.0 μg 铅)，分别置于 125 mL 分液漏斗中，各加硝酸(1∶99)至 20 mL。于试样消化液、试剂空白液和铅标准液中各加 2.0 mL 柠檬酸铵溶液(200 g/L)、1.0 mL 盐酸羟胺溶液(200 g/L)和 2 滴酚红指示液，用氨水(1∶1)调至红色，再各加 2.0 mL 氰化钾溶液(100 g/L)，混匀。各加 5.0 mL 二硫腙使用液，剧烈振摇 1 min，静置分层后，三氯甲烷层经脱脂棉滤入 1 cm 比色皿中，以三氯甲烷调节零点，于 510 nm 波长处测吸光度，各点减去零管吸光度值后，绘制标准曲线或计算一元回归方程。

5. 结果计算

试样中铅的含量：

$$X=\frac{(m_1-m_2)\times 1000}{m_3\times \frac{V_2}{V_1}\times 1000} \tag{3-47}$$

式中：X——试样中铅的含量，mg/kg 或 mg/L；

m_1——测定用试样液中铅的质量，μg；

m_2——试剂空白液中铅的质量，μg；

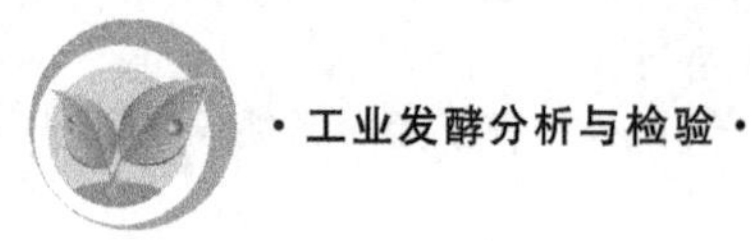

m_3——试样质量或体积,g 或 mL;

V_1——试样处理液的总体积,mL;

V_2——测定用试样处理液的总体积,mL。

6. 说明

(1) 氰化钾是剧毒药品,操作时不能用嘴吸,使用后应立即洗手。废氰化钾不能与酸接触,以防产生氰化氢而使人中毒。向废氰化钾溶液中加入氢氧化钠和硫酸亚铁,使它生成亚铁氰化钾,可降低毒性。

(2) 二硫腙在空气中易被氧化,氧化产物不溶于酸性或碱性水溶液,能溶解在三氯甲烷和四氯化碳中显黄色或棕色,对测定有干扰。所以要保证二硫腙的纯度和稳定性,将二硫腙贮存于棕色试剂瓶中密封后,放在干燥器中备用。

(3) 铅与二硫腙结合,其颜色变化为:绿色→浅蓝色→浅灰色→灰色→淡紫色→紫色→淡红色→红色。

(4) 在实验中,加入盐酸羟胺、氰化钾、柠檬酸铵的主要目的是防止铁、铜、锌等离子的干扰。如盐酸羟胺作为还原剂,保护二硫腙不被高价离子、过氧化物氧化,防止溶液中三价铁与氰化钾生成赤血盐;氰化钾是较强的配位体,可掩蔽铜、锌等多种金属的干扰,同时也能提高 pH 并使之稳定在 9 左右;柠檬酸铵是含有一个羟基的三元酸盐,是在广泛 pH 范围内有较强的配合能力的掩蔽剂,它的主要作用是配合钙、镁、铁等阳离子,防止在碱性溶液中形成氢氧化物沉淀。

项目二　样品中汞的含量的测定

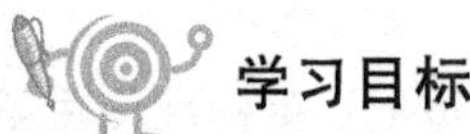

学习目标

- 知识目标:能解释几种测定方法的原理。
- 技能目标:会熟练操作荧光光度计和可见分光光度计。
- 素质目标:能严格按操作规程进行安全操作,真实记录;会分析实验结果;学会分析、判断、解决问题,在学与做的过程中锻炼与他人交往、合作的能力。

一、原子荧光光谱分析法(GB/T 5009.17—2003)

1. 知识要点

汞俗称"水银",是典型的有害元素。样品中的汞可分为无机汞和有机汞。工业"三废"将各种形态的汞排入环境,造成空气、水和土壤污染,继而污染发酵原料、半成品及成品。被污染的贝类是人类食物中的汞的主要来源,通过食物链富集,使鱼体中含有大量的汞。鱼体中的汞主要以甲基汞的形式存在,占鱼体总汞含量的 80%~100%。

无机汞不易吸收,毒性小,而有机汞,特别是烷基汞,容易吸收,毒性大,尤其是甲基汞,90%~100%可被吸收。微量的汞不至于危害人体,可经尿、粪、汗等途径排出体外,如摄入超过一定量,尤其是甲基汞属于蓄积性毒物,在体内蓄积到一定量时,可损害人体健康。另外，甲基汞还可以通过胎盘进入胎儿体内，危害下一代。

试样经酸热消化后，在酸性介质中，试样中的汞与硼氢化钠($NaBH_4$)或硼氢化钾(KBH_4)反应生成原子态汞，由载气(氩气)带入原子化器中，在特制铅空心阴极灯照射下，基态汞原子被激发至高能态，在去活化回到基态时，发射出特征波长的荧光，其荧光强度与汞含量成正比，根据标准系列进行定量。

2. 仪器

(1) 双通道原子荧光光度计。

(2) 压力消解罐。

(3) 微波消解炉。

(4) 天平：感量为 1 mg。

3. 试剂

(1) 硝酸：优级纯。

(2) 过氧化氢溶液(30%)。

(3) 硫酸：优级纯。

(4) 硫酸-硝酸-水(1∶1∶8)：量取 10 mL 硝酸和 10 mL 硫酸，慢慢加入 80 mL 水中，冷却后小心混匀。

(5) 硝酸溶液(1∶9)：取 50 mL 硝酸，慢慢加入 450 mL 水中，混匀。

(6) 氢氧化钾溶液(5 g/L)：称取 5.0 g 氢氧化钾，溶于水中，稀释至 1000 mL，混匀。

(7) 硼氢化钾(KBH_4)溶液(5 g/L)：称取 5.0 g 硼氢化钾，溶于氢氧化钾溶液(5 g/L)中，并稀释到 1000 mL，混匀，临用前配制。

(8) 汞标准贮备液：准确称取 0.1354 g 经干燥器干燥过的二氯化汞，加硫酸-硝酸-水混合酸(1∶1∶8)，使其溶解后移入 100 mL 容量瓶中，并稀释至刻度。此溶液每毫升相当于 1.0 mg 汞。

(9) 汞标准使用液：吸取 1.0 mL 汞标准贮备液，置于 100 mL 容量瓶中，加硝酸溶液(1∶9)稀释至刻度，混匀，此溶液每毫升相当于 10.0 μg 汞。再吸取此液 1.0 mL 和 5.0 mL 于两个 100 mL 容量瓶中，加硝酸(1∶9)稀释至刻度，混匀，溶液浓度分别为 100 ng/mL 和 500 ng/mL，分别用于测定低浓度试样和高浓度试样时，制作标准曲线。

4. 测定方法

1) 试样消解

(1) 高压消解法。

本方法适用于粮食、豆类、蔬菜、水果、瘦肉类、鱼类、蛋类及乳与乳制品类食品中总汞的测定。

① 粮食及豆类等干样：称取经粉碎混匀过 40 目筛的干样 0.2～1.00 g，置于聚四氟乙烯塑料内罐中，加 5 mL 硝酸，混匀后放置过夜，再加 7 mL 过氧化氢溶液，盖上内盖放入不锈钢外套中，旋紧密封，然后将压力消解罐放入普通干燥箱(烘箱)中加热，升温至 120 ℃后恒温 2～3 h，至消解完全，自然冷至室温。将消解液用硝酸溶液(1∶9)转移并定容至 25 mL，摇匀，同时做空白试验。

② 蔬菜、瘦肉、鱼类及蛋类等水分含量高的鲜样：用捣碎机打成匀浆，称取匀浆

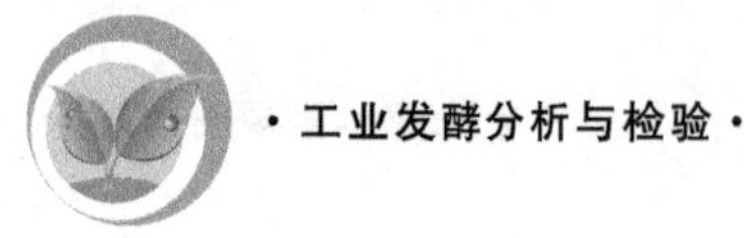

1.00～5.00 g，置于聚四氟乙烯塑料内罐中，加盖留缝放于 65 ℃鼓风干燥烤箱或一般烤箱中烘至近干，取出，以下按①自“加 5 mL 硝酸……”起依法操作。

(2) 微波消解法。

称取 0.10～0.50 g 试样于压力消解罐中，加入 1～2 mL 过氧化氢溶液，盖好安全阀后，将压力消解罐放入微波炉消解系统中，根据不同种类的试样设置微波炉消解系统的最佳分析条件(见表 3-26 和表 3-27)，至消解完全，冷却后用硝酸溶液(1∶9)转移并定容至 25 mL(低含量试样可定容至 10 mL)，混匀待测。

表 3-26　粮食、蔬菜、鱼肉试样微波分析条件

步　骤	1	2	3
功率/(%)	50	75	90
压力/kPa	343	686	1096
升压时间/min	30	30	30
保压时间/min	5	7	5
排风量/(%)	100	100	100

表 3-27　油脂、糖类试样微波分析条件

步　骤	1	2	3	4	5
功率/(%)	50	70	80	100	100
压力/kPa	343	514	686	959	1234
升压时间/min	30	30	30	30	30
保压时间/min	5	5	5	7	5
排风量/(%)	100	100	100	100	100

2) 标准系列配制

(1) 低浓度标准系列：分别吸取 100 ng/mL 汞标准使用液 0.25 mL、0.50 mL、1.00 mL、2.00 mL、2.50 mL 于 25 mL 容量瓶中，用硝酸溶液(1∶9)稀释至刻度，混匀，各自相当于浓度 1.00 ng/mL、2.00 ng/mL、4.00 ng/mL、8.00 ng/mL、10.00 ng/mL，此标准系列适用于一般试样的测定。

(2) 高浓度标准系列：分别吸取 500 ng/mL 汞标准使用液 0.25 mL、0.50 mL、1.00 mL、1.50 mL、2.00 mL 于 25 mL 容量瓶中，用硝酸溶液(1∶9)稀释至刻度，混匀，各自相当于浓度 5.00 ng/mL、10.00 ng/mL、20.00 ng/mL、30.00 ng/mL、40.00 ng/mL，此标准系列适用于鱼及含汞偏高的试样的测定。

3）测定

（1）仪器参考条件：光电倍增管负高压 240 V；汞空心阴极灯电流 30 mA；原子化器温度 300 ℃，高度 8.0 mm；氩气流速，载气 500 mL/min，屏蔽气 1000 mL/min；测量方式为标准曲线法；读数方式为峰面积；读数延迟时间为 1.0 s，读数时间为 10.0 s；硼氢化钾溶液加液时间为 8.0 s；标液或样液加液体积为 2 mL。

注：AFS 系列原子荧光仪如 230、230a、2202、2202a、2201 等仪器属于全自动断续流动的仪器，都附有本仪器的操作软件，应按本仪器提示设置仪器分析条件，待仪器稳定后，测标准系列，至标准曲线的相关系数 $r>0.999$ 后测试样，试样前处理可适用于任何型号的原子荧光仪。

（2）测定方法。根据情况任选以下一种方法。

① 浓度测定方法测量：设定好仪器最佳条件，逐步将炉温升至所需温度，稳定 10～20 min 后开始测量，连续用硝酸溶液（1∶9）进样，使读数基本回零，再分别测定试剂空白和试样消化液，每测不同的试样前都应清洗进样器。

② 仪器自动计算结果方式测量：设定好仪器最佳条件，在试样参数画面输入参数，如试样质量（g 或 mL）、稀释体积（mL），并选择结果的浓度单位，逐步将炉温升至所需温度，稳定后测量，连续用硝酸溶液（1∶9）进样，待读数稳定之后，转入标准系列测量，绘制标准曲线，在转入试样测定之前，进入空白值测量状态，用试剂空白消化液进样，让仪器取其均值作为空白值，随后即可依法测定试样。测定完毕后，选择“打印报告”即可将测定结果自动打印。

5. 结果计算

试样中汞的含量：

$$X=\frac{(c_1-c_0)\times V\times 1000}{m\times 1000\times 1000} \tag{3-48}$$

式中：X——试样中汞含量，mg/kg 或 mg/L；

c_1——测定样液中汞含量，ng/mL；

c_0——空白液中汞含量，ng/mL；

V——试样消化液定量总体积，mL；

m——试样质量或体积，g 或 mL。

以重复性条件下获得的两次独立测定结果的算术平均值表示，结果保留两位有效数字。

6. 说明

（1）本法测定重金属的灵敏度很高。在分析之前，实验所用的玻璃仪器均应用 10%～20%硝酸溶液浸泡过夜，用自来水反复冲洗，最后用去离子水冲洗干净。

（2）在重复性条件下获得的两次独立测定结果的绝对差值不得超过算术平均值的 10%。

（3）样品一旦被汞污染就难以彻底清除，无论使用什么样的加工办法都无济于事。因此，控制食品中的汞含量对防止人体汞中毒是非常重要的。我国各类食品中汞允许量标准如表 3-28 所示。

表 3-28　我国各类食品中汞允许量标准

标　准　号	品　　种	限量(MLs)/(mg/kg)	标　准　号	品　　种	限量(MLs)/(mg/kg)
GB 2762—2005	粮食(成品粮)	0.02	GB 2749—2003	蛋制品	0.05
GB 2762—2005	薯类(土豆、白薯)、蔬菜、水果	0.01	GB 2762—2005	鱼(不包括食肉鱼类)及其他水产品	甲基汞≤0.5
GB 2762—2005	鲜乳	0.01	GB 16869—2005	鲜、禽产品	0.05
GB 2762—2005	食肉鱼类	甲基汞≤1.0	GB 7098—2003	食用菌罐头	0.1
GB 2707—2005	鲜、冻畜肉	0.05	GB 13100—2005	肉类罐头	0.05
GB 7096—2003	干食用菌	0.2	GB 2762—2005	肉、蛋(去壳)	0.05
GB 7096—2003	鲜食用菌	0.1			

二、二硫腙比色法(GB/T 5009.17—2003)

1. 知识要点

实验室常用二硫腙比色法测定食品中汞的含量，样品经强酸消化后，汞离子在酸性溶液中与二硫腙生成橙红色配合物，溶解于三氯甲烷。根据三氯甲烷层所显示颜色的深浅与汞离子浓度成正比，与标准系列比较进行定量分析。

2. 仪器

(1) 消化装置。

(2) 可见分光光度计。

3. 试剂

(1) 硝酸。

(2) 硫酸(98%)。

(3) 氨水。

(4) 三氯甲烷：不应含有氧化物。

(5) 硫酸(1∶35)：量取 5 mL 硫酸，缓缓倒入 150 mL 水中，冷却后加水至 180 mL。

(6) 硫酸(1∶19)：量取 5 mL 硫酸，缓缓倒入 50 mL 水中，冷却后加水至 100 mL。

(7) 盐酸羟胺溶液(200 g/L)：吹清洁空气，除去溶液中含有的微量汞。

(8) 溴麝香草酚蓝-乙醇指示液(1 g/L)。

(9) 二硫腙-三氯甲烷溶液(0.5 g/L)：保存于冰箱中，必要时用下述方法纯化。

称取 0.5 g 研细的二硫腙，溶于 50 mL 三氯甲烷中，如不全用，可用滤纸过滤于 250 mL 分液漏斗中，用氨水(1∶99)提取三次，每次 100 mL，将提取液用棉花过滤至 500 mL 分液漏斗中，用盐酸(1∶1)调至酸性，将沉淀出的二硫腙用三氯甲烷提取 2～3 次，每次 20 mL，合并三氯甲烷层，用等量水洗涤两次，弃去洗涤液，在 50 ℃水浴上蒸去三氯甲烷，将精制的二硫腙置于硫酸干燥器中，干燥备用，或将沉淀出的二硫腙用 200 mL、200 mL、

100 mL 三氯甲烷提取三次，合并三氯甲烷层为二硫腙溶液。

(10) 二硫腙使用液：吸取 1.0 mL 二硫腙溶液，加三氯甲烷至 10 mL，混匀。用1 cm 比色皿，以三氯甲烷调节仪器零点，于 510 nm 波长处测吸光度(A)，用下式计算配制 100 mL 二硫腙(70%透光率)所需二硫腙溶液的体积(V)。

$$V=\frac{10\times(2-\lg 70)}{A}=\frac{1.55}{A}$$

(11) 汞标准贮备液：准确称取 0.1354 g 经干燥器干燥过的二氯化汞，加硫酸(1∶35)使其溶解后移入 100 mL 容量瓶中，并稀释至刻度，此溶液每毫升相当于 1.0 mg 汞。

(12) 汞标准使用液：吸取 1.0 mL 汞标准贮备液，置于 100 mL 容量瓶中，加硫酸(1∶35)稀释至刻度，此溶液每毫升相当于 10.0 μg 汞。再吸取此液 5.0 mL 于 50 mL 容量瓶中，加硫酸(1∶35)稀释至刻度，此溶液每毫升相当于 1.0 μg 汞。

(13) 高锰酸钾溶液(50 g/L)。

4. 测定方法

1) 样品消化

(1) 含水分少的样品：称取 20.00 g 样品，置于消化装置锥形瓶中，加玻璃珠数粒及 80 mL 硝酸、15 mL98%的硫酸，转动锥形瓶，防止局部炭化。装上冷凝管后，小火加热，待开始发泡即停止加热，发泡停止后，加热回流 2 h。如加热过程中溶液变棕色，再加 5 mL 硝酸，继续回流 2 h，放冷，用适量水洗涤冷凝管，洗液并入消化液中，取下锥形瓶，加水至总体积为 150 mL。按同一方法做试剂空白试验。

(2) 含水分多的样品：将样品洗净，晾干，称取 50.00 g 捣碎、混匀的样品，置于消化装置锥形瓶中，加玻璃珠数粒及 45 mL 硝酸、15 mL 硫酸，转动锥形瓶，防止局部炭化。装上冷凝管，以下按(1)中自“小火加热……”起依法操作。

2) 测定

取消化液(全量)，加 20 mL 水，在电炉上煮沸 10 min，除去二氧化氮等，放冷。

于样品消化液及试剂空白液中各加高锰酸钾溶液(50 g/L)至溶液呈紫色，再加 200 g/L 盐酸羟胺溶液使紫色褪去，加 2 滴溴麝香草酚蓝-乙醇指示液，用氨水调节 pH，使橙红色变成橙黄色(pH=1～2)，定量转移至 125 mL 分液漏斗中。

吸取 0.0 mL、0.5 mL、1.0 mL、2.0 mL、3.0 mL、4.0 mL、5.0 mL、6.0 mL 汞标准使用液(相当于 0.0 μg、0.5 μg、1.0 μg、2.0 μg、3.0 μg、4.0 μg、5.0 μg、6.0 μg 汞)，分别置于 125 mL 分液漏斗中，各加 10 mL 硫酸(1∶19)，再分别加水至 40 mL，混匀。再各加 1 mL200 g/L 的盐酸羟胺溶液，放置 20 min，并不时振摇。

于样品消化液、试剂空白液及汞标准使用液振摇放冷后的分液漏斗中加 5.0 mL 二硫腙使用液，剧烈振摇 2 min，静置分层后，经脱脂棉将三氯甲烷滤入 1 cm 比色皿中，以三氯甲烷调节仪器零点，于 490 nm 波长处测吸光度，根据测定的吸光度绘制汞标准曲线，样品吸光度与标准曲线比较定量。

5. 结果计算

$$X=\frac{(m_1-m_0)\times 1000}{m_2\times 1000} \tag{3-49}$$

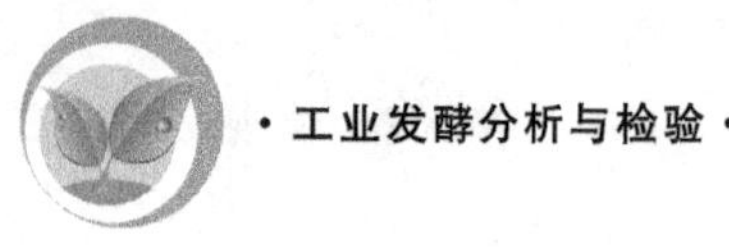

式中：X——样品中汞的含量，mg/kg；

m_1——样品消化液中汞的质量，μg；

m_0——试剂空白液中汞的质量，μg；

m_2——样品质量，g。

6. 说明

(1) 汞与双硫腙的螯合能力很强，在酸性条件下其余金属离子都不产生干扰。

(2) 用盐酸羟胺还原高锰酸钾时，会产生大量氯气与氮氧化物。为防止氧化双硫腙，操作时应不时摇动并放置20 min，使其逸放。

(3) 曾作为灵敏的分光光度法测定汞含量的还有硫代米蚩酮(TMK)法。在二甲基甲酰胺(DMF)(15%～20%)水介质中，pH=2～5下，汞和过量的TMK生成一种红紫色配合物，灵敏度很高。

项目三　葡萄酒中铁的含量的测定

学习目标

• 知识目标：能解释几种测定方法的原理。

• 技能目标：会熟练操作原子吸收分光光度计，会用比色法测定铁的含量。

• 素质目标：能严格按操作规程进行安全操作，真实记录；会分析实验结果；学会分析、判断、解决问题，在学与做的过程中锻炼与他人交往、合作的能力。

一、原子吸收分光光度法(GB/T 15038—2006)

1. 知识要点

将处理后的试样导入原子吸收分光光度计中，在乙炔-空气火焰中，试样中的铁被原子化，基态原子铁吸收特征波长(248.3 nm)的光，吸光度与试样中铁原子浓度成正比，测其吸光度，求得铁的含量。

2. 仪器

原子吸收分光光度计：备有铁空心阴极灯。

3. 试剂

本方法中所用水应符合二级水规格，试剂为优级纯(GR)。

(1) 硝酸溶液(0.5%)：量取8 mL硝酸，稀释至1000 mL。

(2) 铁标准贮备液(Fe^{3+} 0.1 mg/mL)：准确称取硫酸亚铁($FeSO_4 \cdot 7H_2O$)0.497 g，溶于100 mL水中，加浓硫酸5 mL，微热溶解，滴加2%高锰酸钾，至最后一滴红色不褪色，用水定容至1000 mL。

(3) 铁标准使用液(Fe^{3+} 10 μg/mL)：吸取10.00 mL铁标准贮备液于100 mL容量瓶中，用0.5%硝酸溶液稀释至刻度。

(4) 铁标准系列：吸取铁标准使用液0.00 mL、1.00 mL、2.00 mL、4.00 mL、5.00

mL(含 0.0 μg、10.0 μg、20.0 μg、40.0 μg、50.0 μg 铁)于 5 个 100 mL 容量瓶中，用 0.5% 硝酸溶液稀释至刻度，混匀。该系列用于标准曲线的绘制。

4. 测定方法

1) 试样的制备

用 0.5%硝酸溶液准确稀释样品至 5～10 倍，摇匀，备用。

2) 标准曲线的绘制

将仪器设置于合适的工作状态，调波长至 248.3 nm，导入标准系列溶液，以零管调零，分别测定其吸光度。以铁的含量对吸光度绘制标准曲线(或者建立回归方程)。

3) 试样的测定

将试样导入仪器，测其吸光度，然后根据吸光度在标准曲线上查得铁的含量(或代入回归方程计算)。

5. 结果计算

样品中铁的含量：

$$X = A \times n \tag{3-50}$$

式中：X——样品中铁的含量，mg/L；

A——检测试样中铁的含量，mg/L；

n——样品稀释倍数。

二、邻啡罗啉比色法(GB/T 15038—2006)

1. 知识要点

以盐酸羟胺为还原剂，将三价铁还原为二价铁，在 pH＝2～9 的范围内，二价铁与邻啡罗啉反应生成橙红色的配合物$[Fe(C_{12}H_8N_2)_3]^{2+}$，借此进行比色测定。其反应如下：

$$4FeCl_3 + 2NH_2OH \cdot HCl \longrightarrow 4FeCl_2 + N_2O + 6HCl + H_2O$$

$$Fe^{2+} + 3C_{12}H_8N_2 = [Fe(C_{12}H_8N_2)_3]^{2+}\text{(橙红色)}$$

在显色溶液中铁的含量在 0.1～6 mg/mL 时符合比耳定律。

这种反应对 Fe^{2+} 很灵敏，形成的颜色至少可以保持 15 天不变。当溶液中有大量钙和磷时，反应酸度应大些，以防 $CaHPO_4 \cdot 2H_2O$ 沉淀的形成。用邻啡罗啉比色法测铁，几乎不受其他离子的干扰，但若有高氯酸盐，则会生成高氯酸邻位二氮杂菲($C_{12}H_8N_2 \cdot HClO_4$)，产生干扰。

2. 仪器

(1) 分光光度计。

(2) 高温电炉：(550±25) ℃。

(3) 瓷蒸发皿。

3. 试剂

(1) 硫酸(98%)。

(2) 过氧化氢溶液(30%)。

(3) 氨水(25%～28%)。

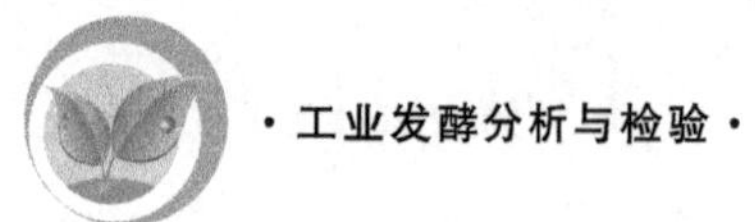

(4) 盐酸羟胺溶液(100 g/L):称取 100 g 固体盐酸羟胺($NH_2OH \cdot HCl$,化学纯),溶于水中,定容至 1000 mL,于棕色瓶中低温保存。

(5) 盐酸(1∶1)。

(6) 乙酸-乙酸钠溶液(pH=4.8):称取 272 g 乙酸钠($CH_3COONa \cdot 3H_2O$),溶于 500 mL 水中,加 200 mL 冰乙酸,加水稀释至 1000 mL。

(7) 邻啡罗啉显色剂(2 g/L):称取固体邻啡罗啉 2.0 g,溶于 1000 mL 水中,若不溶可略加热。

(8) 铁标准贮备液:同方法一。

(9) 铁标准使用液:同方法一。

(10) 铁标准系列:吸取铁标准使用液 0.00 mL、0.20 mL、0.40 mL、0.80 mL、1.00 mL、1.40 mL(含 0.0 μg、2.0 μg、4.0 μg、8.0 μg、10.0 μg、14.0 μg 铁)于 6 支 25 mL 比色管中,补加水至 10 mL,加 5 mL pH=4.8 的乙酸-乙酸钠溶液(调 pH 至 3~5)、1 mL 盐酸羟胺溶液(100 g/L),摇匀,放置 5 min,再加入 1 mL 邻啡罗啉显色剂,然后补加水至刻度,摇匀,放置 30 min,备用。该系列用于标准曲线的绘制。

4. 测定方法

1) 试样的制备

(1) 干法消化:准确吸取 25.00 mL 样品(V)于蒸发皿中,在水浴上蒸干,置于电炉上小心炭化,然后移入(550±25) ℃高温电炉中灼烧,灰化至残渣呈白色,取出,加入 10 mL 盐酸(1∶1)溶解,在水浴上蒸至约 2 mL,再加入 5 mL 水,加热煮沸后,移入 50 mL 容量瓶中,用水洗涤蒸发皿,洗液并入容量瓶中,加水稀释至刻度(V_2),摇匀,同时做空白试验。

(2) 湿法消化:准确吸取 1.00 mL 样品(V)(可根据铁含量,适当增减)于 10 mL 凯氏烧瓶中,置于电炉上缓缓蒸发至近干,取下稍冷后,加 1 mL 浓硫酸(根据含糖量增减)、1 mL 过氧化氢溶液,于通风橱内加热消化。如果消化液颜色较深,继续滴加过氧化氢溶液,直到消化液无色透明,稍冷,加 10 mL 水微火煮沸 3~5 min,取下冷却,同时做空白试验。

2) 标准曲线的绘制

在 480 nm 波长下,测定标准系列的吸光度,根据吸光度及相对应的铁浓度绘制标准曲线(或建立回归方程)。

3) 试样的测定

准确吸取干法消化的试样 5~10 mL(V_1)及同量空白消化液于 25 mL 比色管中,补加水至 10 mL,然后按标准曲线的绘制同样操作,分别测其吸光度,从标准曲线上查出铁的含量(或用回归方程计算)。

或将湿法消化的试样及空白消化液分别洗入 25 mL 比色管中,在每支管中加入一小片刚果红试纸,用氨水中和至试纸显蓝紫色,然后各加入 5 mL 乙酸-乙酸钠溶液(调 pH 至 3~5),以下操作同标准曲线的绘制,测出样品溶液的吸光度,从标准曲线上查出铁的含量(或用回归方程计算)。

5. 数据记录

将所测数据填入表 3-29 中。

表 3-29 邻啡罗啉比色法测定葡萄酒中铁含量数据记录表

测定内容	标准溶液						样品溶液		空白溶液
吸取样品的体积/mL	—						1.0	1.0	—
吸取铁标准溶液的体积/mL	0.00	0.20	0.40	0.60	1.00	1.40	—	—	—
配制各显色液的体积/mL	25						25		25
各显色液中铁的含量/μg	0.0	2.0	4.0	6.0	10	14			
测得各显色液的吸光度 A									
样品中铁的含量/(mg/L)									
样品中铁含量平均值/(mg/L)									
相对偏差/(%)									

6. 结果计算

(1) 干法消化计算。

样品中铁的含量：

$$X=\frac{(c_1-c_0)\times 1000}{V\times\frac{V_2}{V_1}\times 1000}=\frac{(c_1-c_0)\times V_1}{V\times V_2} \tag{3-51}$$

式中：X——样品中铁的含量，mg/L；

c_1——测定用样品中铁的含量，μg；

c_0——试剂空白液中铁的含量，μg；

V——吸取样品的体积，mL；

V_1——样品消化液的总体积，mL；

V_2——测定用试样的体积，mL。

(2) 湿法消化计算。

样品中铁的含量：

$$X=\frac{c-c_0}{V} \tag{3-52}$$

式中：X——样品中铁的含量，mg/L；

c——测定用样品中铁的含量，μg；

c_0——试剂空白液中铁的含量，μg；

V——吸取样品的体积，mL。

7. 说明

(1) 干扰物质的限制：五氧化二磷在 20 mg/mL 以下，氟化物在 500 mg/mL 以下没有干扰，少量氯化物和硫酸盐没有干扰。

(2) 吸取待测液的量应根据含铁量而定。

(3) 本法的关键是所加的试剂不能颠倒，必须先加还原剂，然后加缓冲溶液，最后加显色剂。另外，所加的试剂量应随比色体积的增减而增减。

项目四　葡萄酒中铜的含量的测定

学习目标

- 知识目标:能解释铜的含量的测定原理。
- 技能目标:会熟练操作原子吸收分光光度计。
- 素质目标:能严格按操作规程进行安全操作,真实记录;会分析实验结果;学会分析、判断、解决问题,在学与做的过程中锻炼与他人交往、合作的能力。

一、原子吸收光谱法(GB/T 15038—2006)

1. 知识要点

样品处理后,导入原子吸收分光光度计中,原子化以后,吸收 324.7 nm 共振线,其吸光度与铜含量成正比,与标准系列比较定量。

2. 仪器

所用玻璃仪器均以硝酸溶液(10%)浸泡 24 h 以上,用水反复冲洗,最后用去离子水冲洗,晾干后,方可使用。

原子吸收分光光度计(备有铜空心阴极灯)。

3. 试剂

(1) 硝酸(0.5%):量取 0.5 mL 硝酸,置于适量水中,再稀释至 100 mL。

(2) 硝酸(4∶6):量取 40 mL 硝酸,置于适量水中,再稀释至 100 mL。

(3) 铜标准贮备液(0.1 mg/mL):准确称取 0.1000 g 金属铜(99.99%),分次加入硝酸(4∶6)溶解,总量不超过 37 mL,移入 1000 mL 容量瓶中,用水稀释至刻度,摇匀。

(4) 铜标准使用液(10 μg/mL):吸取 10.00 mL 铜标准贮备液,置于 100 mL 容量瓶中,用 0.5%硝酸溶液稀释至刻度,摇匀。

(5) 铜标准系列:吸取铜标准使用液 0.00 mL、0.50 mL、1.00 mL、2.00 mL、4.00 mL、6.00 mL(含 0.0 μg、5.0 μg、10.0 μg、20.0 μg、40.0 μg、60.0 μg 铜)于 6 个 50 mL 容量瓶中,用 0.5%硝酸溶液稀释至刻度,摇匀。该系列用于标准曲线的绘制。

4. 测定方法

1) 试样的制备

用 0.5%硝酸溶液准确将样品稀释 5～10 倍,摇匀,备用。

2) 测定

(1) 标准曲线的绘制。

将仪器设置于合适的工作状态,调波长至 324.7 nm,导入标准系列溶液,以零管调零,测定其吸光度,根据吸光度及相对应的铜浓度绘制标准曲线(或建立回归方程)。

(2) 试样的测定。

将制备的试样导入仪器,测定其吸光度,然后根据吸光度从标准曲线上查出铜的含量

(或用回归方程计算)。

5. 数据记录

将所测数据填入表 3-30 中。

表 3-30 原子吸收光谱法测定葡萄酒中铜含量数据记录表

测定内容	标准溶液						样品溶液		空白溶液
吸取样品的体积/mL	—						1.0	1.0	—
吸取铜标准溶液的体积/mL	0.00	0.50	1.00	2.00	4.00	6.00	—	—	—
配制各显色液的体积/mL	100						100		100
各显色液中铜的含量/μg	0.0	5.0	10.0	20.0	40.0	60.0			
测得各显色液的吸光度 A									
样品中铜的含量/(mg/L)									
样品中铜含量平均值/(mg/L)									
相对偏差/(%)									

6. 结果计算

样品中铜的含量:

$$X = A \times n \tag{3-53}$$

式中:X——样品中铜的含量,mg/L;

A——检测试样中铜的含量,mg/L;

n——样品稀释倍数。

7. 说明

氯化钠或其他物质干扰时,可在进样前用硝酸铵溶液(1 mg/mL)或磷酸二氢铵溶液稀释,或进样后(石墨炉)再加入与样品等量上述物质作为基体改进剂。

二、二乙基二硫代氨基甲酸钠比色法

1. 知识要点

在氨性溶液中(pH 9~10),铜与二乙基二硫代氨基甲酸钠(DDTC)作用,生成黄棕色配合物,该配合物可被四氯化碳或三氯甲烷萃取,其最大吸收波长为 440 nm。在测定条件下,有色配合物可稳定 1 h,与标准系列比较定量。

2. 仪器

(1) 可见分光光度计。

(2) 分液漏斗(125 mL)。

3. 试剂

(1) 盐酸、硝酸、高氯酸、氨水、过氧化氢溶液:优级纯。

(2) 四氯化碳。

(3) 氨水(1∶1)。

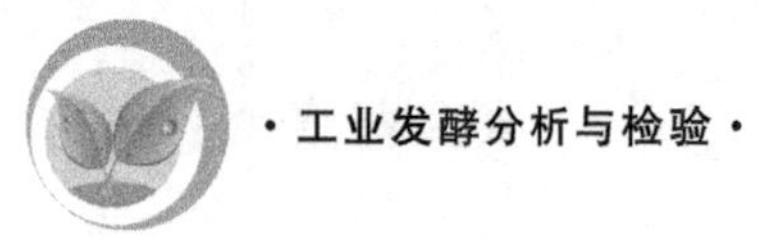

(4) 硫酸(1 mol/L):量取浓硫酸 60 mL,缓缓注入 1000 mL 水中,冷却,摇匀。

(5) EDTA-柠檬酸铵溶液:称取 5 g EDTA 和 20 g 柠檬酸铵,溶于水中并稀释至 100 mL。

(6) 二乙基二硫代氨基甲酸钠溶液(铜试剂)(1 g/L):称取 0.1 g 二乙基二硫代氨基甲酸钠,溶于水并稀释至 100 mL,用棕色玻璃瓶贮存,放在暗处可以保存两周。

(7) 氢氧化钠溶液(0.05 mol/L)。

(8) 硝酸溶液(0.5%)。

(9) 麝香草酚蓝指示液(1 g/L):称取 0.1 g 麝香草酚蓝,溶于 4.3 mL 0.05 mol/L 氢氧化钠溶液中,用水定容至 100 mL。

(10) 铜标准贮备液(0.1 mg/mL):同原子吸收光谱法。

(11) 铜标准使用液(10 μg/mL):同原子吸收光谱法。

(12) 铜标准系列:分别吸取铜标准使用液 0.00 mL、0.50 mL、1.00 mL、1.50 mL、2.00 mL、2.50 mL(含 0.0 μg、5.0 μg、10.0 μg、15.0 μg、20.0 μg、25.0 μg 铜)于 6 支 125 mL 分液漏斗中,各补加 1 mol/L 的硫酸至 20 mL,然后加入 10 mL EDTA-柠檬酸铵溶液和 3 滴麝香草酚蓝指示液,混匀,用氨水调 pH(溶液的颜色由黄色至微蓝色),补加水至总体积约 40 mL,再各加 2 mL 二乙基二硫代氨基甲酸钠溶液(铜试剂)和 10.00 mL 四氯化碳,剧烈振摇萃取 2 min,待静置分层后,将四氯化碳层经无水硫酸钠或脱脂棉滤入 2 cm 比色皿中。该系列用于标准曲线的绘制。

4. *测定方法*

1) 试样的制备

(1) 干法消化:准确吸取 25.00 mL 样品(V)于蒸发皿中,在水浴上蒸干,置于电炉上小心炭化,然后移入(550±25) ℃高温电炉中灼烧,灰化至残渣呈白色,取出,加入 10 mL 盐酸溶解,在水浴上蒸至约 2 mL,再加入 5 mL 水,加热煮沸后,移入 50 mL 容量瓶中,用水洗涤蒸发皿,洗液并入容量瓶中,加水稀释至刻度(V_2),摇匀,同时做空白试验。

(2) 湿法消化:准确吸取 5.00 mL 样品(V)于 10 mL 凯氏烧瓶中,置于电炉上缓缓蒸发至近干,取下稍冷后,加 1 mL 浓硫酸(根据含糖量增减)、1 mL 过氧化氢溶液,于通风橱内加热消化。如果消化液颜色较深,继续滴加过氧化氢溶液,直到消化液无色透明,稍冷,加 10 mL 水微火煮沸 3~5 min,取下冷却,同时做空白试验。

2) 标准曲线的绘制

在 440 nm 波长下,测定标准系列的吸光度,根据吸光度及相对应的铁浓度绘制标准曲线(或建立回归方程)。

3) 试样的测定

分别准确吸取干法消化的试样 10 mL(V_1)及同量空白消化液于 125 mL 分液漏斗中,补加水至 10 mL,然后按标准曲线的绘制同样操作,分别测其吸光度,从标准曲线上查出铜的含量(或用回归方程计算)。

将湿法消化的试样及空白消化液分别洗入 125 mL 分液漏斗中,补加水至 20 mL,以下操作同标准曲线的绘制,以测出的吸光度,从标准曲线上查出铜的含量(或用回归方程计算)。

5. 结果计算

1) 干法消化计算

样品中铜的含量：

$$X=\frac{(c_1-c_0)\times 1000}{V\times \frac{V_2}{V_1}\times 1000}=\frac{(c_1-c_0)\times V_1}{V\times V_2} \tag{3-54}$$

式中：X——样品中铜的含量，mg/L；

c_1——测定用试样中铜的含量，μg；

c_0——试剂空白液中铜的含量，μg；

V——吸取样品的体积，mL；

V_1——样品消化液的总体积，mL；

V_2——测定用试样的总体积，mL。

2) 湿法消化计算

样品中铜的含量：

$$X=\frac{c-c_0}{V} \tag{3-55}$$

式中：X——样品中铜的含量，mg/L；

c——测定用试样中铜的含量，μg；

c_0——试剂空白液中铜的含量，μg；

V——吸取样品的体积，mL。

6. 说明

(1) 为了防止铜离子吸附在采样容器壁上，采样后样品应尽快进行分析。如果需要保存，样品应立即酸化至 pH<2，通常每 100 mL 样品中加入盐酸(1∶1)0.5 mL。

(2) 分液漏斗的活塞不得涂抹油性润滑剂，因润滑剂溶于有机溶剂影响铜的测定。

(3) 水样中铜的含量较高时，也可直接在水相中进行比色，并用明胶或淀粉溶液作稳定剂，不必用四氯化碳萃取，但标准曲线绘制要按同样操作步骤进行。

(4) 萃取和比色时，避免日光直射，以免铜-DDTC 配合物分解。

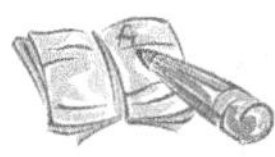

项目五　蒸馏酒中锰的含量的测定

学习目标

- 知识目标：能解释锰的测定原理。
- 技能目标：会熟练操作分光光度计。
- 素质目标：能严格按操作规程进行安全操作，真实记录；会分析实验结果；学会分析、判断、解决问题，在学与做的过程中锻炼与他人交往、合作的能力。

国标中第一法为原子吸收光谱法，其样品制备与测定与项目四葡萄酒中铜的含量的测定相同，因此这里介绍另一种测定方法，即比色法(GB/T 5009.48—2003)。

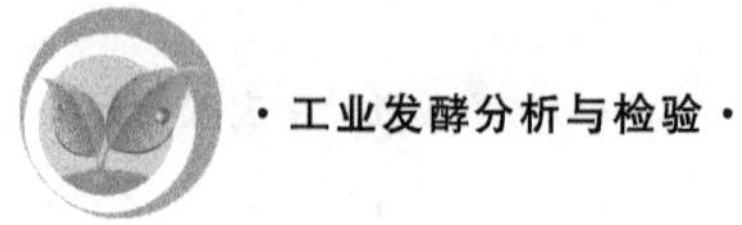

1. 知识要点

在白酒酿造过程中，原料发霉、变质、不净或发酵温度过高、杂菌感染等会导致白酒有臭味，使用高锰酸钾可以处理酒中杂色及异味。如果使用量不合理，会有锰的残留，对人体造成一定的影响。

用比色法可测定锰，其方法是试样经消化后在酸性条件下二价锰被过碘酸钾氧化成七价锰，呈紫红色，与标准系列比较定量。

2. 仪器

分光光度计。

3. 试剂

(1) 硫酸。

(2) 磷酸。

(3) 过碘酸钾。

(4) 硝酸。

(5) 过氧化氢溶液。

(6) 锰标准贮备液(1.0 mg/mL)：精密称取 0.2746 g 经 400～700 ℃灼烧至恒量的硫酸锰，或精密称取 0.3073 g 含一结晶水的硫酸锰($MnSO_4 \cdot H_2O$)或 0.4055 g 含四结晶水的硫酸锰($MnSO_4 \cdot 4H_2O$)，加水溶解后移入 100 mL 容量瓶中，加入 3 滴硫酸，再加水稀释至刻度，摇匀。

(7) 锰标准使用液(2.0 μg/mL)：吸取 1.0 mL 锰标准贮备液，置于 100 mL 容量瓶中，加水稀释至刻度，再吸取此液 10.0 mL，用水稀释至 50.0 mL。临用前配制。

4. 测定方法

1) 试样的制备

准确吸取 10.0 mL 样品(V)于 10 mL 凯氏烧瓶中，置于电炉上缓缓蒸发至近干，取下稍冷后，加 2 mL 浓硫酸、2 mL 过氧化氢溶液，于通风橱内加热消化。如果消化液颜色较深，继续滴加过氧化氢溶液，直到消化液无色透明，稍冷，加 10 mL 水，微火煮沸 3～5 min，取下冷却，定容至 25 mL。同时做空白试验。

2) 标准曲线的绘制与试样的测定

吸取 10.0 mL 试样消化液(相当于原试样 4 mL)于 100 mL 锥形瓶中，加水至总体积为 22 mL(试样消化液中含 2 mL 硫酸，如不足 2 mL，应加到 2 mL)。

吸取 0 mL、1.0 mL、2.0 mL、3.0 mL、4.0 mL、5.0 mL 锰标准使用液(相当于 0 μg、2.0 μg、4.0 μg、6.0 μg、8.0 μg、10.0 μg 锰)，分别置于 100 mL 锥形瓶中，加水至总体积为 20 mL，再加 2 mL 硫酸，混匀。

于试样及标准液锥形瓶中加入 1.5 mL 磷酸及 0.3 g 过碘酸钾，混匀。于小火上煮沸 5 min，然后移入 25 mL 比色管中，以少量水洗涤锥形瓶，洗液一并移入比色管中，加水至刻度，混匀，用 3 cm 比色皿，以标准零管调零点，于 530 nm 波长处测吸光度，绘制标准曲线，或与标准系列比较定量。

5. 结果计算

试样中锰的含量：

$$X = \frac{m \times 1000}{V_1 \times \frac{V_3}{V_2} \times 1000} \tag{3-56}$$

式中：X——样品中锰的含量，mg/L；

m——测定用样品消化液中锰的质量，μg；

V_1——样品的体积，mL；

V_2——样品消化液的总体积，mL；

V_3——测定用样品消化液的体积，mL。

6．说明

（1）酸度是发色完全与否的关键条件，酸性条件下保存的样品，分析前应调至 pH＝1～2，不得低于 1。

（2）样品消化不能蒸干，一旦蒸干，铁、锰等盐类很难复溶，将导致结果偏低，样品消化后也应调节 pH＝1～2，以利发色。

思考题

1．二硫腙比色法测食品中铅含量时，为什么要加入盐酸羟胺、氰化钾、柠檬酸铵？

2．二硫腙比色法测食品中汞的含量原理是什么？

3．用原子吸收光谱法与用化学法测定金属离子含量，结果有什么不同？在什么条件下用原子吸收光谱法？

4．用比色法测铁、铜、锰的含量时，为什么要先对样品进行消化？

第四章

酒的感官分析

酒的质量鉴定，如果单单依靠化学分析或仪器测量，即使所有的理化指标完全符合国家标准或国际标准还是远远不够的。因为化学分析或仪器测量，一方面只是表示酒中的化学成分如总酸、挥发酸含量、残留量、酒精度、干浸出物含量、总二氧化硫和游离二氧化硫含量等，另一方面反映酒的卫生状况，比如细菌总数、大肠杆菌总数等。化验数据反映了白酒生产内在的质量变化，它是局部的、化学的，不能反映酒醅生产中的物理结构变化，仅体现了生产的一个侧面，色谱定性、定量分析也只是反映了有限的香味成分数据指标；化验数据的测量手段和方法有限，取样的代表性有一定的局限性；化验数据测量过程缓慢，只是提供了一种后续工艺指导，而无法表示酒的风味质量。通过感官分析，依靠视觉观察酒的颜色、澄清度、是否挂壁、透明度及有无气泡等；依靠嗅觉对酒多次闻香，依靠味觉品尝酒的滋味，判断其风格、平衡性及是否诸味谐调等；依靠听觉来判断一些特定酒类启瓶的声音的清脆度等指标，最终确定酒的质量等级。了解并掌握一些酒类感官评价指标，在假酒肆虐的今天就显得特别迫切和必要了。

感官分析又叫品尝，是在理化指标分析的基础上，集心理学、生理学、统计学、工程学的知识发展起来的一门学科，也即利用感官（视觉、嗅觉、味觉，有时也包括听觉）评价、鉴定食品质量好坏的一种分析方法。

感官鉴评能明显反映工艺中原料的表观物理状态，其灵敏性远高于仪器检测的灵敏度，白酒作为一种食品最终靠消费者进行味觉评价，因此感官鉴评有一定的说服力；感官鉴评易操作，能及时有效地解决生产过程中亟待解决的实际问题。感官鉴评的缺陷是因个体嗅觉、味觉存在差异，很难对产品进行精密、准确的把握。

随着国家评酒师队伍的建设，国家标准中感官评定标准的规范化，感官鉴评有了充分的依据。在生产过程和质量控制中把理化分析与感官鉴评相结合，使其优势互补，更好地为全面提高产品质量服务。

本章主要介绍目前市场上常见的一些酒类，包括白酒、啤酒、果酒及黄酒中的一些代表酒类的感官评价方法及评价标准，各种酒的感官评价标准大都以最新国家标准为依据，个别酒类因为没有国家标准，只有地方标准，因此，以地方标准作为感官评定的标准，下面分别介绍中国白酒、啤酒、葡萄酒、白兰地、黄酒的感官评价标准，以备在具体感官鉴评时查阅。

模块一　中国白酒的感官评定

学习目标

• 知识目标：掌握中国白酒香型分类及其感官评价标准。

• 技能目标：掌握中国白酒品评的基本方法、步骤，能严格按照白酒品评的要求，熟练并准确地品评出主要香型的白酒及其等级。

• 素质目标：能严格按照操作顺序进行操作，真实、准确地记录观察结果；能根据记录的色、香、味等方面的结果综合评价酒的最终等级；学会分析、判断、解决问题。

1. 中国白酒的香型分类、感官特征及其代表酒

中国白酒的主要香型分为四类，即酱香型、浓香型、清香型及米香型。近年来出现了越来越多的其他香型的白酒，如凤香型、特香型、豉香型、兼香型、老白干香型等。这些香型白酒的感官特征及其主要代表酒如表 4-1 所示。

表 4-1　中国白酒的香型分类及代表酒

香　型	感 官 特 征	代　表　酒
酱香型白酒	酱香突出、优雅细腻、酒体醇厚、后味悠长，空杯留香持久	贵州茅台、郎酒、乌龙酒等
浓香型白酒	窖香浓郁、绵甜醇厚、香味谐调、尾净爽口	泸州老窖特曲、国窖 1573、五粮液、宋河粮液、剑南春、全兴大曲、古井贡酒等
清香型白酒	清香纯正、诸味谐调、余味爽净	汾酒、宝丰酒、黄鹤楼等
米香型白酒	蜜香清雅、入口柔绵、落口爽净、回味怡畅	桂林三花酒、冰峪庄园大米原浆酒及全州湘山酒等
凤香型白酒	醇香秀雅、醇厚甘润、诸味谐调、余味爽净	陕西西凤酒等
特香型白酒	清亮透明、香气优雅舒适、诸香谐调、柔绵醇和、香味悠长	江西四特酒等
豉香型白酒	玉洁冰清、豉香独特、醇厚甘润、后味爽净、风格突出	广东玉冰烧等
老白干香型白酒	酒香清雅、醇厚丰满、甘洌挺拔、诸味谐调、回味悠长	河北衡水老白干等
浓酱兼香型白酒	浓香为主，酱香为辅，浓中有酱，香气淡雅	湖北白云边等
酱浓兼香型白酒	酱香为主，浓香为辅，浓酱谐调、优雅舒适、口味甜绵、酒体丰满柔和、回味爽净	黑龙江玉泉酒等

续表

香　　型	感官特征	代　表　酒
凤兼型白酒	入口甘甜，回味悠长，唇齿留香，柔、顺、绵、净、爽	柔西凤、好猫西凤等
药香型白酒	清澈透明、香气典雅、浓郁甘美、略带药香、谐调醇甜爽口、后味悠长	贵州董酒等
芝麻香型白酒	口感细腻醇和，淡雅爽净，细品有一种芝麻的香味	山东景芝神酒等

2. 中国白酒的感官评价标准

目前，关于白酒的感官评价标准有两种：一种是地方标准，另一种是国家标准。目前大部分主流香型的白酒已经有了国家标准，少数几种香型的白酒目前还没有相关的国家标准，或者相关国家标准正在制定中。在国家标准中，各个香型的酒类根据相关感官特征分为优级和一级，以下主要根据相关香型白酒的国家及地方标准讲述这些酒类的各个级别的感官特征。

1）酱香型白酒的评价标准

酱香型白酒的评价标准包括国家标准(GB/T 26760—2011)，以及贵州省地方标准(DB 52/526—2007)，还有新的地方标准(DB 511500/T 11—2010 宜宾酒)。其相关感官评价标准如下。

高度(酒精度 45%～58%)酱香型白酒优级的感官标准如下：无色或微黄，清亮透明，无悬浮物，无沉淀；酱香突出，香气优雅，空杯留香持久；酒体醇厚，丰满，诸味协调，回味悠长；具有本品的典型风格。

低度(酒精度 32%～44%)酱香型白酒优级的感官标准如下：无色或微黄，清亮透明，无悬浮物，无沉淀；酱香较突出，香气较优雅，空杯留香久；酒体醇和，协调，味长；具有本品的典型风格。

2）浓香型白酒的感官评价标准(见表 4-2，GB/T 10781.1—2006)

表 4-2　浓香型白酒的感官评价标准

	优　级　酒	一　级　酒
高度 (酒精度 41%～68%)	无色或者微黄，清亮透明，无悬浮物，无沉淀；具有浓郁的已酸乙酯复合香味；酒体醇和谐调，绵甜爽净，余味悠长；具有本品典型的风格	无色或者微黄，清亮透明，无悬浮物，无沉淀；具有较浓郁的已酸乙酯复合香气；酒体较醇和谐调，绵甜爽净，余味较悠长；具有本品明显的风格
低度 (酒精度 25%～40%)	无色或者微黄，清亮透明，无悬浮物，无沉淀；具有较浓郁的已酸乙酯复合香气；酒体醇和谐调，绵甜爽净，余味较长；具有本品典型的风格	无色或者微黄，清亮透明，无悬浮物，无沉淀；具有已酸乙酯复合香气；具有本品明显的风格

3）清香型白酒的感官评价标准（见表 4-3，GB/T 10781.2—2006）

表 4-3 清香型白酒的感官评价标准

	优 级 酒	一 级 酒
高度（酒精度 41%～68%）	无色或者微黄，清亮透明，无悬浮物，无沉淀；清香纯正，具有乙酸乙酯为主体的优雅、谐调的复合香气；酒体柔和谐调，绵甜爽净，余味悠长；具有本品的典型风格	无色或者微黄，清亮透明，无悬浮物，无沉淀；清香较纯正，具有乙酸乙酯为主体的复合香气；酒体较柔和谐调，绵甜爽净，有余味；具有本品的明显风格
低度（酒精度 25%～40%）	无色或者微黄，清亮透明，无悬浮物，无沉淀；清香纯正，具有乙酸乙酯为主体的清雅、谐调的复合香气；酒体柔和谐调，绵甜爽净，余味较长；具有本品的典型风格	无色或者微黄，清亮透明，无悬浮物，无沉淀；清香较纯正，具有乙酸乙酯的香气；酒体较柔和谐调，绵甜爽净，有余味；具有本品明显的风格

4）米香型白酒的感官评价标准（见表 4-4，GB/T 10781.3—2006）

表 4-4 米香型白酒的感官评价标准

	优 级 酒	一 级 酒
高度（酒精度 41%～68%）	无色，清亮透明，无悬浮物，无沉淀；米香纯正，清雅；酒体醇和，绵甜、爽洌，回味怡畅；具有本品典型的风格	无色，清亮透明，无悬浮物，无沉淀；米香纯正；酒体较醇和，绵甜、爽洌，回味较畅；具有本品明显的风格
低度（酒精度 25%～40%）	无色，清亮透明，无悬浮物，无沉淀；米香纯正，清雅；酒体醇和，绵甜、爽洌，回味较怡畅；具有本品典型的风格	无色，清亮透明，无悬浮物，无沉淀；米香纯正；酒体较醇和，绵甜、爽洌、有回味；具有本品明显的风格

5）凤香型白酒的感官评价标准（见表 4-5，GB/T 14867—2007）

表 4-5 凤香型白酒的感官评价标准

	优 级 酒	一 级 酒
高度（酒精度 41%～68%）	无色或者微黄，清亮透明，无悬浮物，无沉淀；醇香秀雅，具有乙酸乙酯和己酸乙酯为主的复合香气；酒体醇厚丰满，甘润挺爽，诸位谐调，尾净悠长；具有本品典型的风格	无色或者微黄，清亮透明，无悬浮物，无沉淀；醇香纯正，具有乙酸乙酯和己酸乙酯为主的复合香气；醇厚甘润，谐调爽净，余味较长；具有本品明显的风格
低度（酒精度 18%～40%）	无色或者微黄，清亮透明，无悬浮物，无沉淀；醇香秀雅，具有乙酸乙酯和己酸乙酯为主的复合香气；酒体醇和谐调，绵甜爽净，余味较长；具有本品典型的风格	无色或者微黄，清亮透明，无悬浮物，无沉淀；醇香纯正，具有乙酸乙酯和己酸乙酯为主的复合香气；酒体醇和甘润，谐调，味爽净；具有本品明显的风格

6）特香型白酒的感官评价标准(见表 4-6,GB/T 20823—2007)

表 4-6 特香型白酒的感官评价标准

	优 级 酒	一 级 酒
高度 (酒精度 41%～68%)	无色或者微黄,清亮透明,无悬浮物,无沉淀;优雅舒适,诸香谐调,具有浓、清、酱三香,但均不露头的复合香气;酒体柔绵醇和,醇甜,香味谐调,余味悠长;具有本品典型的风格	无色或者微黄,清亮透明,无悬浮物,无沉淀;诸香尚谐调,具有浓、清、酱三香,但均不露头的复合香气;味较醇和,醇香,香味谐调,有余味;具有本品明显的风格
低度 (酒精度 18%～40%)	无色或者微黄,清亮透明,无悬浮物,无沉淀;优雅舒适,诸香较谐调,具有浓、清、酱三香,但均不露头的复合香气;酒体柔绵醇和,微甜,香味谐调,余味较长;具有本品典型的风格	无色或者微黄,清亮透明,无悬浮物,无沉淀;诸香尚谐调;具有浓、清、酱三香,但均不露头的复合香气;味较醇和,醇香,香味谐调,有余味;具有本品明显的风格

7）老白干香型白酒的感官评价标准(见表 4-7,GB/T 20825—2007)

表 4-7 老白干香型白酒的感官评价标准

	优 级 酒	一 级 酒
高度 (酒精度 41%～68%)	无色或者微黄,清亮透明,无悬浮物,无沉淀;醇香清雅,具有乳酸乙酯和乙酸乙酯为主体的自然谐调的复合香气;酒体谐调,醇厚甘冽,回味悠长;具有本品典型的风格	无色或者微黄,清亮透明,无悬浮物,无沉淀;醇香清雅,具有乳酸乙酯和乙酸乙酯为主体的复合香气;酒体谐调,醇厚甘冽,回味悠长;具有本品明显的风格
低度 (酒精度 18%～40%)	无色或者微黄,清亮透明,无悬浮物,无沉淀;醇香清雅,具有乳酸乙酯和乙酸乙酯为主体的自然谐调的复合香气;酒体谐调,醇和甘润,回味较长;具有本品典型的风格	无色或者微黄,清亮透明,无悬浮物,无沉淀;醇香清雅,具有乳酸乙酯和乙酸乙酯为主体的复合香气;酒体谐调,醇和甘润,有回味;具有本品明显的风格

8）豉香型白酒的感官评价标准(GB/T 16289—2007)

豉香型白酒一般是低度白酒,酒精度一般是 18%～40%,根据豉香型白酒最新国家标准(GB/T 16289—2007),其相关感官评价标准如下。

优级酒:无色或者微黄,清亮透明,无悬浮物,无沉淀;豉香纯正,清雅;入口醇和甘滑,酒体谐调,余味爽净;具有本品典型的风格。

一级酒:无色或者微黄,清亮透明,无悬浮物,无沉淀;豉香纯正;入口较醇和,酒体较谐调,余味较爽净;具有本品明显的风格。

9）芝麻香型白酒的感官评价标准(见表 4-8,GB/T 20824—2007)

表 4-8 芝麻香型白酒的感官评价标准

	优 级 酒	一 级 酒
高度（酒精度 41%～68%）	无色或者微黄，清亮透明，无悬浮物，无沉淀；芝麻香优雅纯正；酒体醇和细腻，香味谐调，余味悠长；具有本品典型的风格	无色或者微黄，清亮透明，无悬浮物，无沉淀；芝麻香较纯正；较醇和，余味较长；具有本品明显的风格
低度（酒精度 18%～40%）	无色或者微黄，清亮透明，无悬浮物，无沉淀；芝麻香较优雅纯正；酒体醇和谐调，余味悠长；具有本品典型的风格	无色或者微黄，清亮透明，无悬浮物，无沉淀；有芝麻香；酒体较醇和，余味较长；具有本品明显的风格

几乎所有香型的白酒，当酒液温度低于 10 ℃时，都可能现白色絮状沉淀物质或失光，当酒液温度在 10 ℃以上时应逐渐恢复正常。

3. 品评过程

1）样品的准备

把经过密码标记过的样品，放入 20 ℃恒温水浴锅中保温 1 h 左右（或者置于 20 ℃左右的室内 24 h），调温至 20 ℃左右。

2）样品的倒入

将已经温浴过的样品缓缓注入洁净、干燥、无异味的品酒杯中（注入量是玻璃杯容量的 1/2～2/3）。

3）样品的色泽的观察

端起品酒杯，用手指夹住酒杯的杯柱，举杯于适宜的光线下进行直观或侧观，观察酒液的色泽是否正色，有无光泽（发暗还是透明，清还是浑），有无悬浮物、沉淀物等。如光照不清，可用白纸作底以增强反光，或借助于遮光罩，使光束透过杯中的酒液，便能看到极小的悬浮物（如尘埃、细纤维、小结晶等），最后进行记录。

一般来说，所有合格的白酒酒液都是无色或者微黄，清亮透明，无悬浮物，无沉淀，如果出现沉淀的话，说明酒样本身是不合格产品。

4）样品的挂壁观察

端起品酒杯，轻轻摇动酒样，看样品是否挂壁，并记录结果。一般来说，品质上佳的中国白酒都有挂壁现象，这种现象在茅台酒中表现得尤其明显。

5）样品的香味评价

品评样品的香味时，首先辨别气味的性质和强度。记录香、臭、腥、膙、浓、淡、刺激性的大小。仔细辨别香型，如酱香、花香、果香、清香，是单一香气，还是混合香气。有无异常气味，如煤油气、卫生球气、大蒜气。

置酒杯于鼻子下 2 寸处，头略低，轻嗅其气味，这是第一感应，应特别注意。嗅了第一杯，接着记下香味。稍停，再作第二轮嗅香。酒杯可以接近鼻孔闻嗅，然后转动酒杯，短促呼吸，用心辨别气味。此时，对酒液的气味优劣，已应得出基本结论。再用手捧酒杯轻轻摇荡，慢嗅以判别其细微的香韵优劣，最后做出记录。

一般来说，酱香型白酒的香味特点是酱香突出，优雅细腻，空杯留香，其主要香味物质是由高沸点的酸性物质和低沸点的酯类物质组成的复合香;浓香型白酒的香味特点是窖香浓郁、绵甜醇厚、香味谐调、尾净爽口,其主体香味物质是己酸乙酯;清香型白酒的香味特点是清香纯正,诸味谐调,余味爽净,其主体香型是乙酸乙酯;米香型白酒的香味特点是蜜香清雅,入口柔绵,落口爽净,回味怡畅,其主体香味物质是乳酸乙酯和β-苯乙醇;凤香型白酒的香味特点是醇香秀雅、醇厚甘润、诸味谐调、余味爽净,其主体香味物质是乙酸乙酯和己酸乙酯;特香型白酒的香味特点是清亮透明,香气优雅舒适,诸香谐调,柔绵醇和,香味悠长,具有浓、清、酱三香,但均不露头的复合香气,其主体香味物质是乙酸乙酯和丙酸乙酯;豉香型白酒的香味特点是豉香纯正,清雅,其主体香味物质是β-苯乙醇和小分子有机酸;老白干香型白酒的香味特点是醇香清雅,其主体香味物质是乳酸乙酯和乙酸乙酯;芝麻香型的白酒的香味特点是芝麻香优雅纯正。总的来说,酒样的这些香味特征越明显,酒的质量越高,优级酒的香味特征要表现得特别明显,而一级酒的上述香味特征要表现得比较明显。

6）样品的滋味品评

将酒注入洁净、干燥的酒杯中,饮入少量样品(约 2 mL)于口中,注意要慢而稳,使酒液先接触舌尖(味觉最灵敏部位),其次两侧,再次舌根部,然后鼓动舌头打卷,使酒液铺展到舌的全面,进行味觉的全面判断。除了体验味的基本情况,还要注意味的谐调及刺激的强烈或柔和,有无异味,是否有愉快的感觉等。然后将酒咽下(少量或全部),以辨别后味。最后进行风味术语描述。

一般来说,酱香型白酒的滋味特点是口味醇厚,丰满,绵柔,回味悠长;浓香型白酒的滋味特点是酒体醇和谐调,绵甜爽净,余味悠长;清香型白酒的滋味特点是酒体柔和谐调,绵甜爽净,余味悠长;米香型白酒的滋味特点是酒体醇和,绵甜、爽洌,回味怡畅;凤香型白酒的滋味特点是酒体醇厚丰满,甘润挺爽,诸味谐调,尾净悠长;老白干香型白酒的滋味特点是酒体谐调,醇厚甘洌,回味悠长;豉香型白酒的滋味特点是入口醇和甘滑,酒体谐调,余味爽净;特香型白酒的滋味特点是酒体柔绵醇和,酒体醇甜,香味谐调,余味悠长;老白干香型白酒的滋味特点是酒体谐调,醇厚甘洌,回味悠长;芝麻香型白酒的滋味特点是酒体醇和细腻,香味谐调,余味悠长。跟香味特点一样,滋味特别明显的是优级酒,而滋味比较明显的是一级酒。

7）样品的综合评定

通过品尝香与味,综合判断是否具有该产品的风格(浓香型、清香型、酱香型、米香型、凤香型、豉香型、芝麻香型及特香型等)特点,并记录其强弱(突出的、明显的、固有的)程度,如具有本品明显的风格。根据这样的判断规则,判定酒样的最终等级(优级、一级及不合格)。

4. 白酒感官评价的影响因素

1）品酒环境

评酒环境的好坏对品酒结果有一定影响。在隔音、恒温、恒湿的评酒环境中用两杯法评定,其正确率高;在嘈杂声和震动条件下,评定正确率低;在空气有异味的条件下正确率就更低了。这是因为环境条件差影响了嗅觉和味觉的正确发挥,嘈杂声会使人产生反感情绪,这些都影响评定效果。

正常的情况下，要求评酒室应无较大的震动和噪音，室内清洁整齐，无异杂味和香气，空气新鲜，光线充足，恒温 21～24 ℃为宜，湿度 65%为宜。不适宜的温度与湿度易使人感到身体和精神不舒适，并对味觉有明显影响。亮度应适中，阳光不宜直射室内。环境应安静、舒适（噪声应小于 40 dB），评定室应远离噪声源，如道路、噪声较大的机械等，在建筑物内，则应避开噪声较大的门厅、楼梯口、主要通道等，以防止品酒人员受到外界刺激。

此外，评酒室应附有专用的准备室，用于样品准备、容器洗刷，备有样品保存用的冰箱、微波炉、恒温箱等，室内的陈设尽可能简单些，无关的用具不应放入；集体评酒室通常有多个小隔间，每人一间，暗评时互不影响；评酒员的坐椅应高低适合，坐着舒适，可以减少疲劳；评酒桌上放一杯清水，桌旁应有一水盂，供吐酒、漱口用，有条件的可以装水龙头和水槽。

2）品酒员的健康状况及专业知识状况

评酒人员的身体健康状况、思想情绪及品酒前的饮食等，都会影响评酒结果，在生病或情绪不好时感觉器官失调，品酒准确性和灵敏度下降而影响评定结果。如果评定人员有下列情况，应该不参加评定工作。

（1）感冒、高烧或者患有皮肤系统的疾病，前者不宜从事品尝工作，后者不宜参加与样品有接触的质地方面的评价工作。

（2）患有口腔疾病。

（3）精神沮丧或工作压力过大。

（4）吸烟者可能具有很好的评定能力，但如果要参加评定试验的话，一定要在试验开始前 30 min 不要吸烟。习惯饮用咖啡的人也要做到在试验前 1 h 不饮咖啡。

（5）色盲、嗅盲、味盲的人不能评酒，品酒人员必须有健康的身体，感觉有问题或者年龄在 60 周岁以上者不适宜做评定员。

（6）品评期间早、中餐忌食生葱、生蒜等辛辣食物，此外评酒员应该饮食正常，不能过饥或者过饱。

（7）品评前最好先刷牙漱口，保持口腔清洁，以便品评时做出正确的鉴别。

（8）个人评选（暗评）时要独立品评和考虑。不相互议论和交换评分表，不得询问样品情况。不要安排个人场外活动，一般不接待来访人员，不透露酒类品评的情况。

（9）品评期间，除正式品评外，不得饮酒和交换样品。

（10）在品评过程中有不公正或行为不正者，作为废卷处理或取消品评资格，集体评议（明评）时，允许申诉、质询、答辩有关产品质量问题。

此外，品酒员应经过专门训练和考核，符合感官分析要求，熟悉中国白酒感官品评用语，掌握相关香型白酒的感官特点。

3）品酒杯的情况

品酒杯的大小、色泽、形状、质量和盛酒量等对品酒结果有一定的影响。为有利于观察所评定酒的色泽，嗅闻酒的香气以及品尝酒的味道，要求酒杯为无色透明、无花纹、杯体光洁、厚薄均匀、肚大、口稍缩小的高脚郁金香型玻璃杯（见图 4-1）。

评定时注入酒杯中的酒量，要求为酒杯总容量的 2/3 或少一些，每轮中每杯酒量要一

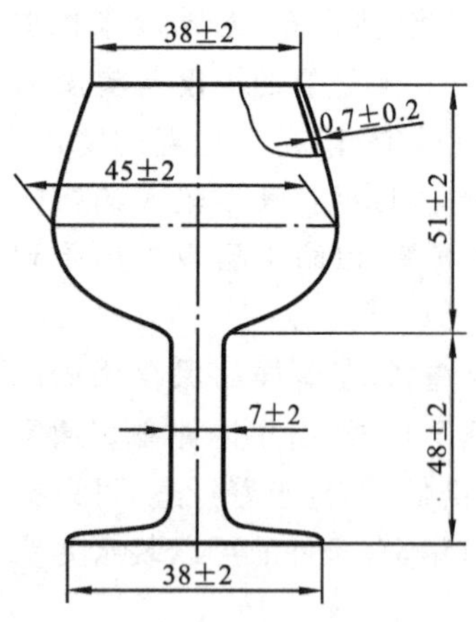

图 4-1　品酒杯(单位:mm)

致。这样可保持有一定的杯空间,便于闻香,每组也是在同一空间中找出闻香的区别,满足品酒的需要。如果每组杯的大小不一样,或装量不一样,都会影响评酒效果,这一点是评定酒的最基本常识,所以同一次实验的品酒杯外形、大小及色泽最好一致。

4) 酒样的温度

由于酒样的温度不同,嗅觉器官对酒的香、味觉器官对酒的味感觉差异较大。同样一种酒样,温度较高时,分子运动快,刺激感强,会使嗅觉过早疲劳,而且放香大的气味会掩盖放香小的气味。温度低时,分子运动慢,会使人感到香气小或香气不足,舌的味觉神经会随温度降低而麻痹。人的味觉最灵敏的温度为 21～30 ℃。要求评定前 24 h 每轮酒样放置于同一地点并在常温下存放,以防止因酒样的温度不同而影响评定结果。

5) 品酒时间

关于我国的评酒时间,根据生活习惯和较长时间的评定实践,认为每天上午 9 时至 11 时,午后 3 时至 5 时较好。每天评定四轮酒样,上午两轮,下午两轮。每轮最好不超过五个酒样。每轮次下来要有充分的休息时间,待嗅觉、味觉器官恢复正常后再进行下一轮次评定。

6) 酒样的编组顺序

酒样在评定之前需要按酒精度的高低、香型、酒的质量及颜色深浅进行评定。一般应按从酒精度低的到酒精度高的顺序评定;香型应从清香、酱香、其他香、兼香到浓香的顺序评定;质量由普通到中档再到高档的顺序安排评定;颜色由浅到深进行评定。这样每一轮的酒样,香型相同,质量接近,酒质量差别较小,便于鉴别。

7) 品评记表(见表 4-9)

表 4-9　白酒感官检验记录表

序号	检验项目	检验方法	指　标	检验结果	单项判定
1	色泽和外观	GB/T 10345—2007	无色或微黄,清亮透明,无悬浮物,无沉淀		
2	香气	GB/T 10345—2007	具有较浓郁的乙酸乙酯为主体的香气		
3	口味	GB/T 10345—2007	酒体醇和协调,绵甜爽净,余味较长		
4	风格	GB/T 10345—2007	具有本品典型的风格		

8) 说明

(1) 很多白酒质量的好坏,从包装上就能看出来,因此,在品评带有包装的样品时,首先看看样品的包装是否完整无损,标签和商标是否清晰且与内容相符合等,而后才是进行色泽、香气及滋味的品评。

(2) 在进行中国白酒色泽品评时，通过对酒体的透光度观察，能够检测到酒体是否受到污染或者工艺上是否存在一定的问题。

(3) 在进行中国白酒香味品评时，首先辨别气味的性质和强度，记录香、臭、腥、臊、浓、淡、刺激性的大小。仔细辨别香型，如酱香、花香、果香、清香，是单一香气，还是混合香气；有无异常气味，如煤油气、卫生球气、大蒜气，是来自食品本身固有的气味，还是腐烂、霉变、酸败、发酵的气味；这些气味的浓烈程度可否忍受等。应用通俗易懂的文字记录下来。

(4) 根据人味觉器官的工作特点，甜味主要在舌尖部，咸味主要在舌尖侧面的边缘，酸味主要在舌的两侧边缘，苦味主要在舌根，因此，进行酒的滋味品评时，首先是舌尖部位先接触到酒样，然后是两侧部位，最后是舌根部。此外，人的味觉除甜、酸、苦、咸四种味觉外，还有许多味感。如涩味，这是一种舌体黏膜的收敛感，主要是由单宁引起的，在果酒中常有涩味，啤酒也带有涩味。另外，还有辣味、金属味。辣味不是味觉，是刺激口腔黏膜引起的疼觉。金属味是指舌面接触金属而产生的味觉。

思考题

1. 中国白酒的主要香型有哪些？其代表酒分别是什么？
2. 中国白酒品评的影响因素有哪些？
3. 中国白酒品评的主要项目有哪些？
4. 简述酱香型、浓香型、清香型、米香型白酒的感官评价标准。
5. 简述中国白酒品评的主要步骤。
6. 酱香型、浓香型、清香型、米香型、特香型、凤香型中国白酒的主体香味物质是什么？

模块二　啤酒的感官评定

学习目标

- 知识目标：掌握啤酒的主要类型及其感官评价标准。
- 技能目标：掌握啤酒品评的基本方法、步骤，能够准确评定出啤酒样品是否合格及其等级。
- 素质目标：能严格按照操作顺序进行操作，真实、准确地记录观察结果；能根据记录的色、香、味等方面的结果综合评价啤酒样品的最终等级；学会分析、判断、解决问题。

1. 啤酒的类型及国内外著名啤酒品牌

1) 啤酒的类型

啤酒是人类最古老的酒精饮料，是水和茶之后世界上消耗量排名第三的饮料，是以麦

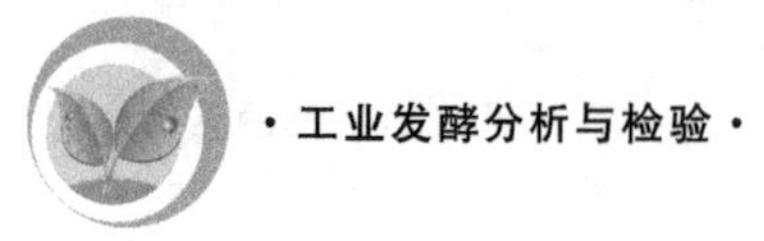

芽、水为主要原料，加啤酒花（包括酒花仿制品），经过酵母发酵酿制而成的、含有二氧化碳气泡的、低酒精度的发酵酒。

根据啤酒液是否经过灭菌，可将啤酒分为熟啤酒（经过巴氏灭菌或瞬时高温灭菌的啤酒）、生啤酒（不经过巴氏灭菌或瞬时高温灭菌，而采用其他物理方法除菌，以达到一定生物稳定性的啤酒）、鲜啤酒（不经过巴氏灭菌或瞬时高温灭菌，成品中允许含有一定量活酵母菌，而达到一定生物稳定性的啤酒）。

根据原辅材料、工艺的差异，可把啤酒分为干啤酒（实际发酵度不低于72%、口味干爽的啤酒）、冰啤酒（经过冰晶化处理的啤酒）、低醇啤酒（酒精度为0.6%～2.5%）、无醇啤酒（酒精度小于0.5%）、小麦啤酒（以小麦芽、水为主要原料酿制，具有小麦芽经酿造所产生的特殊香气的啤酒）、混浊啤酒（在成品中含有一定量的酵母菌或显示特殊风味的胶体物质，浊度不小于2.0 EBC的啤酒）、果蔬汁啤酒（在啤酒中加入一定量的果蔬汁，具有其特征性理化指标和风味，并保持啤酒基本口味的啤酒）、果蔬味啤酒（在保持啤酒基本口味的基础上，添加少量食用香精，使其具有相应的果蔬风味）。

根据酒体颜色的不同，可将啤酒分为淡色啤酒（色度在2～14 EBC）、浓色啤酒（色度在15～40 EBC）、黑色啤酒（色度不小于41 EBC）、特种啤酒。

2）国内外著名啤酒品牌。

（1）国外著名啤酒品牌。

国外著名啤酒品牌有美国安海斯布希公司生产的百威啤酒，比利时贝克英特布鲁时代公司生产的贝克啤酒，荷兰喜力公司生产的喜力啤酒，丹麦嘉士伯公司生产的嘉士伯啤酒，巴西安贝夫公司生产的安贝夫啤酒，南非出产的南非啤酒，美国美乐公司生产的美乐系列啤酒，英国苏格兰纽卡斯尔公司生产的纽卡斯尔啤酒，日本出产的朝日啤酒、麒麟啤酒。

（2）国内著名啤酒品牌。

国内著名啤酒品牌有青岛啤酒股份有限公司生产的青岛啤酒、燕京啤酒集团公司生产的燕京啤酒、华润雪花啤酒（中国）有限公司生产的雪花啤酒、重庆啤酒集团生产的山城啤酒、金威啤酒集团有限公司生产的金威啤酒、广州珠江啤酒集团有限公司生产的珠江啤酒、河南金星啤酒集团有限公司生产的金星啤酒、哈尔滨啤酒有限公司生产的哈尔滨啤酒等。

2. 啤酒的感官评价标准

根据啤酒最新国家标准（GB 4927—2008），啤酒的感官评价标准如表4-10和表4-11所示。

表4-10 淡色啤酒感官评价标准

项目			优级	一级
外观[a]	透明度		清亮、允许有肉眼可见的细微悬浮物和沉淀物（非外来异物）	
	浊度/EBC ≤		0.9	1.2
泡沫	形态		泡沫洁白细腻，持久挂杯	泡沫较洁白细腻，较持久挂杯
	泡持性[b]/s ≥	瓶装	180	130
		听装	150	110

续表

项　目	优　级	一　级
香气和口味	有明显的酒花香气，口味纯正，爽口，酒体协调，柔和，无异香、异味	有较明显的酒花香气，口味纯正，较爽口，协调，无异香、异味

注：[a]对非瓶装的“鲜啤酒”无要求；

[b]对桶装（鲜、生、熟）啤酒无要求。

表 4-11　浓色啤酒感官评价标准

项　目			优　级	一　级
外观[a]			酒体有光泽，允许有肉眼可见的细微悬浮物和沉淀物（非外来异物）	
泡沫	形态		泡沫洁白细腻，持久挂杯	泡沫较洁白细腻，较持久挂杯
	泡持性[b]/s ⩾	瓶装	180	130
		听装	150	110
香气和口味			具有明显的麦芽香气，口味纯正，爽口，酒体醇厚，杀口，柔和，无异味	有较明显的麦芽香气，口味纯正，较爽口，杀口，无异味

注：[a]对非瓶装的“鲜啤酒”无要求；

[b]对桶装（鲜、生、熟）啤酒无要求。

3. 啤酒的具体品评过程

1）品评前的准备

（1）样品的准备。取未贴标签或将标签洗掉的原瓶啤样品，放入 20 ℃恒温水浴锅中保温 1 h 左右（或置于 20 ℃左右的室内 24 h），调温至 20 ℃左右。

（2）品酒杯及相关仪器的准备。取洁净、干燥的直口玻璃杯（具体规格如图 4-2 所示），放于铁架台底座上，在铁架台上固定一铁环，铁环距离啤酒杯口约 3 cm。

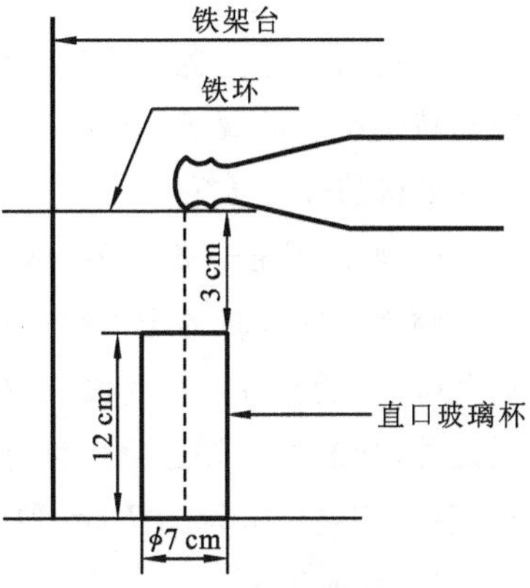

图 4-2　啤酒起泡性观察

2）样品色泽的观察

取未贴标签或将标签洗掉的原瓶啤酒，置于明亮处迎光观察，然后倒入小烧杯中，借助 8 倍的放大镜于光亮处观察。记录色泽透明、清亮、微亮、微混及混浊等；对于有沉淀的酒样，则记录为轻沉淀、沉淀或重沉淀等；有时啤酒虽透明，但也可发现小粒游动，浮游物可用离心机使其沉淀，再以显微镜进一步观察。仔细观察后，可记录为：清亮透明，无明显的悬浮物和沉淀物；尚清亮，无明显的悬浮物和沉淀物；尚清亮，较透明，无明显

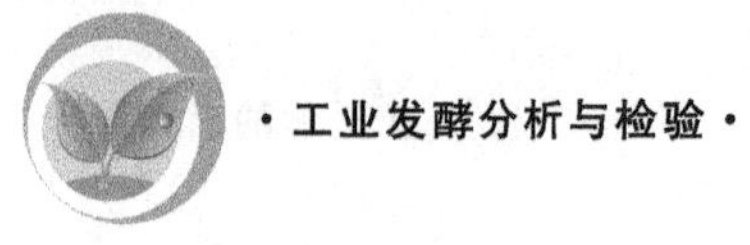

沉淀物，微混浊、混浊等。

3）样品的起泡性观察

啤酒样品的起泡性观察，主要包括两个方面，即泡沫形态、泡沫持久性及泡沫挂壁性观察。具体观察步骤如下。

(1) 泡沫形态观察。

将水浴过的啤酒启盖，立即置瓶（罐）口于铁环上，沿杯中心线（见图 4-2），以均匀流速将啤酒注入杯中，直至泡沫高度与杯口相齐时止。同时按秒表计时，观察泡沫升起情况，记录泡沫的形态（包括色泽和粗细）。根据观察可记录为：洁白、白、发黄、灰；细腻、较细腻、较粗、粗大；挂杯、尚挂杯、不挂杯等。等待泡沫稳定后测量泡沫高度，以 cm 为单位表示。

(2) 泡沫持久性及挂壁性观察。

记录泡沫从初始到消失的时间，以 s 计算；同时观察泡沫是否挂壁。

一般来说，无论是淡色啤酒还是浓色啤酒，泡沫持续时间达到或超过 180 s 的属于优级酒，达到 130 s 以上的属于一级酒，达不到 130 s 的属于不合格酒。

4）样品的香味品评

端起酒杯，缓缓摇动酒杯，让杯中酒液晃动，让鼻子靠近酒杯口部，进行闻嗅，并记录其香气特征。例如有明显的酒花香气、新鲜、无老化气味及生酒花香气味，或者有酒花香但不明显，或者有老化气味、生酒花气味，或者有异香或怪气味等。对于淡色啤酒，具有麦芽的清香；对于浓色啤酒，香气重点为麦芽的焦香。

5）样品的滋味品评

喝入少量样品，用味觉器官细细品尝，并记录下口感特征。品尝时根据口味纯正、爽口、醇厚而杀口，以及有无异味等情况，做出记录。纯正——没有酵母味或酸味等不正常的怪味或杂味，例如双乙酰等。爽口——饮后愉快、协调、柔和、苦味愉快而消失迅速、无明显的涩味，有再饮欲望。杀口——有二氧化碳的刺激，使人感到清爽。醇厚——饮后感到酒味厚、圆满，口味不单调。口味淡而无味、水似的啤酒是劣质啤酒。

6）样品的综合评定

通过对样品的色泽、泡沫状况、香味及口感风味进行综合分析，这三种风格特点都表现得特别明显的属于优级酒，表现得一般明显的是一级酒，风格特征表现一般、味道淡而无味的则属于劣质酒。

4. 啤酒感官评价的影响因素

啤酒感官评价的影响因素跟白酒的感官评价几乎相同，在品评顺序上，一般是先品评淡色啤酒，后品评深色啤酒；另外，啤酒的酒液允许有肉眼可见的细微悬浮物和沉淀物，除此之外，啤酒的品评过程中多了一项，即泡沫特征观察。啤酒品评的玻璃杯是直口玻璃杯，直径和高度分别为 7 cm 和 12 cm 左右。

5. 品评记录

啤酒品评记录如表 4-12 所示。

表 4-12 啤酒品评记录表

<table>
<tr><td rowspan="6">感官指标</td><td rowspan="2">外观</td><td>透明度</td><td></td></tr>
<tr><td>浊度/EBC</td><td></td></tr>
<tr><td rowspan="2">泡沫</td><td>形态</td><td></td></tr>
<tr><td>持久性/s</td><td></td></tr>
<tr><td colspan="2">色度/EBC</td><td></td></tr>
<tr><td colspan="2">香气和口味</td><td></td></tr>
</table>

6. 说明

(1) 啤酒酒液的品评温度目前没有统一的标准，有用 15 ℃的，有用 20 ℃的，本书中鉴于啤酒一般在夏季饮用，根据气温状况选择 20 ℃。

(2) 在啤酒起泡性观察时，一般来说，泡沫起得越迅速、泡沫越洁白细腻、泡沫维持时间越长、泡沫挂壁时间越长，啤酒的质量越好。泡沫是啤酒的质量指标之一。

(3) 泡沫的形成除了与酒液中二氧化碳含量充足与否相关外，还与麦芽汁的成分有关系。

(4) 在对啤酒进行泡沫观察时，品酒室严禁有空气流通现象，测定前样品瓶避免振摇。

(5) 啤酒根据其生产工艺特点，与白酒及其他类需要蒸馏的酒类有明显的不同，其酒液允许有一些细微的悬浮物及沉淀物，尤其是生啤酒液中，悬浮物及沉淀物更加明显。

思考题

1. 中国主要的啤酒品牌有哪些？
2. 啤酒的品评与中国白酒的品评有哪些差异？
3. 简述啤酒的品评过程。
4. 试述淡色啤酒的感官评价标准。
5. 试述浓色啤酒的感官评价标准。

模块三 果酒的感官评定

学习目标

- 知识目标：掌握葡萄酒和白兰地的主要类型及其感官评价标准。
- 技能目标：掌握葡萄酒和白兰地品评的基本方法、步骤，能够准确评定出葡萄酒和白兰地样品是否合格及其等级。
- 素质目标：能严格按照操作顺序进行操作，真实、准确地记录观察结果；能根据记录的色、香、味等方面的结果综合评价葡萄酒和白兰地样品的最终等级；学会综合分析、判

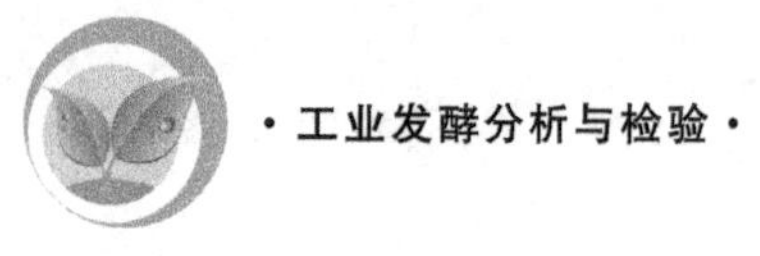

断、解决问题。

1. 果酒简介

根据最新果酒国家标准(NY/T 1508—2007),果酒是以新鲜水果或者果汁为原料,采用全部或者部分发酵酿制而成的,酒精度在7%~18%(体积分数)(白兰地除外)的各种低度饮料酒。根据其含糖量的不同,果酒可分为干型果酒、半干型果酒、半甜型果酒和甜型果酒。目前市场上的果酒以葡萄酒和白兰地为主。

1) 葡萄酒的类型及国内外主要葡萄酒品牌

葡萄酒的分类如下:根据酒体内含糖量的不同可分为干葡萄酒(dry wines)、半干葡萄酒(semi-dry wines)、半甜葡萄酒(semi-sweet wines)、甜葡萄酒(sweet wines);根据酒体内二氧化碳含量的不同可分为平静葡萄酒(still wines)、高泡葡萄酒(sparkling wines)、天然高泡葡萄酒(brut sparkling wines)、绝干高泡葡萄酒(extra-dry sparkling wines)、干高泡葡萄酒(dry sparkling wines)、半干高泡葡萄酒(semi-dry sparkling wines)、甜高泡葡萄酒(sweet sparkling wines)、低泡葡萄酒(semi-sparkling wines);根据葡萄酒的酿造工艺的差异可分为利口葡萄酒(liqueur wines)、葡萄汽酒(carbonated wines)、冰葡萄酒(ice wines)、贵腐葡萄酒(noble rot wines)、产膜葡萄酒(flor or film wines)、加香葡萄酒(flavoured wines)、低醇葡萄酒(low alcohol wines)、脱醇葡萄酒(non-alcohol wines)、山葡萄酒(*V. amurensis* wines);除了上述分类外,根据酒体色泽不同可分为白葡萄酒、桃红葡萄酒和红葡萄酒;根据酿造所用葡萄所采摘的年份分为年份葡萄酒(wintage wines);根据酿造用葡萄的品种差异分为品种葡萄酒(varietal wines);根据葡萄的产地不同分为产地葡萄酒(original wines)。

国内知名葡萄酒品牌有王朝白葡萄酒、长城牌白葡萄酒、中国红葡萄酒、烟台红葡萄酒、张裕味美思、张裕解百纳等。

国外葡萄酒的知名品牌主要有法国的波尔多玛格丽红葡萄酒,德国的雷司令葡萄酒,西班牙葡萄酒中的皇家珍藏—2003、贝加西西利亚-瓦堡拿5年—2003和黑牌玛斯拉普拉纳1500 mL—2002等,意大利的图拉斯红葡萄酒,智利的Caliterra、Carmen、Concha Ytoro等。

2) 白兰地分类及国内外主要白兰地品牌

根据最新白兰地国家标准(GB/T 11856—2008),白兰地(brandy)是以葡萄为原料,经发酵、蒸馏、橡木桶陈酿、调配而成的葡萄蒸馏酒。"葡萄蒸馏酒(葡萄白兰地)"通常简称为"白兰地"。根据白兰地酿造原料及酿造工艺的不同,白兰地可分为葡萄原汁白兰地(brandy made from grape juice)、葡萄皮渣白兰地(brandy made from grape marc)、调配白兰地(blended brandy)。

最为熟悉的国产白兰地品牌就是张裕葡萄酒公司生产的可雅(后更名为金奖白兰地),后来又有五个白兰地知名品牌崛起,它们分别是人头马、轩尼诗、百事吉、马爹利、路易老爷;国际上生产白兰地的国家很多,如法国、德国、意大利、西班牙、美国等,但以法国生产的白兰地品质为最好,而法国白兰地又以干邑和阿尔玛涅克两个地区的产品为最佳,其中,干邑的品质为举世公认,最负盛名。

2. 果酒的感官评价标准

1）果酒的一般感官评价标准

按照果酒的最新感官行业标准(NY/T 1508—2007)，果酒的感官评价指标主要分为四个方面。

(1) 色泽：要求酒体具有本品的正常色泽，酒液清亮，无明显沉淀物、悬浮物和混浊现象。

(2) 香气：要求酒体具有原果实特有的香气，陈酒还应该具有浓郁的酒香，且与果香混为一体，无突出的酒精气味。

(3) 滋味：要求酒液滋味酸甜适口，醇厚纯净而无异味，甜型酒要甜而不腻，干型酒要干而不涩，酒体谐调。

(4) 典型性：要求酒体的整体风格具有标示品种及产品类型的应有特征和风味。

2）葡萄酒的感官标准

根据葡萄酒最新国家标准(GB 15037—2006)，葡萄酒产品的等级可分为五级，各级感官评价标准具体如下。

优级品：具有该产品应有的色泽，自然、悦目、澄清(透明)、有光泽；具有纯正、浓郁、优雅和谐的果香(酒香)、诸香谐调，口感细腻、舒顺，酒体丰满、完整，回味悠长，具有该产品应有的怡人风格。

优良品：具有该产品的色泽，澄清透明，无明显的悬浮物，具有纯正和谐的果香(酒香)，口感纯正，较舒顺，较完整、优雅，回味较长，具有良好的风格。

合格品：与该产品应有的色泽略有不同，缺少自然感，允许有少量沉淀，具有该产品应有的气味，无异味，口感尚平衡，欠谐调、完整，无明显缺陷。

不合格品：与该产品应有的色泽明显不符，严重失光或混浊，有明显异香、异味，酒体寡淡、不协调，或者有其他明显缺陷(除色泽外，只要有其中一条，则判为不合格品)。

劣质品：不具备应有的特征。

当然不同类型的葡萄酒具体的感官标准又有所不同，具体标准见表4-13。

表4-13　不同类型葡萄酒的感官标准

项目			要求
外观	色	白葡萄酒	近似无色、微黄带绿、浅黄、禾秆黄、金黄色
		红葡萄酒	紫红、深红、宝石红、红微带棕色、棕红色
		桃红葡萄酒	桃红、淡玫瑰红、浅红色
	澄清程度		澄清，有光泽，无明显悬浮物(使用软木塞封口的酒允许有少量软木渣，装瓶超过1年的允许有少量沉淀)
	起泡程度		起泡葡萄酒注入杯中时，应有细微的串珠状气泡升起，并有一定的持续性

续表

项目			要求
香气与滋味	香气		具有纯正、优雅、爽怡、和谐的果香和酒香，陈酿型的葡萄酒还应该具有陈酿香或橡木香
	滋味	干、半干葡萄酒	具有纯正、优雅、爽怡的口味和悦人的果香味，酒体完整
		半甜、甜葡萄酒	具有甘甜醇厚的口味和陈酿的酒香味，酸甜协调，酒体丰满
		起泡葡萄酒	具有优美醇正、和谐悦人的口味和发酵起泡酒的特有香味，有杀口力
典型性			具有标示的葡萄品种及产品类型应有的特征和风格

3）白兰地的感官标准

根据白兰地最新国家标准（GB/T 11856—2008），其感官标准可分为四级，即特级（XO）、优级（VSOP）、一级（VO）和二级（VS），各级的感官评价标准具体见表 4-14。

表 4-14　白兰地的感官评价标准

项目	要求			
	特级（XO）	优级（VSOP）	一级（VO）	二级（VS）
外观	澄清透明、晶亮，无悬浮物、无沉淀			
色泽	金黄色至赤色	金黄色至赤金色	金黄色	淡金黄色至金黄色
香气	具有和谐的葡萄品种香，陈酿的橡木香，醇和的酒香，优雅浓郁	具有明显的葡萄品种香，陈酿的橡木香，醇和的酒香，优雅	具有葡萄品种香、橡木香及酒香，香气谐调、浓郁	具有原料品种香、酒香及橡木香，无明显刺激感和异味
口味	醇和、甘洌、沁润、细腻、丰满、绵延	醇和、甘洌、丰满、绵延	醇和、甘洌、完整、无杂味	较纯正、无邪杂味
风格	具有本品独特的风格	具有本品突出的风格	具有本品明显的风格	具有本品应有的风格

3. 果酒品评的具体过程

1）葡萄酒品评的具体过程

（1）品评前的准备。

① 酒样的准备。

葡萄酒的酒样准备比较复杂，不同类型的葡萄酒品评温度不一样，一般来说，起泡、加气起泡葡萄酒 9～10 ℃，白葡萄酒（普通）10～11 ℃，桃红葡萄酒 12～14 ℃，白葡萄酒（优质）13～15 ℃，红葡萄酒（干、半干、半甜）16～18 ℃，加香葡萄酒、甜红葡萄酒 18～20 ℃。按照上述要求，将去标签后的酒样调到其相对应的温度范围内。

② 品酒杯的准备。

葡萄酒的品酒杯形状类似于白酒的品酒杯，都是郁金香形状的，但是葡萄酒的品酒杯又分为两种，对于一般的葡萄酒采用开口较小、深度相对比较深的品酒杯，而对于加气和起泡的葡萄酒则采用开口很大、深度相对较浅的品酒杯，具体尺寸及形状如图 4-3 所示。

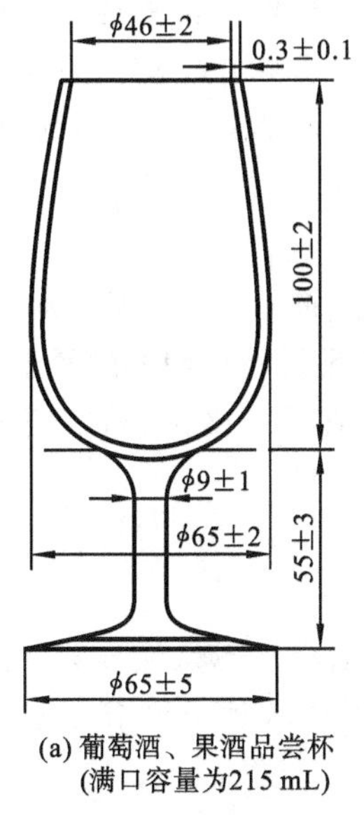

(a) 葡萄酒、果酒品尝杯
(满口容量为215 mL)

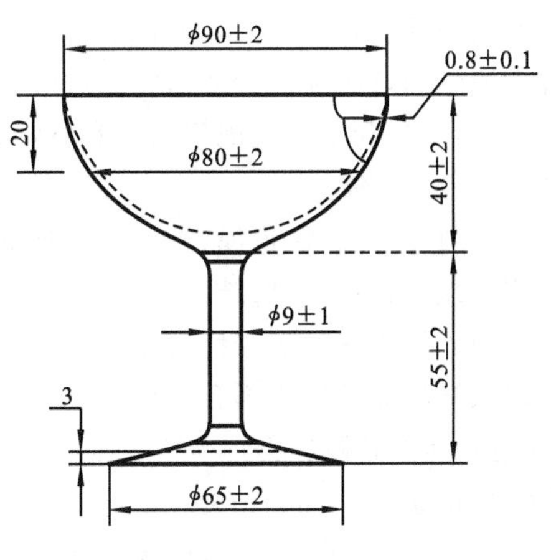

(b) 起泡(或加气起泡)葡萄酒品尝杯
(满口容量为150 mL)

图 4-3 葡萄酒果酒的品酒杯形状及尺寸

把经过密码标记过的样品，放入 18 ℃恒温水浴锅中保温 1 h 左右，调温至 18 ℃左右。

(2) 样品的倒入。

将调温后的酒瓶外部擦干净，小心开启瓶塞(盖)，不使任何异物落入。将酒倒入洁净、干燥的品酒杯中，一般酒在杯中的高度为 1/4～1/3，起泡和加气起泡葡萄酒的高度为 1/2。

(3) 样品色泽的品评。

在适宜光线(非直射阳光)下，以手持杯底或用手握住玻璃杯柱，举杯齐眉，用眼观察杯中酒的色泽、透明度与澄清程度，有无沉淀及悬浮物；起泡和加气起泡葡萄酒要观察起泡情况，并做好详细记录。一般来说，优良品质的葡萄酒表现出澄清，有光泽，无明显悬浮物(使用软木塞封口的酒允许有少量软木渣，装瓶超过 1 年的允许有少量沉淀)。品质优良的白葡萄酒的色泽是近似无色、微黄带绿、浅黄、禾秆黄、金黄色，红葡萄酒的色泽呈现紫红、深红、宝石红、红微带棕色、棕红色，桃红葡萄酒的色泽一般呈现出紫红、深红、宝石红、红微带棕色、棕红色。对于起泡葡萄酒，品质优良的葡萄酒在注入酒杯中时，应有细微的串珠状气泡升起，并有一定的持续性。

(4) 样品香味的品评。

手捏玻璃杯柱，不停地顺时针摇晃品酒杯，再将鼻子深深置于杯中深吸至少 2 s，重复此动作可分辨多种气味，记录嗅到的结果。一般来说，品质优良的葡萄酒应具备纯正、优

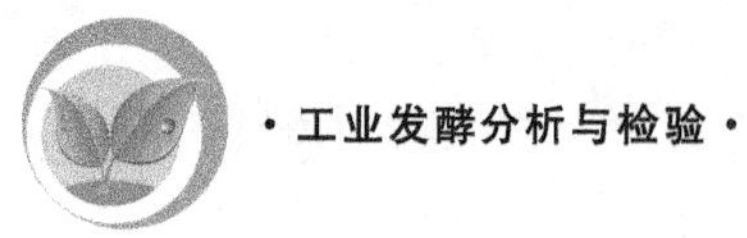

雅、爽怡、和谐的果香和酒香，陈酿型的葡萄酒还应该具有陈酿香或橡木香。

(5) 样品滋味的品评。

端起酒杯，并以半漱口的方式，让酒在嘴中充分与空气混合且接触到口中的所有部位，让酒液在口腔中充分与味蕾接触，舌头感觉到酸、甜、苦味后，再将酒液吐出，此时要感受的就是酒在口腔中的余香和舌根余味，根据品尝结果，写出滋味的评语。一般来说，干型和半干型葡萄酒具有纯正、优雅、爽怡的口味和悦人的果香味，酒体完整；半甜、甜葡萄酒则具有甘甜醇厚的口味和陈酿的酒香味，酸甜协调，酒体丰满；起泡葡萄酒则具备优美醇正、和谐悦人的口味和发酵起泡酒的特有香味，有杀口力。

(6) 样品的综合评价。

根据上面对酒样的外观、色泽、香气及滋味的品评结果进行综合分析，综合评价酒样的风格及典型性程度，写出评价结论。以上特征风格都表现得特别明显的属于优级品，上述风格特征表现比较明显的属于优良品，稍微具有一点上述的风格特点的属于合格品，不具有任何上述风格特征的属于不合格品。

2) 白兰地的具体品评过程

(1) 酒样的准备。

将酒样密码编号，置于水浴中，调温至 20～25 ℃，将洁净、干燥、无异味的品酒杯(形状规格和葡萄酒或果酒的品酒杯类似)对应酒样编号，对号注入酒样约 45 mL。

(2) 酒样外观的品评。

将注入酒样的品酒杯置于明亮处，举杯齐眉，用肉眼观察杯中酒的色泽及其深浅、透明度与澄清度、有无沉淀及悬浮物等，并做好详细记录。一般来说，品质优秀的白兰地酒体一般呈现澄清透明、晶亮，无悬浮物、无沉淀；特级的白兰地呈现金黄色至赤色，优级白兰地呈现金黄色至赤金色，一级白兰地呈现金黄色，而二级白兰地呈现淡金黄色至金黄色。

(3) 酒样香气的品评。

手握杯柱，慢慢将酒杯置于鼻孔下方，嗅闻其挥发香气，然后慢慢摇动酒杯，嗅闻空气进入后的香气。加盖，用手握酒杯腹部 2 min，摇动后，再嗅闻香气。根据上次操作，分析判断是原料香、陈酿香、橡木香或有其他异香，写出评语。一般来说，特级白兰地具有和谐的葡萄品种香、陈酿的橡木香、醇和的酒香，香气优雅浓郁；优级白兰地具有明显的葡萄品种香、陈酿的橡木香、醇和的酒香，香气比较优雅；一级白兰地具有葡萄品种香、橡木香及酒香，香气谐调、浓郁；二级白兰地具有原料品种香、酒香及橡木香，无明显刺激感和异味。

(4) 酒样滋味的品评。

喝入少量酒样(约 2 mL)，尽量均匀分布于味觉区，仔细品尝，有了明确印象后咽下，再体会口感后味，同时记录口感特征。特级白兰地的滋味特点是醇和、甘洌、沁润、细腻、丰满、绵延；优级白兰地的滋味特点是醇和、甘洌、丰满、绵延；一级白兰地的滋味特点是醇和、甘洌、完整、无杂味；二级白兰地的滋味特点是较纯正、无邪杂味。

(5) 酒样的综合评价。

根据外观、色泽、香气与口味的特点，综合分析评价其风格及典型的强弱程度，判断出该样品是何等级的酒。

4. 果酒感官评价的影响因素

果酒的感官评价跟白酒大部分都相同，但是在品酒顺序上，先是干红类，然后是半甜类，最后是甜型，先浅色的，后深色的，即葡萄酒是先白葡萄酒，然后桃红葡萄酒，最后红葡萄酒，白兰地是先金黄色后赤金色。此外，果酒中葡萄酒品评的最佳温度相对于白酒来说比较低，而且根据葡萄酒品种的不同而呈现多样性，而白兰地的最佳品评温度是 20～25 ℃，这跟中国白酒相似。

5. 品评记录

葡萄酒品评记录表如表 4-15 所示。

表 4-15　葡萄酒品评记录表

<table>
<tr><th colspan="3">项　目</th><th>要　求</th><th>检测结果</th></tr>
<tr><td rowspan="6">外观</td><td rowspan="4">色泽</td><td>白葡萄酒</td><td>近似无色、微黄带绿、浅黄、禾秆黄、金黄色</td><td></td></tr>
<tr><td>红葡萄酒</td><td>紫红、深红、宝石红、红微带棕色、棕红色</td><td></td></tr>
<tr><td>桃红葡萄酒</td><td>桃红、淡玫瑰红、浅红色</td><td></td></tr>
<tr><td>加香葡萄酒</td><td>深红、棕红色、浅红色、金黄色、淡黄色</td><td></td></tr>
<tr><td colspan="2">澄清程度</td><td>澄清透明，有光泽，无明显的悬浮物(使用软木塞封口的酒允许有 3 个以下不大于 1 mm 的软木渣)</td><td></td></tr>
<tr><td colspan="2">起泡程度</td><td>起泡的葡萄酒注入杯中时，应该有细微的串珠状泡沫升起，并有一定的持续性</td><td></td></tr>
<tr><td rowspan="7">香气与滋味</td><td rowspan="2">香气</td><td>非加香葡萄酒</td><td>具有纯正、优雅、怡悦、和谐的果香与酒香</td><td></td></tr>
<tr><td>加香葡萄酒</td><td>具有优美、纯正的葡萄酒香与和谐的芳香植物香</td><td></td></tr>
<tr><td rowspan="5">滋味</td><td>干、半干葡萄酒</td><td>具有纯净、优雅、爽怡的口味和新鲜悦人的果香味，酒体完整</td><td></td></tr>
<tr><td>甜、半甜葡萄酒</td><td>具有甘甜醇厚的口味和陈酿的酒香味，酸甜谐调，酒体丰满</td><td></td></tr>
<tr><td>起泡葡萄酒</td><td>具有优美醇正、和谐悦人的口味和发酵起泡的特有香味，有杀口力</td><td></td></tr>
<tr><td>加气起泡葡萄酒</td><td>具有清新、愉快、纯正的口味，有杀口力</td><td></td></tr>
<tr><td>加香葡萄酒</td><td>具有醇厚、爽舒的口味和协调的芳香植物香味，酒体丰满</td><td></td></tr>
<tr><td colspan="3">典型</td><td>典型突出、明确</td><td></td></tr>
</table>

6. 说明

目前，市场上的果酒多种多样，几乎所有的水果都可以用来酿酒，而且我们见到的几乎所有的水果都已经被用来酿造各种各样的酒，这给我们对果酒的感官评价造成了难度，除了葡萄酒和白兰地，其他果酒目前尚无感官评价的国家标准，但是有果酒感官评价的行业标准，根据行业标准，通过对其色、香、味等方面的品评而达到对其质量进行评价的目的。

思考题

1. 果酒的主要类型有哪些？
2. 国内外著名的葡萄酒品牌有哪些？
3. 国内外著名的白兰地品牌有哪些？
4. 简述果酒的一般感官评价标准。
5. 简述葡萄酒的感官评价标准。
6. 简述葡萄酒的具体品评过程。
7. 简述白兰地的感官评价标准。
8. 简述白兰地的具体品评过程。

模块四　黄酒的感官评定

学习目标

- 知识目标：掌握黄酒的感官评价标准，了解黄酒的主要类型。
- 技能目标：掌握黄酒品评的基本方法、步骤，能够准确确定黄酒样品是否合格及其等级。
- 素质目标：能严格按照操作顺序进行操作，真实、准确地记录观察结果；学会综合分析观察到的实验结果。

1. 黄酒的定义及分类

黄酒是世界上最古老的酒类之一，源于中国，且唯中国有之，与啤酒、葡萄酒并称为世界三大古酒。在3000多年前的商周时代，中国人独创酒曲复式发酵法，开始大量酿制黄酒。根据最新黄酒国家标准(GB/T 13662—2008)，黄酒(Chinese rice wine)是以稻米、黍米等为主要原料，经加曲、酵母等糖化发酵剂酿制而成的发酵酒。

黄酒根据其酿造工艺的不同分为三类：第一类是传统型黄酒（traditional type Chinese rice wine)，它是以稻米、黍米、玉米、小米、小麦等为主要原料，经蒸煮、加酒曲、糖化、发酵、压榨、过滤、煎酒（除菌）、贮存、勾兑而成的黄酒；第二类是清爽型黄酒(qingshuang type Chinese rice wine)，它是以稻米、黍米、玉米、小米、小麦等为主要原料，加入酒曲(或部分酶制剂和酵母)为糖化发酵剂，经蒸煮、糖化、发酵、压榨、过滤、煎酒(除菌)、贮存、勾兑而成的口味清爽的黄酒；第三类是特型黄酒（special type Chinese rice wine)，它是在前两种黄酒的基础上，由于原辅料和(或)工艺有所改变而具有特殊风味且不改变黄酒风格的酒。

另外，类似于葡萄酒，根据酒液中含糖量的多少可将黄酒分为干黄酒（总糖含量不大于15.0 g/L)、半干黄酒（总糖含量在15.0～40.0 g/L)、半甜黄酒（总糖含量在40.0～

100.0 g/L)和甜黄酒(总糖含量大于 100.0 g/L)。

黄酒产地较广,品种很多,著名的有浙江加饭酒(花雕酒等)、绍兴状元红、苏州的沙洲优黄、吴江的吴宫老酒、百花漾等桃源黄酒、上海老酒、福建老酒、江西九江封缸酒、江苏白蒲黄酒(水明楼)、江苏丹阳封缸酒、无锡惠泉酒、广东珍珠红酒、山东即墨老酒等。

2. 黄酒的感官评价标准

最新黄酒国家标准(GB/T 13662—2008)中列举了传统型黄酒和清爽型黄酒的感官评价标准,具体评价标准如表 4-16 和表 4-17 所示。

表 4-16 传统型黄酒的感官评价标准

项 目	类 型	优级	一级	二级
外观	干黄酒、半干黄酒、半甜黄酒、甜黄酒	橙黄色至深褐色,清亮透明,有光泽,允许瓶(坛)底有微量聚集物		橙黄色至深褐色,清亮透明,允许瓶(坛)底有少量聚集物
香气	干黄酒、半干黄酒、半甜黄酒、甜黄酒	具有黄酒特有的浓郁醇香,无异香	黄酒特有的醇香较浓郁,无异香	具有黄酒特有的醇香,无异香
口味	干黄酒	醇和,爽口,无异味	醇和,较爽口,无异味	尚醇和,爽口,无异味
	半干黄酒	醇厚,柔和鲜爽,无异味	醇厚,较柔和鲜爽,无异味	尚醇厚鲜爽,无异味
	半甜黄酒	醇厚,鲜甜爽口,无异味	醇厚,较鲜甜爽口,无异味	醇厚,尚鲜甜爽口,无异味
	甜黄酒	鲜甜,醇厚,无异味	鲜甜,较醇厚,无异味	鲜甜,尚醇厚,无异味
风格	干黄酒、半干黄酒、半甜黄酒、甜黄酒	酒体协调,具有黄酒品种的典型风格	酒体较协调,具有黄酒品种的典型风格	酒体尚协调,具有黄酒品种的典型风格

表 4-17 清爽型黄酒的感官评价标准

项 目	类 型	一 级	二 级
外观	干黄酒	橙黄色至黄褐色,清亮透明,有光泽,允许瓶(坛)底有微量聚集物	
	半干黄酒		
	半甜黄酒		
香气	干黄酒	具有本类黄酒特有的清雅醇香,无异香	
	半干黄酒		
	半甜黄酒		

续表

项　目	类　型	一　级	二　级
口味	干黄酒	柔净醇和,清爽,无异味	柔净醇和,较清爽,无异味
	半干黄酒	柔和,鲜爽,无异味	柔和,较鲜爽,无异味
	半甜黄酒	柔和,鲜甜,清爽,无异味	柔和,鲜甜,较清爽,无异味
风格	干黄酒	酒体协调,具有本类黄酒的典型风格	酒体较协调,具有本类黄酒的典型风格
	半干黄酒		
	半甜黄酒		

3. 黄酒感官品评的具体步骤

1）酒样的准备

将酒样密码编号,置于水浴中,调温至 20～25 ℃。将洁净、干燥、无异味的品酒杯(跟中国白酒的品酒杯类似)对应酒样编号,对号注入酒样约 25 mL。

2）酒样的外观品评

将注入酒样的品酒杯置于明亮处,举杯齐眉,用眼观察杯中酒的色泽、透明度、澄清度以及有无沉淀和聚集物等,做好详细记录。

优级和一级传统型黄酒的外观特点是橙黄色至深褐色,清亮透明,有光泽,允许瓶(坛)底有微量聚集物,而二级传统型黄酒的外观特点是橙黄色至深褐色,清亮透明,允许瓶(坛)底有少量聚集物。

3）香气品评

手握杯柱,慢慢将酒杯置于鼻孔下方,嗅闻其挥发香气,慢慢摇动酒杯,嗅闻香气。用手握酒杯腹部 2 min,摇动后,再嗅闻香气。依据上述程序,判断是原料香或有其他异香,写出评语。

通常认为,黄酒中的香味物质是各种氨基酸和 β-苯乙醇的复合香味,优级的传统型黄酒具有黄酒特有的浓郁的醇香,无异香,随着级别的降低,这种特有的浓郁的醇香逐渐减弱,而清爽型黄酒的香味特点则是具有特有的清雅醇香,无异香。根据香气的浓郁程度可以确定黄酒的种类及级别。

4）滋味评价

饮入少量酒样(约 2 mL)于口中,尽量均匀分布于味觉区,仔细品评口感,有了明确感觉后咽下,再回味口感及后味,记录口感特征。

传统型干黄酒的滋味特点是醇和,爽口;传统型半干黄酒的滋味特点是醇厚,柔和鲜爽;传统型半甜黄酒的滋味特点是醇厚,鲜甜爽口;传统型甜黄酒的滋味特点是醇厚,鲜甜爽口。清爽型黄酒中的干黄酒的滋味特点则是柔净醇和、清爽;其半干黄酒的滋味特点则是柔和、鲜爽;其半甜型黄酒的滋味特点则是柔和、鲜甜、清爽。这些类型的黄酒均不能够有异味,否则视为不合格,除此之外,其相对应的滋味特征越明显,酒的品级越高。

5）风格评价

依据外观、香气、口味等特征,以及各种特征表现的明显性程度来评定酒的类别及品级。

4. 品评记录

黄酒品评记录表如表4-18所示。

表4-18 黄酒品评记录表

项目	类型	要求	品评结果
外观	干黄酒、半干黄酒、半甜黄酒、甜黄酒	橙黄色至深褐色，清亮透明，有光泽，允许瓶(坛)底有微量聚集物	
香气	干黄酒、半干黄酒、半甜黄酒、甜黄酒	黄酒特有的浓郁醇香，无异香	
口味	干黄酒	醇和，爽口，无异味	
	半干黄酒	醇厚，柔和鲜爽，无异味	
	半甜黄酒	醇厚，鲜甜爽口，无异味	
	甜黄酒	鲜甜，醇和，无异味	
风格	干黄酒、半干黄酒、半甜黄酒、甜黄酒	酒体协调，具有黄酒品种风格	

5. 说明

(1) 跟啤酒一样，黄酒由于其独特的酿造工艺，允许瓶底或者坛底有微量的聚集物。

(2) 虽然黄酒是世界上最古老的酒类之一，而且是中国独有的酒类，但是跟其他那几种酒类相比，黄酒的市场份额还特别小，仅仅分布于江浙一带，其市场份额亟待扩大。

思考题

1. 中国黄酒的主要类型有哪些？
2. 黄酒的主体香味物质有哪些？
3. 简述传统型黄酒的感官评价标准。
4. 简述清爽型黄酒的感官评价标准。
5. 简述黄酒感官品评的具体步骤。

第五章

成品中特定成分的分析

酒的成分相当复杂，它是多种化学成分的混合物，酒精是其主要成分，除此之外，还有水和众多的化学物质。葡萄酒是经自然发酵酿造出来的果酒，它所含最多的是葡萄果汁，占 80%以上，其次是经葡萄里面的糖分自然发酵而成的酒精，一般在 10%～13%，剩余的物质超过 1000 种，比较重要的有 300 多种。黄酒是以稻米、黍米、黑米、玉米、小麦等为原料，经过蒸料，拌以麦曲、米曲或酒药，进行糖化和发酵酿制而成的酒。黄酒的化学成分中除了 5.5%～20%的酒精外，还含有酯类等多种物质。啤酒是以大麦芽、酒花、水为主要原料，经酵母发酵作用酿制而成的饱含二氧化碳的低酒精度的酒。白酒是以粮谷为主要原料，以大曲、小曲或麸曲及酒母等为糖化发酵剂，经蒸煮、糖化、发酵、蒸馏而制成的蒸馏酒。白酒中含 200 多种(已检测到)微量成分。这些化学物质可分为酸、酯、醛、醇等类型。决定酒的质量的成分所占的比例不高，往往含量很低，这些成分含量的配比非常重要，它们能呈现一种组织结构的平衡，是酒质优劣的决定性因素。

模块一　白酒中特定成分的分析

白酒中含 200 多种(已检测到)微量成分，其中酯、醇、酸、醛、酚含量较大。酯:呈香(风格典型体)，主要种类有甲酸乙酯、乙酸乙酯、丙酸乙酯、丁酸乙酯、乙酸异戊酯、戊酸乙酯、已酸乙酯、庚酸乙酯、辛酸乙酯、癸酸乙酯、乳酸乙酯、月癸酸乙酯，其中已酸乙酯、乳酸乙酯、乙酸乙酯、丁酸乙酯约占 90%。酸:呈味，主要种类有甲酸、乙酸、丙酸、丁酸、异丁酸、异戊酸、已酸、庚酸、辛酸、乳酸，其中已酸、乳酸、乙酸、丁酸占 90%～98%。醇:呈香、味(酒体清香丰满有后劲)，呈甜味的是多元醇，如 2,3-丁二醇、丙三醇、环已六醇、阿拉伯糖醇、甘露醇(甜味最大)，故醇又称定香剂。醛:使白酒具清香，表现为放香和呈味，主要种类有甲醛、乙醛、丙醛、丁醛、戊醛、糠醛、乙缩醛、丙烯醛。酚:使白酒具有特殊香气，来源于原料中的单宁和色素，如香草酸、对羟基苯酚。白酒的成分比较复杂，除含有醇类、酯类、维生素等成分外，还有一些危害健康的物质，如甲醇、乙醛、杂醇油等。其中能够对白酒质量和白酒生产过程控制有重要影响的成分是本模块探讨的内容。

项目一　香味物质的分析(气相色谱法)

学习目标

- 知识目标:掌握白酒中香味物质对酒质的影响及测定原理。
- 技能目标:学会气相色谱法测定白酒的香味物质的试剂配制及测定操作。
- 情感目标:会处理实验数据、分析和解决问题,学会与人沟通。

白酒的主要成分是乙醇和水(占总量的98%~99%),而溶于其中的酸、酯、醇、醛等种类众多的微量有机化合物(占总量的1%~2%)作为白酒的呈香呈味物质,却决定着白酒的风格(又称典型性,指酒的香气与口味协调平衡,具有独特的香味)和质量。酸、酯、醇、醛等这些香味物质,不仅是白酒的重要香味成分,而且是白酒重要的质量指标。

白酒香味成分种类有醇类、酯类、酸类、醛酮类化合物,缩醛类、芳香族化合物,含氮化合物和呋喃化合物等。

醇类除乙醇外,最主要的是异戊醇、异丁醇和正丙醇,在浓香型和酱香型白酒中还含有一定量的正丁醇,属于醇甜和助香剂的主要物质来源,对形成酒的风味和促使酒体丰满、浓厚起着重要的作用。醇类也是酯类的前驱物质。

酯类是具有芳香的化合物,在各种香型白酒中起着重要作用,是形成酒体浓郁香气的主要因素,己酸乙酯、乳酸乙酯和乙酸乙酯是白酒的重要香味成分。

1. 知识要点

气相色谱法利用白酒中不同有机物在氢火焰中的化学电离进行检测,根据峰面积与标准比较进行定量。

2. 仪器

(1) 国产102型或2305型气相色谱仪,氢火焰离子化检测器。

(2) 色谱分离条件(以下任选一种)。

① 己二酸己二醇聚酯(pega)固定液,国产6201红色担体(60~80目),担体比100∶30,柱长2 m,内径4 mm。

柱温90 ℃,检测器温度120 ℃,汽化室温度140 ℃。

气体流速:氮气40 mL/min,氢气40 mL/min,氧气200 mL/min。

② 吐温60(Tween 60,聚环氧己烷山梨糖醇单硬脂酸酯)和司班60(Span 60,脱水山梨糖醇单硬脂酸酯)混合固定液。吐温60涂于201白色酸洗担体(40~60目),担体比100∶15。司班60涂于6201红色担体(60~80目),担体比100∶15。将上述两种涂上固定液的担体以1∶1混合均匀后装柱,柱长2 m。另外串联只涂司班60柱1 m(担体与固定液比同上)。

柱长3 m,内径4 mm。

柱温110 ℃,检测器温度120 ℃,汽化室温度150 ℃。

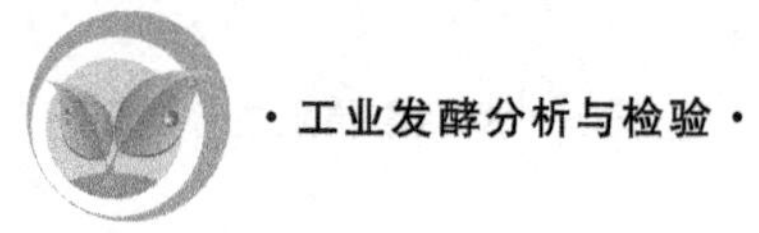

气体流速：氮气 40 mL/min，氢气 40 mL/min，氧气 250 mL/min。

③ 聚乙二醇20000(PEG 20M)固定液，国产 101 白色担体，担体比 100∶10，柱长 2 m，内径 3 mm。

柱温：测定乙醇前流出组分用 68 ℃，测定乙醇后流出组分用 96 ℃，检测器温度 130 ℃，汽化室温度 150 ℃。

气体流速：氮气 35 mL/min，氢气 40 mL/min，空气 500 mL/min。

衰减 1/8，灵敏度 1000(第三挡)，纸速 6 mL/min。

3. 试剂

内标溶液配制：准确称取内标物，配成 1%(质量浓度)溶液，以与酒样相同的乙醇浓度进行配制。

4. 分析步骤

1) 样品制备

(1) 原酒直接进样 0.5～1 μL。

(2) 原酒加水稀释 1 倍(体积比)后进样 1～2 μL。

(3) 将酒样稀释至含乙醇 30%(体积分数)，进样 1～2 μL。

2) 定性方法

(1) 标准物保留时间的测定。

分别取乙醛、乙酸乙酯、正丁醇、异戊醇、己酸乙酯、乳酸乙酯各 0.2 μL(试剂都用色谱试剂，若无条件可用分析纯试剂代替)，注入色谱仪。调节衰减控制器，使信号在记录仪量程范围内，分别测定各物质保留时间(用秒表测定，或用记录纸距离除以纸速算出)。

(2) 样品中各组分保留时间的测定。

将样品溶液注入色谱仪，测定各色谱的保留时间，与标准物保留时间表对照初步定性。

(3) 增加峰高法确证。

由于酒样中存在大量乙醇，组分保留时间与标准物保留时间可能略有差异，故应用增加峰高法确证。

于 25 mL 容量瓶中加入酒样 12.5 mL，某种标准物 0.25 mL，加水定容至刻度，取 1 μL注入色谱仪，得出色谱图，与未加入标准物色谱对照，某峰增高表示所加入的物质与该峰所对应的组分一致。

3) 定量方法

采用内标法，以乙酸正戊酯或乙酸正丁酯作内标物。

(1) 测定。

取 2.5 mL 试样，准确加入内标物溶液 0.1 mL，混匀后取 0.5～1 μL 注入色谱仪。

(2) 被测组分对内标物的相对响应值 S'_1 测定方法。

配制一定比例的组分纯物质与内标物的二元混合物(例如以 1%(质量浓度)内标物的 40%乙醇溶液与 1%(质量浓度)组分纯物质的 40%乙醇溶液等体积混合)，取 1 μL 注入色谱仪，分别测量两峰面积，按下式计算 S'_1：

$$S'_1(\text{组分} / \text{内标}) = \frac{A_1/m_1}{A_s/m_s} \tag{5-1}$$

式中：A_1、A_s——组分纯物质与内标物峰面积；

m_1、m_s——组分纯物质与内标物的质量。

5. 结果计算

$$C_1 = \frac{A_1}{A_s \times S'_1} \times 40 \times \text{酒样稀释倍数} \tag{5-2}$$

式中：C_1——被测组分含量，mg/(100 mL)；

A_1——被测组分峰面积；

A_s——内标物峰面积；

S'_1——被测组分对内标物的相对响应值；

40——每 2.5 mL 试样中加 1%（质量浓度）内标物 0.1 mL，相当于每 100 mL 试样中加入 40 mg。

项目二　甲醇的分析

学习目标

- 知识目标：掌握白酒中甲醇对人体健康的影响和限量的原因及测定原理。
- 技能目标：学会测定白酒中甲醇的试剂配制及测定操作。
- 情感目标：培养实事求是、科学严谨的态度及分析问题和解决问题的能力。

甲醇是白酒中的成分，有较强的毒性，对人体的神经系统和血液系统影响最大，它经消化道、呼吸道或皮肤摄入都会产生毒性反应，甲醇蒸气能损害人的呼吸道黏膜和视力。急性中毒症状有头疼、恶心、胃痛、疲倦、视力模糊以至于失明，继而呼吸困难，最终导致呼吸中枢麻痹而死亡。慢性中毒反应为晕眩、昏睡、头痛、耳鸣、视力减退、消化障碍。甲醇摄入量超过 4 g 就会出现中毒反应，超过 10 g 就能造成双目失明，致死量为 30 mL 以上（大约是 70 mL）。甲醇在体内不易排出，会发生蓄积，在体内氧化生成的甲醛和甲酸也都有毒性。因此为了保证人身健康和安全，国家在成品白酒中要限制甲醇的含量。

1. 原理（GB/T 5009.48—2003）

甲醇经氧化成甲醛后，与品红-亚硫酸溶液作用生成蓝紫色化合物，与标准系列比较定量。

2. 仪器

分光光度计。

3. 试剂

(1) 高锰酸钾-磷酸溶液：称取 3 g 高锰酸钾，加入 15 mL 磷酸（85%）与 70 mL 水的混合溶液中，溶解后加水至 100 mL。贮于棕色瓶内，为防止氧化能力下降，保存时间不宜

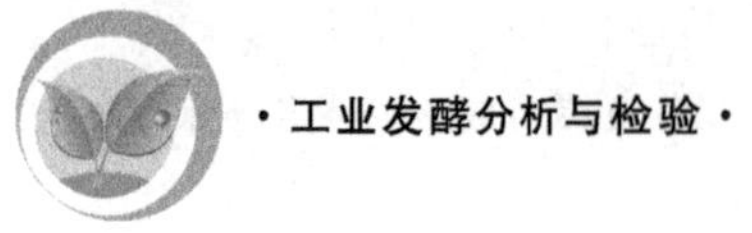

过长。

(2) 草酸-硫酸溶液：称取 5 g 无水草酸($H_2C_2O_4$)或 7 g 含两结晶水的草酸($H_2C_2O_4 \cdot 2H_2O$)，溶于硫酸(1∶1)中，定容至 100 mL。

(3) 品红-亚硫酸溶液：称取 0.1 g 碱性品红，研细后，分次加入共 60 mL 80 ℃的水，边加入水边研磨使其溶解，用滴管吸取上层溶液于 100 mL 容量瓶中，冷却后加 10 mL 亚硫酸溶液(100 g/L)、1 mL 盐酸，再加水至刻度，充分混匀，放置过夜。如溶液有颜色，可加入少量活性炭搅拌后过滤，贮于棕色瓶中，置于暗处保存，溶液呈红色时应弃去重新配制。

(4) 甲醇标准贮备液：称取 1.000 g 甲醇，置于 100 mL 容量瓶中，加水稀释至刻度，此溶液每毫升相当于 10.0 mg 甲醇，置于低温保存。

(5) 甲醇标准使用液：吸取 10.0 mL 甲醇标准贮备液，置于 100 mL 容量瓶中，加水稀释至刻度。再取 25.0 mL 稀释液，置于 50 mL 容量瓶中，加水至刻度，该溶液每毫升相当于 0.50 mg 甲醇。

(6) 无甲醇的乙醇溶液：取 0.3 mL 按操作方法检查，不应显色。如显色需进行处理。取 300 mL 乙醇(95%)，加高锰酸钾少许，蒸馏，收集馏出液。在馏出液中加入硝酸银溶液(取 1 g 硝酸银溶于少量水中)和氢氧化钠溶液(取 1.5 g 氢氧化钠溶于少量水中)，摇匀，取上清液蒸馏，弃去最初 50 mL 馏出液，收集中间馏出液约 200 mL，用酒精计测其浓度，然后加水配成无甲醇的乙醇(体积分数为 60%)。

(7) 亚硫酸钠溶液(100 g/L)。

4. 测定方法

根据试样中乙醇浓度适当取样(乙醇浓度 30%，取 1.0 mL；40%，取 0.80 mL；50%，取 0.60 mL；60%，取 0.50 mL)，置于 20 mL 具塞比色管中。

着色或混浊的蒸馏酒和配制酒处理：吸取 100 mL 试样于 250 mL 或 500 mL 全玻璃蒸馏器中，加 50 mL 水，再加入玻璃珠数粒，蒸馏，用 100 mL 容量瓶收集馏出液 100 mL。将蒸馏后的试样倒入量筒中，将洗净擦干的酒精计缓缓沉入量筒中，静止后再轻轻按下少许，待其上升静止后，从水平位置观察其与液面相交处的刻度，即为乙醇浓度(体积分数)。再按上述取样体积取样。

吸取 0 mL、0.10 mL、0.20 mL、0.40 mL、0.60 mL、0.80 mL、1.00 mL 甲醇标准使用液(相当于 0 mg、0.05 mg、0.10 mg、0.20 mg、0.30 mg、0.40 mg、0.50 mg 甲醇)，分别置于 25 mL 具塞比色管中，并加入 0.5 mL 无甲醇的乙醇(体积分数为 60%)。

于试样管及标准管中各加水至 5 mL，再依次各加 2 mL 高锰酸钾-磷酸溶液，混匀，放置 10 min，各加 2 mL 草酸-硫酸溶液，混匀使之褪色，再各加 5 mL 品红-亚硫酸溶液，混匀，于 20 ℃以上静置 0.5 h，用 2 cm 比色皿，以零管调节零点，于 590 nm 波长处测吸光度，绘制标准曲线比较，或与标准系列目测比较定量。

5. 结果计算

试样中甲醇的含量按下式进行计算：

$$X=\frac{m}{V\times 1000}\times 100 \tag{5-3}$$

式中：X——试样中甲醇的含量，g/(100 mL)；

m——测定用试样中甲醇的质量，mg；

V——试样体积，mL。

计算结果保留两位有效数字。

6. 说明

精密度：在重复性条件下获得的两次独立测定结果的绝对差值，当含量大于或等于0.10 g/(100 mL)时不得超过算术平均值的15%，当含量低于0.1 g/(100 mL)时不得超过算术平均值的20%。

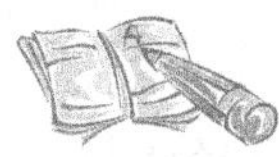

项目三　杂醇油的分析

学习目标

- 知识目标：掌握白酒中杂醇油对人体健康的影响及限量的原因和测定原理。
- 技能目标：学会测定白酒中杂醇油的试剂配制及测定操作。
- 情感目标：培养实事求是、科学严谨的态度及分析问题和解决问题的能力。

杂醇油是分子中含碳原子数大于2的脂肪族醇类的统称。高级醇俗称杂醇油，是分子中具有三个以上碳的一价醇类，是白酒发酵的主要副产物，包括正丙醇、异丁醇、异戊醇、活性戊醇、苯乙醇等。高级醇形成了白酒的香气和风味。白酒中高级醇含量过高时将会影响白酒的风味和口感，饮后会“上头”而严重影响到啤酒的质量。它的中毒和麻醉作用比酒精强，能使神经系统充血，使人感到头痛。特别是杂醇油在人体内的氧化速度比酒精慢，在机体内停留时间长，有些人喝了酒以后，到第二天尽管不醉了，但还是头痛，就是体内杂醇油逐渐作用的结果。国家规定杂醇油在白酒中的含量不得超过0.2 g/(100 mL)。由于杂醇油是作为有害物质出现在白酒中的，因此各厂家都想方设法降低杂醇油的含量。

1. 原理(GB/T 5009.48—2003)

杂醇油成分复杂，其中有正、异戊醇，正、异丁醇，丙醇等。本法测定标准以异戊醇和异丁醇表示，异戊醇和异丁醇在硫酸作用下生成戊烯和丁烯，再与对二苯胺基苯甲醛作用显橙黄色，与标准系列比较定量。

2. 仪器

分光光度计。

3. 试剂

(1) 对二甲氨基苯甲醛-硫酸溶液(5 g/L)：取0.5 g对二甲氨基苯甲醛，加硫酸溶解并稀释至100 mL。

(2) 无杂醇油的乙醇：取0.1 mL按分析步骤检查不显色，如显色需进行处理。取300 mL乙醇(95%)，加高锰酸钾少许，蒸馏，收集馏出液。在馏出液中加入硝酸银溶液(取1 g硝酸银溶于少量水中)和氢氧化钠溶液(取1.5 g氢氧化钠溶于少量水中)，摇匀，取上清液蒸馏，弃去最初50 mL馏出液，收集中间馏出液，加0.25 g盐酸间苯二胺，加热

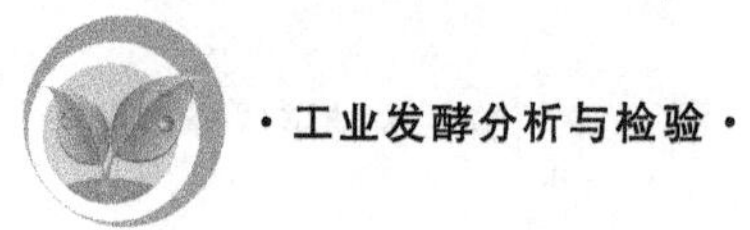

回流 2 h,用分馏柱控制沸点进行蒸馏,收集中间馏出液 100 mL,再取 0.1 mL 按分析步骤测定不显色即可。

(3) 杂醇油标准贮备液:准确称取 0.080 g 异戊醇和 0.020 g 异丁醇于 100 mL 容量瓶中,加无杂醇油的乙醇 50 mL,再加水稀释至刻度,此溶液每毫升相当于 1 mg 杂醇油,置于低温下保存。

(4) 杂醇油标准使用液:吸取杂醇油标准贮备液 5.0 mL 于 50 mL 容量瓶中,加水稀释至刻度。此溶液每毫升相当于 0.10 mg 杂醇油。

4. 测定方法

吸取 1.0 mL 试样于 10 mL 容量瓶中,加水至刻度,混匀后,吸取 0.30 mL,置于比色管中。含糖着色、沉淀、混浊的蒸馏酒和配制酒处理如下:吸取 100 mL 试样于 250 mL 或 500 mL 全玻璃蒸馏器中,加 50 mL 水,再加入玻璃珠数粒,蒸馏,用 100 mL 容量瓶收集馏出液 100 mL。取其蒸馏液作为试样。

吸取 0 mL、0.10 mL、0.20 mL、0.30 mL、0.40 mL、0.50 mL 杂醇油标准使用液(相当于 0 mg、0.010 mg、0.020 mg、0.030 mg、0.040 mg、0.050 mg 杂醇油),置于 10 mL 比色管中。

于试样管及标准管中各准确加水至 1 mL,摇匀,放入冷水中冷却,沿管壁加入 2 mL 对二甲氨基苯甲醛-硫酸溶液(5 g/L),使其沉至管底,再将各管同时摇匀,放入沸水中加热 15 min 后取出,立即放入冰浴中冷却,并立即各加 2 mL 水,混匀,冷却。10 min 后用 1 cm比色皿以零管调节零点,于 520 nm 波长处测吸光度,绘制标准曲线比较,或与标准系列目测比较定量。

5. 结果计算

试样中杂醇油的含量按下式进行计算:

$$X=\frac{m}{V_2\times V_1/10\times 1000}\times 100 \tag{5-4}$$

式中:X——试样中杂醇油的含量,g/(100 mL);

m——测定用试样稀释液中杂醇油的质量,mg;

V_2——试样体积,mL;

V_1——测定用试样稀释体积,mL。

计算结果保留两位有效数字。

6. 说明

精密度:在重复性条件下获得的两次独立测定结果的绝对差值不得超过算术平均值的 10%。

思考题

1. 白酒中香味物质都包含哪些成分?主要成分是什么?
2. 如何得到无甲醇的乙醇溶液和无杂醇油的乙醇溶液?
3. 白酒中香味物质测定的具体操作是怎样的?
4. 甲醇和杂醇油的限量值分别是多少?

模块二　啤酒中特定成分的分析

啤酒是以大麦芽、啤酒花、水这些纯天然物质为原料，经酵母发酵作用酿制而成的饱含二氧化碳的低酒精度酒。现在国际上的啤酒大部分添加了辅助原料。有的国家规定辅助原料的用量总计不超过麦芽用量的50%。啤酒含有丰富的糖类、维生素、无机盐和多种微量元素等营养成分，被称为“液体面包”，大多数啤酒中的还原物质存在于新鲜的啤酒中，它们也是协助啤酒保鲜的有效物质，适量饮用有益于身体健康。但啤酒在生产中也会产生对酒质量产生不利影响和有害于人体健康的成分。

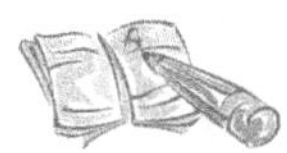

项目一　双乙酰的分析

学习目标

- 知识目标：掌握啤酒中双乙酰对质量的影响和限量及测定原理。
- 技能目标：学会测定啤酒中双乙酰的试剂配制及测定操作。
- 情感目标：培养分析问题和解决问题的能力和团队合作精神。

啤酒是国际性的低酒精度饮料酒，啤酒中的双乙酰是衡量啤酒成熟程度的主要指标，能赋予啤酒特殊的风味。双乙酰在啤酒中感官界限值为0.15 mg/L，优质啤酒的双乙酰含量控制在0.1 mg/L以下，所以应保证双乙酰测定的准确度。

1. 知识要点(GB/T 4928—2008)

用蒸汽将双乙酰蒸馏出来，与邻苯二胺反应，生成2,3-二甲基喹喔啉，在335 nm波长下测其吸光度。由于其他联二酮类都具有相同的反应特性，另外蒸馏过程中部分前驱体要转化成联二酮，因此上述测定结果为总联二酮含量(以双乙酰表示)。

2. 仪器

(1) 带有加热套管的双乙酰蒸馏器。

(2) 蒸汽发生瓶：2000 mL(或3000 mL)锥形瓶或平底蒸馏烧瓶。

(3) 容量瓶(25 mL)。

(4) 紫外分光光度计(备有2 cm石英比色皿或1 cm石英比色皿)。

3. 试剂

(1) 盐酸(4 mol/L)：取36 mL浓盐酸，加水定容至100 mL。

(2) 邻苯二胺溶液(10 g/L)：称取邻苯二胺0.100 g，用盐酸(4 mol/L)溶解，并定容至10 mL，摇匀，放于暗处。此溶液须当天配制与使用，若配制出来的溶液呈红色，应更换。

(3) 有机硅消泡剂(或甘油聚醚)。

4. 测定方法

1) 蒸馏

将双乙酰蒸馏器安装好，加热蒸汽发生瓶至沸。通气预热后，置25 mL容量瓶于冷

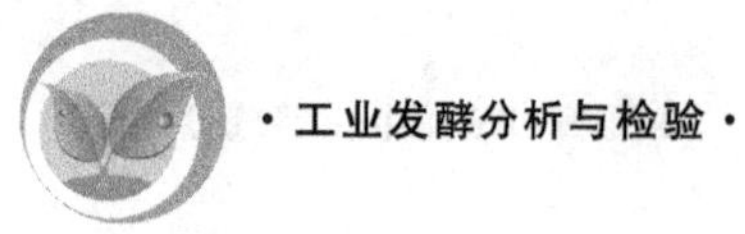

凝器出口，接收馏出液(外加冰浴)，加 1～2 滴消泡剂于 100 mL 量筒中，再注入未经除气的预先冷至 5 ℃的酒样 100 mL，迅速转移至蒸馏器内，并用少量水冲洗带塞漏斗，盖塞。然后用水密封，进行蒸馏，直至馏出液接近 25 mL(蒸馏需在 3 min 内完成)时取下容量瓶，达到室温后用重蒸水定容，摇匀。

2) 显色与测量

分别吸取馏出液 10.0 mL 于两支干燥的比色管中，并于第一支管中加入邻苯二胺溶液 0.50 mL，第二支管中不加(做空白)，充分摇匀后，同时于暗处放置 20～30 min，然后于第一支管中加入 2 mL 盐酸(4 mol/L)，于第二支管中加入 2.5 mL 盐酸(4 mol/L)，混匀后，用 2 cm 石英比色皿(或 1 cm 石英比色皿)，于 335 nm 波长下，以空白作参比，测定其吸光度(比色测定操作须在 20 min 内完成)。

5. 数据记录

将所测数据填入表 5-1 中。

表 5-1　啤酒中双乙酰测定数据记录表

测 定 内 容	1	2
样品溶液的吸光度		
样品中双乙酰的含量/(mg/L)		
样品中双乙酰含量的平均值/(mg/L)		
相对偏差/(%)		

6. 结果计算

试样的双乙酰含量按下式计算：

$$X_s = A_{335} \times 1.2 \tag{5-5}$$

式中：X_s——试样的双乙酰含量，mg/L；

A_{335}——在 335 nm 波长下，用 2 cm 石英比色皿测得的吸光度；

1.2——用 2 cm 石英比色皿时，吸光度与双乙酰含量的换算系数。

注：当用 1 cm 石英比色皿时，吸光度与双乙酰含量的换算系数为 2.4。

所得结果表示至两位小数。

7. 说明

精密度：在重复性条件下获得的两次独立测定结果的绝对差值不得超过算术平均值的 10%。

项目二　苦味质的分析

学习目标

- 知识目标：掌握啤酒中苦味质对质量的影响和测定方法及测定原理。
- 技能目标：学会测定啤酒中苦味质的试剂配制及测定操作。

• 情感目标：会处理数据和分析结果，学会与人沟通。

啤酒中苦味质的主要成分是异α-酸，它来自啤酒花中的α-酸，α-酸也是啤酒花的最有效成分。啤酒花在煮沸过程中，部分α-酸溶出并异构化生成异α-酸。苦味质使啤酒呈现特别的风味，是啤酒质量的重要指标。异α-酸的测定方法有重量法、旋光法、电位滴定法、电导法、层析法（纸上层析、薄层层析、气相色谱法等）以及紫外分光光度法。紫外分光光度法比较准确快速，是欧洲啤酒协会推荐的方法。

一、紫外分光光度法

1. 知识要点

麦芽汁、发酵液和啤酒苦味质的主要成分是异α-酸。将样品酸化后用异辛烷萃取其中的苦味质，在 275 nm 波长下测得吸光度，用以测定其相对含量。

2. 仪器

(1) 紫外分光光度计（配有 1 cm 石英比色皿）。

(2) 离心机（转速 3000 r/min）。

(3) 离心试管。

(4) 电动振荡器（振幅 20～30 mm）。

(5) 移液管：0.5 mL、10 mL 和 20 mL 大肚管。

(6) 碘量瓶（250 mL）。

3. 试剂

(1) 重蒸水：将普通蒸馏水在全玻璃蒸馏装置中重新蒸馏。

(2) 异辛烷：分析纯，其吸光度需接近重蒸水（在 275 nm 波长下）。

(3) 3 mol/L 盐酸：量取 100 mL 浓盐酸，用重蒸水稀释至 200 mL。

4. 测定方法

吸取已经处理好的样品（在进行样品处理时不能损失泡沫）10.0 mL 于 50 mL 离心管中，加 3 mol/L 盐酸 1 mL、异辛烷 20.0 mL，旋紧盖。用电动振荡器振摇，直至异辛烷提取液呈乳状（约 15 min），然后移入离心试管中，以 3000 r/min 的转速离心 10 min，取上层清液于 1 cm 石英比色皿中，在 275 nm 波长下，以异辛烷为空白，测定其吸光度。

5. 数据记录

将所测数据填入表 5-2 中。

表 5-2 紫外分光光度法测定啤酒中苦味质数据记录表

测定内容	1	2
样品溶液的吸光度		
样品中苦味质的含量/(mg/L)		
样品中苦味质含量的平均值/(mg/L)		
相对偏差/(%)		

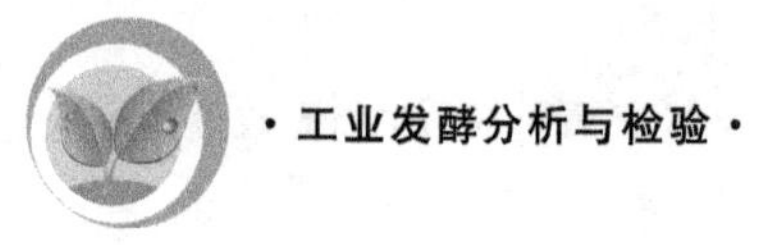

6. 结果计算

样品中苦味质含量按下式计算：

$$X = A \times 50 \tag{5-6}$$

式中：X——样品中的苦味质，Bu；

A——在 275 nm 波长下，用 1 cm 石英比色皿测得的吸光度；

50——换算系数。

7. 说明

(1) 测定麦芽汁时，取样量为 5.0 mL，计算结果应乘以 2。

(2) 如无电动振荡器，可用手持碘量瓶振荡，连续振荡 20 min。也可用分液漏斗萃取，吸取 10.0 mL 样品，注入 125 mL 分液漏斗中，加 0.50 mL 6 mol/L 盐酸和 20.0 mL 异辛烷，盖塞，先对准气孔轻摇两下，放气。再盖塞，用手指压紧塞和放液旋塞，振摇直至异辛烷萃取液呈乳状(约 10 min)，静置分层后，弃去水相，将有机相转入离心试管，离心并测吸光度。

(3) 使用后的异辛烷，可加入质量分数为 4% 的活性炭处理，过滤后回收。或加固体氢氧化钠，放置过夜，在全玻璃蒸馏装置上蒸馏。其透光率接近重蒸水(在 275 nm 波长下)时，方可重复使用。

(4) 啤酒样品处理方法。样品处理的目的是除去本身溶解的二氧化碳，以便于分析操作。一般的处理方法有以下三种。

① 反复流注法：在室温为 25 ℃以下时，取温度为 10～15 ℃的样品 500～700 mL 于清洁、干燥的 1000 mL 搪瓷杯中，以细流注入同体积的另一搪瓷杯中，注入时两搪瓷杯之间的距离应为 20～30 cm。反复流注 50 次(一个反复为一次)，以充分除去酒样中的二氧化碳，注入具塞瓶中备用。

② 过滤法：取约 300 mL 啤酒样品，置于 500 mL 碘量瓶中，用手堵住瓶口摇动 30 s，并不时松开排气几次。静置，加塞备用。

③ 摇瓶法：取约 300 mL 啤酒样品，置于 500 mL 碘量瓶中，用手堵住瓶口摇动约 30 s，并不时松开排气几次。静置，加塞备用。

上述三种处理方法中，第一种方法操作最为繁杂，且结果易受条件的影响；第二种和第三种方法操作简单，且稳定性好，尤其是第三种方法，操作十分简单，可靠性较高，国内外普遍采取此法。

二、重量法

1. 知识要点

利用苦味质溶于三氯甲烷等有机溶剂的性质，以有机溶剂萃取，蒸去溶剂，称取残渣重，计算苦味质含量。

2. 仪器

(1) 具塞磨口锥形瓶(100～150 mL 和 750～1000 mL 两种)。

(2) 分液漏斗(80～100 mL 和 750～1000 mL 两种)。

(3) 圆底烧瓶(75 mL)。

(4) 机械振荡器。

(5) 离心机及离心管。

(6) 水浴装置:温度控制在 65～75 ℃,最好为真空水浴。

(7) 烘箱:温度控制在 70 ℃,最好为真空干燥箱。

3. 试剂

(1) 三氯甲烷。

(2) 稀硫酸:将 54 mL 浓硫酸与 400 mL 水混合制成。

(3) 无水碳酸钠。

4. 测定方法

量取酒样 500 mL,倒入带磨口塞的 750 mL 锥形瓶中,加 50 mL 稀硫酸和 50 mL 三氯甲烷,放在振荡器上或手摇 30 min。然后移入 750 mL 分液漏斗中,静置数小时,待三氯甲烷和啤酒分层,三氯甲烷层为白色乳状液体。为了破坏其乳化状态,可把乳状液体分装在离心管中,离心 10～15 min(2000～3000 r/min),管内液体分成三层:上层为澄清的酒液,将之倾出;中层为乳状的白色三氯甲烷乳液;下层为亮清的三氯甲烷浸出液。用吸管将亮清液吸出,放入 100 mL 分液漏斗中,静置 5～10 min,澄清,把下面的澄清液倒入 100 mL 的带磨口塞锥形瓶中,锥形瓶中已预先放好 15 g 无水硫酸钠,用以干燥三氯甲烷浸出液,摇动 5～15 min,使其混合,然后用干燥滤纸过滤。

用吸管吸取滤液 25 mL,放入预先干燥称量过的圆底烧瓶中,然后在 65～70 ℃水浴中(最好用真空水浴或通二氧化碳气流)去除三氯甲烷,其残渣放在 70 ℃以下的烘箱中干燥 1 h,置于干燥器内冷却至室温后称量。或在真空干燥器内干燥 1 h 后称重。

5. 数据记录

将所测数据填入表 5-3 中。

表 5-3 重量法测定啤酒中苦味质数据记录表

测定内容	1	2	3
干燥圆底烧瓶的质量/g			
圆底烧瓶与残渣的质量/g			
烘干后残渣的质量/g			
烘干后残渣的平均质量/g			

6. 结果计算

$$X = \frac{W \times 50 \times 1000}{25 \times 500} = 4W \tag{5-7}$$

式中:X——样品中苦味质含量,mg/L;

W——烘干后残渣质量,mg;

500——取酒样量,mL;

50——三氯甲烷加入量,mL;

25——三氯甲烷浸出液用于烘干处理的量，mL；

1000——换算成 1 L 酒样所乘的倍数。

三、异律草酮比色法

1. 仪器

紫外分光光度计。

2. 试剂

(1) 酸化甲醇：取 64 mL 甲醇，加入 4 mol/L 盐酸 36 mL。

(2) 异辛烷(经提纯)。

(3) 盐酸(3 mol/L)。

3. 分析方法

取瓶装啤酒，调温至(20±1) ℃，开盖，除气。取出 10 mL，放入 100 mL 带塞比色管中，加 3 mol/L 盐酸 1 mL 进行酸化，再加入异辛烷 20 mL 抽提，强烈振摇至呈乳浊状。待两相分开时取异辛烷层 10 mL，放入 50 mL 带塞比色管中，再加入 10 mL 酸化甲醇，于(20±1) ℃摇动。用紫外分光光度计在 275 nm 波长处，用 1.0 cm 比色皿，以酸化甲醇洗过的异辛烷作对照，测定抽提液异辛烷层的吸光度。

4. 数据记录

将所测数据填入表 5-4 中。

表 5-4 异律草酮比色法测定啤酒中苦味质数据记录表

测定内容	1	2
样品溶液的吸光度		
样品中苦味质的含量/(mg/L)		
样品中苦味质含量的平均值/(mg/L)		
相对偏差/(%)		

5. 结果计算

按式(5-8)计算样品中苦味质的含量：

$$X=\frac{A\times 20000}{285} \tag{5-8}$$

式中：X——异律草酮含量，mg/kg；

A——样品的吸光度；

285——1%(质量分数)异律草酮吸光度；

200000——换算成 mg/kg 应乘的倍数。

6. 说明

(1) 微量铁的存在会引起误差，所以要使用同一批甲醇，而且试剂必须不含铁。

(2) 所用蒸馏水必须是二次蒸馏水。

项目三　浊度的分析

学习目标

- 知识目标：掌握啤酒中浊度对质量的影响及测定原理。
- 技能目标：学会啤酒中浊度测定的操作，会正确使用仪器。
- 情感目标：会处理数据和分析结果，学会与人沟通。

啤酒是人们生活中消费量很大的饮料，其质量会直接影响到消费者的身体健康。啤酒浊度是啤酒透明度的外观指标。啤酒浊度直接影响到啤酒的外观质量和非生物稳定性，是影响啤酒保质期、评价啤酒质量的重要参数之一。浊度的测定在啤酒的质量控制与监督过程中具有重要意义。

1. 知识要点(GB/T 4928—2008)

利用富尔马肼(Formazin)标准浊度溶液校正浊度计，直接测定啤酒样品的浊度，以浊度单位 EBC 表示。

2. 仪器

(1) 浊度计：测量范围为 0～5 EBC，分度值为 0.01 EBC。

(2) 分析天平：感量为 0.1 mg。

(3) 具塞锥形瓶(100 mL)。

(4) 吸管(25 mL)。

3. 试剂

(1) 硫酸肼溶液(10 g/L)：称取硫酸肼 1 g(精确至 0.001 g)，加水溶解，并定容至 100 mL。静置 4 h 使其完全溶解。

(2) 六次甲基四胺溶液(100 g/L)：称取六次甲基四胺 10 g(精确至 0.001 g)，加水溶解，并定容至 100 mL。

(3) 富尔马肼标准浊度贮备液：吸收 25.0 mL 六次甲基四胺溶液于一个具塞锥形瓶中，边搅拌边用吸管加入 25.0 mL 硫酸肼溶液，摇匀，盖塞，于室温下放置 24 h 后使用。此溶液为 1000 EBC 单位，在 2 个月内可保持稳定。

(4) 富尔马肼标准浊度使用液：分别吸取标准浊度贮备液 0 mL、0.20 mL、0.50 mL、1.00 mL 于 4 个 1000 mL 容量瓶中，加重蒸水稀释至刻度，摇匀。该标准浊度使用液的浊度分别为 0 EBC、0.20 EBC、0.50 EBC、1.00 EBC。该溶液应当天配制与使用。

4. 测定方法

(1) 按照仪器使用说明书安装与调试。用标准浊度使用液校正浊度计。

(2) 试样的制备：在保证样品有代表性，不损失或少损失酒精的前提下，用振摇、超声波或搅拌等方式除去酒样中的二氧化碳气体。

第一法：将恒温至 15～20 ℃的酒样约 300 mL 放入锥形瓶中，盖塞(橡胶塞)，在恒温室内，轻轻摇动，开塞放气(开始有“砰砰”声)，盖塞。反复操作，直至无气体逸出为止。

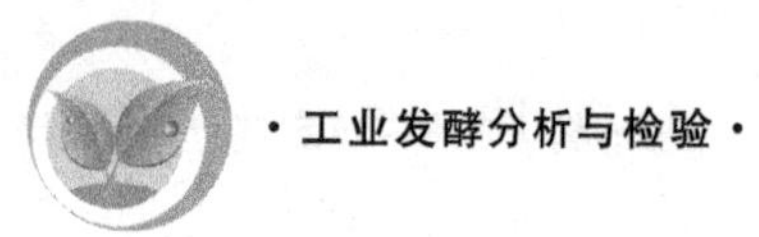

第二法:采用超声波或磁力搅拌法除气,将恒温至 15～20 ℃的酒样约 300 mL 移入带排气塞的瓶中,置于超声波槽中(或搅拌器上),超声(或搅拌)一定时间后(要通过与第一法比对,使其酒精度测定结果相似,以确定超声(或搅拌)时间和温度)取出。

(3) 取按(2)除气的样品,倒入浊度计的标准杯中,将其放入浊度计中测定,直接读数(该法为第一法,应在试样脱气后 5 min 内测定完毕)。或者将整瓶酒放入仪器中,旋转一周,取平均值(该法为第二法,预先在瓶盖上划一个"十"字,手工旋转四个 90°,读数,取四个读数的平均值报告其结果)。

所得结果表示至一位小数。

5. 说明

精密度:在重复性条件下获得的两次独立测定结果的绝对差值不得超过算术平均值的 10%。

项目四　色度的分析

学习目标

- 知识目标:掌握啤酒中色度对质量的影响及测定原理。
- 技能目标:学会啤酒中色度测定的操作,会正确使用仪器。
- 情感目标:会处理数据和分析结果,学会与人沟通。

色度是啤酒的一项重要感官指标,也是啤酒质量的重要指标,因而成为啤酒质量竞争的一个重要内容,而且在啤酒质量管理上也具有重要意义。目前名牌啤酒色度一般控制在 5.0～8.5 EBC。

1. 知识要点(GB/T 4928—2008)

将除气后的酒样注入 EBC 比色计(或 SD 色度仪)的比色皿中,与标准比色盘比较,确定酒样的色度,以色度单位 EBC 表示。

2. 仪器

EBC 比色计或 SD 色度仪。

3. 试剂

哈同基准溶液:称取 0.10 g 重铬酸钾及 3.500 g 亚硝酰铁氰化钠 $Na_2[Fe(CN)_5NO]\cdot 2H_2O$,用水溶解并定容至 1000 mL,贮于棕色瓶中,于暗处放置 24 h 后使用。

4. 测定方法

1) 仪器的校正

将哈同基准溶液注入 40 mm 比色皿中,用比色计测定。其标准色度应为 15.0 EBC 单位,使用 25 mm 比色皿时其标准读数为 9.4 EBC。仪器应每月校正一次。

2) 样品的测定

(1) 淡色啤酒的测定:将已脱气的酒样注入 25 mm 比色皿中,然后放到比色盒架中与标准色盘目视比较,当两者色调一致时,直接读数;如色调介于两色盘之间,则可读其中间值；如使用自动数显比色计，可自动显示并打印其结果。

(2) 浓色和黑色啤酒的测定：将已脱气的酒样适当稀释至色调范围(2.0～27.0 EBC)内，然后将实验结果乘以稀释倍数。

5. 结果计算

不论采取何种规格的比色皿，最终都需要按下式换算成 25 mm 比色皿的数据报告其结果：

$$X=\frac{S}{H}\times 25 \tag{5-9}$$

式中：X——啤酒的色度，EBC；

S——实测色度，EBC；

25——换算成标准比色皿的厚度，mm；

H——使用比色皿的厚度，mm。

6. 说明

(1) 同一试样两次测定值之差，色度为 2～10 EBC 时不得大于 0.5 EBC，色度大于 10 EBC 时稀释样品不得大于 1.0 EBC。

(2) 结果用色度单位 EBC 表示，保留两位有效数字。

(3) 一般淡色啤酒的色度在 5.0～14.0 EBC 范围内，浓色啤酒的色度在 15.0～40.0 EBC 范围内。

项目五　泡持性的分析

学习目标

- 知识目标：掌握啤酒中泡沫对质量的影响及测定原理。
- 技能目标：学会啤酒中泡持性测定的操作，会正确使用仪器。
- 情感目标：会处理数据和分析结果，学会与人沟通。

啤酒泡沫是啤酒的一项重要感官指标，良好的泡沫性能是优质啤酒的一个显著标志，它主要包括啤酒的起泡性、泡沫的持久性及泡沫的附着力等。蛋白质是影响泡沫最主要的物质，高、中相对分子质量的疏水性蛋白质对泡沫是有利的，在生产过程中，啤酒中应尽量保持适量的这种天然泡沫稳定剂。

一、仪器法(第一法，GB/T 4928—2008)

1. 知识要点

采用节流发泡，利用泡沫的导电性，使用长短不同的探针电极，自动跟踪记录泡沫衰减所需的时间，即为泡持性。

2. 仪器

(1) 啤酒泡持测定仪。

(2) 泡持杯:无色透明玻璃杯,杯内高 120 mm,内径 60 mm,壁厚 2 mm。

(3) 气源:液体二氧化碳,钢瓶压力 $p \geq 5$ MPa,纯度在 99%以上。

(4) 恒温水浴装置:精度±0.5 ℃。

3. 测定方法

1) 试样的准备

(1) 将酒样(整瓶或整听)置于(20±0.5) ℃水浴中恒温 30 min。

(2) 将泡持杯彻底清洗干净、备用。

2) 测定

(1) 按使用说明书调试仪器至工作状态。

(2) 将二氧化碳钢瓶分压调至 0.2 MPa。按仪器说明书校正杯高。

(3) 按照仪器使用说明书将样品置于发泡器上发泡。泡沫出口端与泡持杯的距离为 10 mm,泡沫满杯时间宜为 3~4 s。

(4) 迅速将盛满泡沫的泡持杯置于啤酒泡持测定仪的探针下,按"开始"键,仪器自动显示和记录结果。

所得结果表示至整数。

4. 说明

精密度:在重复性条件下获得的两次独立测定结果的绝对差值不得超过算术平均值的 5%。

二、秒表法(第二法,GB/T 4928—2008)

1. 知识要点

用目视法测定啤酒泡沫从满杯到消失的时间,以 s 表示。

2. 仪器

(1) 秒表。

(2) 泡持杯:同第一法。

(3) 铁架台和铁环。

3. 测定方法

1) 试样的准备

同第一法。

2) 测定

(1) 将泡持杯置于铁架台底座上,距杯口 3 cm 处固定铁环,开启瓶盖,立即置瓶(或听)口于铁环上,沿杯中心线,以均匀流速将酒样注入杯中,直至泡沫高度与杯口相齐时为止(满杯时间宜控制在 4~8 s 内)。同时按秒表开始计时。

(2) 观察泡沫升起情况,记录泡沫的形态(包括色泽及细腻程度)和泡沫挂杯情况。

(3) 记录泡沫从满杯至消失(露出 0.05 cm^2酒面)的时间。测定时严禁有空气流通,测定前样品瓶应避免振摇。

所得结果表示至整数。

4. 说明

精密度：在重复性条件下获得的两次独立测定结果的绝对差值不得超过算术平均值的 10%。

项目六　二氧化碳的分析

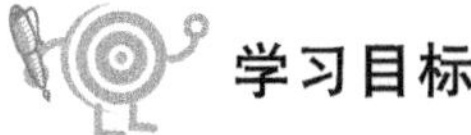

学习目标

- 知识目标：掌握啤酒中二氧化碳对质量的影响和测定方法及测定原理。
- 技能目标：学会啤酒中二氧化碳测定的操作及盐酸标准溶液和氢氧化钡溶液的配制。
- 情感目标：会处理数据和分析结果，学会与人沟通。

啤酒中含有饱和的 CO_2，这些 CO_2 是发酵过程产生的，部分是通过人工填充的，有利于啤酒的起泡性，饮用后能赋予人一种舒适的刺激感，即所谓的“杀口”。啤酒如果缺乏 CO_2，那就不能称之为“啤酒”，而是一杯苦水。现在，一般成品啤酒的 CO_2 的质量分数为 0.40%～0.65%。

一、基准法

1. 知识要点(GB/T 4928—2008)

在 0～5 ℃下用碱液固定啤酒中的二氧化碳，加稀酸释放后，用已知量的氢氧化钡溶液吸收，过量的氢氧化钡溶液再用盐酸标准溶液滴定。根据消耗盐酸标准溶液的体积，计算出试样中二氧化碳的含量。

2. 仪器

(1) 二氧化碳收集测定仪。

(2) 锥形瓶(150 mL)。

(3) 酸式滴定管(25 mL)。

3. 试剂

(1) 无二氧化碳蒸馏水：将水注入烧瓶中，煮沸 10 min，立即用装有钠石灰管的胶塞塞紧，冷却。

(2) 碳酸钠：国家二级标准物质。

(3) 氢氧化钠溶液(300 g/L)：称取 300 g 氢氧化钠，用水溶解，并定容至 1 L。

(4) 酚酞指示液(10 g/L)：称取 1 g 酚酞，溶于乙醇(95%)，用乙醇(95%)稀释至 100 mL。

(5) 盐酸标准溶液(c_{HCl}=0.1 mol/L)。

(6) 氢氧化钡溶液(0.055 mol/L)。

配制：称取氢氧化钡 19.2 g，加无二氧化碳蒸馏水 600～700 mL 不断搅拌直至溶解，静置 24 h，加入氯化钡 29.2 g，搅拌 30 min，用无二氧化碳蒸馏水定容至 1000 mL，静置沉

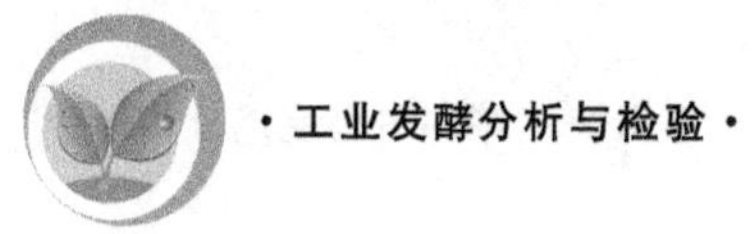

淀后，过滤于一个密闭的试剂瓶中，贮存备用。

标定：吸取上述溶液 25.0 mL 于 150 mL 锥形瓶中，加酚酞指示液两滴，用盐酸标准溶液滴定至刚好无色为其终点，记录消耗盐酸标准溶液的体积（该值应在 27.5～29.5 mL，若超出 30 mL，应重新调整氢氧化钡溶液的浓度）。在密封良好的情况下贮存（试剂瓶顶端装有钠石灰管，并附有 25 mL 加液器）。若盐酸标准溶液浓度不变，可连续使用一周。

(7) 硫酸溶液[10%(质量分数)]。

(8) 有机硅消泡剂（二甘油聚醚）。

4. 测定方法

1) 仪器的校正

按仪器使用说明书，用碳酸钠标准物质校正仪器。每季度校正一次（发现异常时也应校正）。

2) 试样的准备

将待测啤酒温度保持在 0～5 ℃。将瓶装酒开启瓶盖，迅速加入一定量的氢氧化钠溶液和消泡剂 2～3 滴，立刻用塞塞紧，摇匀，备用。听装酒可在罐底部打孔，按瓶装酒同样操作。

注：氢氧化钠溶液添加量，样品净含量为 640 mL 时，为 10 mL；355 mL 时，为 5 mL；2 L 时，为 25 mL。

3) 测定

(1) 二氧化碳的分离与收集。

吸取试样 10.0 mL 于反应瓶中，在收集瓶中加入 25.0 mL 氢氧化钡溶液；将收集瓶与仪器的分气管接通。通过反应瓶上分液漏斗向其中加入 10 mL 硫酸溶液，关闭漏斗活塞，迅速接通连接管。设定分离与收集时间 10 min，按下泵开关，仪器开始工作，直至自动停止。

(2) 滴定。

用少量无二氧化碳蒸馏水冲洗收集瓶的分气管，取下收集瓶，加入酚酞指示液两滴，用盐酸标准溶液滴定至刚好无色，记录消耗盐酸标准溶液的体积。

(3) 按照知识拓展中的方法测定试样的净含量。

(4) 按照知识拓展中的方法测定试样的相对密度。

5. 结果计算

试样中二氧化碳含量按下式计算：

$$w=\frac{(V_3-V_4)\times c_3\times 0.022}{\dfrac{V_5}{V_5+V_6}\times 10\times \rho}\times 100\% \tag{5-10}$$

式中：w——试样的二氧化碳质量分数，%；

V_3——标定氢氧化钡溶液时消耗的盐酸标准溶液的体积，mL；

V_4——试样消耗盐酸标准溶液的体积，mL；

c_3——盐酸标准溶液的浓度，mol/L；

0.022——与 1.00 mL 盐酸标准溶液（$c_{HCl}=1.000$ mol/L）相当的二氧化碳的质

量,g;

V_5——试样的净含量(总体积),mL;

V_6——在试样准备时,加入氢氧化钠溶液的体积,mL;

10——测定时吸取试样的体积,mL;

ρ——被测试样的密度(当被测试样的原麦汁浓度为11 °P或12 °P时,此值为1.012,其他浓度的试样需先测其密度),g/mL。

所得结果表示至两位小数。

6. 说明

精密度:在重复性条件下获得的两次独立测定结果的绝对差值不得超过算术平均值的5%。

二、压力法

1. 知识要点

根据亨利定律,在25 ℃时用二氧化碳压力测定仪测出试样的总压、瓶颈空气体积和瓶颈空容体积,然后计算出啤酒中二氧化碳的含量。

2. 仪器

(1) 二氧化碳测定仪:压力表的分度值为0.01 MPa。

(2) 分析天平:感量为0.1 g。

(3) 玻璃铅笔(或记号笔)。

3. 试剂

氢氧化钠溶液(400 g/L):称取400 g氢氧化钠,用水溶解并定容至1 L。

4. 测定方法

1) 仪器的准备

将二氧化碳测定仪的三个组成部分之间用胶管(或塑料管)接好,在碱液水准瓶和刻度吸收管中装入氢氧化钠溶液,用水或氢氧化钠溶液(也可以使用瓶装酒)完全顶出刻度吸收管与穿孔装置之间胶管中的空气。

2) 试样的准备

取瓶(或听)装酒样,置于25 ℃水浴中恒温30 min。

3) 测表压

将试样酒瓶(或听)置于穿孔装置下穿孔。用手摇动酒瓶(或听)直至压力表指针达到最大恒定值,记录读数(即表压)。

4) 测瓶颈空气

慢慢打开穿孔装置的出口阀,让瓶(或听)内气体缓缓流入刻度吸收管,当压力表指示降至零时,立即关闭出口阀,倾斜摇动刻度吸收管,直至气体体积达到最小恒定值。调整水准瓶,使之静压相等,从刻度吸收管上读取气体的体积。

5) 测瓶颈空容

在测定前,先在酒的瓶壁上用玻璃铅笔标记出酒的液面。测定后,用水将酒瓶装满至

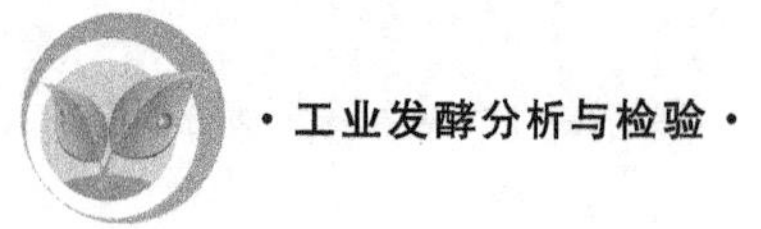

标记处，用 100 mL 量筒取 100 mL 水后倒入试样瓶至满瓶口，读取从量筒倒出水的体积。

6) 听(铝易开盖两片罐)装酒“听顶空容”的测定与计算

在测定前，先称量整听酒的质量(m_3)，精确至 0.1 g；穿刺，测定听装酒的表压；将听内啤酒倒出，用水洗净，干燥，称量“听＋拉盖”的质量(m_4)，精确至 0.1 g；再用水充满空听，称量“听＋拉盖＋水”的质量(m_5)，精确至 0.1 g。

听装酒的“听顶空容”按式(5-11)计算：

$$R=\frac{m_5-m_4}{0.99823}-\frac{m_3-m_4}{\rho} \tag{5-11}$$

式中：R——听装酒的“听顶空容”，mL；

m_5——“听＋拉盖＋水”的质量，g；

m_4——“听＋拉盖”的质量，g；

0.99823——水在 20 ℃下的密度，g/mL；

m_3——“酒＋听”的质量，g；

ρ——试样的密度，g/mL。

5. 结果计算

试样的二氧化碳含量按式(5-12)计算：

$$w=\left(p-0.101\times\frac{V_8}{V_7}\right)\times 1.40\times 100\% \tag{5-12}$$

式中：w——试样的二氧化碳质量分数，%；

p——绝对压力(表压＋0.101)，MPa；

V_8——瓶颈空气体积，mL；

V_7——瓶颈空容(听顶空容)，mL；

1.40——25 ℃、1 MPa 压力时，100 g 试样中溶解的二氧化碳质量，g。

注：1 大气压＝0.101 MPa。

所得结果表示至两位小数。

6. 说明

精密度：在重复性条件下获得的两次独立测定结果的绝对差值不得超过算术平均值的 5%。

知识拓展

一、试样的净含量的测定

(一) 重量法(第一法)

1. 仪器

(1) 分析天平：感量为 0.01 g。

(2) 台秤：感量为 0.1 kg。

(3) 恒温水浴：精度为±0.5 ℃。

2. 测定方法

(1) 瓶装、听(铝易开盖两片罐)装啤酒的测定。

① 将瓶装、听(铝易开盖两片罐)装啤酒置于(20±0.5) ℃水浴中恒温30 min,取出,擦干瓶或听外壁的水,用分析天平称量整瓶或听酒的质量(m_6)。启瓶盖或听拉盖,将酒液倒出,用自来水清洗瓶或听内至无泡沫止,沥干,称量“空瓶+瓶盖”(或“空听+拉盖”)质量(m_7)。

② 测定酒液的相对密度:用密度瓶法测定。

(2) 桶装啤酒的测定。

将桶装啤酒置于室温下,用台秤称量,其余步骤同(1)。

3. 结果计算

酒液(在20 ℃/4 ℃时)的密度按下式计算:

$$\rho = 0.9970 \times d_{20}^{20} + 0.0012 \tag{5-13}$$

式中:ρ——酒液的密度,g/mL;

0.9970——在20 ℃时蒸馏水与干燥空气密度值之差,g/mL;

d_{20}^{20}——在20 ℃时酒液与重蒸水的相对密度;

0.0012——干燥空气在20 ℃、101.325 kPa时的密度,g/mL。

试样的净含量按下式计算:

$$V_5 = \frac{m_6 - m_7}{\rho} \tag{5-14}$$

式中:V_5——试样的净含量(净容量),mL;

m_6——整瓶或听酒的质量,g;

m_7——“空瓶+瓶盖”(或“空听+拉盖”)的质量,g;

ρ——酒液的密度,g/mL。

(二) 容量法(第二法)

1. 仪器

量筒、玻璃铅笔。

2. 测定方法

将瓶装酒样置于(20±0.5) ℃水浴中恒温30 min。取出,擦干瓶外壁的水,用玻璃铅笔对准酒的液面画一条细线,将酒液倒出,用自来水冲洗瓶内(注意不要洗掉画线)至无泡沫为止,擦干瓶外壁的水,准确装入水至瓶画线处,然后将水倒入量筒,测量水的体积,即为瓶装啤酒的净含量。

二、容量法测定试样的相对密度

1. 蒸馏

试样除气后收集于具塞锥形瓶中,15~20 ℃下密封保存,限制在2 h内使用。用100 mL容量瓶准确量取上述试样,试样经定性滤纸过滤,置于蒸馏瓶中,用50 mL水分三次冲洗容量瓶,洗液并入蒸馏瓶中,加玻璃珠数粒,装上蛇形冷凝管,用原 100 mL 容量瓶接收馏出液(外加冰浴),缓缓加热蒸馏(冷凝管出口水温不得超过 20 ℃),收集约 96 mL 馏出液(蒸馏应在 30~60 min 内完成),取下容量瓶,调节液温至 20 ℃,补加水定容,混匀,备用。

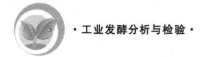

2. 测量 A

将密度瓶洗净、干燥、称量,反复操作,直至恒重(m)。将煮沸冷却至 15 ℃的水注满恒重的密度瓶中,插上带温度计的瓶塞(瓶中应无气泡),立即浸于(20±0.1) ℃的水浴中,待内容物温度达 20 ℃,并保持稳定 5 min 不变后取出,用滤纸吸去溢出支管的水,立即盖好小帽,擦干后,称量(m_2)。

3. 测量 B

将水倒去,用试样馏出液反复冲洗密度瓶三次,然后装满,按测量 A 同样操作。

4. 计算

试样馏出液(20 ℃)的相对密度按下式计算:

$$d_{20}^{20}=\frac{m_2-m}{m_1-m} \tag{5-15}$$

式中:d_{20}^{20}——试样馏出液(20 ℃)的相对密度;

m_2——密度瓶和馏出液的质量,g;

m_1——密度瓶和水的质量,g;

m——密度瓶的质量,g。

根据相对密度 d_{20}^{20} 查表得到试样馏出液酒精含量(体积分数),即试样的酒精度。

所得结果表示至一位小数。

项目七　原麦汁浓度的分析

学习目标

- 知识目标:掌握用密度法测定的原理。
- 技能目标:学会密度法测定的操作。
- 情感目标:培养实事求是、科学严谨的态度及分析问题和解决问题的能力。

实际生产中常以密度瓶法测出啤酒试样中的真正浓度和酒精度,然后按照经验公式计算出啤酒试样的原麦汁浓度,或用仪器法直接自动测定、计算、打印出试样的真正浓度及原麦汁浓度。

一、密度瓶法(GB/T 4928—2008)

1. 真正浓度的测定

1) 仪器

(1) 全玻璃蒸馏器(500 mL)。

(2) 恒温水浴:精度为±0.1 ℃。

(3) 容量瓶(100 mL)。

(4) 移液管(100 mL)。

(5) 分析天平:感量为 0.1 mg。

(6) 附温度计密度瓶(25 mL 或 50 mL)。

2) 测定方法

(1) 试样的制备。

蒸馏:用 100 mL 容量瓶准确量取试样 100 mL,置于蒸馏瓶中,用 50 mL 水分三次冲洗容量瓶,洗液并入蒸馏瓶中,加玻璃珠数粒,装上蛇形冷凝管,用原 100 mL 容量瓶接收馏出液(外加冰浴),缓缓加热蒸馏(冷凝管出口水温不得超过 20 ℃),收集约 96 mL 馏出液(蒸馏应在 30～60 min 内完成),取下容量瓶,调节液温至 20 ℃,补加水定容,混匀,备用。

将蒸馏除去酒精后的残液(在已知质量的蒸馏烧瓶中)冷却至 20 ℃,准确补加水使残液至 100.0 g,混匀。

(2) 测定。

用密度瓶或密度计测定出残液的相对密度。查附录 D,求 100 g 试样中浸出物的含量(g/(100 g)),即为啤酒的真正的浓度,以柏拉图度或质量分数(°P 或%)表示。

2. 酒精度的测定

1) 测量 A

将密度瓶洗净、干燥、称量,反复操作,直至恒重。将煮沸并冷却至 15 ℃的水注满恒重的密度瓶中,插上带温度计的瓶塞(瓶中应无气泡),立即浸于(20±0.1) ℃的水浴中,待内容物温度达 20 ℃,并保持 5 min 不变后取出。用滤纸吸取溢出支管的水,立即盖好小帽,擦干后,称量。

2) 测量 B

将水倒去,用试样馏出液反复冲洗密度瓶三次,然后装满,按测量 A 同样操作。

试样馏出液(20 ℃)的相对密度按式(5-16)计算:

$$d_{20}^{20}=\frac{m_2-m}{m_1-m} \tag{5-16}$$

式中:d_{20}^{20}——试样馏出液(20 ℃)的相对密度;

m_2——密度瓶和试样馏出液的质量,g;

m——密度瓶的质量,g;

m_1—密度瓶和水的质量,g。

根据相对密度 d_{20}^{20} 查附录 C 得到试样馏出液酒精含量,即试样的酒精度。

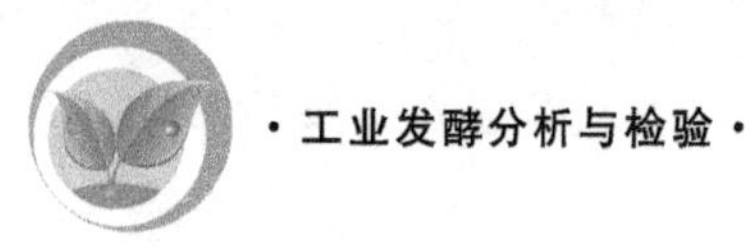

所得结果表示至一位小数。

3. 结果计算

根据测得的酒精度和真正浓度，计算试样的原麦汁浓度：

$$X_1 = \frac{(A \times 2.0665 + E) \times 100}{100 + A \times 1.0665} \tag{5-17}$$

式中：X_1——试样的原麦汁浓度，单位为柏拉图度或质量分数(°P 或%)；

A——试样的酒精度(质量分数)，%；

E——试样的真正浓度(质量分数)，%。

或者查附录 H 计算试样的原麦汁浓度：

$$X = 2A + E - b \tag{5-18}$$

式中：X——试样的原麦汁浓度，单位为柏拉图度或质量分数(°P 或%)；

A——试样的酒精度(质量分数)，%；

E——试样的真正浓度(质量分数)，%；

b——校正系数。

所得结果表示至一位小数。

4. 数据记录

将所测数据填入表 5-5 中。

表 5-5 啤酒中原麦汁浓度测定数据记录表

测定内容	1	2	3
密度瓶的质量 m/g			
密度瓶和水的质量 m_1/g			
密度瓶和试样馏出液的质量 m_2/g			

5. 说明

精密度：在重复性条件下获得的两次独立测定结果的绝对差值不得超过算术平均值的 1%。

二、仪器法(GB/T 4928—2008)

1. 仪器

啤酒自动分析仪(见图 5-1，或使用同等分析效果的仪器)：真正浓度分析精度为 0.01%。

2. 测定方法

(1) 按啤酒自动分析仪使用说明书安装与调试仪器。

(2) 按仪器使用手册进行操作，自动进样、测定、计算、打印出试样的真正浓度和原麦汁浓度，以柏拉图度或质量分数(°P 或%)表示。所得结果表示至一位小数。

3. 说明

精密度：在重复性条件下获得的两次独立测定结果的绝对差值不得超过算术平均值的 1%。

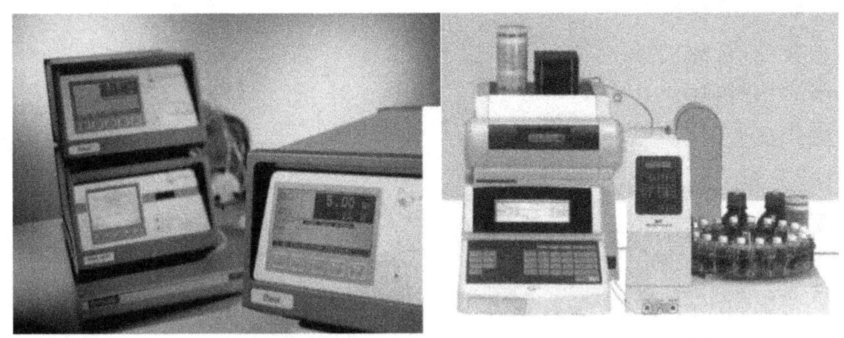

图 5-1 啤酒自动分析仪

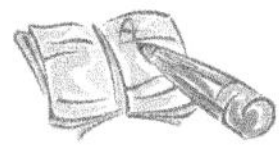

项目八 啤酒中甲醛含量的分析

学习目标

- 知识目标：掌握甲醛含量测定的原理。
- 技能目标：学会比色法测定甲醛含量的操作。
- 情感目标：培养实事求是、科学严谨的态度及分析问题和解决问题的能力。

甲醛（分子式 HCHO，相对分子质量为 30.03）是一种无色、有强烈刺激性气味的气体，易溶于水、醇和醚。甲醛在常温下是气态，通常以水溶液形式出现。甲醛是啤酒生产用的消毒剂、洗瓶剂、喷淋润滑剂及辅料之一，分析纯甲醛应用于啤酒业，主要是为了降低有害杂质的影响。甲醛质量取决于其杂质的多少及有害物质甲醇的含量。甲醛可经呼吸道吸收，其 40% 的水溶液称为福尔马林，此溶液沸点为 19 ℃，故在室温时极易挥发，随着温度的上升，挥发速度加快，长期接触低剂量的甲醛会引起慢性呼吸道疾病甚至癌症。国家已明令禁止在食品中使用该产品，现代科学研究表明，甲醛对人体健康有负面影响，这无疑是不利于啤酒质量的。

甲醛含量的测定方法为乙酰丙酮比色法。

1. 知识要点

甲醛在过量乙酸铵的存在下，与乙酰丙酮和氨离子反应生成黄色的 2,6-二甲基-3,5-二酰基-1,4-二氢吡啶化合物，在 415 nm 波长处有最大吸收，在一定浓度范围，其吸光度值与甲醛含量成正比，与标准系列比较定量。

2. 仪器

(1) 分光光度计。

(2) 恒温水浴锅：精度为±1 ℃。

(3) 水蒸气蒸馏装置。

3. 试剂

(1) 乙酰丙酮（分析纯）。

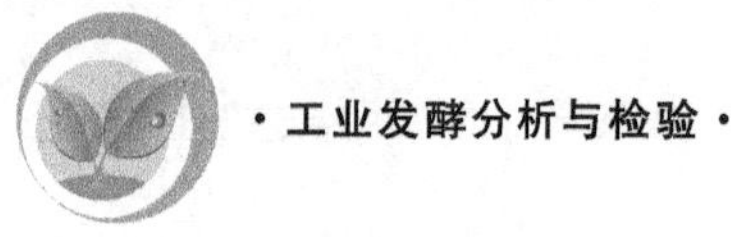

(2) 乙酸铵(分析纯)。

(3) 乙酸(分析纯)。

(4) 甲醛(分析纯)。

(5) 硫代硫酸钠(基准物质)。

(6) 碘(分析纯)。

(7) 淀粉(指示剂)。

(8) 硫酸(分析纯)。

(9) 氢氧化钠(分析纯)。

(10) 磷酸(分析纯)。

(11) 乙酰丙酮溶液:在100 mL蒸馏水中加入乙酸铵25 g、冰乙酸3 mL和乙酰丙酮0.40 mL,振摇促溶,贮于棕色瓶中。此溶液可保存1个月。

(12) 36%～38%甲醛。

(13) 硫代硫酸钠标准溶液($c_{Na_2S_2O_3}=0.1000$ mol/L)。

配制:称取26 g硫代硫酸钠($Na_2S_2O_3 \cdot 5H_2O$)(或16 g无水硫代硫酸钠),加0.2 g无水碳酸钠,溶于1000 mL水中,缓缓煮沸10 min,冷却。放置两周后过滤。

标定:称取0.18 g于(120±2) ℃干燥至恒重的工作基准试剂重铬酸钾,置于碘量瓶中,溶于25 mL水,加2 g碘化钾及20 mL硫酸溶液(20%),摇匀,于暗处放置10 min。加150 mL水(15～20 ℃),用配制好的硫代硫酸钠溶液滴定,近终点时加2 mL淀粉指示剂(10 g/L),继续滴定至溶液由蓝色变为亮绿色。同时做空白试验。

硫代硫酸钠标准溶液的浓度计算如下,数值以mol/L表示。

$$c_{Na_2S_2O_3}=\frac{m\times1000}{(V_1-V_2)\times M} \tag{5-19}$$

式中:m——重铬酸钾的质量,g;

V_1——加重铬酸钾时滴定消耗硫代硫酸钠溶液的体积,mL;

V_2——空白试验硫代硫酸钠溶液的体积,mL;

M——重铬酸钾的摩尔质量,g/mol。

(14) 0.1 mol/L碘标准溶液。

(15) 淀粉指示剂(0.1 g/L):称取1 g可溶性淀粉,用少量水调成糊状,缓缓倒入100 mL沸水中,随加随搅拌,煮沸,放冷备用,此溶液临用时现配。

(16) 硫酸溶液(1 mol/L):量取30 mL硫酸,缓缓注入适量水中,冷却至室温后用水稀释至1000 mL,摇匀。

(17) 氢氧化钠溶液(1 mol/L):吸取56 mL澄清的氢氧化钠饱和溶液,加适量新煮沸过的冷水至1000 mL,摇匀。

(18) 磷酸溶液(200 g/L):称取20 g磷酸,加蒸馏水稀释至100 mL,摇匀。

(19) 甲醛标准溶液:吸取36%～38%甲醛溶液7.0 mL,加入1 mol/L的硫酸0.5 mL,用水稀释至250 mL,此溶液为标准溶液。从该溶液中吸取10.0 mL放入100 mL容量瓶中,加水稀释定容。再吸取10.0 mL放入250 mL碘量瓶中,加水90 mL、0.1 mol/L碘溶液20 mL和1 mol/L氢氧化钠溶液15 mL,摇匀,在室温放置15 min后,再加入1 mol/L的硫酸溶液 20 mL，酸化，用 0.1000 mol/L 硫代硫酸钠标准溶液滴定至溶液为淡黄色，然后加入约 1 mL 淀粉指示剂(0.1 g/L)，继续滴定至蓝色褪去即为终点，同时做空白试验。

计算：

$$X = (V_1 - V_2) \times c_1 \times 15 \tag{5-20}$$

式中：X——甲醛标准溶液的浓度，mg/mL；

V_1——滴定样品溶液消耗硫代硫酸钠标准溶液的体积，mL；

V_2——滴定空白溶液消耗硫代硫酸钠标准溶液的体积，mL；

c_1——硫代硫酸钠标准溶液的浓度，mol/L；

15——与 1 mol/L 硫代硫酸钠标准溶液 1.0 mL 相当的甲醛的质量，mg。用上述已标定甲醛浓度的溶液，加水配制成含 1 μg/mL 的甲醛标准使用液。

4. 测定方法

1) 样品处理

准确吸取已除去二氧化碳的啤酒 25 mL，移入 500 mL 蒸馏瓶中，加 200 g/L 磷酸溶液 20 mL 于蒸馏瓶中，接水蒸气蒸馏装置，收集馏出液于 100 mL 容量瓶中，冷却后加水稀释至刻线。

2) 测定

精确吸取 1 μg/mL 的甲醛标准使用液 0.00 mL、0.50 mL、1.00 mL、2.00 mL、3.00 mL、4.00 mL、8.00 mL 于 25 mL 带刻度具塞比色管中，补充蒸馏水至 10 mL。

吸取样品馏出液 10 mL，移入 25 mL 带刻度具塞比色管中。在标准系列和样品的比色管中，各加入乙酰丙酮溶液 2 mL，摇匀，置于沸水浴中 10 min，取出冷却。于 415 nm 波长处测吸光度，绘制标准曲线，从标准曲线上查出试样的含量。

5. 结果计算

$$X = \frac{m}{V} \tag{5-21}$$

式中：X——样品中甲醛的含量，mg/L；

m——从标准曲线上查出的相当的甲醛的质量，μg；

V——测定样液中相当的试样体积，mL。

6. 说明

(1) 水蒸气蒸馏过程中，回收瓶底部要稍稍加热，促使样品酸化过程中反应完全。

(2) 平行测定结果用算术平均值表示，保留两位有效数字。

(3) 该实验结果以游离甲醛计，若以次硫酸氢钠甲醛计，可乘以系数 5.133。

思考题

1. 双乙酰测定的操作是怎样的？
2. 苦味质测定的方法及测定时对啤酒样品处理的方法是什么？
3. 啤酒中浊度、色度、泡沫、二氧化碳对质量的影响有哪些？
4. 原麦汁浓度的测定方法及具体操作是怎样的？
5. 为什么要测定啤酒中甲醛的含量？测定方法是什么？

模块三　果酒(葡萄酒)中特定成分的分析

经自然发酵酿造出来的果酒(葡萄酒)成分相当复杂,其中最多的是果汁(葡萄汁),占80%以上,其次是经水果(葡萄)里面的糖分自然发酵而成的酒精,一般在10%～13%,剩余的物质超过1000种,比较重要的有300多种。果酒中其他重要的成分包括酒石酸、糖、甘油、矿物质、单宁、酯类、脂肪酸、芳香物质、微量的二氧化碳、二氧化硫以及多种维生素(VB_1、VB_2、VB_6、VB_{12}、Vc、Vh、Vp等)和各种氨基酸等。虽然这些物质所占的比例不高,却是酒质优劣的决定性因素。

项目一　干浸出物的分析

学习目标

- 知识目标:掌握用密度法测定干浸出物的原理。
- 技能目标:学会用密度法测定干浸出物的操作。
- 情感目标:培养实事求是、科学严谨的态度及分析问题和解决问题的能力。

干浸出物指标的高低与葡萄酒原料及酒的生产工艺、贮藏方式等有密切的关系,是体现酒质好坏的重要标志之一。葡萄酒中干浸出物指标反映了葡萄汁含量高低,是判断此葡萄酒是不是纯酿造、有无勾兑的重要依据。

1. 知识要点(GB/T 15038—2006)

用密度瓶法测定样品或蒸出酒精后的样品的密度,然后用其密度值查表,求得总浸出物的含量,再从中减去总糖的含量,即得干浸出物的含量。

2. 仪器

(1) 瓷蒸发皿(200 mL)。

(2) 恒温水浴装置:精度为±0.1 ℃。

(3) 附温度计密度瓶(25 mL或50 mL)。

3. 试样制备

用100 mL容量瓶量取100 mL样品(液温20 ℃),倒入200 mL瓷蒸发皿中,于水浴上蒸发为原体积的1/3,取下,冷却后,将残液小心地移入原容量瓶中,用水多次荡洗蒸发皿,洗液并入容量瓶中,于20 ℃定容至刻度。也可使用测定酒精度时蒸出酒精后的残液,在20 ℃时以水定容至100 mL。

4. 测定方法

1) 方法一

(1) 蒸馏水质量的测定。

① 将密度瓶洗净并干燥，带温度计和侧孔罩称量。重复干燥和称量，直至恒重(m)。

② 取下温度计，将煮沸并冷却至 15 ℃左右的蒸馏水注满恒重的密度瓶，插上温度计，瓶中不得有气泡。将密度瓶浸入(20.0±0.1) ℃的恒温水浴中，待内容物温度达 20 ℃，并保持 10 min 不变后，用滤纸吸去侧管溢出的液体，使侧管中的液面与侧管管口齐平，立即盖好侧孔罩，取出密度瓶，用滤纸擦干瓶壁上的水，立即称量(m_1)。

(2) 将密度瓶中的水倒出，吸取试样制备液，反复冲洗密度瓶 3～5 次，然后装满试样的制备液，按 1)(1)②操作，称量(m_2)。按式(5-22)计算出脱醇样品在 20 ℃时的相对密度 ρ_{20}^{20}。

$$\rho_{20}^{20}=\frac{m_2-m+A}{m_1-m+A}\times\rho_0 \tag{5-22}$$

$$A=\rho_u\times\frac{m_1-m}{997.0} \tag{5-23}$$

式中：ρ_{20}^{20}——样品在 20 ℃时的相对密度；

m——密度瓶的质量，g；

m_1——20 ℃时密度瓶与水的质量，g；

m_2——20 ℃时密度瓶与试样的质量，g；

ρ_0——20 ℃时蒸馏水的密度(998.20 g/L)；

A——空气浮力校正值，g；

ρ_u——干燥空气在 20 ℃、101.325 kPa 时的密度值(≈1.2 g/L)；

997.0——在 20 ℃时蒸馏水与干燥空气密度值之差，g/L。

根据试样的相对密度 ρ_{20}^{20}，查酒精水溶液密度与酒精度对照表(20 ℃)，求得酒精度。

2) 方法二

直接吸取未经处理的样品，按以上同样操作，并按式(5-22)计算出该样品 20 ℃时的密度 ρ_B，按式(5-24)计算出脱醇样品 20 ℃时的密度 ρ_2，以 ρ_2 查附录 D，得出总浸出物含量(g/L)：

$$\rho_2=1.00180(\rho_B-\rho)+1000\ \text{g/L} \tag{5-24}$$

式中：ρ_2——脱醇样品 20 ℃时的密度，g/L；

ρ_B——含醇样品 20 ℃时的密度，g/L；

ρ——与含醇样品含有同样酒精度水溶液在 20 ℃时的密度，g/L；

1.00180——20 ℃时的密度瓶体积的修正系数。

所得结果表示至一位小数。

5. 说明

精密度：在重复性条件下获得的两次独立测定结果的绝对差值不得超过算术平均值的 2%。

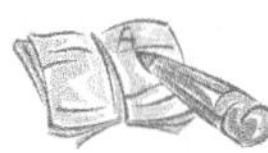

项目二　甲醇的分析

学习目标

- 知识目标：掌握测定甲醇的原理和方法。

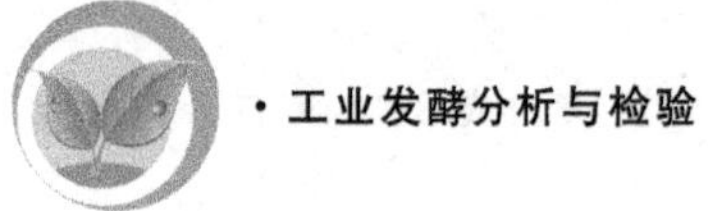

- 技能目标：学会甲醇测定的操作。
- 情感目标：培养实事求是、科学严谨的态度及分析问题和解决问题的能力。

葡萄酒中的甲醇是果胶质在甲醇酶作用下产生的，果胶质大部分集中在果皮上，带皮发酵时间长时甲醇含量要高一些，葡萄酒中甲醇含量过高对人体中枢神经有抑制作用，尤其对视网膜神经系统毒性更大。因此，葡萄酒中微量甲醇的测定对保证其质量和指导其生产工艺有着重要意义。

一、气相色谱法(GB/T 15038—2006)

1. 知识要点

试样被汽化后，随同载气进入色谱柱，利用被测定的各组分在气液两相中具有不用的分配系数，在柱内形成迁移速度的差异而得到分离。分离后的组分先后流出谱柱，进入氢火焰离子化检测器，根据色谱图上各组分峰的保留时间与标样相对照进行定性；利用峰面积(或峰高)，以内标法定量。

2. 仪器

(1) 气相色谱仪：备有氢火焰离子化检测器(FID)。

(2) 毛细管柱：PEG20M 毛细管色谱柱(柱长 35～50 m，内径 0.25 mm，涂层 0.2 μm)，或其他具有同等分析效果的色谱柱。

(3) 微量注射器(1 μL)。

(4) 全玻璃整流器(500 mL)。

3. 试剂

(1) 乙醇溶液[10%(体积分数)]，色谱纯。

(2) 甲醇溶液[2%(体积分数)]，色谱纯。作内标用。用乙醇溶液配制。

(3) 4-甲基-2-戊醇溶液[2%(体积分数)]，色谱纯。作内标用。用乙醇溶液配制。

4. 测定方法

1) 色谱参考条件

载气(高纯氮)：流速为 0.5～1.0 mL/min，分流比约 50∶1，尾吹气 20～30 mL/min。

氢气：流速为 40 mL/min。

空气：流速为 400 mL/min。

检测器温度(T_D)：220 ℃。

柱温(T_C)：起始温度 40 ℃，恒温 4 min，以 3.5 ℃/min 升温至 200 ℃，继续恒温 10 min。

载气、氢气、空气的流速等色谱条件随仪器而异，应通过试验选择最佳操作条件，以内标峰与酒样中其他组分峰获得完全分离为准。

2) 校正因子(f)的测定

吸取甲醇溶液 1.00 mL，移入 100 mL 容量瓶中，然后加入 4-甲基-2-戊醇溶液 1.00 mL，用乙醇溶液稀释至刻度。上述溶液中甲醇和内标物的浓度均为 0.02%(体积分数)。待色谱仪基线稳定后，用微量注射器进样，进样量随仪器的灵敏度而定。记录甲醇和内标峰的保留时间及其峰面积(或高峰),用其比值计算出甲醇的相对校正因子。

3) 试样制备

用一洁净、干燥的100 mL容量瓶准确量取100 mL样品(液温20 ℃)于500 mL蒸馏瓶中,用50 mL水分三次冲洗容量瓶,洗液并入蒸馏瓶中,再加几颗玻璃珠,连接冷凝器,以取样用的原容量瓶作接收器(外加冰浴)。开启冷却水,缓慢加热蒸馏。收集馏出液接近刻度,取下容量瓶,盖塞。于20 ℃水浴中保温30 min,补加水至刻度,混匀,备用。

4) 分析步骤

吸取试样10.0 mL于10 mL容量瓶中,加入4-甲基-2-戊醇溶液0.10 mL,混匀后,在与校正因子测定相同的条件下进样,根据保留时间确定甲醇峰的位置,并测定甲醇与内标峰面积(或峰高),求出峰面积(或峰高)之比,计算出酒样中甲醇的含量。

5. 结果计算

甲醇的相对校正因子按式(5-25)计算,样品中甲醇的含量按式(5-26)计算。

$$f=\frac{A_1}{A_2}\times\frac{d_2}{d_1} \tag{5-25}$$

$$X_1=f\times\frac{A_3}{A_4}\times I \tag{5-26}$$

式中:X_1——样品中甲醛的含量,mg/L;

f——甲醛的相对校正因子;

A_1——标样 f 值测定时内标物的峰面积(或峰高);

A_2——标样 f 值测定时甲醇的峰面积(或峰高);

A_3——试样中甲醇的峰面积(或峰高);

A_4——添加于酒样中内标物的峰面积(或峰高);

d_2——甲醇的相对密度;

d_1——内标物的相对密度;

I——内标物含量(添加在酒样中),mg/L。

所得结果表示至整数。

6. 说明

精密度:在重复条件下获得的两次独立测定结果的绝对差值不得超过算术平均值的10%。

二、比色法(GB/T 15038—2006)

1. 知识要点

甲醇经氧化成甲醛后,与品红-亚硫酸作用生成蓝紫色化合物,与标准系列比较定量。

2. 仪器

分光光度计。

3. 试剂

(1) 高锰酸钾-磷酸溶液:称取3 g高锰酸钾,加入15 mL磷酸(85%)与70 mL水的混合液中,溶解后,加水至100 mL,贮于棕色瓶内,防止氧化能力下降,保存时间不宜过长。

(2) 草酸-硫酸溶液：称取 5 g 无水草酸($H_2C_2O_2$)或 7 g 含两结晶水草酸($H_2C_2O_2 \cdot 2H_2O$)，溶于硫酸(1∶1)中，定容至 100 mL。

(3) 品红-亚硫酸溶液：称取 0.1 g 碱性品红，研细后，分次加入共 60 mL80 ℃的水，边加入水边研磨使其溶解，用滴管吸取上层溶液滤于 100 mL 容量瓶中，冷却后加 10 mL 亚硫酸钠溶液(100 g/L)、1 mL 盐酸，再加水至刻度，充分混匀，放置过夜，如溶液有颜色，可加少量活性炭搅拌后过滤，贮于棕色瓶中，置于暗处保存，溶液呈红色时应弃去重新配制。

(4) 甲醇标准贮备液：称取 1.000 g 甲醇，置于 100 mL 容量瓶中，加水稀释至刻度。此溶液每毫升相当于 10 mg 甲醇。置于低温保存。

(5) 甲醇标准使用液：吸取 10.0 mL 甲醇标准贮备液，置于 100 mL 容量瓶中，加水稀释至刻度。再取 10.0 mL 稀释液，置于 50 mL 容量瓶中，加水至刻度，该溶液每毫升相当于 0.50 mg 甲醇。

(6) 无甲醇的乙醇溶液：取 0.3 mL 按测定方法检查，不应显色。如显色需进行处理。取 300 mL 乙醇(95%)，加高锰酸钾少许，蒸馏，收集馏出液。在馏出液中加入硝酸银溶液(取 1 g 硝酸银溶于少量水中)和氢氧化钠溶液(取 1.5 g 氢氧化钠溶于少量水中)，摇匀，取上清液蒸馏，弃去最初 50 mL 馏出液，收集中间馏出液约 200 mL，用酒精密度计测其浓度，然后加水配成无甲醇的乙醇溶液。

(7) 亚硫酸钠溶液(100 g/mL)。

4. 测定方法

根据样品中乙醇浓度吸取适量试样(乙醇浓度为 10%，取 1.4 mL；乙醇浓度为 20%，取 1.2 mL)，置于 25 mL 具塞比色管中。

分别吸取 0 mL、0.1 mL、0.2 mL、0.4 mL、0.8 mL、1.0 mL 甲醇标准使用液(相当于 0 mg、0.05 mg、0.10 mg、0.20 mg、0.30 mg、0.40 mg、0.50 mg 甲醇)，置于 6 支 25 mL 具塞比色管中，并用无甲醇的乙醇溶液稀释至 1.0 mL。

于样品及标准管中各加水至 5 mL，再依次各加 2 mL 高锰酸钾-磷酸溶液，混匀，放置 10 min，各加 2 mL 草酸-硫酸溶液，混匀使之褪色，再各加 5 mL 品红-亚硫酸溶液，混匀，于 20 ℃以上静置 0.5 h，用 2 cm 比色皿，以零管调节零点，于 590 nm 波长处测吸光度，绘制标准曲线比较，或与标准色列目测比较。

5. 结果计算

样品中甲醇的含量按下式计算：

$$X = \frac{m_1}{V_1} \times 1000 \tag{5-27}$$

式中：X——样品中甲醇的含量，mg/L；

m_1——测定样品中甲醇的质量，mg；

V_1——吸取样品的体积，mL。

所得结果表示至整数。

6. 说明

精密度：在重复性条件下获得的两次独立测定结果的绝对差值不得超过算术平均值的10％。

项目三　果酒(葡萄酒)中的二氧化硫的测定 (GB/T 15038—2006)

学习目标

• 知识目标：能解释果酒(葡萄酒)中二氧化硫的几种测定方法的原理。

• 技能目标：会用氧化法、直接碘量法测定二氧化硫的含量。

• 素质目标：能严格按操作规程进行安全操作，真实记录；会分析实验结果；学会分析、判断、解决问题，在学与做的过程中锻炼与他人交往、合作的能力。

二氧化硫是葡萄酒中十分重要的添加剂，已经使用了很多年，到目前为止，还没有找到能够取代二氧化硫的更好的添加剂，二氧化硫在葡萄酒中所起的作用是多方面的，只要适量、适时添加，对改善葡萄酒的风味，提高葡萄酒的质量，增加葡萄酒的保质期都是非常有益的。要求总二氧化硫不得超过250 mg/L，游离二氧化硫含量不做要求。

一、氧化法——游离二氧化硫

1. 知识要点

在低温条件下，样品中的游离二氧化硫与过氧化氢(过量)反应生成硫酸，再用碱标准溶液滴定生成的硫酸。由此可得到样品中游离二氧化硫的含量。

2. 仪器

(1) 二氧化硫测定装置。

(2) 真空泵或抽气管(玻璃射水泵)。

(3) 碱式滴定管。

3. 试剂

(1) 过氧化氢溶液(0.3％)：吸取1 mL30％过氧化氢溶液(开启后存于冰箱)，用水稀释至100 mL。使用当天配制。

(2) 磷酸溶液(25％)：量取295 mL 85％磷酸，用水稀释至1000 mL。

(3) 氢氧化钠标准溶液(0.010 mol/L)：准确吸取100毫升氢氧化钠标准溶液(0.05 mol/L，按GB/T 601配制与标定)，以无二氧化碳水定容至500 mL。存放在橡胶塞上装有钠石灰管的瓶中，每周重配。

(4) 甲基红-次甲基蓝混合指示剂。

4. 测定方法

(1) 按图5-2所示，将二氧化硫测定装置连接妥当，I管与真空泵(或抽气管)相接，D管通入冷却水。取下梨形瓶(G)和气体洗涤器(H)，在G瓶中加入20 mL过氧化氢溶液、

h 管中加入 5 mL 过氧化氢溶液，各加 3 滴混合指示液后，溶液立即变为紫色，滴入氢氧化钠标准溶液，使其颜色恰好变为橄榄绿色，然后重新安装妥当，将 A 瓶浸入冰浴中。

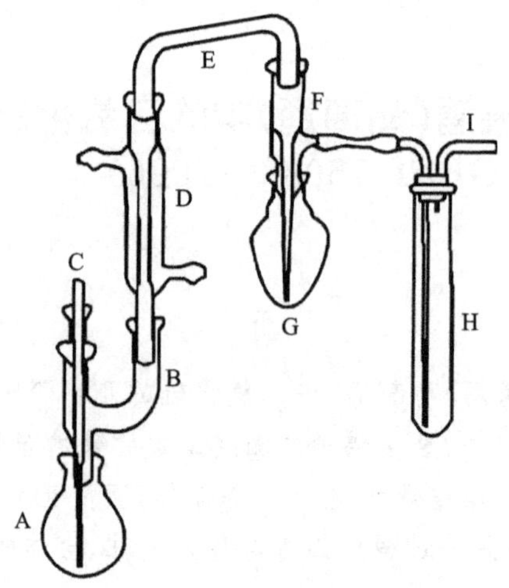

图 5-2　二氧化硫测定装置

A—短颈球瓶；B—三通连接管；C—通气管；D—直形冷凝管；E—弯管；F—真空蒸馏接收管；G—梨形瓶；H—气体洗涤器；I—直角弯管(接真空泵或抽气管)

(2) 吸取 20.00 mL 样品(液温 20 ℃)，从 C 管上口加入 A 瓶中，随后吸取 10 mL25％磷酸溶液，也从 C 管上口加入 A 瓶中。

(3) 开启真空泵(或抽气管)，使抽入空气流量为 1000～1500 mL/min，抽气 10 min，取下。取下 G 瓶，用 0.010 mol/L 氢氧化钠标准溶液滴定至重现橄榄绿色即为终点，记下消耗的氢氧化钠标准溶液体积。以水代替样品做空白试验，操作同上。一般情况下，H 管中溶液不应变色，如果溶液变为紫色，也须用氢氧化钠标准溶液滴定至橄榄绿色，并将所消耗的氢氧化钠标准溶液的体积与 G 瓶消耗的氢氧化钠标准溶液的体积相加。

5. 数据记录

将所测数据填入表 5-6 中。

表 5-6　氧化法测定游离二氧化硫数据记录表

测 定 内 容	1	2	空白
样品体积/mL			
氢氧化钠标准溶液的浓度/(mol/L)			
滴定管终读数/mL			
滴定管初读数/mL			
消耗氢氧化钠标准溶液的体积/mL			
样品中游离二氧化硫的含量/(mg/L)			
样品中游离二氧化硫的平均含量/(mg/L)			
相对误差/(%)			

6. 结果计算

按式(5-28)计算样品中游离二氧化硫的含量:

$$X_1=\frac{(V-V_0)\times c\times 32}{20}\times 1000 \tag{5-28}$$

式中:X_1——样品中游离二氧化硫的含量,mg/L;

V——滴定试样所用氢氧化钠标准溶液的体积,mL;

V_0——滴定试剂空白所用氢氧化钠标准溶液的体积,mL;

c——氢氧化钠标准溶液的浓度,mol/L;

20——吸取样品体积,mL;

32——二氧化硫的摩尔质量,g/moL。

所得结果表示至整数。

7. 说明

精密度:在重复性条件下获得的两次独立测定结果的绝对值不得超过算术平均值的10%。

二、直接碘量法——游离二氧化硫

1. 知识要点

利用碘可以与二氧化硫发生氧化还原反应的性质,测定样品中二氧化硫的含量。

2. 仪器

(1) 碘量瓶:250 mL。

(2) 酸式滴定管:50 mL。

(3) 移液管。

3. 试剂

(1) 硫酸溶液(1∶3):取1体积浓硫酸,缓慢注入3体积水中。

(2) 碘标准溶液($c_{1/2I_2}$=0.02 mol/L):按GB/T 601配制与标定,准确稀释5倍。

(3) 淀粉指示液(10 g/L):按GB/T 603配制后,再加入40 g氯化钠。

4. 测定方法

吸取50.00 mL样品(液温20 ℃)于250 mL碘量瓶中,加入少量碎冰块,再加入1 mL淀粉指示液、10 mL硫酸溶液,用碘标准溶液迅速滴定至淡蓝色,保持30 s不变即为终点,记下消耗碘标准溶液的体积(V)。

以水代替样品,做空白试验,操作同上。

5. 数据记录

将所测数据填入表5-7中。

表5-7 直接碘量法测定游离二氧化硫数据记录表

测定内容	1	2	空白
样品体积/mL			
碘标准溶液的浓度/(mol/L)			

续表

测 定 内 容	1	2	空白
滴定管终读数/mL			
滴定管初读数/mL			
消耗碘标准溶液的体积/mL			
样品中游离二氧化硫的含量/(mg/L)			
样品中游离二氧化硫的平均含量/(mg/L)			
相对误差/(%)			

6. 结果计算

按式(5-29)计算样品中二氧化硫的含量：

$$X_1 = \frac{c \times (V - V_0) \times 32}{50} \times 1000 \tag{5-29}$$

式中：X_1——样品中游离二氧化硫的含量，mg/L；

V——滴定试样所用碘标准溶液的体积，mL；

V_0——滴定试剂空白所用碘标准溶液的体积，mL；

c——碘标准溶液的浓度，mol/L；

50——吸取样品体积，mL；

32——二氧化硫的摩尔质量，g/moL。

所得结果表示至整数。

7. 说明

精密度：在重复性条件下获得的两次独立测定结果的绝对值不得超过算术平均值的10%。

三、氧化法——总二氧化硫

1. 知识要点

在加热条件下，样品中的结合二氧化硫被释放，并与过氧化氢发生氧化还原反应，通过用氢氧化钠标准溶液滴定生成的硫酸，可得到样品中结合二氧化硫的含量，将该值与游离二氧化硫测定值相加，即得出样品中总二氧化硫的含量。

2. 仪器

同方法一。

3. 试剂

同方法一。

4. 测定方法

继测定游离二氧化硫后，将滴定至橄榄绿色的G瓶重新与F管连接。拆除A瓶下的冰浴，用小火加热A瓶，使瓶内溶液保持微沸。开启真空泵，以后操作同方法一步骤(3)。

5. 数据记录

将所测数据填入表5-8中。

表 5-8 氧化法测定总二氧化硫数据记录表

测定内容	1	2	空白
样品体积/mL			
氢氧化钠标准溶液的浓度/(mol/L)			
滴定管终读数/mL			
滴定管初读数/mL			
消耗氢氧化钠标准溶液的体积/mL			
样品中结合二氧化硫的含量/(mg/L)			
样品中结合二氧化硫的平均含量/(mg/L)			
相对误差/(%)			

6. 结果计算

按式(5-30)计算样品中结合二氧化硫的含量：

$$X_2 = \frac{(V - V_0) \times c \times 32}{20} \times 1000 \tag{5-30}$$

式中：X_2——样品中结合二氧化硫的含量，mg/L；

V——滴定试样所用氢氧化钠标准溶液的体积，mL；

V_0——滴定试剂空白所用氢氧化钠标准溶液的体积，mL；

c——氢氧化钠标准溶液的浓度，mol/L；

20——吸取样品体积，mL；

32——二氧化硫的摩尔质量，g/moL。

所得结果表示至整数。

样品中总二氧化硫：

$$X = X_1 + X_2$$

7. 说明

精密度：在重复性条件下获得的两次独立测定结果的绝对值不得超过算术平均值的10%。

四、直接碘量法——总二氧化硫

1. 知识要点

在碱性条件下，结合态二氧化硫被解离出来，然后用碘标准溶液滴定，得到样品中结合二氧化硫的含量。

2. 试剂

(1) 氢氧化钠溶液(100 g/L)。

(2) 硫酸溶液(1∶3)：取1体积浓硫酸，缓慢注入3体积水中。

(3) 碘标准溶液($c_{1/2I_2}$=0.02 mol/L)：按GB/T 601配制与标定，准确稀释5倍。

(4) 淀粉指示液(10 g/L):按 GB/T 603 配制后,再加入 40 克氯化钠。

3. 分析步骤

吸取 25.00 mL 氢氧化钠溶液(100 g/L)于 250 mL 碘量瓶中,再准确吸取 25.00 mL 样品(液温 20 ℃),并以吸管尖插入氢氧化钠溶液的方式,加入碘量瓶中,摇匀,盖塞,静置 15 min 后,再加入少量碎冰块、1 mL 淀粉指示液、10 mL 硫酸溶液,摇匀,用碘标准溶液迅速滴定至淡蓝色,30 s 内不变即为终点,记下消耗碘标准溶液的体积(V)。

以水代替样品做空白试验,操作同上。

4. 数据记录

将所测数据填入表 5-9 中。

表 5-9 直接碘量法测定总二氧化硫数据记录表

测定内容	1	2	空白
样品体积/mL			
碘标准溶液的浓度/(mol/L)			
滴定管终读数/mL			
滴定管初读数/mL			
消耗碘标准溶液的体积/mL			
样品中结合二氧化硫的含量/(mg/L)			
样品中结合二氧化硫的平均含量/(mg/L)			
相对误差/(%)			

5. 结果计算

按式(5-31)计算样品中结合二氧化硫的含量:

$$X_2 = \frac{(V - V_0) \times c \times 32}{25} \times 1000 \quad (5\text{-}31)$$

式中:X_2——样品中结合二氧化硫的含量,mg/L;

V——滴定试样所用碘标准溶液的体积,mL;

V_0——滴定试剂空白所用碘标准溶液的体积,mL;

c——碘标准溶液的浓度,mol/L;

25——吸取样品体积,mL;

32——二氧化硫的摩尔质量,g/moL。

所得结果表示至整数。

样品中总二氧化硫:

$$X = X_1 + X_2$$

6. 说明

精密度:在重复性条件下获得的两次独立测定结果的绝对值不得超过算术平均值的 10%。

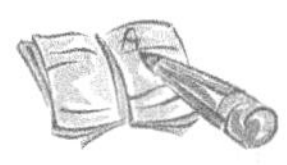

项目四　糖分和有机酸的分析

学习目标

- 知识目标：掌握葡萄酒中糖分和有机酸的测定方法及测定原理。
- 技能目标：学会葡萄酒中糖分和有机酸的测定操作及糖和醇标准溶液的配制。
- 情感目标：会处理数据和分析结果，学会与人沟通。

1. 知识要点(GB/T 15038—2006)

一定量的葡萄酒样品经阴离子固相萃取柱分离与纯化，将酒样中的糖、醇和有机酸分离。在色谱分离柱中，以稀的硫酸溶液为流动相。再经示差折光和紫外检测器检查，分别对蔗糖、葡萄糖、果糖、甘油等糖和醇，以及柠檬酸、酒石酸、苹果酸、琥珀酸、乳酸、乙酸等有机酸定量。

2. 仪器

(1) 高效液相色谱仪：配有紫外检测器或二极管阵列检测器和色谱柱恒温箱。

(2) 色谱分离柱：Fetigsaule RT 300-7,8，或其他具有同等分析效果的固相萃取柱。

(3) 强阴离子交换固相萃取柱：LC-SAX SPE(3 mL)，或其他具有同等分析效果的固相萃取柱。

(4) 固相萃取装置：ALLTECH，或其他具有同等分析效果的装置。

(5) 微量注射器：50 μL 或 100 μL。

(6) 流动相真空抽滤脱气装置及 0.2 μm 或 0.45 μm 微孔膜。

3. 试剂

(1) 甲醇(色谱纯)。

(2) 标准物质：柠檬酸、酒石酸、D-苹果酸、琥珀酸、乳酸、乙酸、蔗糖、葡萄糖、D-果糖，甘油。

(3) 超纯水：实验室制备。

(4) 糖、醇标准贮备液：分别称取蔗糖、葡萄糖、果糖标准品各 0.05 g，精确至 0.0001 g，用超纯水定容至 50 mL，该溶液分别含蔗糖、葡萄糖、果糖 1 g/L；称取甘油标准品 0.20 g，精确至 0.0001 g，用超纯水定容至 50 mL，该溶液中甘油含量为 4 g/L。

(5) 糖、醇标准系列溶液：将各糖、醇标准贮备液用超纯水稀释成糖浓度为 0.05 g/L、0.10 g/L、0.20 g/L、0.40 g/L、0.80 g/L 和甘油浓度为 0.20 g/L、0.40 g/L、0.80 g/L、1.60 g/L、3.20 g/L 的混合标准系列溶液。

(6) 有机酸标准贮备液：分别称取柠檬酸、酒石酸、苹果酸、琥珀酸、乳酸、乙酸各 0.05 g，精确至 0.0001 g，用超纯水定容至 50 mL，该溶液含柠檬酸、酒石酸、苹果酸、琥珀酸、乳酸、乙酸各 1 g/L。

(7) 有机酸标准系列溶液：将各有机酸标准贮备液用超纯水稀释成浓度为 0.05 g/L、0.10 g/L、0.20 g/L、0.40 g/L、0.80 g/L 的混合标准系列溶液。

(8) 硫酸溶液(1%)：取 2 mL 浓硫酸，加 198 mL 重蒸水。

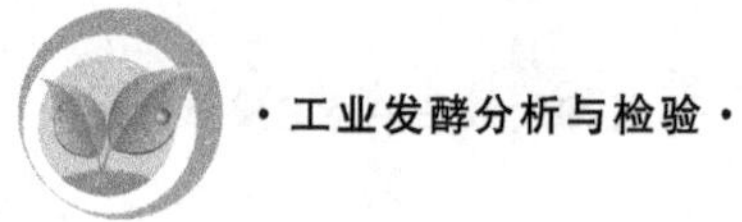

(9) 氨水(1%)。

(10) 硫酸溶液(1.5 mol/L):吸取浓硫酸4.5 mL,用重蒸水定容至100 mL。

(11) 硫酸溶液(0.0015 mol/L):准确吸取1.5 mol/L 1 mL硫酸溶液,用重蒸水定容至1000 mL。

(12) 硫酸溶液(0.0075 mol/L):吸取5 mL 1.5 mol/L硫酸溶液,用重蒸水定容至1000 mL。

(13) 氢氧化钠溶液(8%):称取4 g氢氧化钠,溶于50 mL水中。

4. 测定方法

1) 固相萃取柱的活化

将固相萃取柱插在固相萃取装置上,加入2~3 mL甲醇,以慢速下滴(每分钟4~6滴)过柱,待快滴完时,加2~3 mL超纯水,继续以慢速下滴过柱,等即将滴完再加2~3 mL 1%氨水,滴至液面高度为1 mm左右时关上控制阀,切勿滴干。

2) 样品溶液的制备

将收集糖、醇的10 mL空容量瓶置于接取处,用微量移液枪准确吸取酒样2 mL加入固相萃取柱中。

(1) 第一步洗脱:糖醇的洗脱。

以慢滴速度过柱,滴至液面高度为1 mm左右时,继续用4 mL超纯水分两次以慢速下滴洗脱,将洗脱液全部收取在10 mL容量瓶中,取出容量瓶,用氢氧化钠溶液调节洗脱液pH至6左右,再用超纯水定容至10 mL,洗脱液即作糖、醇分离样液。

(2) 第二步洗脱:有机酸的洗脱。

将收集有机酸的10 mL容量瓶置于接取处,用4 mL硫酸溶液分两次继续以慢速下滴洗脱,最后抽干柱中洗脱溶液,取出容量瓶,用氢氧化钠溶液调pH至6左右,再用超纯水定容至10 mL,洗脱液即作有机酸分离样液。

(3) 样品测定。

① 糖、醇的测定。

a. 色谱条件。

柱温:30 ℃。

流动相:硫酸溶液(0.0015 mol/L)。

流速:0.3 mL/min。

进样量:20 μL。

在测定前装上色谱柱,调柱温至30 ℃,以0.3 mL/min的流速通入流动相平衡。

b. 测定。

待系统稳定后按上述色谱条件依次进样。

将糖、醇混合标准系列溶液分别进样后,以标样浓度对峰面积作标准曲线。线性相关系数应为0.9990以上。

将样品溶液进样(样品中糖、醇的含量应控制在标准系列范围内)。根据保留时间定性,根据峰面积,以外标法定量。

② 有机酸的测定。

a. 色谱条件。

柱温:55 ℃。

流动相:硫酸溶液(0.0075 mol/L)。

流速:0.3 mL/min。

进样量:20 μL。

在测定前装上色谱柱,调柱温至 55 ℃,以 0.3 mL/min 的流速通入流动相平衡。

b. 测定。

待系统稳定后按上述色谱条件依次进样。

将有机酸标准系列溶液分别进样后,以标样浓度对峰面积作标准曲线。线性相关系数应为 0.9990 以上。

将样品溶液进样(样品中有机酸的含量应控制在标准系列范围内)。根据保留时间定性,根据峰面积,查标准曲线定量。

5. 结果计算

样品中各组分的含量按下式计算:

$$X_i = C_i \times F \tag{5-32}$$

式中:X_i——样品中各组分的含量,g/L;

C_i——从标准曲线求得样品溶液中各组分的含量,g/L;

F——样品的稀释倍数。

所得结果表示至一位小数。

6. 说明

精密度:在重复性条件下获得的两次独立测定结果的绝对差值不得超过算术平均值的 10%。

思考题

1. 甲醇测定有几种方法?葡萄酒中的甲醇是怎样产生的?
2. 葡萄酒中糖与有机酸测定的原理是什么?色谱条件是什么?
3. 干浸出物测定的方法有哪些?具体的操作步骤是怎样的?

模块四　黄酒中特定成分的分析

黄酒是我国的民族特产,也称为米酒(rice wine),属于酿造酒。黄酒是以谷物为原料,用麦曲或小曲作糖化发酵剂制成的酿造酒。在历史上,黄酒的生产原料在北方用粟,在南方普遍用稻米(尤其是糯米为最佳原料)。黄酒属非蒸馏酒类,经长时间的糖化发酵,原料中的淀粉和蛋白质被酶分解为低分子糖类、肽和氨基酸等浸出物。其中以浙江绍兴黄酒为代表的麦曲稻米酒是黄酒中历史最悠久、最有代表性的产品,山东即墨老酒是北方粟米黄酒的典型代表,福建龙岩沉缸酒、福建老酒是红曲稻米黄酒的典型代表。

项目一　黄酒中氧化钙的测定(GB/T 13662—2008)

学习目标

- 知识目标：能解释黄酒中氧化钙的几种测定方法的原理。
- 技能目标：会熟练进行滴定分析方法、原子吸收分光光度法操作。
- 素质目标：能严格按操作规程进行安全操作，真实记录；会分析实验结果；学会分析、判断、解决问题，在学与做的过程中锻炼与他人交往、合作的能力。

测定黄酒中氧化钙的方法有原子吸收分光光度法、高锰酸钾滴定法和 EDTA 滴定法。

一、原子吸收分光光度法

此法准确、快速，是测定氧化钙的仲裁检验方法。

1. 知识要点

试样经火焰燃烧产生原子蒸气，通过从光源辐射出待测元素具有特征波长的光，被蒸气中待测元素的基态原子吸收，吸收程度与火焰中元素浓度的关系符合郎伯-比耳定律。

2. 仪器

(1) 原子吸收分光光度计。

(2) 分析天平：感觉为 0.0001 g。

(3) 电热干燥箱：温控精度为±1 ℃。

(4) 高压釜：50 mL，带聚四氟乙烯内套。

3. 试剂

(1) 浓盐酸：优级纯。

(2) 浓硝酸：优级纯。

(3) 氯化镧溶液(50 g/L)：称取氯化镧 5.0 g，加去离子水溶解，并定容至 100 mL。

(4) 钙标准贮备液(100 μg/mL)：精确称取在 105～110 ℃干燥至恒重的碳酸钙(优级纯)0.250 g、浓盐酸(优级纯)10 mL，移入 1000 mL 容量瓶中，用去离子水定容。

(5) 钙标准使用液：分别吸取钙标准贮备液 0.00 mL、1.00 mL、2.00 mL、4.00 mL、8.00 mL 于 5 个 100 mL 容量瓶中，各加氯化镧溶液 10 mL 和浓硝酸 1 mL，用去离子水定容，此溶液每毫升分别相当于 0.00 μg、1.00 μg、2.00 μg、4.00 μg、8.00 μg 钙。

4. 测定方法

(1) 试样的处理。

准确吸取试样 2～5 mL(V_1)于 50 mL 高压釜的聚四氟乙烯内套中，加入浓硝酸 4 mL，置于电热干燥箱(120 ℃)内，加热消解 4～6 h。冷却后转移至 500 mL(V_2)容量瓶中，加氯化镧溶液 5 mL，用去离子水定容，摇匀。同时做空白试验。

(2) 光谱条件。

测定波长为 422.7 nm，狭缝宽度为 0.7 nm，火焰为空气-乙炔焰，灯电流为 10 mA。

(3) 测定。

将钙标准使用液、试剂空白溶液和处理后试样液依次导入火焰中进行测定，记录其吸光度。

(4) 绘制标准曲线。

以标准溶液的钙含量(μg/mL)与对应吸光度(A)绘制标准工作曲线(或用回归方程计算)。

分别以试剂空白和试样液的吸光度，从标准工作曲线中查出钙的含量(或用回归方程计算)。

5. 数据记录

将所测数据填入表 5-10 中。

表 5-10 原子吸收分光光度法测定黄酒中氧化钙数据记录表

测定内容	标准溶液					样品溶液		空白溶液
吸取样品的体积/mL	—							—
吸取钙标准溶液的体积/mL	0.00	1.00	2.00	4.00	8.00	—	—	—
配制各显色液的体积/mL	100					100		100
各显色液中钙的含量/μg	0.00	1.00	2.00	4.00	8.00			
测得各显色液的吸光度 A								
样品中钙的含量/(μg/L)								
样品中钙含量的平均值/(μg/L)								
相对偏差/(%)								

6. 结果计算

按式(5-33)计算样品中氧化钙的含量：

$$X=\frac{(A-A_0)\times V_2\times 1.4\times 1000}{V_1\times 1000\times 1000}=\frac{(A-A_0)\times V_2\times 1.4}{V_1\times 1000} \tag{5-33}$$

式中：X——试样中氧化钙的含量，g/L；

A——从标准工作曲线中查出(或用回归方程计算)试样中钙的含量，μg/mL；

A_0——从标准工作曲线中查出(或用回归方程计算)试剂空白中钙的含量，μg/mL；

V_2——试样稀释后的总体积，mL；

V_1——吸取试样的体积，mL；

1.4——钙与氧化钙的换算系数。

所得结果表示至一位小数。

7. 说明

精密度：在重复性条件下获得的两次独立测定结果的绝对差值不得超过算术平均值

的 5%。

二、高锰酸钾滴定法

1. 知识要点

试样中的钙离子与草酸铵反应生成草酸钙沉淀。将沉淀滤出，洗涤后，用硫酸溶解，再用高锰酸钾标准溶液滴定草酸根，根据高锰酸钾溶液的消耗量计算试样中氧化钙的含量。

2. 仪器

(1) 电炉：300～500 W。

(2) 滴定管：50 mL。

3. 试剂

(1) 高锰酸钾标准溶液(0.01 mol/L)：按 GB/T601 配制与标定，临用前，准确稀释 10 倍。

(2) 甲基橙指示液(1 g/L)：称取 0.1 g 甲基橙，用水溶解并稀释至 100 mL。

(3) 硫酸溶液(1∶3)：量取浓硫酸 1 份，缓缓倒入 3 份水中，混匀。

(4) 氢氧化铵溶液(1∶10)：量取 1 体积氨水，加入 10 体积的水，混匀。

(5) 浓盐酸。

(6) 饱和草酸铵溶液。

4. 测定方法

准确吸取试样 25 mL 于 400 mL 烧杯中，加水 50 mL，再依次加入甲基橙指示液 3 滴、浓盐酸 2 mL、饱和草酸铵溶液 30 mL，加热煮沸，搅拌，逐滴加入氢氧化铵溶液直至试液变为黄色。

将上述烧杯置于约 40 ℃温度处保温 2～3 h，用玻璃漏斗和滤纸过滤，用 500 mL 氢氧化铵溶液分数次洗涤沉淀，直至无氯离子(经硝酸酸化，用硝酸银检验无白色沉淀为止)。将洗净的沉淀及滤纸小心从玻璃漏斗中取出，放入烧杯中，加沸水 100 mL 和硫酸溶液(1∶3)25 mL，加热，保持 60～80 ℃使沉淀完全溶解。用高锰酸钾标准溶液滴定至微红色并保持 30 s 即为终点。记录消耗的高锰酸钾标准溶液的体积(V_1)。同时用 25 mL 水代替试样做空白试验，记录消耗高锰酸钾标准溶液的体积(V_0)。

5. 数据记录

将所测数据填入表 5-11 中。

表 5-11　高锰酸钾滴定法测定黄酒中氧化钙数据记录表

测 定 内 容	1	2	空白
吸取试样的体积/mL			
滴定管终读数/mL			
滴定管初读数/mL			
消耗高锰酸钾标准溶液的体积/mL			

续表

测定内容	1	2	空白
样品中氧化钙的含量/(g/L)			
样品中氧化钙含量的平均值/(g/L)			
相对偏差/(%)			

6. 结果计算

按式(5-34)计算样品中氧化钙的含量:

$$X=\frac{c\times(V_1-V_0)\times0.028}{V_2}\times1000 \tag{5-34}$$

式中:X——试样中氧化钙的含量,g/L;

c——高锰酸钾标准溶液的实际浓度,mol/L;

V_1——测定试样消耗高锰酸钾标准溶液的体积,mL;

V_0——空白试验消耗高锰酸钾标准溶液的体积,mL;

0.028——氧化钙的摩尔质量,g/mol;

V_2——吸取试样的体积,mL。

所得结果表示至一位小数。

7. 说明

精密度:在重复性条件下获得的两次独立测定结果的绝对差值不得超过算术平均值的5%。

三、EDTA滴定法

EDTA滴定法快速、简便。但由于黄酒品种较多,有的酒样色泽较深,终点不易判断。如果将酒样用活性炭脱色,则可排除色泽的干扰。

1. 知识要点

用氢氧化钾溶液调整试样的pH至12以上。以盐酸羟胺、三乙醇胺和硫化钠作掩蔽剂,排除锰、铁、铜等离子的干扰。在过量EDTA存在下,用钙标准溶液进行反滴定。

2. 仪器

(1) 电热干燥箱:(105±2) ℃。

(2) 滴定管:50 mL。

3. 试剂

(1) 氢氧化钾溶液(5 mol/L):称取氢氧化钾280 g,溶解于1000 mL水中。

(2) 氢氧化钾溶液(1 mol/L):吸取5 mol/L氢氧化钾溶液20 mL,用水定容至100 mL。

(3) 盐酸羟胺溶液(10 g/L):称取盐酸羟胺10 g,溶解于1000 mL水中。

(4) 三乙醇胺溶液(500 g/L):称取三乙醇胺500 g,溶解于1000 mL水中。

(5) 硫化钠溶液(50 g/L):称取氯化钠50 g,溶解于1000 mL水中。

(6) 氯化镁溶液(100 g/L):称取氯化镁100 g,溶解于1000 mL水中。

(7) 盐酸(1∶4):1 体积浓盐酸加入 4 体积的水。

(8) 钙指示剂:称取 1.00 g 钙羧酸[2-羟基-1(2-羟基-4-黄基-1-萘偶氮)3-萘甲酸]指示剂和干燥研细的氯化钠 100 g 于研钵中,充分研磨成紫红色的均匀粉末,置于棕色瓶中保存、备用。

(9) 钙标准溶液(0.01 mol/L):精确称取于 105 ℃烘干至恒重的基准级碳酸钙 1 g(精确至 0.0001 g),置于小烧杯中,加水 50 mL,用盐酸(1∶4)使之溶解,煮沸,冷却至室温。用氢氧化钾溶液(1 mol/L)中和至 pH=6~8,用水定容至 1000 mL。

(10) EDTA 溶液(0.02 mol/L):称取 EDTA(乙二胺四乙酸二钠)7.44 g,溶于 1000 mL 水中。

4. 测定方法

准确吸取试样 2~5 mL(视试样中钙含量的高低而定)于 250 mL 锥形瓶中,加水 50 mL,依次加入氯化镁溶液 1 mL、盐酸羟胺溶液 1 mL、三乙醇胺溶液 0.5 mL、硫化钠溶液 0.5 mL,摇匀,加氢氧化钾溶液(5 mol/L)5 mL,再准确加入 EDTA 溶液 5 mL,钙指示剂一小勺(约 0.1 g),摇匀,用钙标准溶液滴定至蓝色消失并初现酒红色即为终点。记录消耗钙标准溶液的体积(V_1)。同时以水代替试样做空白试验,记录消耗钙标准溶液的体积(V_0)。

5. 数据记录

将所测数据填入表 5-12 中。

表 5-12　EDTA 滴定法测定黄酒中氧化钙数据记录表

测定内容	1	2	空白
吸取试样的体积/mL			
滴定管终读数/mL			
滴定管初读数/mL			
消耗钙标准溶液的体积/mL			
样品中氧化钙的含量/(g/L)			
样品中氧化钙含量的平均值/(g/L)			
相对偏差/(%)			

6. 结果计算

按式(5-35)计算试样中氧化钙的含量:

$$X=\frac{c\times(V_1-V_0)\times 0.0561}{V}\times 1000 \tag{5-35}$$

式中:X——试样中氧化钙的含量,g/L;

c——钙标准溶液的浓度,mol/L;

V_0——空白试验消耗钙标准溶液的体积,mL;

V_1——测定试验消耗钙标准溶液的体积,mL;

0.056——1 mmol 氧化钙的质量,g/mmol;

V——吸取试样的体积,mL。

所得结果表示至一位小数。

7. 说明

(1) 加入氢氧化钾溶液使溶液 pH>12,使 Mg^{2+} 生成 $Mg(OH)_2$ 沉淀,再加上钙指示剂可以减小沉淀时指示剂的吸附。

(2) 加盐酸羟胺及三乙醇胺是为了消除铁、锰、铅等离子的干扰。三乙醇胺必须在酸性溶液中添加,然后碱化。加入硫化钠溶液 3 mL 可掩蔽铜离子。

(3) 加入钙指示剂不宜太少,应使溶液呈明显的酒红色,以免终点不明显。

(4) 由于 EDTA 较难溶于水,在实际应用中都采用 EDTA 的二钠盐,通常把它也简称 EDTA。

(5) 也可用紫脲酸铵指示剂[称取 100 g 氯化钠、0.2 g 紫脲酸铵($C_8H_8O_6N_6 \cdot 2H_2O$)于研钵中,充分研细,混匀],终点由橙红色变为紫色。

(6) 若不用活性炭脱色,可直接取酒样 1 mL,加水 50~100 mL,加 80 g/L 氢氧化钠溶液 2 mL,使溶液 pH>12,加 0.1 g 紫脲酸铵指示剂,摇匀后用浓度为 0.01 mol/L 的 EDTA 标准溶液滴定,终点由橙红色变为紫色。

(7) EDTA 标准溶液长久放置时应贮存于聚乙烯瓶中。

(8) 精密度:在重复性条件下获得的两次独立测定结果的绝对差值不得超过算术平均值的 5%。

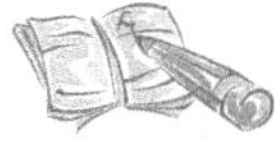

项目二　黄酒中氨基酸的测定

学习目标

• 知识目标:能解释黄酒中氨基酸的几种测定方法的原理。

• 技能目标:会熟练操作酸度计,会用滴定法测定氨基酸的含量。

• 素质目标:能严格按操作规程进行安全操作,真实记录;会分析实验结果;学会分析、判断、解决问题,在学与做的过程中锻炼与他人交往、合作的能力。

一、滴定法

1. 知识要点

氨基酸是两性化合物,不能直接用氢氧化钠溶液滴定,而采用加入甲醛后使氨基的碱性被掩蔽,呈现羟基酸性,再以氢氧化钠溶液滴定的方法。

2. 试剂

(1) 0.1 mol/L 氢氧化钠标准溶液。

(2) 1%酚酞指示剂。

(3) 甲醛溶液(36%~38%)。

3. 测定方法

准确吸取酒样 5 mL 于 250 mL 三角瓶中,加水 50 mL、1%酚酞指示剂 2 滴,用 0.1

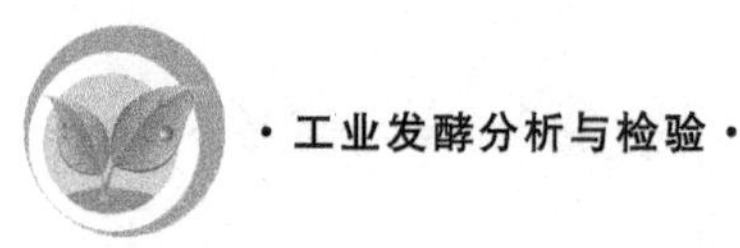

mol/L 氢氧化钠标准溶液滴至呈现微红色。准确加入甲醛溶液 10 mL，摇匀，用 0.1 mol/L 氢氧化钠标准溶液滴至微红色。以 5 mL 水代替酒样进行空白试验。

4. 结果计算

$$X=\frac{(V-V_0)\times c\times 0.014}{5}\times 100 \tag{5-36}$$

式中：X——氨基酸态氮，g/(100 mL)；

V——加入甲醛后酒样消耗氢氧化钠标准溶液的体积，mL；

V_0——加入甲醛后空白试验消耗氢氧化钠标准溶液的体积，mL；

c——氢氧化钠标准溶液的浓度，mol/L；

0.014——氮的毫摩尔质量，g/mmol；

5——测定时酒样的体积，mL；

100——将 g/mL 换算成 g/100 mL 的系数。

二、酸度计法

1. 知识要点

同滴定法。但中和及测定的终点都以酸度计 pH 为准，不受酒样色泽的影响。

2. 试剂

氢氧化钠标准溶液浓度为 0.05 mol/L，余同滴定法。

3. 操作步骤

准确吸取酒样 5 mL 于小烧杯中，加水 50～100 mL，开动搅拌器。置酸度计的甘汞电极和玻璃电极于溶液中适当高度，测定溶液 pH。用 0.05 mol/L 氢氧化钠标准溶液滴至溶液 pH=8.2，记录耗用氢氧化钠标准溶液的体积(mL)，可进行总酸的计算。加入甲醛溶液 10 mL，续用 0.05 mol/L 氢氧化钠标准溶液滴至溶液 pH=9.2，记录耗用氢氧化钠标准溶液的体积(mL)。取水 50 mL，不加酒样做空白试验，方法同上。

4. 结果计算

同滴定法。

5. 说明

(1) 本法准确、快速，可用于各类样品游离氨基酸态氮含量测定。

(2) 对于混浊和色深样液可不经处理而直接测定。

思考题

1. 黄酒中的氧化钙有哪些来源？

2. 黄酒中的氧化钙的测定方法有哪些？其测定原理是什么？在测定过程中应注意哪些问题？

3. 用原子吸收光谱法测定黄酒中氧化钙的操作步骤是什么？

4. 试述氨基酸的测定原理。

5. 黄酒的质量指标如何控制？

第六章 食品添加剂分析

食品工业的需求带动了食品添加剂工业的蓬勃发展，食品添加剂是食品工业的重要组成部分，它对推动食品工业的发展，对食品的生产工艺、产品质量、安全卫生等方面都起着至关重要的作用，被誉为现代食品工业的灵魂。

联合国粮农组织(FAO)和世界卫生组织(WHO)联合食品法规委员会对食品添加剂的定义是：食品添加剂是有意识地一般以少量添加于食品，以改善食品的外观、风味、组织结构或贮存性质的非营养物质。随着食品添加剂工业的不断发展，食品添加剂的种类和数量越来越多，对人们健康的影响也越来越大。目前，我国卫生部和国家标准化管理委员会在 2011 年制定的 GB 2760—2011 中，收入的食品添加剂有 23 个类别，2000 多个品种。按食品添加剂来源的不同，国际上通常将其分为三大类：一是天然提取物，如甜菜红、辣椒红素、姜黄素等；二是用发酵等方法制取的，如柠檬酸、红曲米和红曲色素等；三是纯化学方法合成物，如苯甲酸钠、山梨酸钾、苋菜红和胭脂红等。如按食品添加剂的功能、用途分，则包括酸度调节剂、抗结剂、消泡剂、抗氧化剂、漂白剂、膨松剂、着色剂、护色剂、酶制剂、增味剂、营养强化剂、防腐剂、甜味剂、增稠剂、香料等。

近年来，为了达到非法牟利的目的，违禁滥用食品添加剂以及超范围、超标准使用添加剂的现象时有发生，造成了一些不安全、不卫生的“问题食品”甚至“杀人食品”，给食品质量、食品的安全卫生以及消费者的健康带来了巨大的损害。因此，食品加工企业必须严格执行食品添加剂的国家卫生标准，加强对食品添加剂的卫生管理，规范、合理、安全地使用添加剂，保证食品的安全、卫生，保证食品的质量。而对食品添品剂的分析与检测，尤其是对合法食品添加剂添加剂量的检测和禁用添加剂的检测，则能对食品的安全、食品的质量起到很好的监督和保证作用，使食品添加剂工业适应食品工业飞速发展的需要。

模块一 食品中防腐剂的测定

防腐剂是指天然或合成的化学成分，用于加入食品、药品、颜料、生物标本等，以延迟微生物生长或化学变化引起的腐败。防腐剂是以保持食品原有品质和营养价值为目的的食品添加剂,它能抑制微生物活动、防止食品腐败变质,从而延长保质期。它是人类使用最悠久、最广泛的食品添加剂。我国规定使用的防腐剂主要有山梨酸和山梨酸钾、苯甲酸和苯甲酸钠、丙酸钙、对羟基苯甲酸酯类及其钠盐等30多种。

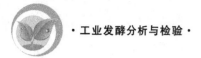

项目一　山梨酸、苯甲酸含量的测定(GB/T 5009.29—2003)

学习目标

• 知识目标:掌握气相色谱法、高效液相色谱法测定山梨酸、苯甲酸的基本原理、仪器的构造和使用方法;掌握色谱定性分析及定量分析方法。

• 技能目标:能熟练操作及使用气相色谱仪、高效液相色谱仪,并能对仪器进行保养和简单的维护;能分析所测数据、色谱图,并得出分析结果。

• 终极目标:熟练掌握食品中防腐剂山梨酸、苯甲酸含量的测定方法。

山梨酸(钾)能有效地抑制霉菌、酵母菌和好氧性细菌的活性,还能防止肉毒杆菌、葡萄球菌、沙门氏菌等有害微生物的生长和繁殖,但对厌氧性芽孢菌与嗜酸乳杆菌等有益微生物几乎无效。苯甲酸(钠)能很好地抑制酵母菌、霉菌、部分细菌的活性,在最大允许使用范围内,pH<4时,对各种菌都有抑制作用,效果明显,因此能有效地延长食品的保存时间,并保持食品原有的风味。

我国《食品添加使用卫生标准》(GB 2760—2007)规定:苯甲酸及其钠盐用于葡萄酒、果酒时最大使用量为0.8 g/kg;配制酒的最大使用量为0.2 g/kg;醋、酱油、酱及酱制品的最大使用量为1.0 g/kg;山梨酸及其钾盐用于醋、酱油的最大使用量为1.0 g/kg,酱及酱制品的最大使用量为0.5 g/kg;乳酸菌饮料的最大使用量为1.0 g/kg。

一、气相色谱法

1. 知识要点

试样经酸化后,用乙醚提取山梨酸、苯甲酸,用附氢火焰离子化检测器的气相色谱仪进行分离测定,与标准系列比较定量。

2. 仪器

气相色谱仪:附氢火焰离子化检测器。

3. 试剂

(1) 乙醚:不含过氧化物。

(2) 石油醚:沸程30～60 ℃。

(3) 盐酸。

(4) 无水硫酸钠。

(5) 盐酸(1∶1):取100 mL盐酸,加水稀释至200 mL。

(6) 氯化钠酸性溶液(40 g/L):于氯化钠溶液(40 g/L)中加少量盐酸(1∶1)酸化。

(7) 山梨酸、苯甲酸标准贮备液：准确称取山梨酸、苯甲酸各 0.2000 g，置于 100 mL 容量瓶中，用石油醚-乙醚(3∶1)混合溶剂溶解并稀释至刻度，此溶液每毫升相当于 2.0 mg 山梨酸或苯甲酸。

(8) 山梨酸、苯甲酸标准使用液：吸取适量的山梨酸、苯甲酸标准贮备液，以石油醚-乙醚(3∶1)混合溶剂稀释至每毫升相当于 50 μg、100 μg、150 μg、200 μg、250 μg 山梨酸或苯甲酸。

4. 测定方法

1) 试样提取

称取 2.5 g 事先混合均匀的试样，置于 25 mL 具塞量筒中，加 0.5 mL 盐酸(1∶1)酸化，用 15 mL、10 mL 乙醚提取两次，每次振摇 1 min，将两次乙醚提取液吸入另一个 25 mL 具塞量筒中，合并乙醚提取液。用 3 mL 氯化钠酸性溶液(40 g/L)洗涤两次，静置 15 min，用滴管将乙醚层通过无水硫酸钠滤入 25 mL 容量瓶中，加乙醚至刻度，混匀。准确吸取 5 mL 乙醚提取液于 5 mL 具塞刻度试管中，置于 40 ℃水浴上挥发至干，加入 2 mL 石油醚-乙醚(3∶1)混合溶剂溶解残渣，备用。

2) 色谱参考条件

色谱柱：玻璃柱，内径 3 mm，长 2 m，内装涂以 5%DEGS+1%磷酸固定液的 60～80 目 ChromosorbWAW。

气流速度：载气为氮气，50 mL/min(氮气和空气、氢气之比按各仪器型号不同选择各自的最佳条件)。

温度：进样口温度 230 ℃；检测器温度 230 ℃；柱温 170 ℃。

3) 测定

进样 2 μL 标准系列中各浓度标准使用液于气相色谱仪中，可测得不同浓度山梨酸、苯甲酸的峰高，以浓度为横坐标，相应的峰高值为纵坐标，绘制标准曲线。

同时进样 2 μL 试样溶液，测得峰高，与标准曲线比较定量。

5. 结果计算

试样中山梨酸或苯甲酸的含量按以下公式计算：

$$X = \frac{A \times 1000}{m \times \frac{5}{25} \times \frac{V_2}{V_1} \times 1000} \tag{6-1}$$

式中：X ——试样中山梨酸或苯甲酸的含量，mg/kg；

A ——测定用试样液中山梨酸或苯甲酸的质量，μg；

V_1 ——加入石油醚-乙醚(3∶1)混合溶剂的体积，mL；

V_2 ——测定时进样的体积，μL；

m ——试样的质量，g；

5 ——测定时吸取乙醚提取液的体积，mL；

25 ——试样乙醚提取液的总体积，mL。

由测得苯甲酸的量乘以 1.18，即为试样中苯甲酸钠的含量。

计算结果保留两位有效数字。

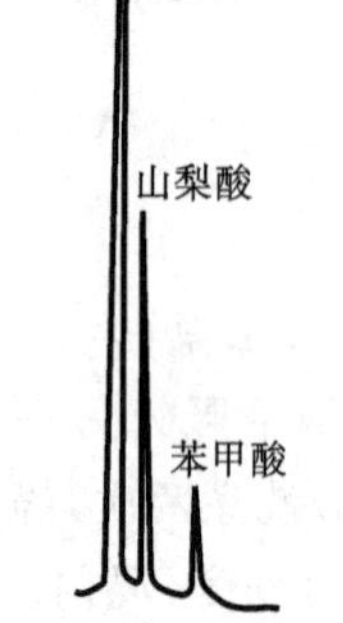

图 6-1 山梨酸和苯甲酸的气相色谱图

6. 说明

(1) 精密度：在重复条件下获得的两次独立测定结果的绝对差值不得超过算术平均值的 10%。

(2) 山梨酸和苯甲酸的气相色谱图见图(6-1)，山梨酸的保留时间为 2.8 min，苯甲酸的保留时间为 6.1 min。

二、高效液相色谱法

1. 知识要点

将试样加热除去二氧化碳和乙醇，调 pH 至近中性，过滤后进高效液相色谱仪，经反相色谱分离后，根据保留时间和峰面积进行定性和定量。

2. 仪器

高效液相色谱仪(附紫外检测器)。

3. 试剂

(1) 甲醇(CH_3OH)：经滤膜(0.5 μm)过滤。

(2) 稀氨水(1∶1)：氨水加等体积水混合。

(3) 乙酸铵溶液(0.02 mol/L)：称取 1.54 g 乙酸铵，加水至 1000 mL，溶解，经滤膜(0.5 μm)过滤。

(4) 碳酸氢钠溶液(20 g/L)：称取 20 g 碳酸氢钠(优级纯)，加水至 100 mL，振摇溶解。

(5) 苯甲酸标准贮备液：准确称取 0.1000 g 苯甲酸，加碳酸氢钠溶液(20 g/L)5 mL，加热溶解，移入 100 mL 容量瓶中，加水定容至 100 mL，苯甲酸含量为 1 mg/mL，作为贮备液。

(6) 山梨酸标准贮备液：准确称取 0.1000 g 山梨酸，加碳酸氢钠溶液(20 g/L)5 mL，加热溶解，移入 100 mL 容量瓶中，加水定容至 100 mL，山梨酸含量为 1 mg/mL，作为贮备液。

(7) 苯甲酸、山梨酸标准混合使用液：取苯甲酸、山梨酸的标准贮备液各 10.0 mL 至 100 mL 容量瓶中，加水稀释至刻度，此溶液含苯甲酸、山梨酸各 0.1 mg/mL，经 0.45 μm 滤膜过滤。

4. 测定方法

1) 试样处理

(1) 汽水：称取 5.00～10.0 g 试样，放入小烧杯中，微热搅拌除去二氧化碳，用氨水(1∶1)调至 pH 约为 7，加水定容至 10～20 mL，经 0.45 μm 滤膜过滤。

(2) 果汁类：称取 5.00～10.0 g 试样，用氨水(1∶1)调至 pH 约为 7，加水定容至适当体积，离心沉淀，上清液经 0.45 μm 滤膜过滤。

(3) 配制酒类：称取 10.0 g 试样，放入小烧杯中，水浴加热除去乙醇，用氨水(1∶1)调至 pH 约为 7，加水定容至适当体积，经 0.45 μm 滤膜过滤。

2）高效液相色谱参考条件

（1）色谱柱：YWG-C_{18} ϕ4.6 mm×250 mm，10 μm 不锈钢柱。

（2）流动相：甲醇-乙酸铵溶液（5∶95）。

（3）流速：1 mL/min。

（4）进样量：10 μL。

（5）检测器：紫外检测器，检测波长 230 nm，0.2AUFS。

5. 结果计算

试样中苯甲酸或山梨酸的含量按以下公式计算：

$$X = \frac{A \times 1000}{m \times \frac{V_2}{V_1} \times 1000} \tag{6-2}$$

式中：X——试样中苯甲酸或山梨酸含量，g/kg；

A——进样溶液中苯甲酸或山梨酸的质量，mg；

V_2——进样体积，mL；

V_1——试样稀释液总体积，mL；

m——试样质量，g。

计算结果保留两位有效数字。

6. 说明

精密度：在重复性条件下获得的两次独立测定结果的绝对差值不得超过算术平均值的 10%。

项目二　食品中亚硝酸盐与硝酸盐的测定（GB/T 5009.33—2010）

学习目标

• 知识目标：掌握分光光度法测定食品中亚硝酸盐与硝酸盐的基本原理、仪器的构造和使用方法；掌握分光光度法的定性分析及定量分析方法。

• 技能目标：能熟练操作及使用分光光度计，并能对仪器进行保养和简单的维护；能分析所测的数据、色谱图，并得出分析结果。

• 终极目标：熟练掌握食品中亚硝酸盐与硝酸盐含量的测定方法。

亚硝酸钠是一种用途十分广泛的工业原料，在食品加工、医药、印染、化工和机械等行业应用广泛。由于亚硝酸钠具有优良的防腐和发色作用，因此作为食品的重要添加剂而广为人知。亚硝酸钠虽然也是一种盐，具有咸味，但与食盐完全不同的是，它对人体具有很强的毒性，其毒性已经为全世界公认。由于其具有价格极其低廉的优势，常在非法食品制作时用作食盐的不合理替代品。近来，我国市场就出现了葡萄酒、白酒中加亚硝酸钠的现象，甚至有传言称国内部分品牌的酒类含有致癌物质亚硝酸钠。针对上述传言，贵州茅

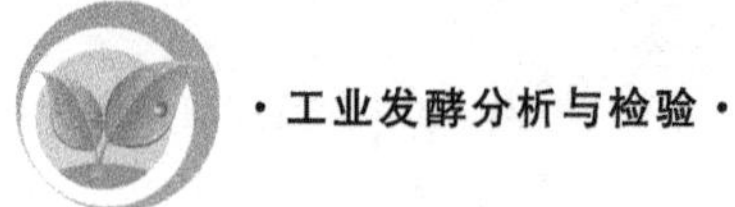

台、张裕A、长城葡萄酒还发布过澄清公告表示公司产品不可能含有亚硝酸钠。

世界食品卫生科学委员会1992年发布的亚硝酸人体安全摄入量为每千克体重0～0.1 mg。

1. 知识要点

亚硝酸盐采用盐酸萘乙二胺法测定，硝酸盐采用镉柱还原法测定。

试样经沉淀蛋白质、除去脂肪后，在弱酸条件下亚硝酸盐与对氨基苯磺酸重氮化后，再与盐酸萘乙二胺偶合形成紫红色染料，外标法测得亚硝酸盐含量。采用镉柱将硝酸盐还原成亚硝酸盐，测得亚硝酸盐总量，由此总量减去亚硝酸盐含量，即得试样中硝酸盐含量。

2. 仪器

(1) 天平：感量为0.1 mg和1 mg。

(2) 组织捣碎机。

(3) 超声波清洗器。

(4) 恒温干燥箱。

(5) 分光光度计。

(6) 镉柱。

① 海绵状镉的制备：投入足够的锌皮或锌棒于500 mL硫酸镉溶液(200 g/L)中，经过3～4 h，当其中的镉全部被锌置换后，用玻璃棒轻轻刮下，取出残余锌棒，使镉沉底，倾去上层清液，以水用倾泻法多次洗涤，然后移入组织捣碎机中，加500 mL水，捣碎约2 s，用水将金属细粒洗至标准筛上，取20～40目之间的部分。

② 镉柱的装填：如图6-2所示，用水装满镉柱玻璃管，并装入2 cm高的玻璃棉作垫，将玻璃棉压向柱底时，应将其中所包含的空气全部排出，在轻轻敲击下加入海绵状镉至8～10 cm高，上面用1 cm高的玻璃棉覆盖，上置一贮液漏斗，末端要穿过橡胶塞，与镉柱玻璃管紧密连接。

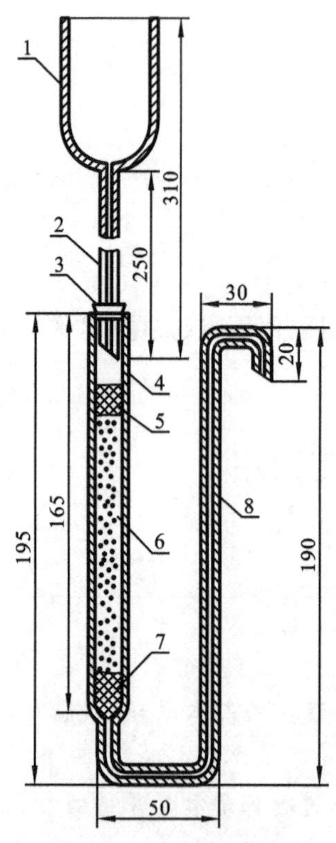

图6-2 镉柱示意图

1—贮液漏斗，内径35 mm，外径37 mm；2—进液毛细管，内径0.4 mm，外径6 mm；3—橡胶塞；4—镉柱玻璃管，内径12 mm，外径16 mm；5、7—玻璃棉；6—海绵状镉；8—出液毛细管，内径2 mm，外径8 mm

如无上述镉柱玻璃管，可以25 mL酸式滴定管代替，但过柱时要注意始终保持液面在镉层之上。当镉柱填装好后，先用25 mL盐酸(0.1 mol/L)洗涤，再以水洗两次，每次25 mL，镉柱不用时用水封盖，随时都要保持水面在镉层之上，不得使镉层夹有气泡。

③ 镉柱每次使用完毕后，应先以25 mL盐酸(0.1 mol/L)洗涤，再以水洗两次，每次25 mL，最后用水覆盖镉柱。

④ 还原效率计算。

还原效率按以下公式计算。

$$X=\frac{A}{10}\times 100\% \tag{6-3}$$

式中：X——还原效率，%；

A——测得亚硝酸钠的含量，μg；

10——测定用溶液相当于亚硝酸钠的含量，μg。

3. 试剂

(1) 亚铁氰化钾($K_4Fe(CN)_6 \cdot 3H_2O$)。

(2) 乙酸锌($Zn(CH_3COO)_2 \cdot 2H_2O$)。

(3) 冰乙酸(CH_3COOH)。

(4) 硼酸钠($Na_2B_4O_7 \cdot 10H_2O$)。

(5) 盐酸(ρ=1.19 g/mL)。

(6) 氨水(25%)。

(7) 对氨基苯磺酸($C_6H_7NO_3S$)。

(8) 盐酸萘乙二胺($C_{12}H_{14}N_2 \cdot 2HCl$)。

(9) 亚硝酸钠($NaNO_2$)。

(10) 硝酸钠($NaNO_3$)。

(11) 锌皮或锌棒。

(12) 硫酸镉。

(13) 亚铁氰化钾溶液(106 g/L)：称取 106.0 g 亚铁氰化钾，用水溶解，并稀释至 1000 mL。

(14) 乙酸锌溶液(220 g/L)：称取 220.0 g 乙酸锌，先加 30 mL 冰乙酸溶解，再用水稀释至 1000 mL。

(15) 饱和硼砂溶液(50 g/L)：称取 5.0 g 硼酸钠，溶于 100 mL 热水中，冷却后备用。

(16) 氨缓冲溶液(pH＝9.6～9.7)：量取 30 mL 盐酸(ρ=1.19 g/mL)，加 100 mL 水，混匀后加 65 mL 氨水(25%)，再加水稀释至 1000 mL，混匀，调节 pH 至 9.6～9.7。

(17) 氨缓冲溶液的稀释液：量取 50 mL 上述氨缓冲溶液，加水稀释至 500 mL，混匀。

(18) 盐酸(0.1 mol/L)：量取 5 mL 盐酸，用水稀释至 600 mL。

(19) 对氨基苯磺酸溶液(4 g/L)：称取 0.4 g 对氨基苯磺酸，溶于 100 mL 20%(体积分数)盐酸中，置于棕色瓶中混匀，避光保存。

(20) 盐酸萘乙二胺溶液(2 g/L)：称取 0.2 g 盐酸萘乙二胺，溶于 100 mL 水中，混匀后，置于棕色瓶中，避光保存。

(21) 亚硝酸钠标准贮备液(200 μg/mL)：准确称取 0.1000 g 于 110～120 ℃干燥至恒重的亚硝酸钠，加水溶解后移入 500 mL 容量瓶中，加水稀释至刻度，混匀。

(22) 亚硝酸钠标准使用液(5.0 μg/mL)：临用前，吸取亚硝酸钠标准贮备液 5.00 mL，置于 200 mL 容量瓶中，加水稀释至刻度。

(23) 硝酸钠标准贮备液(200 μg/mL，以亚硝酸钠计)：准确称取 0.1232 g 于 110～120 ℃干燥至恒重的硝酸钠，加水溶解后移入 500 mL 容量瓶中，并稀释至刻度。

(24) 硝酸钠标准使用液(5 μg/mL)：临用时吸取硝酸钠标准贮备液 2.50 mL，置于

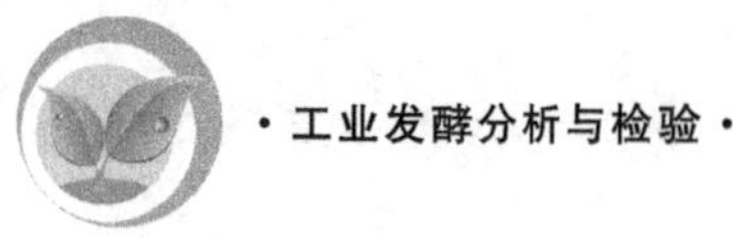

100 mL 容量瓶中，加水稀释至刻度。

4. 测定方法

1）试样的预处理

（1）新鲜蔬菜、水果：将试样用去离子水洗净、晾干后，取可食部分切碎混匀。将切碎的样品用四分法取适量，用食物粉碎机制成匀浆备用。如需加水应记录加水量。

（2）肉类、蛋、水产及其制品：用四分法取适量或取全部，用食物粉碎机制成匀浆备用。

（3）乳粉、豆奶粉、婴儿配方粉等固态乳制品（不包括干酪）：将试样装入能够容纳 2 倍试样体积的带盖容器中，通过反复摇晃和颠倒容器使样品充分混匀直到使试样均一化。

（4）发酵乳、乳、炼乳及其他液体乳制品：通过搅拌或反复摇晃和颠倒容器使试样充分混匀。

（5）干酪：取适量的样品研磨成均匀的泥浆状。为避免水分损失，研磨过程中应避免产生过多的热量。

2）提取

（1）水果、蔬菜、鱼类、肉类、蛋类及其制品等：称取试样匀浆 5 g（精确至 0.01 g，可适当调整试样的取样量，以下相同），以 80 mL 水洗入 100 mL 容量瓶中，超声提取 30 min，每隔 5 min 振摇一次，使固相完全分散。于 75 ℃水浴中放置 5 min，取出放置至室温，加水稀释至刻度。溶液经滤纸过滤后，取部分溶液于 10000 r/min 离心 15 min，取上清液备用。

（2）腌鱼类、腌肉类及其他腌制品：称取试样匀浆 2 g（精确至 0.01 g），以 80 mL 水洗入 100 mL 容量瓶中，超声提取 30 min，每 5 min 振摇一次，保持固相完全分散。于 75 ℃水浴中放置 5 min，取出放置至室温，加水稀释至刻度。溶液经滤纸过滤后，取部分溶液于 10000 r/min 离心 15 min，取上清液备用。

（3）乳：称取试样 10 g（精确至 0.01 g），置于 100 mL 容量瓶中，加水 80 mL，摇匀，超声 30 min，加入 3%乙酸溶液 2 mL，于 4 ℃放置 20 min，取出放置至室温，加水稀释至刻度。溶液经滤纸过滤，取上清液备用。

（4）乳粉：称取试样 2.5 g（精确至 0.01 g），置于 100 mL 容量瓶中，加水 80 mL，摇匀，超声 30 min，加入 3%乙酸溶液 2 mL，于 4 ℃放置 20 min，取出放置至室温，加水稀释至刻度。溶液经滤纸过滤，取上清液备用。

3）提取液净化

在振荡上述提取液时加入 5 mL 亚铁氰化钾溶液，摇匀，再加入 5 mL 乙酸锌溶液，以沉淀蛋白质。加水至刻度，摇匀，放置 30 min，除去上层脂肪，上清液用滤纸过滤，弃去初滤液 30 mL，滤液备用。

4）亚硝酸盐的测定

吸取 40.0 mL 上述滤液于 50 mL 具塞比色管中，另吸取 0.00 mL、0.20 mL、0.40 mL、0.60 mL、0.80 mL、1.00 mL、1.50 mL、2.00 mL、2.50 mL 亚硝酸钠标准使用液（相当于 0.0 μg、1.0 μg、2.0 μg、3.0 μg、4.0 μg、5.0 μg、7.5 μg、10.0 μg、12.5 μg 亚硝酸钠），分别置于 50 mL 具塞比色管中。于标准管与试样管中分别加入 2 mL 对氨基苯磺酸

溶液(4 g/L),混匀,静置 3～5 min 后各加入 1 mL 盐酸萘乙二胺溶液(2 g/L),加水至刻度,混匀,静置 15 min,用 2 cm 比色杯,以零管调节零点,于 538 nm 波长处测吸光度,绘制标准曲线比较。同时做试剂空白。

5) 硝酸盐的测定

(1) 镉柱还原。

先以 25 mL 稀氨缓冲溶液冲洗镉柱,流速控制在 3～5 mL/min(以滴定管代替的可控制在 2～3 mL/min)。

吸取 20 mL 滤液于 50 mL 烧杯中,加 5 mL 氨缓冲溶液,混合后注入贮液漏斗,使流经镉柱还原,以原烧杯收集流出液,当贮液漏斗中的样液流尽后,再加 5 mL 水置换柱内留存的样液。

将全部收集液如前再经镉柱还原一次,第二次流出液收集于 100 mL 容量瓶中,继以水流经镉柱洗涤三次,每次 20 mL,洗液一并收集于同一容量瓶中,加水至刻度,混匀。

(2) 亚硝酸钠总量的测定。

吸取 10～20 mL 还原后的样液于 50 mL 比色管中。以下按"亚硝酸盐的测定"中自"吸取 0.00 mL、0.20 mL、0.40 mL、0.60 mL、0.80 mL、1.00 mL……"起依法操作。

5. 结果计算

1) 亚硝酸盐含量的计算

亚硝酸盐(以亚硝酸钠计)的含量按以下公式计算:

$$X_1 = \frac{A_1 \times 1000}{m \times \frac{V_1}{V_0} \times 1000} \tag{6-4}$$

式中:X_1——试样中亚硝酸钠的含量,mg/kg;

A_1——测定用样液中亚硝酸钠的质量,μg;

m——试样质量,g;

V_1——测定用样液体积,mL;

V_0——试样处理液总体积,mL。

以重复性条件下获得的两次独立测定结果的算术平均值表示,结果保留两位有效数字。

2) 硝酸盐含量的计算

硝酸盐(以硝酸钠计)的含量按以下公式计算:

$$X_2 = \left[\frac{A_2 \times 1000}{m \times \frac{V_2}{V_0} \times \frac{V_4}{V_3} \times 1000} - X_1\right] \times 1.232 \tag{6-5}$$

式中:X_2——试样中硝酸钠的含量,mg/kg;

A_2——经镉粉还原后测得总亚硝酸钠的质量,μg;

m——试样的质量,g;

1.232——亚硝酸钠换算成硝酸钠的系数;

V_2——测总亚硝酸钠用样液的体积,mL;

V_0——试样处理液总体积,mL;

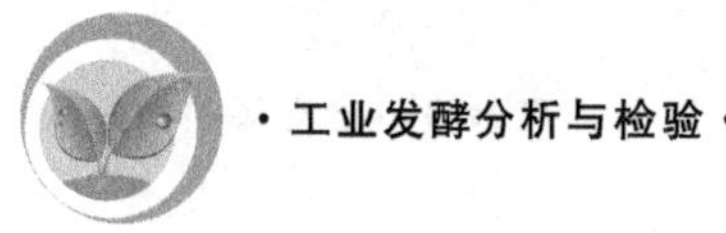

V_3——经镉柱还原后样液总体积,mL;

V_4——经镉柱还原后样液的测定用体积,mL;

X_1——由式(6-4)计算出的试样中亚硝酸钠的含量,mg/kg。

以重复性条件下获得的两次独立测定结果的算术平均值表示,结果保留两位有效数字。

6. 说明

精密度:在重复性条件下获得的两次独立测定结果的绝对差值不得超过算术平均值的10%。

思考题

1. 什么是食品添加剂? 怎样分类?
2. 什么是食品防腐剂? 为什么要测定食品防腐剂?
3. 怎样测定食品中防腐剂山梨酸、苯甲酸的含量?
4. 怎样测定食品中亚硝酸盐与硝酸盐的含量?
5. 通过测定,如何判断食品的质量是否合格?

模块二　食品中甜味剂的分析

赋予食品甜味的食品添加剂称为甜味剂。甜味剂按来源有天然和人工合成之分。通常我国把葡萄糖、果糖、蔗糖、麦芽糖和乳糖等糖类物质视为食品,不列为食品添加剂。天然甜味剂又分糖和糖的衍生物,以及非糖天然甜味剂。而通常所说的甜味剂是指人工合成甜味剂、糖醇类甜味剂和非糖天然甜味剂,包括糖精钠、环己氨基磺酸钠(甜蜜素)、乙酰磺胺酸钾(安赛蜜)、天门冬酰苯丙氨酸甲酯(甜味素、阿斯巴甜)等。环己氨基磺酸钠的甜度是蔗糖的30倍。

项目一　食品中糖精钠的测定(GB/T 5009.28—2003)

学习目标

• 知识目标:掌握薄层色谱法测定食品中糖精钠的基本原理、仪器的构造及使用方法,薄层色谱法的定性分析及定量分析方法。

• 技能目标:能熟练操作及使用薄层色谱法,并能对仪器进行保养和简单的维护;能分析所测数据、色谱图,并得出分析结果。

• 终极目标:熟练掌握食品中甜味剂糖精钠含量的测定方法。

糖精的化学名称为邻苯甲酰磺酰亚胺，糖精钠是最古老的甜味剂，属非营养型人工合成的甜味剂，是一种有机化工合成产品，其甜度为蔗糖的300多倍。糖精钠不能被人体代谢吸收，因其安全性问题，有用量逐渐减少且被取代的趋势。

我国《食品添加剂使用标准》(GB 2760—2011)规定，糖精钠用于配制酒、饮料、酱渍的蔬菜、盐渍的蔬菜、复合调味料、蜜饯、饼干、面包时，最大使用量(以糖精计)为0.15 g/kg。

1. 知识要点

在酸性条件下，食品中的糖精钠用乙醚提取、浓缩，经薄层色谱分离、显色后，与标准比较，进行定性和半定量测定。

2. 仪器

(1) 玻璃纸：生物制品透析袋纸，不含增白剂的市售玻璃纸。

(2) 玻璃喷雾器。

(3) 微量注射器。

(4) 紫外光灯：波长253.7 nm。

(5) 薄层板：10 cm×20 cm或20 cm×20 cm。

(6) 展开槽。

3. 试剂

(1) 乙醚：不含过氧化物。

(2) 无水硫酸钠。

(3) 无水乙醇及乙醇(95%)。

(4) 聚酰胺粉：200目。

(5) 盐酸(1∶1)：取100 mL浓盐酸，加水稀释至200 mL。

(6) 展开剂：正丁醇-氨水-无水乙醇(7∶1∶2)；异丙醇-氨水-无水乙醇(7∶1∶2)。

(7) 显色剂溴甲酚紫溶液(0.4 g/L)：称取0.04 g溴甲酚紫，用乙醇(50%)溶解，加氢氧化钠溶液(4 g/L)1.1 mL调至pH为8，定容至100 mL。

(8) 硫酸铜溶液(100 g/L)：称取10 g硫酸铜($CuSO_4 \cdot 5H_2O$)，用水溶解并稀释至100 mL。

(9) 氢氧化钠溶液(40 g/L)。

(10) 糖精钠标准溶液：准确称取0.0851 g经120 ℃干燥4 h后的糖精钠，加乙醇溶解，移入100 mL容量瓶中，加乙醇(95%)稀释至刻度，此溶液每毫升相当于1 mg糖精钠($C_6H_4CONNaSO_2 \cdot 2H_2O$)。

4. 测定方法

1) 试样提取

(1) 饮料、冰棍、汽水：取10.0 mL均匀试样(如试样中含有二氧化碳，先加热除去，如试样中含有酒精，加4%氢氧化钠溶液使其呈碱性，在沸水浴中加热除去)，置于100 mL分液漏斗中，加2 mL盐酸(1∶1)，用30 mL、20 mL、10 mL乙醚提取三次，合并乙醚提取

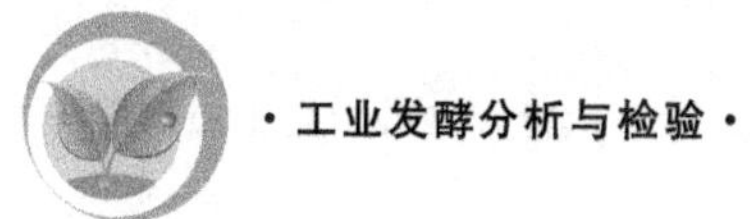

液,用 5 mL 盐酸酸化的水洗涤一次,弃去水层。乙醚层通过无水硫酸钠脱水后,挥发至干,加 2.0 mL 乙醇溶解残留物,密塞保存,备用。

(2) 酱油、果汁、果酱等:称取 20.0 g 或吸取 20.0 mL 均匀试样,置于 100 mL 容量瓶中,加水至约 60 mL,加 20 mL 硫酸铜溶液(100 g/L),混匀,再加 4.4 mL 氢氧化钠溶液(40 g/L),加水至刻度,混匀,静置 30 min,过滤,取 50 mL 滤液置 150 mL 分液漏斗中,以下按(1)中自"加 2 mL 盐酸(1∶1)……"起依该法操作。

(3) 固体果汁粉等:称取 20.0 g 磨碎的均匀试样,置于 200 mL 容量瓶中,加水 100 mL,加热使溶解、放冷,以下按(2)中自"加 20 mL 硫酸铜溶液(100 g/L)……"起依该法操作。

(4) 糕点、饼干等含蛋白、脂肪、淀粉多的食品:称取 25.0 g 均匀试样,置于透析用玻璃纸中,放入大小适当的烧杯内,加 50 mL 氢氧化钠溶液(0.8 g/L),调成糊状,将玻璃纸扎紧,放入盛有 20 mL 氢氧化钠溶液(0.8 g/L)的烧杯中,盖上表面皿,透析过夜。

量取 125 mL 透析液(相当于 12.5 g 试样),加约 0.4 mL 盐酸(1∶1)使成中性,加 20 mL 硫酸铜溶液(100 g/L),混匀,再加 4.4 mL 氢氧化钠溶液(40 g/L),混匀,静置 30 min,过滤,取 120 mL(相当于 10 g 试样),置于 250 mL 分液漏斗中,以下按(1)中自"加 2 mL 盐酸(1∶1)……"起依该法操作。

2) 薄层板的制备

称取 1.6 g 聚酰胺粉,加 0.4 g 可溶性淀粉,加约 7.0 mL 水,研磨 3～5 min,立即涂成 0.25～0.30 mm 厚的 10 cm×20 cm 的薄层板,室温干燥后,在 80 ℃下干燥 1 h,置于干燥器中保存。

3) 点样

在薄层板下端 2 cm 处,用微量注射器点 10 μL 和 20 μL 的样液两个点,同时点 3.0 μL、5.0 μL、7.0 μL、10.0 μL 糖精钠标准溶液,各点间距 1.5 cm。

4) 展开与显色

将点好的薄层板放入盛有展开剂的展开槽中(展开剂液层约 0.5 cm,并预先已达到饱和状态),展开至 10 cm,取出薄层板,挥发至干,喷显色剂,斑点显黄色,根据试样点和标准点的比移值进行定性,根据斑点颜色深浅进行半定量。

5. 结果计算

试样中的糖精钠的含量按以下公式计算:

$$X=\frac{A\times 1000}{m\times \frac{V_2}{V_1}\times 1000} \tag{6-6}$$

式中:X——试样中糖精钠的含量,g/kg 或 g/L;

A——测定用样液中糖精钠的质量,mg;

m——试样质量或体积,g 或 mL;

V_1——试样提取液残留物加入乙醇的体积,mL;

V_2——点板液体积,mL。

项目二 食品中环己基氨基磺酸钠(甜蜜素)的测定 (GB/T 5009.97—2003)

学习目标

• 知识目标:掌握气相色谱法测定食品中环己基氨基磺酸钠(甜蜜素)的基本原理、仪器的构造及使用方法,气相色谱法的定性分析及定量分析方法。

• 技能目标:能熟练操作及使用气相色谱仪,并能对其进行保养和简单的维护;能分析所测数据、色谱图,并得出分析结果。

• 终极目标:熟练掌握食品中甜味剂环己基氨基磺酸钠(甜蜜素)含量的测定方法。

环己基氨基磺酸钠(甜蜜素)属非营养型合成甜味剂,其甜度是蔗糖的 30 倍,常与糖精以 9∶1 或 10∶1 的比例混合使用,以提高味质,或与天门冬酰苯丙氨酸甲酯混合使用,也可达到增强甜度、改善味质的效果。

我国《食品添加剂使用标准》(GB 2760—2011)规定,环己基氨基磺酸钠(甜蜜素)用于配制酒、腐乳类、酱渍的蔬菜、盐渍的蔬菜、复合调味料、糕点、面包等,最大使用量为 0.65 g/kg。

一、气相色谱法

1. 知识要点

在硫酸介质中环己基氨基磺酸钠与亚硝酸反应,生成环己醇亚硝酸酯,利用气相色谱法进行定性和定量。

2. 仪器

(1) 气相色谱仪:附氢火焰离子化检测器。

(2) 旋涡混合器。

(3) 离心机。

(4) 10 μL 微量注射器。

(5) 色谱条件。

色谱柱:长 2 m,内径 3 mm,U 形不锈钢柱。

固定相:Chromosorb W AW DMCS 80～100 目,涂以 10%SE-30。

(6) 测定条件。

柱温 80 ℃;汽化室温度 150 ℃;检测器温度 150 ℃。

流速:氮气 40 mL/min;氢气 30 mL/min;空气 300 mL/min。

3. 试剂

(1) 正己烷。

(2) 氯化钠。

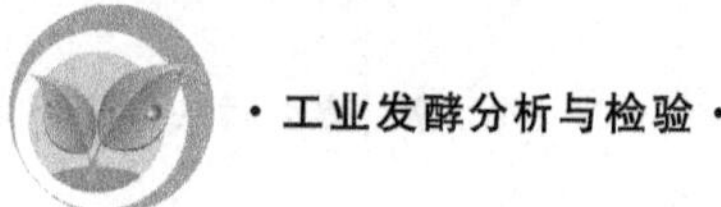

(3) 层析硅胶(或海沙)。

(4) 50 g/L 亚硝酸钠溶液。

(5) 100 g/L 硫酸溶液。

(6) 环己基氨基磺酸钠标准溶液:精确称取 1.0000 g 环己基氨基磺酸钠,加入水溶解并定容至 100 mL,此溶液每毫升含环己基氨基磺酸钠 10 mg。

4. 测定方法

1) 试样处理

(1) 液体试样:摇匀后直接称取。含二氧化碳的试样先加热除去,含酒精的试样加 40 g/L 氢氧化钠溶液调至碱性,于沸水浴中加热除去,制成试样。

(2) 固体试样(如凉果、蜜饯类):将其剪碎制成试样。

2) 试样制备

液体试样:称取 20.0 g 试样于 100 mL 具塞比色管,置于冰浴中。

固体试样:称取 2.0 g 已剪碎的试样于研钵中,加少许层析硅胶(或海沙)研磨至呈干粉状,经漏斗倒入 100 mL 容量瓶中,加水冲洗研钵,并将洗液一并转移至容量瓶中。加水至刻度,不时摇动,1 h 后过滤,准确吸取 20 mL 滤液于 100 mL 具塞比色管,置于冰浴中。

3) 测定

标准曲线的制备:准确吸取 1.00 mL 环己基氨基磺酸钠标准溶液于 100 mL 具塞比色管中,加水 20 mL。置于冰浴中,加入 5 mL50 g/L 亚硝酸钠溶液、5 mL 100 g/L 硫酸溶液,摇匀,在冰浴中放置 30 min,并经常摇动,然后准确加入 10 mL 正己烷、5 g 氯化钠,摇匀后置于旋涡混合器上振动 1 min(或振摇 80 次),待静置分层后吸出正己烷层于 10 mL 具塞离心管中进行离心分离,每毫升正己烷提取液相当 1 mg 环己基氨基磺酸钠,将标准提取液进样 1~5 μL 于气相色谱仪中,根据响应值绘制标准曲线。

试样管按照上面标准曲线制备过程中,自“加入 5 mL 50 g/L 亚硝酸钠溶液……”起依该法操作,然后将试液同样进样 1~5 μL,测得响应值,从标准曲线图中查出相应含量。

5. 结果计算

$$X=\frac{m_1\times 10\times 1000}{m\times V\times 1000}=\frac{10\times m_1}{m\times V} \tag{6-7}$$

式中:X——试样中环己基氨基磺酸钠的含量,g/kg;

m——试样质量,g;

V——进样体积,μL;

10——正己烷加入量,mL;

m_1——测定用试样中环己基氨基磺酸钠的质量,μg。

计算结果保留两位有效数字。

6. 说明

精密度:在重复性条件下获得的两次独立测定结果的绝对差值不得超过算术平均值的 10%。

二、比色法

1. 知识要点

在硫酸介质中环己基氨基磺酸钠与亚硝酸钠反应，生成环己醇亚硝酸酯，与磺胺重氮化后再与盐酸萘乙二胺偶合生成红色染料，在 550 nm 波长处测其吸光度，与标准比较定量。

2. 仪器

(1) 分光光度计。

(2) 旋涡混合器。

(3) 离心机。

(4) 透析纸。

3. 试剂

(1) 三氯甲烷。

(2) 甲醇。

(3) 透析剂：称取 0.5 g 二氯化汞和 12.5 g 氯化钠于烧杯中，以 0.01 mol/L 盐酸定容至 100 mL。

(4) 10 g/L 亚硝酸钠溶液。

(5) 100 g/L 硫酸溶液。

(6) 100 g/L 尿素溶液(临用时新配或冰箱中保存)。

(7) 100 g/L 盐酸。

(8) 10 g/L 磺胺溶液：称取 1 g 磺胺，溶于 10%盐酸中，最后定容至 100 mL。

(9) 1 g/L 盐酸萘乙二胺溶液。

(10) 环己基氨基磺酸钠标准溶液：精确称取 0.1000 g 环己基氨基磺酸钠，加水溶解，最后定容至 100 mL，此溶液每毫升含环己基氨基磺酸钠 1 mg，临用时将环己基氨基磺酸钠标准溶液稀释 10 倍。此液每毫升含环己基氨基磺酸钠 0.1 mg。

4. 测定方法

1) 试样处理

同气相色谱法。

2) 提取

液体试样：称取 10.0 g 试样于透析纸中，加 10 mL 透析剂，将透析纸口扎紧。放入盛有 100 mL 水的 200 mL 广口瓶内，加盖，透析 20～24 h 得透析液。

固体试样：准确吸取 10.0 mL 与气相色谱法相同处理操作的处理后的试样提取液于透析纸中，然后按照液体试样提取进行操作。

3) 测定

(1) 取 2 支 50 mL 具塞比色管，分别加入 10 mL 透析液和 10 mL 标准液，于 0～3 ℃冰浴中，加入 1 mL10 g/L 亚硝酸钠溶液、1 mL100 g/L 硫酸溶液，摇匀后放入冰水中不时摇动，放置 1 h，取出后加 15 mL 三氯甲烷，置于旋涡混合器上振动 1 min。静置后吸去上层液，再加 15 mL 水振动 1 min，静置后吸去上层液，加 10 mL 100 g/L 尿素溶液、2 mL

100 g/L 盐酸，再振动 5 min，静置后吸去上层液，加 15 mL 水，振动 1 min，静置后吸去上层液，分别准确吸出 5 mL 三氯甲烷于 2 支 25 mL 比色管中。

另取一支 25 mL 比色管，加入 5 mL 三氯甲烷作参比管。于各管中加入 15 mL 甲醇、1 mL10 g/L 磺胺溶液，置于冰水中 15 min，取出，恢复常温后加入 1 mL 1 g/L 盐酸萘乙二胺溶液，加甲醇至刻度，在 15～30 ℃下放置 20～30 min，用 1 cm 比色杯于波长 550 nm 处测定吸光度。测得吸光度 A 及 A_s。

(2) 另取 2 支 50 mL 具塞比色管，分别加入 10 mL 水和 10 mL 透析液，除不加 10 g/L亚硝酸钠溶液，其他按(1)进行，测得吸光度 A_{s0} 及 A_0。

5. 结果计算

$$X = \frac{C}{m} \times \frac{A - A_0}{A_s - A_{s0}} \times \frac{100 + 10}{V} \times \frac{1}{1000} \times \frac{1000}{1000} \tag{6-8}$$

式中：X——试样中环己基氨基磺酸钠的含量，g/kg；

m——试样质量，g；

V——透析液用量，mL；

C——标准管浓度，μg/mL；

A_s——标准液的吸光度；

A_{s0}——水的吸光度；

A——试样透析液的吸光度；

A_0——不加亚硝酸钠的试样透析液的吸光度。

计算结果保留两位有效数字。

6. 说明

精密度：在重复性条件下获得的两次独立测定结果的绝对差值不得超过算术平均值的 10%。

三、薄层层析法

1. 知识要点

试样经酸化后，用乙醚提取，将试样提取液浓缩，点于聚酰胺薄层板上，展开，经显色后，根据薄层板上环己基氨基磺酸钠的比移值及显色斑深浅，与标准比较进行定性、概略定量。

2. 仪器

(1) 吹风机。

(2) 层析缸。

(3) 玻璃板：5 cm×20 cm。

(4) 微量注射器：10 μL。

(5) 玻璃喷雾器。

3. 试剂

(1) 异丙醇。

(2) 正丁醇。

(3) 石油醚:沸程 30～60 ℃。

(4) 乙醚(不含过氧化物)。

(5) 氢氧化铵。

(6) 无水乙醇。

(7) 氯化钠。

(8) 硫酸钠。

(9) 6 mol/L 盐酸:取 50 mL 浓盐酸加到少量水中,再用水稀释至 100 mL。

(10) 聚酰胺粉(尼龙-6):200 目。

(11) 环己基氨基磺酸标准溶液:精密称取 0.0200 g 环己基氨基磺酸,用少量无水乙醇溶解后移入 10 mL 容量瓶中,并稀释到刻度,此溶液每毫升相当于 2 mg 环己基氨基磺酸,两周后重新配制(环己基氨基磺酸的熔点:169～170 ℃)。

(12) 展开剂:正丁醇-浓氨水-无水乙醇(20∶1∶1);异丙醇-浓氨水-无水乙醇(20∶1∶1)。

(13) 显色剂:称取 0.040 g 溴甲酚紫,溶于 100 mL 50%乙醇溶液,用 1.2 mL 0.4%氢氧化钠溶液调至 pH=8。

4. 测定方法

1) 试样提取

(1) 饮料、果酱:称取 2.5 g(mL)已经混合均匀的试样(汽水需加热除去二氧化碳),置于 25 mL 具塞量筒中,加氯化钠至饱和(约 1 g),加 0.5 mL 6 mol/L 盐酸酸化,用 15 mL、10 mL 乙醚提取两次,每次振摇 1 min,静置分层,用滴管将上层乙醚提取液通过无水硫酸钠滤入 25 mL 容量瓶中,用少量乙醚洗无水硫酸钠,加乙醚至刻度,混匀。吸取 10.0 mL 乙醚提取液,分两次置于 10 mL 具塞离心管中,在约 40 ℃水浴上挥发至干,加入 0.1 mL 无水乙醇溶解残渣,备用。

(2) 糕点:称取 2.5 g 糕点试样,研碎,置于 25 mL 具塞量筒中,用石油醚提取 3 次,每次 20 mL,每次振摇 3 min,弃去石油醚,让试样挥发至干后(在通风橱中不断搅拌试样,以除去石油醚),加入 0.5 mL 6 mol/L 盐酸酸化,再加约 1 g 氯化钠,以下按(1)中自"用 15 mL、10 mL 乙醚提取两次……"起依该法操作。

2) 测定

(1) 聚酰胺粉板的制备:称取 4 g 聚酰胺粉,加 1.0 g 可溶性淀粉,加约 14 mL 水研磨均匀,立即倒入涂布器内制成面积为 5 cm×20 cm、厚度为 0.3 mm 的薄层板 6 块,室温干燥后,于 80 ℃干燥 1 h,取出,置于干燥器中保存、备用。

(2) 点样:薄层板下端 2 cm 的基线上,用微量注射器于板中间点 4 μL 试样液,两侧各点 2 μL、3 μL 环己基氨基磺酸标准溶液。

(3) 展开与显色:将点样后的薄层板放入预先盛有展开剂的展开槽内,展开槽周围贴有滤纸,待溶剂前沿上展至 10 cm 以上时,取出,在空气中挥发至干,喷显色剂,其斑点呈黄色,背景为蓝色。将试样中环己基氨基磺酸与标准斑点比较深浅定量。

5. 结果计算

$$X=\frac{m_1\times 1000\times 1.12}{m\times \frac{10}{25}\times \frac{V_2}{V_1}\times 1000}=\frac{2.8\times m_1\times V_1}{m\times V_2} \tag{6-9}$$

式中：X——试样中环己基氨基磺酸钠的含量，g/kg 或 g/L；

m_1 ——试样点相当于环己基氨基磺酸的质量，mg；

m ——试样质量或体积，g 或 mL；

V_1 ——加入无水乙醇的体积，mL；

V_2 ——测定时点样的体积，mL；

10——测定时吸取乙醚提取液的体积，mL；

25——试样乙醚提取液总体积，mL；

1.12——1.00 g 环己基氨基磺酸相当于环己基氨基磺酸钠的质量，g。

计算结果保留两位有效数字。

6. 说明

精密度：在重复性条件下获得的两次独立测定结果的绝对差值不得超过算术平均值的 28%。

此方法可以同时测定山梨酸、苯甲酸、糖精等成分。

思考题

1. 什么是食品甜味剂？怎样分类？
2. 怎样测定食品中甜味剂糖精钠的含量？
3. 怎样测定食品中甜味剂环己基氨基磺酸钠（甜蜜素）的含量？

模块三　食品中着色剂的测定

食品着色剂是指以食品着色为主要目的的食品添加剂，又称食用色素。着色剂按来源可分为天然着色剂和人工合成着色剂。天然着色剂主要是指由动、植物组织中提取的色素，多为植物色素，包括微生物色素、动物色素及无机色素，如辣椒红、甜菜红、红曲红、胭脂虫红、高粱红、叶绿素铜钠、姜黄、栀子黄、胡萝卜素、藻蓝素、可可色素、焦糖色素等。人工合成着色剂的原料主要是化工产品，有胭脂红、苋菜红、日落黄、赤藓红、柠檬黄、新红、靛蓝、亮蓝等。

项目一　食品中焦糖色的测定(DB13/T 1116—2009)

学习目标

- 知识目标：掌握高效液相色谱法测定食品中焦糖色的基本原理、仪器的构造及使用方法，高效液相色谱法的定性分析及定量分析方法。
- 技能目标：能熟练操作及使用高效液相色谱仪，并能对仪器进行保养和简单的维护；能分析所测数据、色谱图，并得出分析结果。

• 终极目标：掌握焦糖色中4-甲基咪唑含量的测定方法。

焦糖色也称焦糖，俗称酱色，英文为 caramel。焦糖是一种在食品中应用范围十分广泛的天然着色剂，是食品添加剂中的重要一员，常用作葡萄酒、果酒、啤酒、酱油、醋、饮料、糖果等的着色剂，也用于医药。

20世纪60年代，由于焦糖中环化物4-甲基咪唑的问题，焦糖曾一度被怀疑对人体有害而被各国政府禁用。后经科学家们的多年努力研究，证明它是无害的，联合国粮食与农业组织(FAO)、世界卫生组织(WHO)、国际食品添加剂联合专家委员会(JECFA)均已确认焦糖是安全的，但对4-甲基咪唑作了限量的规定。

1. 知识要点

样品中4-甲基咪唑经高效液相反相C18柱分离后，根据色谱峰的保留时间定性，根据峰面积定量。

2. 仪器

(1) 高效液相色谱仪，附紫外检测器。

(2) 旋转蒸发器。

(3) 电子天平：感量0.1 mg、0.001 g。

(4) 分液漏斗：250 mL。

(5) 振荡器。

(6) 微孔滤膜：0.45 μm。

3. 试剂

(1) 甲醇：色谱纯。

(2) 无水乙醇。

(3) 三氯甲烷。

(4) 三氯甲烷-无水乙醇萃取液(80∶20)：移取80 mL三氯甲烷及20 mL无水乙醇，混合均匀备用。

(5) 碳酸钠。

(6) 碳酸钠溶液(100 g/L)：准确称取碳酸钠100 g，溶解后移入1000 mL容量瓶中，用水定容至刻度。

(7) 庚烷磺酸钠。

(8) 磷酸二氢钾。

(9) 磷酸。

(10) 磷酸二氢钾缓冲溶液(0.05 mol/L)：称取磷酸二氢钾6.8 g、庚烷磺酸钠1 g于1000 mL容量瓶中，加水900 mL，用稀磷酸调节pH至3.5，用水定容至1000 mL。

(11) 4-甲基咪唑：纯度≥99%。

(12) 4-甲基咪唑标准贮备液：准确称取0.1000 g 4-甲基咪唑于100 mL容量瓶中，用流动相溶解，定容至刻度。4-甲基咪唑含量为1.0 mg/mL，作为贮备液。

(13) 4-甲基咪唑标准使用系列溶液:准确移取4-甲基咪唑贮备液1.0 mL、2.0 mL、3.0 mL、4.0 mL、5.0 mL于5个50 mL容量瓶中,用流动相定容至刻度,得到浓度分别为20 μg/mL、40 μg/mL、60 μg/mL、80 μg/mL、100 μg/mL的系列标准溶液,置于冰箱中保存。

4. 测定方法

1) 样品处理

准确称取3 g样品(精确至0.001 g),加15 mL水溶解,移入250 mL分液漏斗中,加100 g/L碳酸钠溶液15 mL,加三氯甲烷-无水乙醇萃取液60 mL,剧烈振摇5 min。静置分层后,将有机相移入另一分液漏斗中,水相再按同样方法萃取一次,合并有机相,用100 g/L碳酸钠溶液洗涤提取液3次,每次30 mL。然后将有机相通过无水硫酸钠滤入旋转蒸发瓶中,50 ℃浓缩至近干,取下,以水溶解残渣并定容至10 mL,经0.45 μm微孔滤膜过滤后供HPLC分析。

2) 测定

(1) HPLC参考条件。

分析柱:C18,4.6 mm×250 mm,粒度5 μm。

流动相:甲醇(0.05 mol/L)-磷酸二氢钾缓冲溶液(pH=3.5,含0.1%庚烷磺酸钠),体积比5∶95。

波长:210 nm。

流速:1.0 mL/min。

(2) 标准曲线:分别进标准系列溶液各10 μL,进行HPLC分析,然后以峰面积为纵坐标,以4-甲基咪唑的含量为横坐标,绘制标准曲线。

(3) 试样测定:吸取经处理后的试样溶液10 μL进行HPLC分析,测定其峰面积,从标准曲线查得测定液中4-甲基咪唑的含量。

5. 结果计算

试样中4-甲基咪唑的含量按下式计算:

$$X=\frac{C\times V\times 1000}{m\times 1000} \tag{6-10}$$

式中:X——试样中4-甲基咪唑的含量,mg/kg;

C——由标准曲线上查得进样液中4-甲基咪唑的量,μg/mL;

V——试样稀释总体积,mL;

m——试样质量,g。

6. 说明

精密度:在重复条件下获得的两次独立测定结果的绝对差值不得超过算术平均值的10%。

4-甲基咪唑标准物质色谱图如图6-3所示。

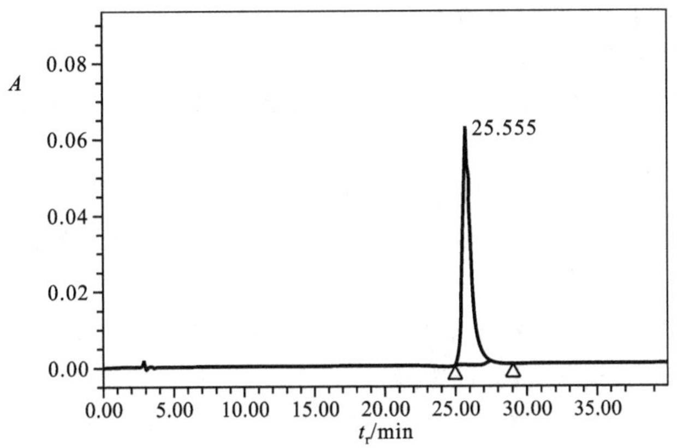

图 6-3 4-甲基咪唑标准物质色谱图

项目二 食品中合成着色剂的测定(GB/T 5009.35—2003)

学习目标

- 知识目标:掌握高效液相色谱法测定食品中合成着色剂的基本原理、仪器的操作以及薄层色谱仪的基本构造和使用方法。
- 技能目标:能熟练操作高效液相色谱仪,并能对仪器进行保养和简单的维护;能分析所测数据、色谱图,并得出分析结果。
- 终极目标:熟练掌握食品中合成着色剂含量的测定方法。

食品中合成着色剂主要是以人工方法进行化学合成的有机色素类。按化学结构分,合成着色剂可分为偶氮类、非偶氮类色素。合成类色素中还包括色淀。

食品中合成着色剂的种类很多,国际上允许使用的有 30 余种,我国允许使用的主要有 9 种:苋菜红、胭脂红、赤藓红、诱惑红、新红、柠檬黄、日落黄、亮蓝、靛蓝。

我国《食品添加剂使用标准》(GB 2760—2011)规定,各种合成着色剂用于配制酒、调味和果料发酵乳、调味乳、可可制品、巧克力和巧克力制品等,最大使用量为 0.05 g/kg。

1. 知识要点

食品中合成着色剂用聚酰胺吸附法或液-液分配法提取,制成水溶液,注入高效液相色谱仪,经反相色谱分离,根据保留时间定性,与峰面积比较进行定量。

2. 仪器

高效液相色谱仪,附紫外检测器。

3. 试剂

(1) 正己烷。

(2) 盐酸。

(3) 乙酸。

(4) 甲醇:经 0.5 μm 滤膜过滤。

(5) 聚酰胺粉(尼龙-6):过 200 目筛。

(6) 乙酸铵溶液(0.02 mol/L):称取 1.54 g 乙酸铵,加水至 1000 mL,溶解,经 0.45 μm 滤膜过滤。

(7) 氨水:量取氨水 2 mL,加水至 100 mL,混匀。

(8) 氨水-乙酸铵溶液(0.02 mol/L):量取氨水 0.5 mL,加乙酸铵溶液(0.02 mol/L)至 1000 mL,混匀。

(9) 甲醇-甲酸(6∶4)溶液:量取甲醇 60 mL、甲酸 40 mL,混匀。

(10) 柠檬酸溶液:称取 20 g 柠檬酸($C_6H_8O_7 \cdot H_2O$),加水至 100 mL,溶解,混匀。

(11) 无水乙醇-氨水-水(7∶2∶1)溶液:量取无水乙醇 70 mL、氨水 20 mL、水 10 mL,混匀。

(12) 三正辛胺-正丁醇溶液(5%):量取三正辛胺 5 mL,加正丁醇至 100 mL,混匀。

(13) 饱和硫酸钠溶液。

(14) 硫酸钠溶液(2 g/L)。

(15) pH=6 的水:水加柠檬酸溶液调 pH 到 6。

(16) 合成着色剂标准贮备液:准确称取按其纯度折算为 100%质量的柠檬黄、日落黄、苋菜红、胭脂红、新红、赤藓红、亮蓝、靛蓝各 0.100 g,置于 10 mL 容量瓶中,加 pH=6 的水到刻度,配成水溶液(1.00 mg/mL)。

(17) 合成着色剂标准使用液:临用时取合成着色剂标准贮备液加水稀释 20 倍,经 0.45 μm 滤膜过滤,配成每毫升相当于 50.0 μg 的合成着色剂。

4. 测定方法

1) 试样处理

(1) 橘子水、果味水、果子露汽水等:称取 20.0~40.0 g,放入 100 mL 烧杯中,含二氧化碳试样加热驱除二氧化碳。

(2) 配制酒类:称取 20.0~40.0 g,放入 100 mL 烧杯中,加小碎瓷片数片,加热驱除乙醇。

(3) 硬糖、蜜饯类、淀粉软糖等:称取 5.00~10.00 g 粉碎试样,放入 100 mL 小烧杯中,加水 30 mL,微热溶解,若试样 pH 较高,用柠檬酸溶液调 pH 到 6 左右。

(4) 巧克力豆及着色糖衣制品:称取 5.00~10.00 g 试样,放入 100 mL 小烧杯中,用水反复洗涤色素,到试样无色素为止,合并色素漂洗液为试样溶液。

2) 色素提取

(1) 聚酰胺吸附法:试样溶液加柠檬酸溶液调 pH 到 6,加热至 60 ℃,将 1 g 聚酰胺粉加少许水调成粥状,倒入试样溶液中搅拌片刻,以 G3 垂熔漏斗抽滤,用 60 ℃ pH=4 的水洗涤 3~5 次,然后用甲醇-甲酸混合溶液洗涤 3~5 次[含赤藓红的试样用下面(2)液-液分配法处理];再用水洗至中性,用乙醇-氨水-水混合溶液解吸 3~5 次,每次 5 mL,收集解吸液,加乙酸中和,蒸发至近干,加水溶解,定容至 5 mL。经 0.45 μm 滤膜过滤,取 10 μL 进高效液相色谱仪。

(2) 液-液分配法(适用于含赤藓红的试样):将制备好的试样溶液放入分液漏斗中,

加 2 mL 盐酸、三正辛胺-正丁醇溶液(5%)10～20 mL,振摇提取,分取有机相,重复提取至有机相无色,合并有机相;用饱和硫酸钠溶液洗 2 次,每次 10 mL,分取有机相,放蒸发皿中,水浴加热浓缩至 10 mL,转移至分液漏斗中;加 60 mL 正己烷,混匀,加氨水提取 2～3 次,每次 5 mL,合并氨水溶液层(含水溶性色素);用正己烷洗 2 次,氨水层加乙酸调成中性,水浴加热蒸发至干,加水定容至 5 mL。经 0.45 μm 滤膜过滤,取 10 μL 进高效液相色谱仪。

3) 高效液相色谱参考条件

(1) 柱:YWG-C18 10 μm 不锈钢柱,ϕ4.6 mm×250 mm。

(2) 流动相:甲醇-乙酸铵溶液(pH=4,0.02 mol/L)。

(3) 梯度洗脱:甲醇,20%～35%,3%/min;35%～98%,9%/min;98%继续 6 min。

(4) 流速:1 mL/min。

(5) 紫外检测器,波长 254 nm。

4) 测定

取相同体积的样液和合成着色剂标准使用液分别注入高效液相色谱仪,根据保留时间定性,用峰面积外标法定量。

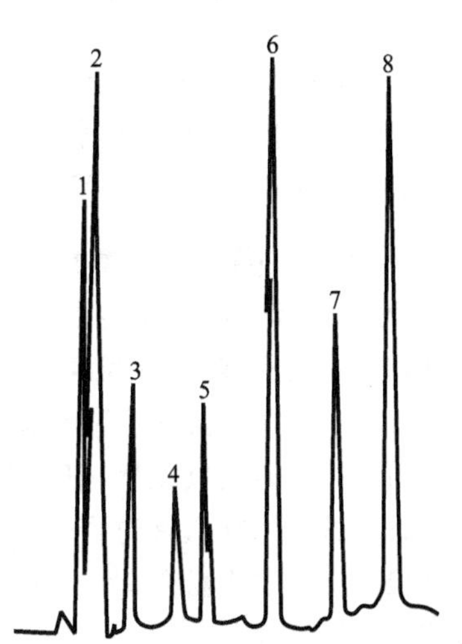

图 6-4 八种着色剂色谱图

1—新红;2—柠檬黄;3—苋菜红;4—靛蓝;5—胭脂红;6—日落黄;7—亮蓝;8—赤藓红

5. 结果计算

试样中着色剂的含量按以下公式计算:

$$X = \frac{A \times 1000}{m \times \frac{V_2}{V_1} \times 1000 \times 1000} \tag{6-11}$$

式中:X——试样中着色剂的含量,g/kg 或 g/L;

A——样液中着色剂的质量,μg;

V_1——试样稀释总体积,mL;

V_2——进样体积,mL;

m——试样质量或体积,g 或 mL。

计算结果保留两位有效数字。

6. 说明

精密度:在重复条件下获得的两次独立测定结果的绝对差值不得超过算术平均值的 10%。

八种着色剂色谱图如图 6-4 所示。

思考题

1. 什么是食品着色剂?如何分类?
2. 焦糖色的主要成分是什么?怎样测定焦糖色中的 4-甲基咪唑?
3. 什么是食品合成着色剂?如何分类?
4. 怎样测定食品中合成着色剂的含量?

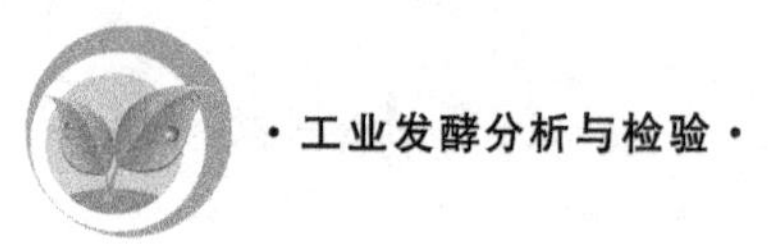

模块四　食品中抗氧化剂的测定

食品中的抗氧化剂可以防止各种食品成分的氧化反应，食品氧化可以导致不良褐变和味道改变。抗氧化剂和氧气反应，因此抵消负面影响。利用抗坏血酸作为非生物稳定剂添加到啤酒中，其添加量在一定范围内可明显降低瓶装啤酒的溶解氧，有效地控制双乙酰值的反弹，相对延长瓶装啤酒的保存期，使啤酒的理化指标、口感、风味及外观形态保持基本稳定。把抗坏血酸添加到葡萄酒、果酒中，可防止葡萄酒、果酒颜色加深等褐变现象和酒的香味物质变质。

学习目标

- 知识目标：掌握容量法测定抗坏血酸（维生素 C）的基本原理和操作步骤。
- 技能目标：能熟练掌握容量法测定抗坏血酸（维生素 C）的操作技能。
- 终极目标：熟练掌握测定抗坏血酸（维生素 C）的方法。

维生素 C 是一种己糖醛基酸，英文名为 ascorbic acid（INN），有抗坏血病的作用，所以又称为抗坏血酸。维生素 C 是一种水溶性维生素。自然界存在两种形式的维生素 C：抗坏血酸（还原型，VC）和脱氢抗坏血酸（氧化型，DHVC）。异抗坏血酸是抗坏血酸的异构体，化学性质与抗坏血酸相似，但几乎没有抗坏血酸的生理活性（仅约 20%）。它们用于食品中，具有抗氧化性，可以保护其他氧化剂，能阻断致癌物亚硝酸铵的形成。用在啤酒、葡萄酒、果酒中，有防止啤酒氧化变浑、变味、颜色变暗和褪色，提高酒香和透明度，增长货架寿命、防止褐变、防止香味物质消失等功效。维生素 C 的构造式及氧化还原产物表示如下：

```
     O═C──┐                   O═C──┐                 O═C─OH
       │  │                     │  │                   │
    HO─C  │                   O═C  │                 O═C
       ║  O                     │  O                   │
    HO─C  │      −2H          O═C  │      H2O        O═C
       │  │    ⇌                │  │    ───→           │
       C──┘      +2H          H─C──┘                 H─C─OH
       │                        │                      │
    HO─C─H                   HO─C─H                 HO─C─H
       │                        │                      │
       CH2OH                    CH2OH                  CH2OH
```

抗坏血酸　　　　脱氢抗坏血酸　　　　二酮古乐糖酸

1. 知识要点

采用 2,6-二氯靛酚法测定。还原型抗坏血酸能还原 2,6-二氯靛酚染料，该染料在酸性溶液中呈红色，被还原后红色消失。还原型抗坏血酸还原染料后，本身被氧化为脱氢抗坏血酸。在没有杂质干扰时，一定量的样品提取液还原标准染料的量与样品中所含抗坏血酸的量成正比。

2. 试剂

(1) 草酸溶液(10 g/L):称取 20 g 结晶草酸,溶解后用水稀释至 1000 mL。取该溶液 500 mL,再用水稀释至 1000 mL。

(2) 碘酸钾标准溶液($c_{1/6\ KIO_3}$=0.1 mol/L):称取 3.6 g 碘酸钾,溶于 1000 mL 水中,摇匀。

(3) 碘酸钾标准滴定溶液($c_{1/6\ KIO_3}$=0.001 mol/L):吸取 1 mL 碘酸钾标准溶液($c_{1/6\ KIO_3}$=0.1 mol/L),用水稀释至 100 mL。此溶液每毫升相当于 0.088 μg 抗坏血酸。

(4) 碘化钾溶液(60 g/L)。

(5) 过氧化氢溶液(3%):吸取 5 mL30%过氧化氢溶液,用水稀释至 50 mL(现用现配)。

(6) 抗坏血酸标准贮备液(2 g/L):准确称取 0.2 g(精确至 0.0001 g)预先在五氧化二磷干燥器中干燥 5 h 的抗坏血酸,溶于草酸溶液中,定容至 100 mL,置于冰箱中保存。

(7) 抗坏血酸标准使用液(0.020 g/L):吸取 10 mL 抗坏血酸标准贮备液,用草酸溶液定容至 100 mL。

标定:吸取抗坏血酸标准使用液 5 mL 于三角瓶中,加入 0.5 mL 碘化钾溶液(60 g/L),加 3 滴淀粉指示剂,用碘酸钾标准滴定溶液滴定至淡蓝色,30 s 内不变色为其终点。

抗坏血酸标准使用液的浓度按以下公式计算:

$$C_1=\frac{V_1\times 0.088}{V_2} \tag{6-12}$$

式中:C_1——抗坏血酸标准使用液的浓度,g/L;

V_1——滴定时消耗的碘酸钾标准滴定溶液的体积,mL;

V_2——吸取抗坏血酸标准使用液的体积,mL;

0.088——1 mL 碘酸钾标准溶液相当于抗坏血酸的质量(滴定度),g/L。

(8) 2,6-二氯靛酚标准滴定溶液:称取碳酸氢钠 52 mg,溶解在 200 mL 热蒸馏水中,然后称取 2,6-二氯靛酚 50 mg,溶解在上述碳酸氢钠溶液中。冷却,定容至 250 mL,过滤至棕色瓶内,保存在冰箱中,每星期至少标定 1 次。

标定:吸取 5 mL 抗坏血酸标准使用液,加入 10 mL 草酸溶液(10 g/L),摇匀,用 2,6-二氯靛酚标准滴定溶液滴定至溶液呈粉红色,30 s 不褪色为其终点。

每毫升 2,6-二氯靛酚标准滴定溶液相当于抗坏血酸的质量(mg)按以下公式计算:

$$C_2=\frac{C_1\times V_1}{V_2} \tag{6-13}$$

式中:C_2——每毫升 2,6-二氯靛酚标准滴定溶液相当于抗坏血酸的质量(滴定度),g/L;

C_1——抗坏血酸标准使用液的浓度,g/L;

V_1——滴定用抗坏血酸标准使用液的体积,mL;

V_2——标定时消耗 2,6-二氯靛酚标准滴定溶液的体积,mL。

(9) 淀粉指示剂(10 g/L):称取 1 g 淀粉,加 5 mL 水使其呈糊状,在搅拌下将糊状物加到 90 mL 沸腾的水中,煮沸 1～2 min,冷却,稀释至 100 mL。使用周期为两周。

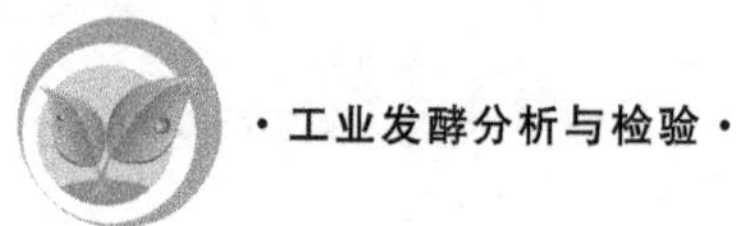

3. 测定方法

准确吸取5.00 mL样品(液温20 ℃)于100 mL三角瓶中,加入15 mL草酸溶液(10 g/L)、3滴过氧化氢溶液,摇匀,立即用2,6-二氯靛酚标准滴定溶液滴定,至溶液恰成粉红色,30 s不褪色即为终点。

注:样品颜色过深影响终点观察时,可用白陶土脱色后再进行测定。

4. 结果计算

样品中抗坏血酸(维生素C)的含量(g/L)按下式计算:

$$X=\frac{V\times C_2}{V_1} \tag{6-14}$$

式中:X——样品中抗坏血酸的含量,g/L;

C_2——每毫升2,6-二氯靛酚标准滴定溶液相当于抗坏血酸的质量(滴定度),g/L;

V——滴定时消耗的2,6-二氯靛酚标准滴定溶液的体积,mL;

V_1——吸取样品的体积,mL。

所得结果用整数表示。

5. 说明

结果的允许差:两次试验测定结果绝对值之差不得超过算术平均值的10%。

思考题

1. 什么是“褐变”?
2. 维生素C在啤酒、白酒、果酒等中的作用有哪些?
3. 如何测定食品中维生素C的含量?测定的意义是什么?

模块五　食品中漂白剂的测定

漂白剂是破坏、抑制食品的发色因素,使食品褪色或使食品免于褐变的一类物质。漂白剂通过还原等化学作用消耗食品中的氧,破坏、抑制食品氧化酶活性和食品的发色因素,使食品褐变色素褪色或免于褐变,同时漂白剂还具有一定的防腐作用。我国允许使用的漂白剂有二氧化硫、亚硫酸钠、偏重亚硫酸钠、硫黄等七种。

项目一　葡萄酒、果酒中二氧化硫含量的测定(GB/T 15038—2006)

学习目标

- 知识目标:掌握容量法测定二氧化硫的基本原理、操作及结果分析。

• 技能目标：能熟练安装及使用二氧化硫测定装置；能够分析所测数据并得出分析结果。

• 终极目标：熟练掌握食品中漂白剂二氧化硫含量的测定方法。

二氧化硫是食品加工中常用的漂白剂和防腐剂，对食品有漂白和防腐作用。在葡萄汁保存、葡萄酒酿造及制酒用具的消毒杀菌过程中，都要添加二氧化硫或其他能产生二氧化硫的化学添加物，如无水亚硫酸钾(钠)、偏重亚硫酸钾(钠)等。通常作为保护剂添加到葡萄酒中的二氧化硫，有杀死葡萄皮表面的杂菌、抗氧化、保护酒液的天然水果特性、防止酒液老化，以及澄清、溶解、改善风味和增酸等作用。但吸入过量的二氧化硫对人体有害，二氧化硫含量过高时会使葡萄酒产生腐蛋般的难闻气味，人体饮用后会引起急性中毒，严重的还可能引起肺水肿、窒息、昏迷甚至死亡。因此，葡萄酒中的二氧化硫含量一直属于葡萄酒检测中要严格监控的检测项目。我国规定，成品酒中总 SO_2 最高含量为 250 mg/L，游离 SO_2 最高含量为 50 mg/L。焦亚硫酸钾(钠)因其在酸中可产生二氧化硫，在酿造工业中也常用作漂白剂、防腐剂、抗氧化剂，可用于啤酒，最大使用量为 0.01 g/kg。

一、游离二氧化硫的测定

(一) 氧化法

1. 知识要点

在低温条件下，样品中的游离二氧化硫与过量过氧化氢反应生成硫酸，再用碱标准溶液滴定生成的硫酸，由此可得到样品中游离二氧化硫的含量。

2. 仪器

二氧化硫测定装置(见图 5-2)。

3. 试剂

(1) 过氧化氢溶液(0.3%)：吸取 1 mL 30%过氧化氢溶液(开启后存于冰箱)，用水稀释至 100 mL。使用当天配制。

(2) 磷酸溶液(25%)：量取 295 mL 85%磷酸，用水稀释至 1000 mL。

(3) 氢氧化钠标准滴定溶液(0.01 mol/L)：准确吸取 100 mL 氢氧化钠标准滴定溶液(0.05 mol/L)(已标定)，以无二氧化碳水定容至 500 mL。存放在橡胶塞上装有钠石灰管的瓶中，每周重配。

(4) 甲基红-次甲基蓝混合指示剂。

溶液Ⅰ：称取 0.1 g 次甲基蓝，溶于乙醇(95%)，用乙醇(95%)稀释至 100 mL。

溶液Ⅱ：称取 0.1 g 甲基红，溶于乙醇(95%)，用乙醇(95%)稀释至 100 mL。

取 50 mL 溶液Ⅰ、100 mL 溶液Ⅱ，混合。

4. 测定方法

(1) 按图 5-2 所示，将二氧化硫测定装置连接妥当，I 管与真空泵(或抽气管)相接，D 管通入冷却水。取下梨形瓶(G)和气体洗涤器(H)，在 G 瓶中加入 20 mL 过氧化氢溶液、H 管中加入 5 mL 过氧化氢溶液，各加 3 滴混合指示液后，溶液立即变为紫色，滴入氢氧化钠标准溶液，使其颜色恰好变为橄榄绿色，然后重新安装妥当，将 A 瓶浸入冰浴中。

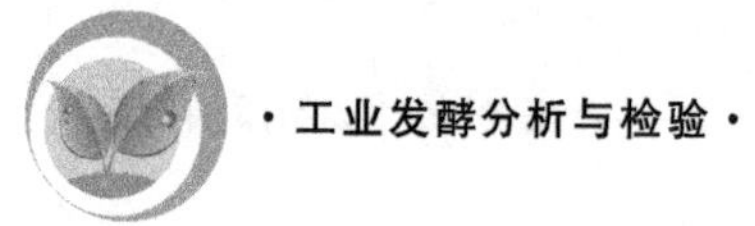

(2) 吸取 20.00 mL 样品(液温 20 ℃),从 C 管上口加入 A 瓶中,随后吸取 10 mL 磷酸溶液(25%),也从 C 管上口加入 A 瓶中。

(3) 开启真空泵(或抽气管),使抽入空气流量为 1000～1500 mL/min,抽气 10 min。取下 G 瓶,用氢氧化钠标准滴定溶液(0.01 mol/L)滴定至重现橄榄绿色即为终点。记下消耗的氢氧化钠标准滴定溶液的体积。以水代替样品做空白试验,操作同上。一般情况下,H 管中溶液不应变色,如果溶液变为紫色,也需用氢氧化钠标准滴定溶液滴定至橄榄绿色,并将所消耗的氢氧化钠标准滴定溶液的体积与 G 瓶消耗的氢氧化钠标准滴定溶液的体积相加。

5. 结果计算

样品中游离二氧化硫的含量按下式计算:

$$X=\frac{c\times(V-V_0)\times 32}{20}\times 1000 \tag{6-15}$$

式中:X——样品中游离二氧化硫的含量,mg/L;

c——氢氧化钠标准滴定溶液的浓度,mol/L;

V——测定样品时消耗氢氧化钠标准滴定溶液的体积,mL;

V_0——空白试验消耗氢氧化钠标准滴定溶液的体积,mL;

32——每毫升 1 mol/L 氢氧化钠标准滴定溶液相当于二氧化硫的质量,mg;

20——吸取样品的体积,mL。

所得结果用整数表示。

6. 说明

精密度:在重复性条件下获得的两次独立测定结果的绝对差值不得超过算术平均值的 10%。

(二) 直接碘量法

1. 知识要点

利用碘可以与二氧化硫发生氧化还原反应的性质,测定样品中二氧化硫的含量。

2. 试剂

(1) 硫酸溶液(1∶3):取 1 体积浓硫酸,缓慢注入 3 体积水中。

(2) 碘标准滴定溶液($c_{1/2I_2}=0.02$ mol/L)。

配制:称取 13 g I_2 及 35 g 碘化钾,溶于 100 mL 水中,稀释至 1000 mL,摇匀,保存于棕色具塞瓶中。

标定:准确称取 0.18 g 预先在硫酸干燥器中干燥至恒重的基准三氧化二砷(准确至 0.0001 g),置于碘量瓶中,加 6 mL 氢氧化钠溶液($c_{NaOH}=1$ mol/L)溶解,加 50 mL 水,加 2 滴酚酞指示液(10 g/L),用硫酸溶液($c_{1/2H_2SO_4}=1$ mol/L)滴定至溶液无色。加 3 g 碳酸氢钠及 2 mL 淀粉指示液(5 g/L),用配好的碘溶液($c_{1/2I_2}=0.1$ mol/L)滴定至溶液呈浅蓝色。同时做空白试验。碘标准滴定溶液浓度按下式计算:

$$c_{1/2I_2}=\frac{m\times 1000}{(V_1-V_2)\times M} \tag{6-16}$$

式中:$c_{1/2I_2}$——碘标准滴定溶液的浓度,mol/L;

m——三氧化二砷的质量，g；

V_1——试样消耗碘标准滴定溶液的体积，mL；

V_2——空白试验消耗碘标准滴定溶液的体积，mL；

M——三氧化二砷的摩尔质量，g/mol。

将标定后的碘标准滴定溶液（$c_{1/2I_2}=0.1$ mol/L）准确稀释 5 倍，得到碘标准滴定溶液（$c_{1/2I_2}=0.02$ mol/L）。

(3) 淀粉指示液（10 g/L）：称取 1 g 淀粉，加 5 mL 水使其呈糊状，在搅拌下将糊状物加到 90 mL 沸腾的水中，煮沸 1～2 min，冷却，稀释至 100 mL，再加入 40 g 氯化钠。使用周期为两周。

3. 测定方法

吸取 50.00 mL 样品（液温 20 ℃）于 250 mL 碘量瓶中，加少量碎冰块，再加入 1 mL 淀粉指示液（10 g/L），加 10 mL 硫酸溶液（1：3），用碘标准滴定溶液（$c_{1/2I_2}=0.02$ mol/L）迅速滴定至浅蓝色，保持 30 s 不变即为终点，记下消耗碘标准滴定溶液的体积（V）。

以水代替样品，做空白试验，操作同上。

4. 结果计算

样品中游离二氧化硫的含量按下式计算：

$$X=\frac{c\times(V-V_0)\times 32}{50}\times 1000 \tag{6-17}$$

式中：X——样品中游离二氧化硫的含量，mg/L；

c——碘标准滴定溶液的浓度，mol/L；

V——试样消耗碘标准滴定溶液的体积，mL；

V_0——空白试验消耗碘标准滴定溶液的体积，mL；

32——每毫升 1 mol/L 碘标准滴定溶液相当于二氧化硫的质量，mg；

50——吸取样品的体积，mL。

所得结果用整数表示。

5. 说明

精密度：在重复性条件下获得的两次独立测定结果的绝对差值不得超过算术平均值的 10%。

二、总二氧化硫的测定

（一）氧化法

1. 知识要点

在加热条件下，样品中的结合二氧化硫被释放，并与过氧化氢发生氧化还原反应，通过用氢氧化钠标准溶液滴定生成的硫酸，可得到样品中结合二氧化硫的含量，将该值与游离二氧化硫测定值相加，即得出样品中总二氧化硫的含量。

2. 仪器

(1) 二氧化硫测定装置（见图 5-2）。

(2) 真空泵或抽气管(玻璃射水泵)。

3. 试剂

同"游离二氧化硫的测定(氧化法)"。

4. 测定方法

继续游离二氧化硫的测定(氧化法)分析步骤,即在游离二氧化硫测定后,将滴定至橄榄绿色的G瓶重新与F管连接,拆除A瓶下的冰浴,用温火小心加热A瓶,使瓶内溶液保持微沸。开启真空泵,以后操作同游离二氧化硫的测定(氧化法)步骤(3)。

5. 结果计算

样品中结合二氧化硫的含量的计算式与游离二氧化硫的测定(氧化法)的计算式相同。

将游离二氧化硫与结合二氧化硫相加,即为总二氧化硫。

6. 说明

精密度:在重复性条件下获得的两次独立测定结果的绝对差值不得超过算术平均值的10%。

(二) 直接碘量法

1. 知识要点

在碱性条件下,结合态二氧化硫被释放出来,然后用碘标准滴定溶液滴定,得到样品中结合二氧化硫的含量。

2. 试剂

氢氧化钠溶液(100 g/L)。其余试剂同"游离二氧化硫的测定(直接碘量法)"。

3. 测定方法

吸取25.00 mL氢氧化钠溶液于250 mL碘量瓶中,再准确吸取25.00 mL样品(样温20 ℃),加入碘量瓶中,摇匀,盖塞,静置15 min后,再加入少量碎冰块、1 mL淀粉指示液、10 mL硫酸溶液,摇匀,用碘标准滴定溶液迅速滴定至淡蓝色,30 s内不变即为终点,记下消耗碘标准滴定溶液的体积(V)。

以水代替样品做空白试验,操作同上。

4. 结果计算

样品中总二氧化硫的含量与样品中游离二氧化硫的测定(直接碘量法)的计算式相同。

所得结果用整数表示。

5. 说明

精密度:在重复性条件下获得的两次独立测定结果的绝对差值不得超过算术平均值的10%。

项目二 食品中亚硫酸盐的测定(GB/T 5009.34—2003)

学习目标

• 知识目标:掌握分光光度法测定食品中亚硫酸盐的基本原理、仪器的基本构造及使用方法;能够用分光光度计进行定性及定量分析。

• 技能目标:能熟练使用分光光度计,并能对仪器进行保养和简单的维护;能分析所测数据,绘制标准曲线,并得出分析结果。

• 终极目标:熟练掌握食品中漂白剂亚硫酸盐含量的测定方法。

亚硫酸盐是一种含氧酸盐,一直被用于食品清洁和保存。亚硫酸盐作为一种漂白剂、抗氧化剂和抗菌剂,广泛地应用在酒类行业中。但是亚硫酸盐能引起过敏反应并导致气喘。所以,FDA 等都规定食品和饮料中的亚硫酸盐的浓度如果高于一定值,则必须在商标上进行标注。

1. 知识要点

亚硫酸盐与四氯汞钠反应生成稳定的配合物,再与甲醛及盐酸副玫瑰苯胺作用生成紫红色配合物,与标准系列比较定量。

2. 仪器

分光光度计。

3. 试剂

(1) 四氯汞钠吸收液:称取 13.6 g 氯化高汞及 6.0 g 氯化钠,溶于水中并稀释至 1000 mL,放置过夜,过滤后备用。

(2) 氨基磺酸铵溶液(12 g/L)。

(3) 甲醛溶液(2 g/L):吸取 0.55 mL 无聚合沉淀的甲醛(36%),加水稀释至 100 mL,混匀。

(4) 淀粉指示液:称取 1 g 可溶性淀粉,用少许水调成糊状,缓缓倾入 100 mL 沸水中,随加随搅拌,煮沸,放冷备用,此溶液临用时现配。

(5) 亚铁氰化钾溶液:称取 10.6 g 亚铁氰化钾[$K_4Fe(CN)_6 \cdot 3H_2O$],加水溶解并稀释至 100 mL。

(6) 乙酸锌溶液:称取 22 g 乙酸锌[$Zn(CH_3COO)_2 \cdot 2H_2O$],溶于少量水中,加入 3 mL 冰乙酸,加水稀释至 100 mL。

(7) 盐酸副玫瑰苯胺溶液:称取 0.1 g 盐酸副玫瑰苯胺($C_{19}H_{18}N_2Cl \cdot 4H_2O$)于研钵中,加少量水研磨使其溶解并稀释至 100 mL。取出 20 mL,置于 100 mL 容量瓶中,加盐酸(1∶1),充分摇匀后使溶液由红变黄,如不变黄则再滴加少量盐酸至出现黄色,然后加水稀释至刻度,混匀备用(如无盐酸副玫瑰苯胺,可用盐酸品红代替)。

盐酸副玫瑰苯胺的精制方法:称取 20 g 盐酸副玫瑰苯胺,溶于 400 mL 水中,用 50 mL 盐酸(1∶5)酸化,徐徐搅拌,加 4~5 g 活性炭,加热煮沸 2 min。将混合物倒入大漏斗中,过滤(用保温漏斗趁热过滤)。滤液放置过夜,出现结晶,然后用布氏漏斗抽滤,将结晶再悬浮于 1000 mL 乙醚-乙醇(10∶1)的混合液中,振摇 3~5 min,以布氏漏斗抽滤,再用乙醚反复洗涤至醚层不带色为止,于硫酸干燥器中干燥,研细后贮于棕色瓶中。

(8) 碘溶液($c_{1/2I_2}$=0.100 mol/L)。

(9) 硫代硫酸钠标准溶液($c_{Na_2S_2O_3 \cdot 5H_2O}$=0.100 mol/L)。

(10) 二氧化硫标准溶液:称取 0.5 g 亚硫酸氢钠,溶于 200 mL 四氯汞钠吸收液中,放置过夜，上清液用定量滤纸过滤备用。

吸取 10.0 mL 亚硫酸氢钠-四氯汞钠溶液于 250 mL 碘量瓶中，加 100 mL 水，准确加入 20.00 mL 碘溶液（0.1 mol/L）、5 mL 冰乙酸，摇匀，置于暗处，2 min 后迅速以硫代硫酸钠标准溶液（0.100 mol/L）滴定至淡黄色，加 0.5 mL 淀粉指示液，继续滴至无色。另取 100 mL 水，准确加入 20.0 mL 碘溶液（0.1 mol/L）、5 mL 冰乙酸，按同一方法做试剂空白试验。

二氧化硫标准溶液的浓度按下式计算：

$$X=\frac{(V_2-V_1)\times c\times 32.03}{10} \tag{6-18}$$

式中：X ——二氧化硫标准溶液的浓度，mg/mL；

V_1 ——测定用亚硫酸氢钠-四氯汞钠溶液消耗硫代硫酸钠标准溶液的体积，mL；

V_2 ——试剂空白消耗硫代硫酸钠标准溶液的体积，mL；

c ——硫代硫酸钠标准溶液的浓度，mol/L；

32.03——每毫升 1.000 mol/L 硫代硫酸钠标准溶液相当于二氧化硫的质量，mg。

（11）二氧化硫标准使用液：临用前将二氧化硫标准溶液以四氯汞钠吸收液稀释成每毫升相当于 2 μg 二氧化硫。

（12）氢氧化钠溶液（20 g/L）。

（13）硫酸（1∶71）。

4. 测定方法

1）试样处理

（1）水溶性固体试样（如白砂糖等）：可称取约 10.00 g 均匀试样（试样量可视含量高低而定），以少量水溶解，置于 100 mL 容量瓶中，加入 4 mL 氢氧化钠溶液（20 g/L），5 min 后加入 4 mL 硫酸（1∶71），然后加入 20 mL 四氯汞钠吸收液，以水稀释至刻度。

（2）其他固体试样（如饼干、粉丝等）：可称取 5.0～10.0 g 研磨均匀的试样，以少量水湿润并移入 100 mL 容量瓶中，然后加入 20 mL 四氯汞钠吸收液，浸泡 4 h 以上，若上层溶液不澄清，可加入亚铁氰化钾及乙酸锌溶液各 2.5 mL，最后用水稀释至刻度，过滤后备用。

（3）液体试样（如葡萄酒等）：可直接吸取 5.0～10.0 mL 试样，置于 100 mL 容量瓶中，以少量水稀释，加 20 mL 四氯汞钠吸收液，摇匀，最后加水至刻度，混匀，必要时过滤备用。

2）测定

（1）吸取 0.50～5.0 mL 上述试样处理液于 25 mL 具塞比色管中。

（2）另吸取 0 mL、0.20 mL、0.40 mL、0.60 mL、0.80 mL、1.00 mL、1.50 mL、2.00 mL 二氧化硫标准使用液（相当于 0 μg、0.4 μg、0.8 μg、1.2 μg、1.6 μg、2.0 μg、3.0 μg、4.0 μg二氧化硫），分别置于 25 mL 具塞比色管中。

（3）于试样及标准管中各加入四氯汞钠吸收液至 10 mL，然后加入 1 mL 氨基磺酸铵溶液（12 g/L）、1 mL 甲醛溶液（2 g/L）及 1 mL 盐酸副玫瑰苯胺溶液，摇匀，放置 20 min。用 1 cm 比色杯，以零管调节零点，于 550 nm 波长处测吸光度，绘制标准曲线并比较。

5. 结果计算

试样中二氧化硫的含量按下式计算：

$$X=\frac{A\times 1000}{m\times \frac{V}{100}\times 1000\times 1000} \tag{6-19}$$

式中：X ——试样中二氧化硫的含量，g/kg；

A ——测定用样液中二氧化硫的质量，μg；

m ——试样质量，g；

V ——测定用样液的体积，mL。

计算结果保留三位有效数字。

6. 说明

精密度：在重复性条件下获得的两次独立测定结果的绝对差值不得超过算术平均值的 10%。

思考题

1. 什么是漂白剂？
2. 我国允许使用的漂白剂有哪些？
3. 怎样测定食品中漂白剂二氧化硫的含量？
4. 怎样测定食品中漂白剂亚硫酸盐的含量？

模块六　食品中可能违法添加的非食用物质分析

非食用物质不是食品添加剂，是为了达到牟取暴利的目的，非法添加到食品中的物质，如孔雀石绿、三聚氰胺、苏丹红等。违法使用非食用物质加工食品会严重威胁民众饮食安全，破坏市场经济秩序，阻碍食品行业健康发展，是违法犯罪行为。不按规定、不科学地使用食品添加剂、滥用食品添加剂，也是违反《食品卫生法》、《刑法》的行为，也涉嫌构成犯罪。苏丹红、三聚氰胺等非食用物质正遭遇全国"通缉"。

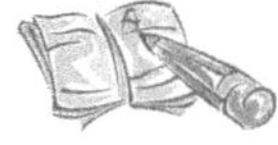

项目一　禁用防腐剂硼酸、硼砂和水杨酸的定性试验 (GB/T 5009.29—2003)

学习目标

• 知识目标：掌握姜黄试纸试验法定性鉴定硼酸、硼砂的基本原理和操作步骤；掌握三氯化铁法鉴定水杨酸的基本原理和操作步骤。

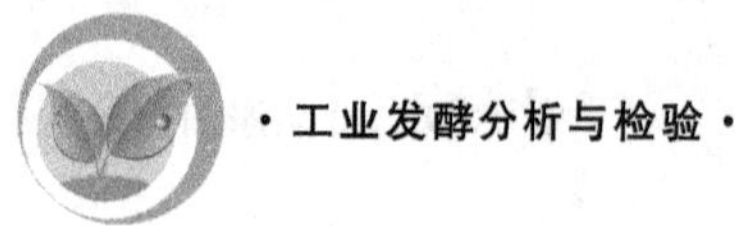

• 技能目标：熟练掌握姜黄试纸试验法、焰色反应法定性鉴定硼酸、硼砂；会用三氯化铁法鉴定水杨酸。

• 终极目标：熟练掌握定性测定禁用防腐剂——硼酸、硼砂和水杨酸的方法。

一、硼酸、硼砂的鉴定

硼酸、硼砂是卫生部公布的食品中可能违法添加的非食用物质名单(第一批)中的物质，它主要用于肉丸、面条、饺子皮等，起增筋的作用。

1. 试剂

(1) 盐酸(1∶1)：量取盐酸 100 mL，加水稀释至 200 mL。

(2) 碳酸钠溶液(40 g/L)。

(3) 氢氧化钠溶液(4 g/L)：称取 2 g 氢氧化钠，溶于水并稀释至 500 mL。

(4) 姜黄试纸：称取 20 g 姜黄粉末，用冷水浸渍 4 次，每次各 100 mL，除去水溶性物质后，残渣在 100 ℃干燥，加 100 mL 乙醇，浸渍数日，过滤。取 1 cm×8 cm 滤纸条，浸入溶液中，取出，于空气中干燥，贮于玻璃瓶中。

2. 测定方法

1) 试样处理

(1) 固体试样：称取 3～5 g 固体试样，加碳酸钠溶液(40 g/L)充分湿润后，于小火上烘干、炭化后再置于高温炉中灰化。

(2) 液体试样：量取 10～20 mL 液体试样，加碳酸钠溶液(40 g/L)至呈碱性后，置于水浴上蒸干，炭化后再置于高温炉中灰化。

2) 定性试验

(1) 姜黄试纸试验法：取一部分灰分，滴加少量水与盐酸(1∶1)至微酸性，边滴边搅拌，使残渣溶解，微温后过滤。将姜黄试纸浸入滤液中，取出试纸置表面皿上，于 60～70 ℃干燥，当有硼酸、硼砂存在时，试纸显红色或橙红色，在其变色部分熏以氨即转为绿黑色。

(2) 焰色反应：取灰分置于坩埚中，加硫酸数滴及乙醇数滴，直接点火，当有硼酸或硼砂存在时，火焰呈绿色。

二、水杨酸的鉴定

1. 试剂

(1) 三氯化铁溶液(10 g/L)。

(2) 亚硝酸钾溶液(100 g/L)。

(3) 乙酸(50%)。

(4) 硫酸铜溶液(100 g/L)：称取 10 g 硫酸铜($CuSO_4 \cdot 5H_2O$)，加水溶解至 100 mL。

2. 测定方法

1) 试样提取

(1) 饮料、冰棍、汽水：取 10.0 mL 均匀试样(如试样中含有二氧化碳，先加热除去，如试样中含有乙醇，加 4%氢氧化钠溶液使其呈碱性，在沸水浴中加热除去)，置于 100 mL

分液漏斗中，加 2 mL 盐酸(1∶1)，用 30 mL、20 mL、10 mL 乙醚提取三次，合并乙醚提取液，用 5 mL 盐酸酸化的水洗涤一次，弃去水层。乙醚层通过无水硫酸钠脱水后，挥发乙醚，加 2.0 mL 乙醇溶解残留物，密塞保存，备用。

(2) 酱油、果汁、果酱等：称取 20.0 g 或吸取 20.0 mL 均匀试样，置于 100 mL 容量瓶中，加水至约 60 mL，加 20 mL 硫酸铜溶液(100 g/L)，混匀，再加 4.4 mL 氢氧化钠溶液(40 g/L)，加水至刻度，混匀，静置 30 min，过滤，取 50 mL 滤液于 150 mL 分液漏斗中，以下按(1)中自“加 2 mL 盐酸(1∶1)……”起依该法操作。

(3) 固体果汁粉等：称取 20.0 g 磨碎的均匀试样，置于 200 mL 容量瓶中，加水 100 mL，加热使其溶解，放冷，以下按(2)中自“加 20 mL 硫酸铜溶液(100 g/L)……”起依该法操作。

(4) 糕点、饼干等蛋白、脂肪、淀粉多的食品：称取 25.0 g 均匀试样，置于透析用玻璃纸中，放入大小适当的烧杯内，加 50 mL 氢氧化钠溶液(0.8 g/L)，调成糊状，将玻璃纸品扎紧，放入盛有 200 mL 氢氧化钠溶液(0.8 g/L)的烧杯中，盖上表面皿，透析过夜。

量取 125 mL 透析液(相当于 12.5 g 试样)，加约 0.4 mL 盐酸(1∶1)使成中性，加 20 mL 硫酸铜溶液(100 g/L)，混匀，再加 4.4 mL 氢氧化钠溶液(40 g/L)，混匀，静置 30 min，过滤，取 120 mL(相当于 10 g 试样)，置于 250 mL 分液漏斗中，以下按(1)中自“加 2 mL盐酸(1∶1)……”起依该法操作。

将以上乙醚提取液蒸干后，残渣备用。

2) 定性试验

(1) 三氯化铁法：残渣加 1～2 滴三氯化铁溶液(10 g/L)，当有水杨酸存在时显紫堇色。

(2) 确证试验：溶解残渣于少量热水中，冷后加 4～5 滴亚硝酸钾溶液(100 g/L)、4～5 滴乙酸(50%)及 1 滴硫酸铜溶液(100 g/L)，混匀，煮沸 0.5 h，放置片刻，当有水杨酸存在时呈血红色(苯甲酸不显色)。

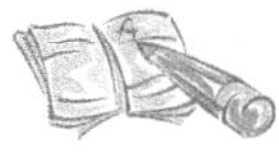

项目二　原料乳与乳制品中三聚氰胺的测定 (GB/T 22388—2008)

学习目标

• 知识目标：熟悉高效液相色谱法(HPLC)、液相色谱-质谱/质谱法(LC-MS/MS)和气相色谱-质谱联用法(GC-MS)测定三聚氰胺的基本原理，以及所用仪器的基本构造和使用方法。

• 技能目标：能熟练操作及使用高效液相色谱仪，学会使用液相色谱-质谱/质谱仪和气相色谱-质谱联用仪，并能对仪器进行保养和简单的维护；能分析所测数据、色谱图，并得出分析结果。

• 终极目标：熟练掌握原料乳与乳制品中三聚氰胺的测定方法。

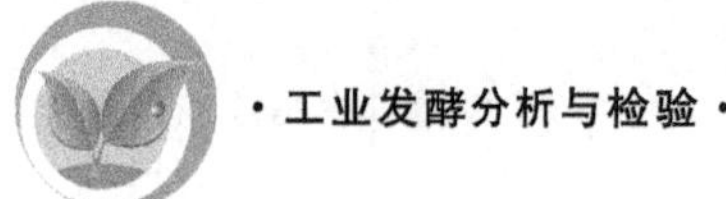

三聚氰胺俗称密胺、蛋白精，是卫生部公布的食品中可能违法添加的非食用物质名单(第一批)中的一种。因其能虚增食品中蛋白质的含量而被违法用于食品中，特别是用于乳及乳制品中。

三聚氰胺的结构式如下：

```
              N
           //   \
$H_2N$—C       C—$NH_2$
         |      ||
         N      N
          \\   /
            C
            |
           $NH_2$
```

一、高效液相色谱法(HPLC 法)

1. 知识要点

试样用三氯乙酸溶液-乙腈提取，经阳离子交换固相萃取柱净化后，用高效液相色谱仪测定，用外标法定量。

2. 仪器

(1) 高效液相色谱(HPLC)仪：配有紫外检测器或二极管阵列检测器。

(2) 分析天平：感量为 0.0001 g 和 0.01 g。

(3) 离心机：转速不低于 4000 r/min。

(4) 超声波水浴装置。

(5) 固相萃取装置。

(6) 氮气吹干仪。

(7) 旋涡混合器。

(8) 具塞塑料离心管：50 mL。

(9) 研钵。

3. 试剂

(1) 甲醇：色谱纯。

(2) 乙腈：色谱纯。

(3) 氨水：25%～28%。

(4) 三氯乙酸。

(5) 柠檬酸。

(6) 辛烷磺酸钠：色谱纯。

(7) 甲醇水溶液：准确量取 50 mL 甲醇和 50 mL 水，混匀后备用。

(8) 三氯乙酸溶液(1%)：准确称取 10 g 三氯乙酸，用水溶解并定容至 1 L，混匀后备用。

(9) 氨化甲醇溶液(5%)：准确量取 5 mL 氨水和 95 mL 甲醇，混匀后备用。

(10) 离子对试剂缓冲溶液：准确称取 2.10 g 柠檬酸和 2.16 g 辛烷磺酸钠，加入约 980 mL 水溶解，调节 pH 至 3.0 后，定容至 1 L 备用。

(11) 三聚氰胺标准品：CAS 108-78-01，纯度大于 99.0%。

(12) 三聚氰胺标准贮备液：准确称取 100 mg(精确到 0.1 mg)三聚氰胺标准品于 100 mL 容量瓶中，用甲醇水溶液溶解并定容至刻度，配制成浓度为 1 mg/mL 的标准贮备液，于 4 ℃避光保存。

(13) 阳离子交换固相萃取柱：混合型阳离子交换固相萃取柱，基质为苯磺酸化的聚苯乙烯-二乙烯基苯高聚物，填料质量为 60 mg，体积为 3 mL，或相当者。使用前依次用 3 mL甲醇、5 mL 水活化。

(14) 定性滤纸。

(15) 海沙：化学纯，粒度 0.65～0.85 mm，二氧化硅(SiO_2)含量为 99%。

(16) 微孔滤膜：0.2 μm，有机相。

(17) 氮气：纯度大于或等于 99.999%。

4. 测定方法

1) 试样处理

(1) 提取。

① 液态奶、奶粉、酸奶、冰激凌和奶糖等：称取 2 g(精确至 0.01 g)试样于 50 mL 具塞塑料离心管中，加入 15 mL 三氯乙酸溶液和 5 mL 乙腈，超声提取 10 min，再振荡提取 10 min 后，以不低于 4000 r/min 的转速离心 10 min。上清液经三氯乙酸溶液润湿的滤纸过滤后，用三氯乙酸溶液定容至 25 mL，移取 5 mL 滤液，加入 5 mL 水混匀后作待净化液。

② 奶酪、奶油和巧克力等：称取 2 g(精确至 0.01 g)试样于研钵中，加入适量海沙(试样质量的 4～6 倍)研磨成干粉状，转移至 50 mL 具塞塑料离心管中，用 15 mL 三氯乙酸溶液分数次清洗研钵，清洗液转入离心管中，再往离心管中加入 5 mL 乙腈，超声提取 10 min，余下操作同上。

注：若样品中脂肪含量较高，可以用三氯乙酸溶液饱和的正己烷液-液分配除脂后再用 SPE 柱净化。

(2) 净化。

将(1)②中的待净化液转移至固相萃取柱中。依次用 3 mL 水和 3 mL 甲醇洗涤，抽至近干后，用 6 mL 氨化甲醇溶液洗脱。整个固相萃取过程流速不超过 1 mL/min。洗脱液于 50 ℃下用氮气吹干，残留物(相当于 0.4 g 样品)用 1 mL 流动相定容，旋涡混合 1 min，过微孔滤膜后，供 HPLC 测定。

2) 高效液相色谱测定

(1) HPLC 参考条件。

色谱柱：C8 柱，250 mm×4.6 mm(i.d.)，5 μm，或相当者；C18 柱，250 mm×4.6 mm (i.d.)，5 μm，或相当者。

流动相：C8 柱，离子对试剂缓冲溶液-乙腈(85∶15，体积比)，混匀；C18 柱，离子对试剂缓冲溶液-乙腈(90∶10，体积比)，混匀。

流速：1.0 mL/min。

柱温：40 ℃。

波长：240 nm。

进样量：20 μL。

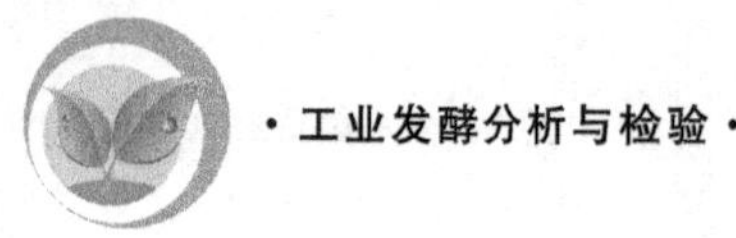

（2）标准曲线的绘制。

用流动相将三聚氰胺标准贮备液逐级稀释得到浓度为 0.8 μg/mL、2 μg/mL、20 μg/mL、40 μg/mL、80 μg/mL 的标准工作液，浓度由低到高进样检测，以峰面积、浓度作图，得到标准曲线回归方程。基质匹配加标三聚氰胺的样品 HPLC 色谱图参见图 6-5。

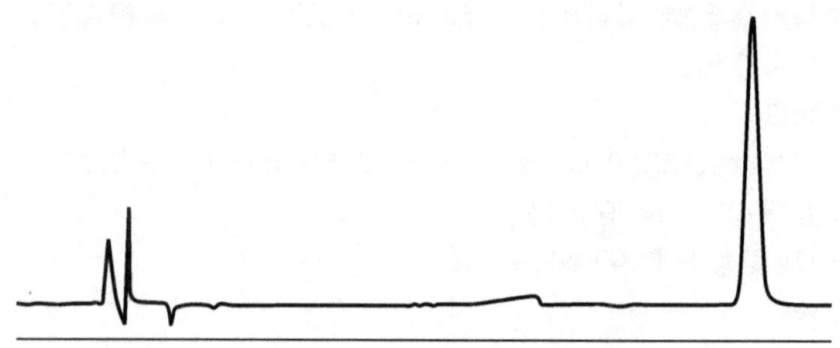

图 6-5　基质匹配加标三聚氰胺的样品 HPLC **色谱图**

（检测波长 240 nm，保留时间 13.6 min，C8 色谱柱）

（3）定量测定。

待测样液中三聚氰胺的响应值应在标准曲线线性范围内，超过线性范围则应稀释后再进样分析。

5. 结果计算

试样中三聚氰胺的含量由色谱数据处理软件或按下式计算获得：

$$X = \frac{A \times C \times V \times 1000}{A_s \times m \times 1000} \times f \tag{6-20}$$

式中：X——试样中三聚氰胺的含量，mg/kg；

A——样液中三聚氰胺的峰面积；

C——标准溶液中三聚氰胺的浓度，μg/mL；

V——样液最终定容体积，mL；

A_s——标准溶液中三聚氰胺的峰面积；

m——试样的质量，g；

f——稀释倍数。

6. 说明

（1）空白试验：除不称取样品外，均按上述测定条件和步骤进行。

（2）方法定量限：本方法的定量限为 2 mg/kg。

（3）回收率：在添加浓度 2～10 mg/kg 范围内，回收率在 80%～110%，相对标准偏差小于 10%。

（4）允许差：在重复性条件下获得的两次独立测定结果的绝对差值不得超过算术平均值的 10%。

二、液相色谱-质谱/质谱法（LC-MS/MS 法）

1. 知识要点

试样用三氯乙酸溶液提取，经阳离子交换固相萃取柱净化后，用液相色谱-质谱/质谱法测定和确证，用外标法定量。

2. 仪器

(1) 液相色谱-质谱/质谱(LC-MS/MS)仪：配有电喷雾离子源(ESI)。

(2) 其他同高效液相色谱法。

3. 试剂

(1) 乙酸。

(2) 乙酸铵。

(3) 乙酸铵溶液(10 mmol/L)：准确称取 0.772 g 乙酸铵，用水溶解并定容至 1 L，混匀后备用。

(4) 其他同高效液相色谱法。

4. 测定方法

1) 试样处理

(1) 提取。

① 液态奶、奶粉、酸奶、冰激凌和奶糖等：称取 1 g(精确至 0.01 g)试样于 50 mL 具塞塑料离心管中，加入 8 mL 三氯乙酸溶液和 2 mL 乙腈，超声提取 10 min，再振荡提取 10 min 后，以不低于 4000 r/min 的转速离心 10 min。上清液经三氯乙酸溶液润湿的滤纸过滤后，作待净化液。

② 奶酪、奶油和巧克力等：称取 1 g(精确至 0.01 g)试样于研钵中，加入适量海砂(试样质量的 4～6 倍)研磨成干粉状，转移至 50 mL 具塞塑料离心管中，加入 8 mL 三氯乙酸溶液分数次清洗研钵，清洗液转入离心管中，再加入 2 mL 乙腈，超声提取 10 min，余下操作同上。

注：若样品中脂肪含量较高，可以用三氯乙酸溶液饱和的正己烷液-液分配除脂后再用 SPE 柱净化。

(2) 净化。

将待净化液转移至固相萃取柱中。依次用 3 mL 水和 3 mL 甲醇洗涤，抽至近干后，用 6 mL 氨化甲醇溶液洗脱。整个固相萃取过程中流速不超过 1 mL/min。洗脱液于 50 ℃下用氮气吹干，残留物(相当于 1 g 试样)用 1 mL 流动相定容，旋涡混合 1 min，过微孔滤膜后，供 LC-MS/MS 测定。

2) 液相色谱-质谱/质谱测定

(1) LC 参考条件。

色谱柱：强阳离子交换与反相 C18 混合填料，混合比例(1∶4)，150 mm×2.0 mm (i. d.)，5 μm，或相当者。

流动相：等体积的乙酸铵溶液和乙腈充分混合，用乙酸调节至 pH=3.0 后备用。

进样量：10 μL。

柱温：40 ℃。

流速：0.2 mL/min。

(2) MS/MS 参考条件。

电离方式：电喷雾电离，正离子。

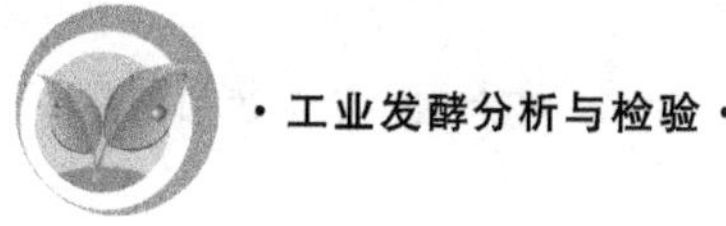

离子喷雾电压：4 kV。

雾化气：氮气，40 psi（1 psi=6.895 kPa）。

干燥气：氮气，流速 10 L/min，温度 350 ℃。

碰撞气：氮气。

扫描模式：多反应监测（MRM），母离子 m/z 127，定量子离子 m/z 85，定性子离子m/z 68。

停留时间：0.3 s。

裂解电压：100 V。

(3) 标准曲线的绘制。

取空白样品，同法处理。将三聚氰胺标准贮备液逐级稀释得到浓度为 0.01 μg/mL、0.05 μg/mL、0.1 μg/mL、0.2 μg/mL、0.5 μg/mL 的标准工作液，按浓度由低到高进样检测，以定量子离子峰面积对浓度作图，得到标准曲线回归方程。基质匹配加标三聚氰胺的样品 LC-MS/MS 多反应监测质量色谱图参见图 6-6。

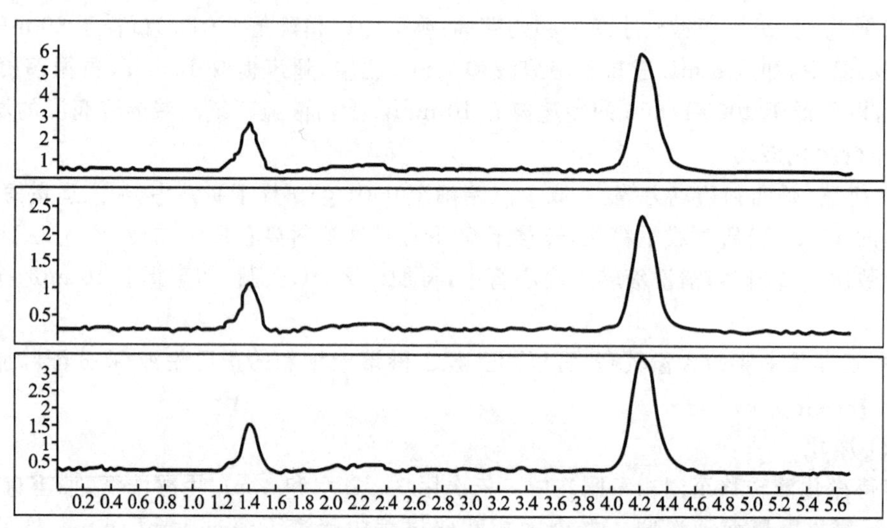

图 6-6　基质匹配加标三聚氰胺的样品 LC-MS/MS 多反应监测质量色谱图

（保留时间 4.2 min，定性离子 m/z 127>85 和 m/z 127>68）

(4) 定量测定。

待测样液中三聚氰胺的响应值应在标准曲线线性范围内，若超过线性范围则应稀释后再进样分析。

(5) 定性判定。

按照上述条件测定试样和标准工作溶液，如果试样中的质量色谱峰保留时间与标准工作溶液一致（变化范围在±2.5%之内），样品中目标化合物的两个子离子的相对丰度与浓度相当标准溶液的相对丰度一致，相对丰度偏差不超过表 6-1 的规定，则可判断样品中存在三聚氰胺。

表 6-1 定性离子相对丰度的最大允许偏差

相对离子丰度	>50%	20%～50%	10%～20%	≤10%
允许的相对偏差	±20%	±25%	±30%	±50%

5. 结果计算

同公式(6-20)。

6. 说明

(1) 空白试验:除不称取样品外,均按上述测定条件和步骤进行。

(2) 方法定量限:本方法的定量限为 0.01 mg/kg。

(3) 回收率:在添加浓度 0.01～0.5 mg/kg 范围内,回收率在 80%～110%,相对标准偏差小于 10%。

(4) 允许差:在重复性条件下获得的两次独立测定结果的绝对差值不得超过算术平均值的 15%。

项目三 食品中苏丹红染料的检测(GB/T 19681—2005)

学习目标

• 知识目标:了解高效液相色谱仪的基本原理、构造及使用方法;能够进行定性及定量分析。

• 技能目标:能熟练操作及使用高效液相色谱仪,并能对仪器进行保养和简单的维护;能够分析所测数据、色谱图,并得出分析结果。

• 终极目标:熟练掌握食品中苏丹红染料含量的测定方法。

苏丹红又称苏丹,是一种化学染色剂,并非食品添加剂,也是卫生部公布的食品中可能违法添加的非食用物质名单(第一批)中的一种。苏丹红常用于辣椒酱中,因其化学结构决定了它具有致癌性,因此是不能加到食品中的。苏丹红的结构式如下:

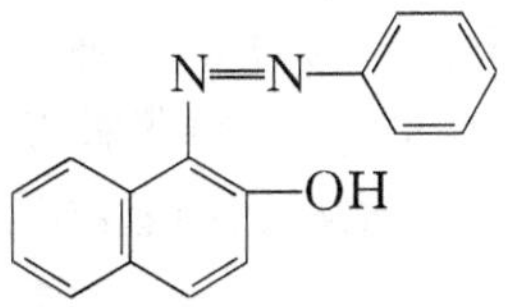

N=N

OH

下面介绍用高效液相色谱法测定苏丹红。

1. 知识要点

样品经溶剂提取、固相萃取净化后,用反相高效液相色谱(紫外可见光检测器)进行色谱分析,采用外标法定量。苏丹红标准色谱图见图 6-7。

2. 仪器

(1) 高效液相色谱仪(配有紫外可见光检测器)。

(2) 分析天平:感量 0.1 mg。

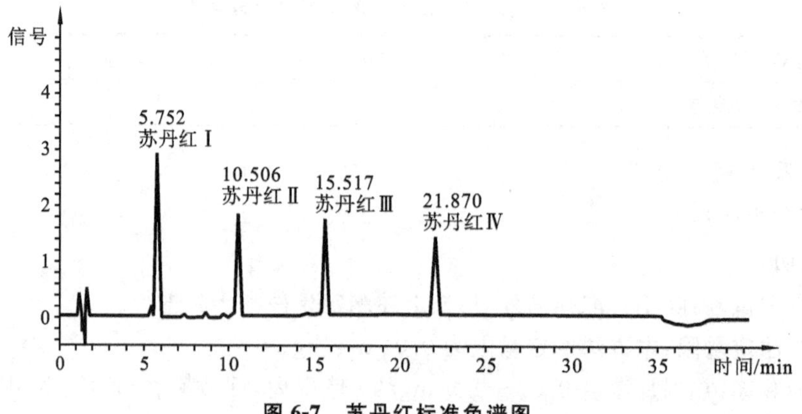

图 6-7 苏丹红标准色谱图

(3) 旋转蒸发仪。

(4) 均质机。

(5) 离心机。

(6) 0.45 μm 有机滤膜。

3. 试剂

(1) 乙腈:色谱纯。

(2) 丙酮:色谱纯、分析纯。

(3) 甲酸:分析纯。

(4) 乙醚:分析纯。

(5) 正己烷:分析纯。

(6) 无水硫酸钠:分析纯。

(7) 层析柱管:1 cm(内径)×5 cm(高)的注射器管。

(8) 层析用氧化铝(中性,100~200 目):105 ℃干燥 2 h,于干燥器中冷至室温,每 100 g 中加入 2 mL 水降活,混匀后密封,放置 12 h 后使用。

注:不同厂家和不同批号氧化铝的活度有差异,须根据具体购置的氧化铝产品略作调整,活度的调整采用标准溶液过柱。将 1 μg/mL 的苏丹红混合标准溶液 1 mL 加到柱中,用 5%丙酮的正己烷溶液 60 mL 完全洗脱为准,4 种苏丹红在层析柱上的流出顺序为苏丹红Ⅱ、苏丹红Ⅳ、苏丹红Ⅰ、苏丹红Ⅲ,可根据每种苏丹红的回收率作出判断。苏丹红Ⅱ、苏丹红Ⅳ的回收率较低时表明氧化铝活性偏低,苏丹红Ⅲ的回收率偏低时表明氧化铝活性偏高。

(9) 氧化铝层析柱:在层析柱管底部塞入一薄层脱脂棉,干法装入处理过的氧化铝至 3 cm 高,轻敲实后加一薄层脱脂棉,用 10 mL 正己烷预淋洗,洗净柱中杂质后,备用。

(10) 5%丙酮的正己烷溶液:吸取 50 mL 丙酮,用正己烷定容至 1 L。

(11) 标准物质:苏丹红Ⅰ、苏丹红Ⅱ、苏丹红Ⅲ、苏丹红Ⅳ,纯度≥95%。

(12) 标准贮备液:分别称取苏丹红Ⅰ、苏丹红Ⅱ、苏丹红Ⅲ及苏丹红Ⅳ各 10.0 mg(按实际含量折算),用乙醚溶解后用正己烷定容至 250 mL。

4. 试样制备

将液体、浆状样品混合均匀，固体样品需磨细。

5. 测定方法

1）样品处理

(1) 红辣椒粉等粉状样品：称取 1～5 g(准确至 0.001 g)样品于三角瓶中，加入 10～30 mL 正己烷，超声 5 min，过滤，用 10 mL 正己烷洗涤残渣数次，至洗出液无色，合并正己烷液，用旋转蒸发仪浓缩至 5 mL 以下，慢慢加入氧化铝层析柱中。为保证层析效果，在柱中保持正己烷液面为 2 mm 左右时上样，在全程的层析过程中不应使柱干涸。用正己烷少量多次淋洗浓缩瓶，一并注入层析柱。控制氧化铝表层吸附的色素带宽宜小于 0.5 cm，待样液完全流出后，视样品中含油类杂质的多少用 10～30 mL 正己烷洗柱，直至流出液无色，弃去全部正己烷淋洗液，用含 5%丙酮的正己烷液 60 mL 洗脱，收集、浓缩后，用丙酮转移并定容至 5 mL，经 0.45 μm 有机滤膜过滤后待测。

(2) 红辣椒油、火锅料、奶油等油状样品：称取 0.5～2 g(准确至 0.001 g)样品于小烧杯中，加入适量正己烷溶解(1～10 mL)，难溶解的样品可于正己烷中加温溶解。按(1)中"慢慢加入氧化铝层析柱中……"的步骤依该法操作。

(3) 辣椒酱、番茄沙司等含水量较大的样品：称取 10～20 g(准确至 0.01 g)样品于离心管中，加 10～20 mL 水将其分散成糊状，含增稠剂的样品多加水，加入 30 mL 正己烷-丙酮(3∶1)，匀浆 5 min，3000 r/min 离心 10 min，吸出正己烷层，于下层再加入 20 mL×2 次正己烷匀浆，离心，合并 3 次正己烷，加入无水硫酸钠 5 g 脱水，过滤后于旋转蒸发仪上蒸干并保持 5 min，用 5 mL 正己烷溶解残渣后，按(1)中"慢慢加入氧化铝层析柱中……"的步骤依该法操作。

(4) 香肠等肉制品：称取粉碎样品 10～20 g(准确至 0.01 g)于三角瓶中，加入 60 mL 正己烷充分匀浆 5 min，滤出清液，再以 20 mL×2 次正己烷匀浆，过滤。合并 3 次滤液，加入 5 g 无水硫酸钠脱水，过滤后于旋转蒸发仪上蒸至 5 mL 以下，按(1)中"慢慢加入氧化铝层析柱中……"的步骤依该法操作。

2）推荐色谱条件

(1) 仪器条件。

色谱柱：Zorbax SB-C 183.5 μm，ϕ4.6 mm×150 mm(或相当型号色谱柱)。

流动相：溶剂 A，0.1%甲酸的水溶液-乙腈(85∶15)；溶剂 B，0.1%甲酸的乙腈溶液-丙酮(80∶20)。

梯度洗脱：流速 1 mL/min。

柱温：30 ℃。

检测波长：苏丹红Ⅰ 478 nm，苏丹红Ⅱ、苏丹红Ⅲ、苏丹红Ⅳ 520 nm，于苏丹红Ⅰ出峰后切换。进样量 10 μL。梯度条件见表 6-2。

(2) 标准曲线。

吸取标准贮备液 0 mL、0.1 mL、0.2 mL、0.4 mL、0.8 mL、1.6 mL，用正己烷定容至 25 mL，此标准系列浓度为 0 μg/mL、0.16 μg/mL、0.32 μg/mL、0.64 μg/mL、1.28 μg/mL、2.56 μg/mL，绘制标准曲线。

6. 结果计算

按以下公式计算苏丹红含量：

$$R = C \times \frac{V}{m} \tag{6-21}$$

式中：R——样品中苏丹红含量，mg/kg；

C——由标准曲线得出的样液中苏丹红的浓度，μg/mL；

V——样液定容体积，mL；

m——样品质量，g。

表 6-2　梯度条件

时间/min	流动相		曲线
	A/(%)	B/(%)	
0	25	75	线性
10.0	25	75	线性
25.0	0	100	线性
32.0	0	100	线性
35.0	25	75	线性
40.0	25	75	线性

思考题

1. 什么是可能违法添加到食品中的非食用物质？它与食品添加剂相比有何区别？
2. 如何快速定性测定禁用防腐剂——硼酸、硼砂和水杨酸？
3. 为什么要测定三聚氰胺？怎样测定原料乳与乳制品中三聚氰胺的含量？
4. 为什么要测定苏丹红？怎样测定食品中苏丹红染料的含量？

第七章

微生物分析与检验

微生物检验是食品监测必不可少的重要组成部分，是衡量食品卫生质量的重要指标之一，也是判定被检食品能否食用的科学依据之一。通过微生物检验，可以判断食品加工环境及食品卫生环境，能够对食品被细菌污染的程度作出正确的评价，为各项卫生管理工作提供科学依据，提供传染病等的防治措施。食品中微生物检验以“预防为主”为卫生方针，可以有效地防止或者减少食物中毒和人畜共患病的发生，保障人民的身体健康；同时，它在提高产品质量，避免经济损失，促进出口等方面具有政治上和经济上的重要意义。

食品微生物检验的范围包括以下几个方面。

(1) 生产环境的检验：包括车间用水、空气、地面、墙壁等。

(2) 原辅料检验：包括食用动物、谷物、添加剂等一切原辅材料。

(3) 食品加工、贮藏、销售诸环节的检验：包括食品从业人员的卫生状况检验，加工工具、运输车辆、包装材料的检验等。

(4) 食品的检验：重要的是对出厂食品、可疑食品及食物中毒食品的检验。

我国卫生部颁布的食品微生物指标有菌落总数、大肠菌群和致病菌三项。菌落总数是指食品检样经过处理，在一定条件下培养后所得 1 g 或 1 mL 检样中所含细菌菌落的总数。大肠菌群是寄居于人及温血动物肠道内的肠居菌，它会随着大便排出体外。食品中大肠菌群数越多，说明食品受粪便污染的程度越大。致病菌即能够引起人们发病的细菌。对不同的食品和不同的场合，应该选择一定的参考菌群进行检验。

国标中对酒类微生物指标作出了明确的规定，见表 7-1。

表 7-1　微生物指标

项　目	指　标			
	鲜啤酒	生啤酒、熟啤酒	黄酒	葡萄酒、果酒
菌落总数/(CFU/mL)		50	50	50
大肠菌群/[MPN/(100 mL)]	3	3	3	3
肠道致病菌(沙门氏菌、志贺氏菌、金黄色葡萄球菌)	不得检出			

模块一　细菌总数的分析与测定

细菌总数(total bacteria count)是评定水体等污染程度的指标之一，指 1 mL 水(或 1 g 样品)在普通琼脂培养基中经 37 ℃、24 h 培养后所生长的细菌菌群总数。单个细菌肉眼是看不到的，在人为给它们提供一定的条件如培养基、适宜的温度、时间、pH、需氧条件等后，单个细菌不断分裂、繁殖，最后发展成为肉眼可见的菌落。

细菌总数主要作为判别食品被污染程度的标志，也可以应用这一方法观察细菌在食品中的繁殖动态，以便对被检样品进行卫生学评价时提供依据。

项目一　水中细菌总数测定

学习目标

- 知识目标：学习水样的采取方法和水样中细菌总数测定的方法。
- 技能目标：掌握水源水的平板菌落计数的原则。
- 素质目标：能严格按操作规程进行安全操作，真实记录；会分析实验结果；学会分析、判断、解决问题，在学与做的过程中锻炼与他人交往、合作的能力。

1. 知识要点

应用平板菌落计数技术测定水中细菌总数。由于水中细菌种类繁多，它们对营养和其他生长条件的要求差别很大，不可能找到一种培养基在一种条件下，使水中所有的细菌均能生长繁殖，因此，以一定的培养基平板上生长出来的菌落计算出来的水中细菌总数仅是一种近似值。目前一般是采用普通肉膏蛋白胨琼脂培养基。

2. 仪器

(1) 灭菌三角烧瓶、恒温培养箱。

(2) 灭菌培养皿。

(3) 灭菌吸管、灭菌试管等。

3. 培养基和试剂

(1) 培养基：肉膏蛋白胨琼脂培养基。

(2) 无菌水。

4. 测定方法

1) 水样的采取

先将自来水龙头用火焰灼烧 3 min 灭菌，再打开水龙头使水流 5 min 后，以灭菌三角烧瓶接取水样，以待分析。

2）细菌总数测定

（1）用灭菌吸管吸取 1 mL 水样，注入灭菌培养皿中，共做两个平皿。

（2）分别倾注约 15 mL 并冷却到 45 ℃左右的肉膏蛋白胨琼脂培养基，并立即在桌上作平面旋摇，使水样与培养基充分混匀。

（3）另取一空的灭菌培养皿，倾注肉膏蛋白胨琼脂培养基 15 mL 作空白对照。

（4）培养基凝固后，倒置于 37 ℃温箱中，培养 24 h，进行菌落计数。

（5）两个平板的平均菌落数即为 1 mL 水样的细菌总数。

3）菌落计数方法

（1）先计算相同稀释度的平均菌落数。若其中一个平板有较大片状菌苔生长，则不应采用，而应以无片状菌苔生长的平板作为该稀释度的平均菌落数。若片状菌苔的大小不到平板的一半，而其余的一半菌落分布又很均匀，则可将此一半的菌落数乘以 2 代表全平板的菌落数，然后计算该稀释度的平均菌落数。

（2）首先选择平均菌落数在 30～300 的，当只有一个稀释度的平均菌落数符合此范围时，则以该平均菌落数乘以稀释倍数即为该水样的细菌总数。

（3）若有两个稀释度的平均菌落数在 30～300，则按两者菌落总数的比值来决定。若其比值小于 2，应采取两者的平均数；若大于 2，则取其中较小的菌落总数。

（4）若所有稀释度的平均菌落数均大于 300，则应按稀释度最高的平均菌落数乘以稀释倍数。

（5）若所有稀释度的平均菌落数均小于 30，则应按稀释度最低的平均菌落数乘以稀释倍数。

（6）若所有稀释度的平均菌落数均不在 30～300，则以最接近 300 或 30 的平均菌落数乘以稀释倍数。

项目二　啤酒菌落总数检验

学习目标

- 知识目标：学习啤酒细菌总数测定的方法。
- 技能目标：掌握啤酒中细菌总数测定的技术。
- 素质目标：能严格按操作规程进行安全操作，真实记录；会分析实验结果；学会分析、判断、解决问题，在学与做的过程中锻炼与他人交往、合作的能力。

1. 仪器

除微生物实验室常规灭菌及培养设备外，其他设备和材料如下。

（1）恒温培养箱：(36±1) ℃、(30±1) ℃。

（2）冰箱：2～5 ℃。

（3）恒温水浴箱：(46±1) ℃。

（4）天平：感量 0.1 g。

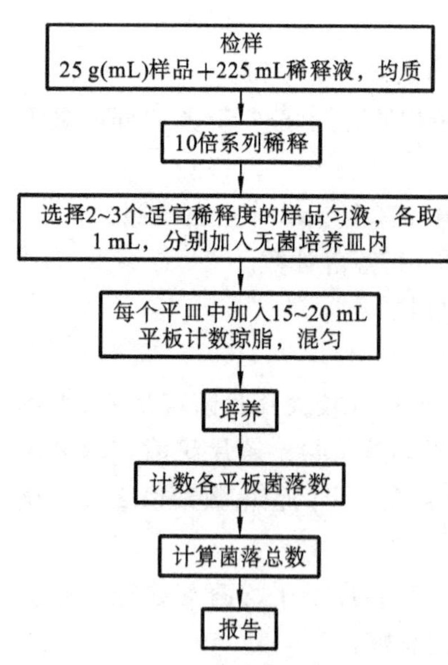
检样
25 g(mL)样品+225 mL稀释液，均质
10倍系列稀释
选择2~3个适宜稀释度的样品匀液，各取1 mL，分别加入无菌培养皿内
每个平皿中加入15~20 mL平板计数琼脂，混匀
培养
计数各平板菌落数
计算菌落总数
报告

图 7-1 菌落总数的检验程序

(5) 均质器。

(6) 振荡器。

(7) 无菌吸管：1 mL(具 0.01 mL 刻度)、10 mL(具 0.1 mL 刻度)或微量移液器及吸头。

(8) 无菌锥形瓶：容量 250 mL、500 mL。

(9) 无菌培养皿：直径 90 mm。

(10) pH 计或 pH 比色管或精密 pH 试纸。

(11) 放大镜、菌落计数器。

2. 培养基和试剂

(1) 平板计数琼脂培养基：见附录 I。

(2) 磷酸盐缓冲溶液：见附录 I。

(3) 无菌生理盐水：见附录 I。

3. 检验程序

菌落总数的检验程序如图 7-1 所示。

4. 测定方法

1) 检样稀释及培养

(1) 以无菌操作，吸取被检样自酿啤酒 25 mL，置于有 225 mL 磷酸盐缓冲溶液或无菌生理盐水的无菌三角瓶中(瓶中先放置适量的无菌玻璃珠)，经充分振荡，制成 1∶10 的均匀稀释液。

(2) 用 1 mL 无菌吸管或微量移液器吸取 1∶10 的稀释液 1 mL，沿壁慢慢注入含有 9 mL 无菌生理盐水或无菌水的试管内(注意吸管及吸头尖端不要触及稀释液面)，振摇试管或换用 1 支无菌吸管反复吹打使其混合均匀，制成 1∶100 的均匀稀释液。

(3) 按上述操作继续稀释，制备 10 倍系列稀释样品匀液。每递增稀释一次，换用 1 支 1 mL 无菌吸管或吸头。

(4) 根据食品卫生标准要求或对污染情况的估计，选择 2～3 个适宜稀释度的样品匀液，在进行 10 倍递增稀释时，吸取 1 mL 样品匀液于无菌平皿内，每个稀释度做两个平皿。同时，分别吸取 1 mL 空白稀释液，加入两个无菌平皿内作空白对照。

(5) 及时将 15～20 mL 冷却至 46 ℃的平板计数琼脂培养基(可放置于(46±1) ℃恒温水浴箱中保温)倾注平板，并转动平皿使其混合均匀。

2) 培养

(1) 待琼脂凝固后，翻转平板，置于(36±1) ℃温箱内培养(48±2) h。

(2) 如果样品中可能含有在琼脂培养基表面弥漫生长的菌落，可在凝固后的琼脂表面覆盖一薄层琼脂培养基(4 mL)，凝固后翻转平板，置于(36±1) ℃温箱内培养(48±2) h。

3) 菌落计数法

可以用肉眼观察计数，也可以用菌落计数器计数，必要时用放大镜检查，以防遗漏，记录稀释倍数和相应的菌落数量。菌落计数以菌落形成单位(colony-forming units，CFU)表示。

注：到达规定培养时间时，应立即计数。如果不能立即计数，应将平板置于 0～4 ℃环境中，但不要超过 24 h。

(1) 选取菌落数在 30～300 CFU、无蔓延菌落生长的平板计数菌落总数。小于 30 CFU 的平板记录具体菌落数，大于 300 CFU 的可记录为“多不可计”。每个稀释度的菌落数应采用两个平板的平均数。

(2) 若其中一个平板有较大片状菌落生长，则不宜采用，而应以无片状菌落生长的平板作为该稀释度的菌落数；若片状菌落不到平板的一半，而其余一半中菌落分布又很均匀，则计算半个平板后乘以 2，即代表一个平板菌落数。

(3) 当平板上出现菌落间无明显界线的链状生长时，则将每条单链作为一个菌落计数。

5. 结果与报告

1) 菌落总数的计算方法

(1) 若只有一个稀释度平板上的菌落数在适宜计数范围内，则计算两个平板菌落数的平均值，再将平均值乘以相应稀释倍数，作为 1 g(mL)样品中菌落总数结果。

(2) 若有两个连续稀释度的平板菌落数在适宜计数范围内，按下式计算：

$$N=\frac{\sum C}{(n_1+0.1n_2)d} \tag{7-1}$$

式中：N——样品中菌落数；

$\sum C$——平板(含适宜范围菌落数的平板)菌落数之和；

n_1——第一稀释度(低稀释倍数)平板个数；

n_2——第二稀释度(高稀释倍数)平板个数；

d——稀释因子(第一稀释度)。

示例：

稀释度	1∶100(第一稀释度)	1∶1000(第二稀释度)
菌落数/CFU	232,244	33,35

$$N=\frac{\sum C}{(n_1+0.1n_2)d}=\frac{232+244+33+35}{[2+(0.1\times 2)]\times 10^{-2}}=\frac{544}{0.022}=24727$$

上述数据修约后，表示为 25000 或 2.5×10^4。

(3) 若所有稀释度的平板上菌落数均大于 300 CFU，则对稀释度最高的平板进行计数，其他平板可记录为“多不可计”，结果按平均菌落数乘以最高稀释倍数计算。

(4) 若所有稀释度的平板菌落数均小于 30 CFU，则应按稀释度最低的平均菌落数乘以稀释倍数计算。

(5) 若所有稀释度(包括液体样品原液)平板均无菌落生长，则以小于 1 乘以最低稀释倍数计算。

(6) 若所有稀释度的平板菌落数均不在 30～300 CFU 之间，其中一部分小于 30 CFU 或大于 300 CFU，则以最接近 30 CFU 或 300 CFU 的平均菌落数乘以稀释倍数

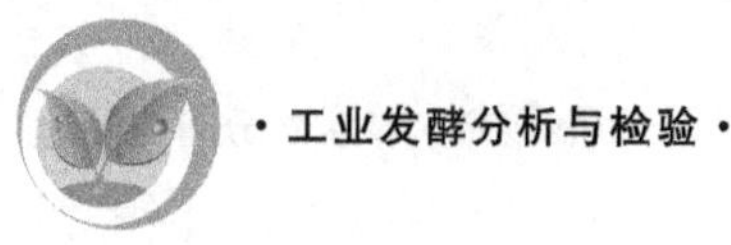

计算。

2) 菌落总数的报告

(1) 菌落数小于 100 CFU 时，按“四舍五入”原则修约，以整数报告。

(2) 菌落数大于或等于 100 CFU 时，第 3 位数字采用“四舍五入”原则修约后，取前两位数字，后面数字用 0 代替位数；也可用 10 的指数形式来表示，按“四舍五入”原则修约后，采用两位有效数字。

(3) 若所有平板上为蔓延菌落而无法计数，则报告菌落蔓延。

(4) 若空白对照上有菌落生长，则此次检测结果无效。

(5) 称重取样以 CFU/g 为单位报告，体积取样以 CFU/mL 为单位报告。

思考题

1. 从自来水的细菌总数结果来看，是否合乎饮用水的标准？
2. 你所测的水源水的污染程度如何？
3. 国家对自来水的细菌总数有一标准，那么各地能否自行设计其测定条件（诸如培养温度、培养时间等）来测定水样的细菌总数呢？为什么？
4. 食品检验为什么要测定细菌菌落总数？
5. 实验操作时如何使数据可靠？
6. 食品中检出的菌落总数是否代表该食品上的所有细菌数？为什么？
7. 为什么营养琼脂培养基在使用前要保持在(46±1) ℃的温度？
8. 叙述食品微生物检验的意义。

模块二　大肠菌群的分析与检测

大肠菌群是指一群能发酵乳糖、产酸、产气、需氧和兼性厌氧的革兰氏阴性无芽孢杆菌。该菌主要来自于人畜粪便，故以此作为粪便污染指标来评价食品的卫生质量，推断食品中有无污染肠道致病菌。食品中大肠菌群数是以 100 mL(g) 检样内大肠菌群最可能数(MPN)表示的。本模块主要学习多管发酵法检测食品中的大肠菌群。

多管发酵法包括初步发酵试验、平板分离和复发酵试验三部分。

1. *初步发酵试验*

用于初步发酵试验的液体培养基含有乳糖、蛋白胨和溴甲酚紫。许多细菌不能发酵乳糖，而大肠菌群可发酵乳糖产酸（有机酸）以及产气(CO_2+H_2)。乳糖起选择性碳源的作用。溴甲酚紫是 pH 指示剂（碱性条件，紫蓝色；酸性条件，黄色。变色点 pH=6.7），当大肠菌群的细菌利用乳糖产酸后，溶液由中性变成酸性，使原来的 pH 下降，培养基从紫蓝色变为黄色。另外，溴甲酚紫还具有抑制其他细菌生长的作用。

2. 平板分离

为进一步证明大肠菌群的存在，需进行平板分离，所用培养基为伊红美蓝琼脂。伊红美蓝琼脂培养基中含有伊红与美蓝两种苯胺类染料，可以抑制 G^+ 菌和一些难培养的 G^- 菌。另外，在低酸度时，两种染料结合形成沉淀，起着产酸指示剂的作用。大肠菌群因其强烈发酵乳糖而产生大量混合酸，使菌体表面带上正电荷，可染上伊红染液。伊红与美蓝结合，菌体被着上深紫色，形成带核心、具金属光泽的特征性菌落。

3. 复发酵试验

阳性菌落经涂片染色鉴别为 G^-，无芽孢者，再经过乳糖发酵管液体培养进行复发酵试验，经 24 h 培养后产酸产气者，可确认为大肠菌群阳性结果。

一、大肠菌群最可能数(MPN)计数法(方法一)

1. 仪器

(1) 恒温培养箱：(36±1) ℃。

(2) 冰箱：2～5 ℃。

(3) 恒温水浴箱：(46±1) ℃。

(4) 天平：感量 0.1 g。

(5) 均质器。

(6) 振荡器。

(7) 无菌吸管：1 mL(具 0.01 mL 刻度)、10 mL(具 0.1 mL 刻度)或微量移液器及吸头。

(8) 无菌锥形瓶：容量 500 mL。

(9) 无菌培养皿：直径 90 mm。

(10) pH 计或 pH 比色管或精密 pH 试纸。

(11) 菌落计数器。

2. 培养基和试剂

(1) 月桂基硫酸盐胰蛋白胨(lauryl sulfate tryptose，LST)肉汤：见附录Ⅰ中 4。

(2) 煌绿乳糖胆盐(brilliant green lactose bile，BGLB)肉汤：见附录Ⅰ中 5。

(3) 结晶紫中性红胆盐琼脂(violet red bile agar，VRBA)：见附录Ⅰ中 6。

(4) 磷酸盐缓冲溶液：见附录Ⅰ中 2。

(5) 无菌生理盐水：见附录Ⅰ中 3。

(6) 无菌 1 mol/L NaOH 溶液：见附录Ⅰ中 7。

(7) 无菌 1 mol/L HCl 溶液：见附录Ⅰ中 8。

3. 检验程序

大肠菌群 MPN 计数的检验程序如图 7-2 所示。

4. 测定方法

1) 样品稀释

(1) 固体和半固体样品：称取 25 g 样品，放入盛有 225 mL 磷酸盐缓冲溶液或无菌生

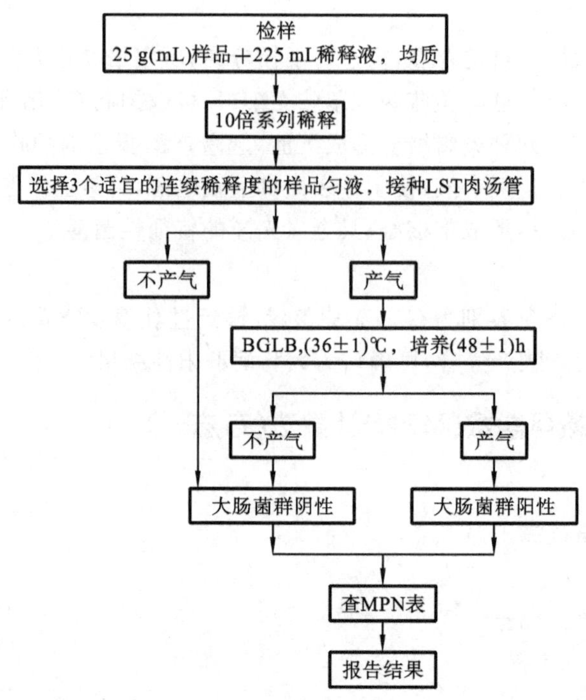

图 7-2　大肠菌群 MPN 计数的检验程序

理盐水的无菌均质杯内，8000～10000 r/min 均质 1～2 min，或放入盛有 225 mL 磷酸盐缓冲溶液或无菌生理盐水的无菌均质袋中，用拍击式均质器拍打 1～2 min，制成 1∶10 的样品匀液。

(2) 液体样品：以无菌吸管吸取 25 mL 样品，置于盛有 225 mL 磷酸盐缓冲溶液或无菌生理盐水的无菌锥形瓶(瓶内预置适当数量的无菌玻璃珠)中，充分混匀，制成 1∶10 的样品匀液。

(3) 样品匀液的 pH 应在 6.5～7.5，必要时分别用 1 mol/L NaOH 溶液或 1 mol/L HCl 溶液调节。

(4) 用 1 mL 无菌吸管或微量移液器吸取 1∶10 的样品匀液 1 mL，沿管壁缓缓注入 9 mL 磷酸盐缓冲溶液或无菌生理盐水的无菌试管中(注意吸管或吸头尖端不要触及稀释液面)，振摇试管或换用 1 支 1 mL 无菌吸管反复吹打，使其混合均匀，制成 1∶100 的样品匀液。

(5) 根据对样品污染状况的估计，按上述操作，依次制成 10 倍递增系列稀释样品匀液。每递增稀释 1 次，换用 1 支 1 mL 无菌吸管或吸头。从制备样品匀液至样品接种完毕，全过程不得超过 15 min。

2) 初发酵试验

每个样品选择 3 个适宜的连续稀释度的样品匀液(液体样品可以选择原液)，每个稀释度接种 3 管 LST 肉汤，每管接种 1 mL(如接种量超过 1 mL，则用双料 LST 肉汤)，(36±1) ℃培养(24±2) h，观察管内是否有气泡产生。(24±2) h 产气者进行复发酵试验，如未产气则继续培养至(48±2) h，产气者进行复发酵试验。未产气者为大肠菌群阴性。

3）复发酵试验

用接种环从产气的 LST 肉汤管中分别取培养物 1 环，移种于 BGLB 管中，(36±1) ℃培养(48±2) h，观察产气情况。产气者，为大肠菌群阳性管。

4）大肠菌群最可能数(MPN)的报告

按复发酵试验确证的大肠菌群 LST 阳性管数，检索 MPN 表(见表 7-2)，报告 1 g (mL)样品中大肠菌群的 MPN 值。

表 7-2 大肠菌群最可能数(MPN)检索表

阳性管数			MPN	95%可信限		阳性管数			MPN	95%可信限	
0.10	0.01	0.001		下限	上限	0.10	0.01	0.001		下限	上限
0	0	0	<3.0	—	9.5	2	2	0	21	4.5	42
0	0	1	3.0	0.15	9.6	2	2	1	28	8.7	94
0	1	0	3.0	0.15	11	2	2	2	35	8.7	94
0	1	1	6.1	1.2	18	2	3	0	29	8.7	94
0	2	0	6.2	1.2	18	2	3	1	36	8.7	94
0	3	0	9.4	3.6	38	3	0	0	23	4.6	94
1	0	0	3.6	0.17	18	3	0	1	38	8.7	110
1	0	1	7.2	1.3	18	3	0	2	64	17	180
1	0	2	11	3.6	38	3	1	0	43	9	180
1	1	0	7.4	1.3	20	3	1	1	75	17	200
1	1	1	11	3.6	38	3	1	2	120	37	420
1	2	0	11	3.6	42	3	1	3	160	40	420
1	2	1	15	4.5	42	3	2	0	93	18	420
1	3	0	16	4.4	42	3	2	1	150	37	420
2	0	0	9.2	1.4	38	3	2	2	210	40	430
2	0	1	14	3.6	42	3	2	3	290	90	1000
2	0	2	20	4.5	42	3	3	0	240	42	1000
2	1	0	15	3.7	42	3	3	1	460	90	2000
2	1	1	20	4.5	42	3	3	2	1100	180	4100
2	1	2	27	8.7	94	3	3	3	>1100	420	—

注：(1) 本表采用 3 个稀释度[0.1 g(mL)、0.01 g(mL)和 0.001 g(mL)]，每个稀释度接种 3 管。

(2) 表内所列检样量如改用 1 g(mL)、0.1 g(mL)和 0.01 g(mL)，表内数字应相应缩小到原来数字的十分之一；如改用 0.01 g(mL)、0.001 g(mL)、0.0001 g(mL)，则表内数字应相应增大 10 倍，其余类推。

二、大肠菌群平板计数法(方法二)

1. 仪器

同方法一。

2. 培养基和试剂

同方法一。

3. 检验程序

大肠菌群平板计数法的检验程序如图 7-3 所示。

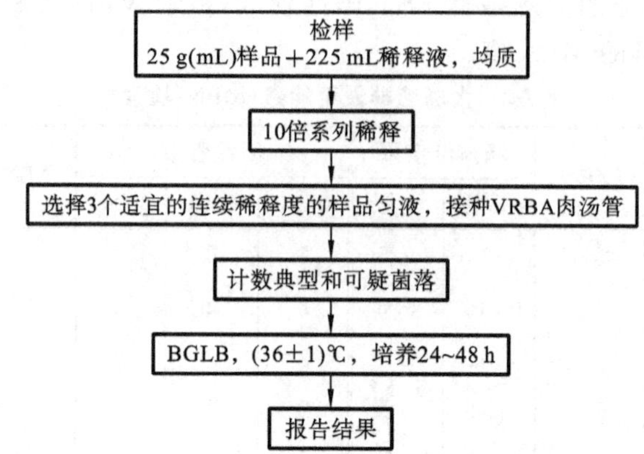

图 7-3　大肠菌群平板计数法的检验程序

4. 测定方法

1）样品稀释

同方法一。

2）平板计数

(1) 选取 2～3 个适宜的连续稀释度，每个稀释度接种两个无菌平皿，每皿 1 mL。同时取 1 mL 生理盐水加入无菌平皿作空白对照。

(2) 及时将 15～20 mL 冷至 46 ℃的 VRBA 倾注于每个平皿中。小心旋转平皿，将培养基与样液充分混匀，待琼脂凝固后，再加 3～4 mLVRBA 覆盖平板表层。翻转平板，置于(36±1) ℃培养 18～24 h。

3）平板菌落数的选择

选取菌落数在 15～150 CFU 之间的平板，分别计数平板上出现的典型和可疑大肠菌群菌落。典型菌落为紫红色，菌落周围有红色的胆盐沉淀环，菌落直径为 0.5 mm 或更大。

4）证实试验

从 VRBA 平板上挑取 10 个不同类型的典型和可疑菌落，分别移种于 BGLB 肉汤管内，(36±1) ℃培养 24～48 h，观察产气情况。凡 BGLB 肉汤管产气，即可报告为大肠菌群阳性。

5）大肠菌群平板计数的报告

经最后证实为大肠菌群阳性的试管比例乘以上述计数的平板菌落数，再乘以稀释倍数，即为 1 g(mL)样品中大肠菌群数。例：10^{-4}样品稀释液 1 mL，在 VRBA 平板上有 100 个典型和可疑菌落，挑取其中 10 个接种 BGLB 肉汤管，证实有 6 个阳性管，则该样品的大肠菌群数为：$100\times6/10\times10^{4}$ CFU/g(mL)$=6.0\times10^{5}$ CFU/g(mL)。

思考题

1. 怎样预防大肠杆菌引起的食物中毒？
2. 简述大肠杆菌的检验程序。
3. 大肠菌群的具体含义是什么？大肠菌群检测有何实际意义？

模块三　致病菌的分析

致病菌是指肠道致病菌、致病性球菌和沙门氏菌等。从食品卫生的要求来讲，食品中不得有致病菌存在。因为食品中含有致病菌时，人们食后会发生食物中毒，危害身体健康，所以在食品卫生标准中规定，所有食品均不得检出致病菌。在实际检测中，一般是根据不同食品的特点，选定较有代表性的致病菌作为检测的重点，并以此来判断某种食品中有无致病菌存在。如果把致病菌的检测结果和大肠菌群、细菌总数等其他有关指标一道进行综合分析，就能对某食品的卫生质量得出更为准确的结论。

项目一　沙门氏菌的检验

学习目标

- 知识目标：学习样品中沙门氏菌检测的方法。
- 技能目标：掌握沙门氏菌的检测技术。
- 素质目标：能严格按操作规程进行安全操作，真实记录；会分析实验结果；学会分析、判断、解决问题，在学与做的过程中锻炼与他人交往、合作的能力。

沙门氏菌是肠杆菌科沙门氏菌属细菌，广泛分布于自然界，是人畜共患的肠道病原菌，常引起伤寒、肠炎、肠热症和食物中毒，危害人类健康。沙门氏菌可通过人类、畜、禽的粪便或带菌者直接或间接污染食品、生产环境以及生产的各个环节，特别是以动物、脏器为原料的食品污染概率较大。受到污染的食品，不仅直接影响食用者的安全，而且可造成沙门氏菌的传播和流行。因此，必须进行沙门氏菌的检查。

食品中污染的沙门氏菌常在生产过程中受到损伤而处于濒临死亡的状态，因此检验时须先在选择性的增菌液中使其复苏，然后进行选择性增菌。沙门氏菌在各种选择性培养基上的菌落形态不同，这可以作为辨别沙门氏菌的一个简单方法。在实际检测中，还要配合生化实验以及血清学实验来作准确的鉴定。

1. 仪器

(1) 冰箱：2～5 ℃。

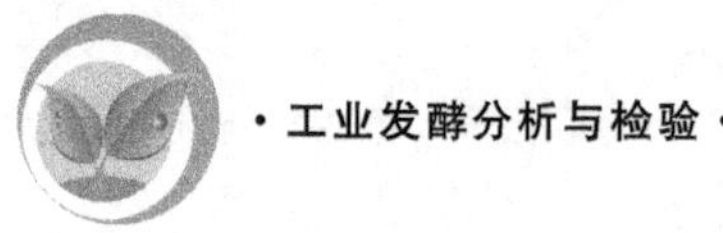

(2) 恒温培养箱:(36±1) ℃,(42±1) ℃。

(3) 均质器。

(4) 振荡器。

(5) 电子天平:感量 0.1 g。

(6) 无菌锥形瓶:容量 500 mL、250 mL。

(7) 无菌吸管:1 mL(具有 0.01 mL 刻度)、10 mL(具有 0.1 mL 刻度)或微量移液器及吸头。

(8) 无菌培养皿:直径 90 mm。

(9) 无菌试管:3 mm×50 mm、10 mm×75 mm。

(10) 无菌毛细管。

(11) pH 计或 pH 比色管或精密 pH 试纸。

(12) 全自动微生物生化鉴定系统。

2. 培养基和试剂

(1) 缓冲蛋白胨水(BPW):见附录Ⅰ中 9。

(2) 四硫磺酸钠煌绿(TTB)增菌液:见附录Ⅰ中 10。

(3) 亚硒酸盐胱氨酸(SC)增菌液:见附录Ⅰ中 11。

(4) 亚硫酸铋(BS)琼脂:见附录Ⅰ中 12。

(5) HE 琼脂:见附录Ⅰ中 13。

(6) 木糖赖氨酸脱氧胆盐(XLD)琼脂:见附录Ⅰ中 14。

(7) 沙门氏菌属显色培养基。

(8) 三糖铁(TSI)琼脂:见附录Ⅰ中 15。

(9) 蛋白胨水、靛基质试剂:见附录Ⅰ中 16。

(10) 尿素琼脂(pH=7.2):见附录Ⅰ中 17。

(11) 氰化钾(KCN)培养基:见附录Ⅰ中 18。

(12) 赖氨酸脱羧酶试验培养基:见附录Ⅰ中 19。

(13) 糖发酵管:见附录Ⅰ中 20。

(14) 邻硝基酚 β-D 半乳糖苷(ONPG)培养基:见附录Ⅰ中 21。

(15) 半固体琼脂:见附录Ⅰ中 22。

(16) 丙二酸钠培养基:见附录Ⅰ中 23。

(17) 沙门氏菌 O 和 H 诊断血清。

(18) 生化鉴定试剂盒。

3. 检验程序

沙门氏菌检验程序如图 7-4 所示。

4. 测定方法

1) 前增菌

称取 25 g(mL)样品,放入盛有 225 mL BPW 的无菌均质杯中,以 8000～10000 r/min均质 1～2 min,或置于盛有 225 mL BPW 的无菌均质袋中,用拍击式均质器拍打 1～2 min。若样品为液态,不需要均质,振荡混匀。如需测定 pH,用 1 mol/L 无菌 NaOH

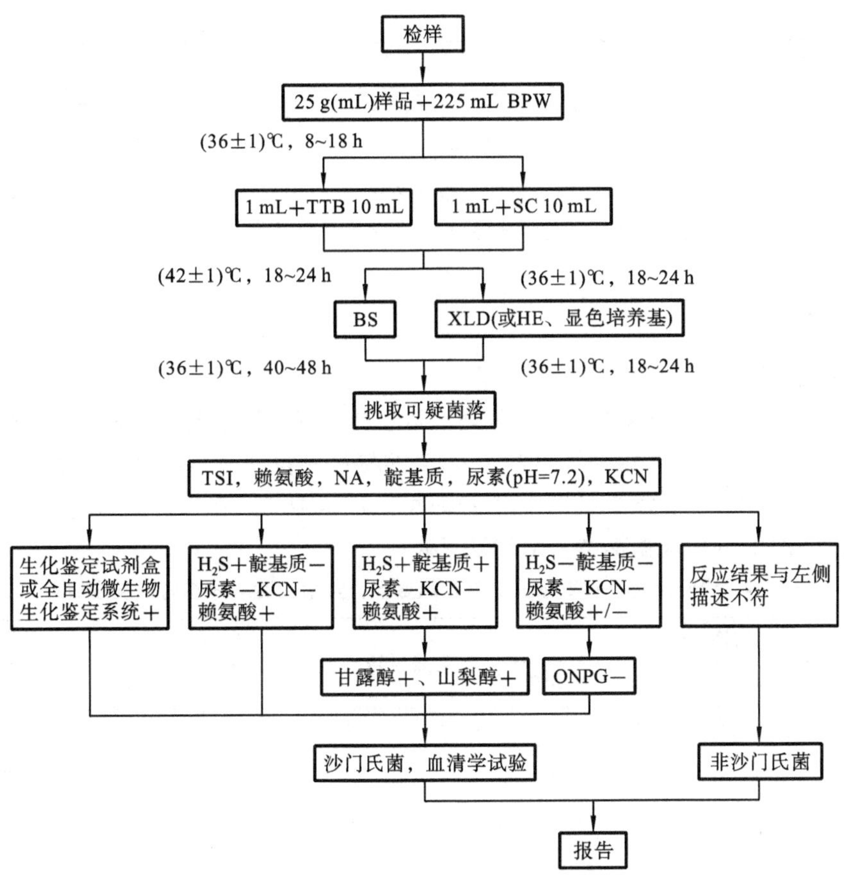

图 7-4　沙门氏菌检验程序

溶液或 HCl 溶液调 pH 至 6.8±0.2。无菌操作将样品转至 500 mL 锥形瓶中，如使用均质袋，可直接进行培养，于(36±1) ℃培养 8～18 h。

如为冷冻产品，应在 45 ℃以下不超过 15 min，或 2～5 ℃不超过 18 h 培养。

2）增菌

轻轻摇动培养过的样品混合物，移取 1 mL，转种于 10 mL TTB 内，于(42±1) ℃培养 18～24 h。同时，另取 1 mL，转种于 10 mL SC 内，于(36±1) ℃培养 18～24 h。

3）分离

分别用接种环取增菌液 1 环，划线接种于一个 BS 琼脂平板和一个 XLD 琼脂平板(或 HE 琼脂平板、沙门氏菌属显色培养基平板)。于(36±1) ℃培养 18～24 h(XLD 琼脂平板、HE 琼脂平板、沙门氏菌属显色培养基平板)或 40～48 h(BS 琼脂平板)，观察各个平板上生长的菌落。各平板上的菌落特征见表 7-3。

表 7-3　沙门氏菌属在不同选择性琼脂平板上的菌落特征

选择性琼脂平板	沙 门 氏 菌
BS 琼脂	菌落为黑色有金属光泽、棕褐色或灰色，菌落周围培养基可呈黑色或棕色；有些菌株形成灰绿色的菌落，周围培养基不变

续表

选择性琼脂平板	沙门氏菌
HE琼脂	菌落为蓝绿色或蓝色，多数菌落中心为黑色或几乎全黑色；有些菌株为黄色，中心为黑色或几乎全黑色
XLD琼脂	菌落呈粉红色，带或不带黑色中心，有些菌株可呈现大的带光泽的黑色中心，或呈现全部黑色的菌落；有些菌株为黄色菌落，带或不带黑色中心
沙门氏菌属显色培养基	按照显色培养基的说明进行判定

4）生化试验

（1）自选择性琼脂平板上分别挑取两个以上典型或可疑菌落，接种三糖铁琼脂，先在斜面划线，再于底层穿刺；接种针不要灭菌，直接接种赖氨酸脱羧酶试验培养基和营养琼脂平板，于(36±1) ℃培养18～24 h，必要时可延长至48 h。在三糖铁琼脂和赖氨酸脱羧酶试验培养基内，沙门氏菌属的反应结果见表7-4。

表7-4　沙门氏菌属在三糖铁琼脂和赖氨酸脱羧酶试验培养基内的反应结果

三糖铁琼脂				赖氨酸脱羧酶试验培养基	初步判断
斜面	底层	产气	硫化氢		
K	A	+(−)	+(−)	+	可疑沙门氏菌属
K	A	+(−)	+(−)	−	可疑沙门氏菌属
A	A	+(−)	+(−)	+	可疑沙门氏菌属
A	A	+/−	+/−	−	非沙门氏菌
K	K	+/−	+/−	+/−	非沙门氏菌

表7-4说明，在三糖铁琼脂内斜面产酸，底层产酸，同时赖氨酸脱羧酶试验呈阴性的菌株可以排除。其他的反应结果均有沙门氏菌属的可能，同时也均有不是沙门氏菌属的可能。

接种三糖铁琼脂和赖氨酸脱羧酶试验培养基的同时，可直接接种蛋白胨水（供做靛基质试验）、尿素琼脂(pH=7.2)、氰化钾(KCN)培养基，也可在初步判断结果后从营养琼脂平板上挑取可疑菌落接种于(36±1) ℃培养18～24 h，必要时可延长至48 h，按表7-5判定结果。将已挑菌落的平板贮存于2～5 ℃或室温至少保留24 h，以备必要时复查。

表7-5　沙门氏菌属生化反应初步鉴别表

反应序号	硫化氢(H_2S)	靛基质	尿素(pH=7.2)	氰化钾(KCN)	赖氨酸脱羧酶
A1	+	−	−	−	+
A2	+	+	−	−	+
A3	−	−	−	−	+/−

注：+阳性；−阴性；+/−阳性或阴性。

① 反应序号A1典型反应判定为沙门氏菌属。如尿素、氰化钾和赖氨酸脱羧酶3项

中有一项异常，按表 7-6 可判定为沙门氏菌属。如有两项异常，则为非沙门氏菌属。

表 7-6　沙门氏菌属生化反应初步鉴别表

尿素(pH=7.2)	氰化钾(KCN)	赖氨酸脱羧酶	判定结果
−	−	−	甲型副伤寒沙门氏菌(要求血清学鉴定结果)
−	+	+	沙门氏菌Ⅳ或Ⅴ(要求符合本群生化特征)
+	−	+	沙门氏菌个别变体(要求血清学鉴定结果)

注：+阳性；−阴性。

② 反应序号 A2：补做甘露醇和山梨醇试验，沙门氏菌靛基质阳性变体两项实验结果均为阳性，但需要结合血清学鉴定结果进行判定。

③ 反应序号 A3：补做 ONPG。ONPG 阴性为沙门氏菌，同时赖氨酸脱羧酶阳性，甲型副伤寒沙门氏菌为赖氨酸脱羧酶阴性。

④ 必要时按表 7-7 进行沙门氏菌生化群的鉴别。

表 7-7　沙门氏菌属各生化群的鉴别

项目	Ⅰ	Ⅱ	Ⅲ	Ⅳ	Ⅴ	Ⅵ
卫矛醇	+	+	−	−	+	−
山梨醇	+	+	+	+	+	−
水杨苷	−	−	−	+	−	−
ONPG	−	−	+	−	+	−
内二酸盐	−	+	+	−	−	−
KCN	−	−	−	+	+	−

注：+阳性；−阴性。

(2) 如选择生化鉴定试剂盒或全自动微生物鉴定系统，可根据生化试验中第一步的初步判断结果，从营养琼脂平板上挑取可疑菌落，用生理盐水制备成浊度适当的菌悬液，使用生化鉴定试剂盒或全自动微生物鉴定系统进行鉴定。

5) 血清学鉴定

(1) 抗原的准备。

一般采用 1.2%～1.5%琼脂培养物作为玻片凝集试验用的抗原。

O 血清不凝集时，将菌株接种在琼脂量较高的(如 2%～3%)培养基上再检查；如果是由于 Vi 抗原的存在而阻止了 O 凝集反应，可挑取菌苔于 1 mL 生理盐水中做成浓菌液，于酒精灯火焰上煮沸后再检查。H 抗原发育不良时，将菌株接种在 0.55%～0.65%半固体琼脂平板的中央，待菌落蔓延生长时，在其边缘部分取菌检查；或将菌株通过装有 0.3%～0.4%半固体琼脂的小玻管 1～2 次，自远端取菌培养后再检查。

(2) 多价菌体抗原(O)鉴定。

在玻片上划出两个约 1 cm×2 cm 的区域，挑取 1 环待测菌，各放 1/2 环于玻片上的每一区域上部，在其中一个区域下部加 1 滴多价菌体(O)抗血清，在另一区域下部加入 1 滴生理盐水作为对照，再用无菌的接种环或针分别将两个区域内的菌落研成乳状液。将

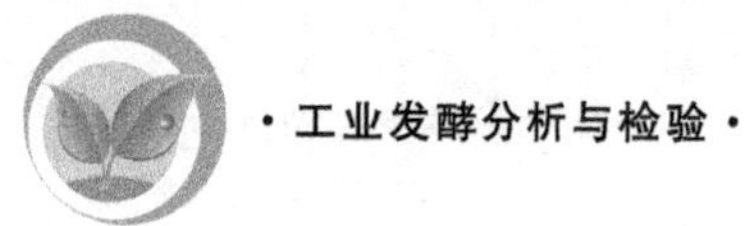

玻片倾斜摇动混合 1 min,并对着黑暗背景进行观察,任何程度的凝集现象皆为阳性反应。

(3) 多价鞭毛抗原(H)鉴定。

同多价菌体抗原(O)鉴定。

(4) 血清学分型(选做项目)。

① 抗原的鉴定。

用 A～F 多价 O 血清做玻片凝集试验,同时用生理盐水作对照。在生理盐水中自凝者为粗糙型菌株,不能分型。

被 A～F 多价 O 血清凝集者,依次用 O4、O3、O10、O7、O8、O9、O2 和 O11 因子血清做凝集试验,根据试验结果,判定 O 群。被 O3、O10 血清凝集的菌株,再用 O10、O15、O34、O19 单因子血清做凝集试验,判定 El、E2、E3、E4 各亚群,每一个 O 抗原成分的最后确定均应根据 O 单因子血清的检查结果,没有 O 单因子血清的要用两个 O 复合因子血清进行核对。

不被 A～F 多价 O 血清凝集者,先用 9 种多价 O 血清检查,如有其中一种血清凝集,则用这种血清所包括的 O 群血清逐一检查,以确定 O 群。每种多价 O 血清所包括的 O 因子如下:

O 多价 1　A,B,C,D,E,F 群(并包括 6,14 群)

O 多价 2　13,16,17,18,21 群

O 多价 3　28,30,35,38,39 群

O 多价 4　40,41,42,43 群

O 多价 5　44,45,47,48 群

O 多价 6　50,51,52,53 群

O 多价 7　55,56,57,58 群

O 多价 8　59,60,61,62 群

O 多价 9　63,65,66,67 群

② H 抗原的鉴定。

属于 A～F 各 O 群的常见菌型,依次用表 7-8 所述 H 因子血清检查第 1 相和第 2 相的 H 抗原。

表 7-8　A～F 群常见菌型 H 抗原表

O 群	第 1 相	第 2 相
A	a	无
B	g,f,s	无
B	i,b,d	2
C1	k,v,r,c	5,Z15
C2	b,d,r	2,5
D(不产气的)	d	无
D(产气的)	g,m,p,q	无

续表

O群	第1相	第2相
E1	h,v	6,w,x
E4	g,s,t	无
E4		

不常见的菌型，先用8种多价H血清检查，如有其中一种或两种血清凝集，则再用这一种或两种血清所包括的各种H因子血清逐一检查。8种多价H血清所包括的H因子如下：

H多价1　a,b,c,d,i

H多价2　eh,enx,enz15,fg,gms,gpu,gp,gq,mt,gz_{51}

H多价3　k,r,y,z,z_{10},Iv,Iw,Iz_{13},Iz_{28},Iz_{40}

H多价4　1,2;1,5;1,6;1,7;Z_6

H多价5　z_4z_{23},z_4z_{24},z_4z_{32},z_{29},z_{35},z_{36},z_{38}

H多价6　z_{39},z_{41},z_{42},z_{44}

H多价7　z_{52},z_{53},z_{54},z_{55}

H多价8　z_{56},z_{57},z_{60},z_{61},z_{62}

每一个H抗原成分的最后确定均应根据H单因子血清的检查结果，没有H单因子血清的要用两个H复合因子血清进行核对。

检出第1相H抗原而未检出第2相H抗原的或检出第2相H抗原而未检出第1相H抗原的，可在琼脂斜面上移种1～2代后再检查，如仍只检出一个相的H抗原，要用位相变异的方法检查其另一个相。单相菌不必做位相变异检查。

位相变异试验方法如下。

a. 小玻管法：将半固体管(每管1～2 mL)在酒精灯上熔化并冷至50 ℃，取已知相的H因子血清0.05～0.1 mL，加入已熔化的半固体内，混匀后，用毛细吸管吸取分装于供位相变异试验的小玻管内，待凝固后，用接种针挑取待检菌，接种于一端。将小玻管平放在平皿内，并在其旁放一团湿棉花，以防琼脂中水分蒸发而干缩，每天检查结果，待另一相细菌解离后，可以从另一端挑取细菌进行检查。培养基内血清的浓度应有适当的比例，过高时细菌不能生长，过低时同一相细菌的动力不能抑制。一般按原血清1∶(200～800)的量加入。

b. 小倒管法：将两端开口的小玻管(下端开口要留一个缺口，不要平齐)放在半固体管内，小玻管的上端应高出培养基的表面，灭菌后备用。临用时在酒精灯上加热熔化，冷至50 ℃，挑取因子血清1环，加入小套管中的半固体内，略加搅动，使其混匀，待凝固后，将待检菌株接种于小套管中的半固体表层内，每天检查结果。待另一相细菌解离后，可从套管外的半固体表面取菌检查，或转种1%软琼脂斜面，于37 ℃培养后再做凝集试验。

c. 简易平板法：将0.7%～0.8%半固体琼脂平板烘干表面水分，挑取因子血清1环，滴在半固体平板表面，放置片刻，待血清吸收到琼脂内，在血清部位的中央点种待检菌株，培养后，在形成蔓延生长的菌苔边缘取菌检查。

③ Vi抗原的鉴定。

用Vi因子血清检查。已知具有Vi抗原的菌型有伤寒沙门氏菌、丙型副伤寒沙门氏菌、都柏林沙门氏菌。

④ 菌型的判定。

根据血清学分型鉴定的结果，按照有关沙门氏菌属抗原表判定菌型。

5. 结果与报告

综合以上生化试验和血清学鉴定的结果，报告25 g样品中检出或未检出沙门氏菌属。

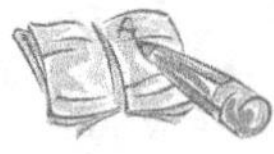

项目二　志贺氏菌的检验

学习目标

- 知识目标：学习样品中志贺氏菌的检测方法。
- 技能目标：掌握志贺氏菌的检测技术。
- 素质目标：能严格按操作规程进行安全操作，真实记录；会分析实验结果；学会分析、判断、解决问题，在学与做的过程中锻炼与他人交往、合作的能力。

志贺氏菌是人类重要的肠道致病菌之一，食物源性的痢疾暴发（即志贺氏菌食物中毒）主要是食用了被该菌污染的食品和水所致。志贺氏菌是需氧型革兰氏阴性无芽孢杆菌，在普通培养基上易于生长，最适pH为6.4～7.8，最适温度为37 ℃，于10～40 ℃均能繁殖，在选择性或鉴别培养基上为无色，半透明，微凸起，光滑，湿润，边缘整齐、直径约2 mm大小的菌落，但宋内氏志贺氏菌常出现R形菌落。在液体培养中呈均匀混浊，无鞭毛，无动力。

志贺氏菌在食品中的存活期较短，样品采集后应尽快进行检验，如不能立即检查，可将标本放入冰箱中保存。对该菌的检验至今还没有很好的增菌方法，一般采用GN增菌液缩短增菌时间，6～8 h增菌液内细菌轻微生长，即可接种鉴别平板，以免时间较长，其他肠道非致病菌生长过多而影响志贺氏菌的分离。用于分离鉴别的培养基一般不少于两个，采用中等选择性的HE或SS琼脂平板或弱选择性的麦康凯或EMB琼脂平板，以利于提高志贺氏菌的阳性检出率。

志贺氏菌属在三糖铁琼脂内的反应结果为底层产酸、不产气（福氏志贺氏菌6型可微产气），斜面产碱，不产生硫化氢，无动力，在半固体管内沿穿刺线生长。不发酵水杨苷和侧金盏花醇，不分解尿素，在西蒙氏柠檬酸培养基上不生长，V-P为阴性，不发酵乳糖（宋内氏志贺氏菌可迟缓发酵），不能使赖氨酸脱羧，宋内氏菌和鲍氏B型可使鸟氨酸脱羧，其他均为阴性。

检验方法大致分为增菌、分离、生化试验及血清学鉴定。

1. 仪器

(1) 冰箱：0～4 ℃。

(2) 恒温培养箱:(36±1) ℃,42 ℃。

(3) 显微镜:10～100 倍。

(4) 均质器或灭菌乳钵。

(5) 架盘药物天平:0～500 g,精确至 0.5 g。

(6) 灭菌广口瓶:500 mL。

(7) 灭菌锥形瓶:500 mL、250 mL。

(8) 灭菌培养皿:直径 90 mm。

(9) 硝酸纤维素滤膜:150 mm×50 mm,ϕ0.45 μm。临用时切成两张,每张 70 mm×50 mm,用铅笔画格,每格 6 mm×6 mm。每行 10 格,分 6 行。灭菌备用。

2. 培养基和试剂

(1) GN 增菌液:见附录Ⅰ中 35。

(2) HE 琼脂:见附录Ⅰ中 36。

(3) SS 琼脂:见附录Ⅰ中 37。

(4) 麦康凯琼脂:见附录Ⅰ中 38。

(5) 伊红美蓝琼脂(EMB):见附录Ⅰ中 39。

(6) 三糖铁琼脂(TSI):见附录Ⅰ中 40。

(7) 葡萄糖半固体发酵管:见附录Ⅰ中 41。

(8) 半固体琼脂:见附录Ⅰ中 22。

(9) 葡萄糖铵培养基:见附录Ⅰ中 33。

(10) 尿素琼脂(pH=7.2):见附录Ⅰ中 17。

(11) 西蒙氏柠檬酸盐琼脂:见附录Ⅰ中 32。

(12) 氰化钾(KCN)培养基:见附录Ⅰ中 18。

(13) 氨基酸脱羧酶试验培养基:见附录Ⅰ中 34。

(14) 糖发酵管:见附录Ⅰ中 20。

(15) 5%乳糖发酵管:见附录Ⅰ中 42。

(16) 蛋白胨水、靛基质试剂:见附录Ⅰ中 16。

3. 检验程序

志贺氏菌检验程序如图 7-5 所示。

4. 测定方法

1) 增菌

以无菌操作取检样 25 g(mL),加入装有 225 mL GN 增菌液的广口瓶内,固体食品用均质器以 8000～10000 r/min 打碎 1 min,或用乳钵加灭菌砂磨碎,粉状食品用金属匙或玻璃棒研磨使其乳化,于 36 ℃培养 6～8 h。培养时间视细菌生长情况而定,当培养液出现轻微混浊时应立即中止培养。

2) 分离和初步生化试验

(1) 取增菌液 1 环,划线接种于 HE 琼脂平板或 SS 琼脂平板一个;另取 1 环,划线接种于麦康凯琼脂平板或伊红美蓝琼脂平板一个,于 36 ℃培养 18～24 h,志贺氏菌在这些培养基上呈现无色透明、不发酵乳糖的菌落。

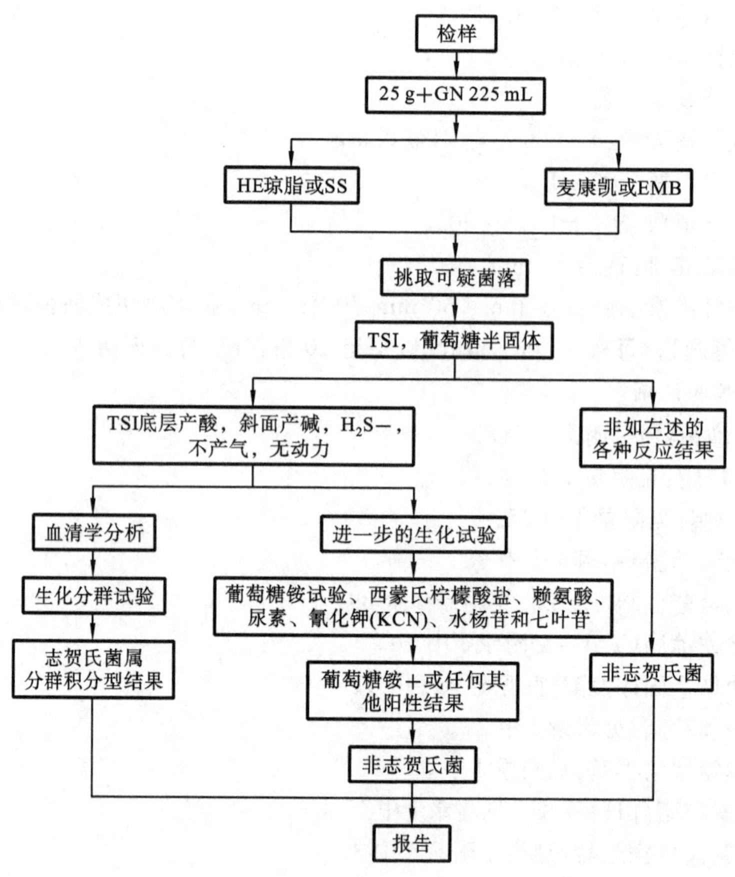

图 7-5　志贺氏菌检验程序

(2) 挑取平板上的可疑菌落，接种三糖铁琼脂和葡萄糖半固体各一管。一般应多挑几个菌落，以防遗漏，经 36 ℃培养 18～24 h，分别观察结果。

(3) 下述培养物可以弃去：

① 在三糖铁琼脂斜面上呈蔓延生长的培养物；

② 在 18～24 h 内发酵乳糖、蔗糖的培养物；

③ 不分解葡萄糖和只生长在半固体表面的培养物；

④ 产气的培养物；

⑤ 有动力的培养物；

⑥ 产生硫化氢的培养物。

(4) 凡是乳糖、蔗糖不发酵，葡萄糖产酸不产气（福氏志贺氏菌 6 型可产生少量气体），无动力的菌株，可做血清学分型和进一步的生化试验。

3) 血清学分型和进一步的生化试验

(1) 血清学分型。

挑取三糖铁琼脂上的培养物，做玻片凝集试验。先用 4 种志贺氏菌多价血清检查，如果由于 K 抗原的存在而不出现凝集，应将菌液煮沸后再检查；如果呈现凝集，则用 A1、

AZ、B 群多价和 D 群血清分别试验。如系 B 群福氏志贺氏菌，则用群和型因子血清分别检查。福氏志贺氏菌各型和亚型的型和群抗原见表 7-9。可先用群因子血清检查，再根据群因子血清出现凝集的结果，依次选用型因子血清检查。

4 种志贺氏菌多价血清不凝集的菌株可用鲍氏多价 1、2、3 分别检查，并进一步用1～15 各型因子血清检查。如果鲍氏多价血清不凝集，可用痢疾志贺氏菌 3～12 型多价血清及各型因子血清检查。

表 7-9　福氏志贺氏菌各型和亚型的型和群抗原

型和亚型	型抗原	群抗原	在群因子血清中的凝集		
			3.4	6	7.8
1a	Ⅰ	1,2,4,5,9……	+	−	−
1b	Ⅰ	1,2,4,5,9……	+	+	−
2a	Ⅱ	1,3,4……	+	−	−
2b	Ⅱ	1,7,8,9……	−	−	+
3a	Ⅲ	1,6,7,8,9……	−	+	+
3b	Ⅲ	1,3,4,6……	+	+	−
4a	Ⅳ	1,(3,4)……	(+)	−	−
4b	Ⅳ	1,3,4,6……	+	+	−
5a	Ⅴ		+	−	−
5b	Ⅴ	1,5,7,9……	−	−	+
6	Ⅵ	1,2,(4)……	(+)	−	−
X 变体	—	1,7,8,9……	−	−	+
Y 变体		1,3,4……	+	−	−

注：+凝集；−不凝集；()有或无。

(2) 进一步的生化试验。

在做血清学分型的同时，应做进一步的生化试验，即葡萄糖铵、西蒙氏柠檬酸盐、赖氨酸和鸟氨酸脱羧酶、pH=7.2 的尿素、氰化钾(KCN)生长，以及水杨苷和七叶苷的分解。除宋内氏菌和鲍氏 13 型为鸟氨酸阳性外，志贺氏菌属的培养物均为阴性结果。必要时还应做革兰氏染色检查和氧化酶试验，应为氧化酶阴性的革兰氏阴性杆菌。生化反应不符合的菌株，即使能与某种志贺氏菌分型血清发生凝集，仍不得判定为志贺氏菌属的培养物。

已判定为志贺氏菌属的培养物，应进一步做 5%乳糖发酵，甘露醇、棉子糖和甘油的发酵和靛基质试验。志贺氏菌属四个生化群的培养物应符合该群的生化特性。但福氏 6 型的生化特性与 A 群或 C 群相似(见表 7-10)。

表 7-10 志贺氏菌属四个群的生化特征

生 化 群	5%乳糖	甘露醇	棉子糖	甘油	靛基质
A 群:痢疾志贺氏菌	−	−	−	(+)	−/+
B 群:福氏志贺氏菌	−	+	+	−	(+)
C 群:鲍氏志贺氏菌	−	+	−	(+)	−/+
D 群:宋内氏志贺氏菌	+/(+)	+	+	d	−

注:+阳性;−阴性;−/+多数阴性,少数阳性;(+)迟缓阳性;d 有不同生化型。

项目三　金黄色葡萄球菌的检验

学习目标

- 知识目标:学习样品中金黄色葡萄球菌的检测方法。
- 技能目标:掌握金黄色葡萄球菌检测技术。
- 素质目标:能严格按操作规程进行安全操作,真实记录;会分析实验结果;学会分析、判断、解决问题,在学与做的过程中锻炼与他人交往、合作的能力。

葡萄球菌在自然界分布极广,空气、土壤、水、饲料、食品(粮食、糕点、牛奶、肉制品、酒类等)以及人和动物的体表黏膜等处均有存在,大部分是不致病的,也有一些致病的球菌。金黄色葡萄球菌是葡萄球菌属的一个种,可引起皮肤组织炎症,还能产生肠毒素。如果在食品中大量生长繁殖,产生毒素,人误食了含有毒素的食品,就会发生食物中毒,因此食品中存在金黄色葡萄球菌对人的健康是一种潜在的危险,检查食品中金黄色葡萄球菌及其数量具有实际意义。

金黄色葡萄球菌能产生凝固酶,使血浆凝固,多数致病菌株能产生溶血毒素,使血琼脂平板菌落周围出现溶血环,在试管中出现溶血反应。这些都是鉴定致病性金黄色葡萄球菌的重要指标。

1. 仪器

(1) 恒温培养箱:(36±1) ℃。

(2) 冰箱:2~5 ℃。

(3) 恒温水浴箱:37~65 ℃。

(4) 天平:感量 0.1 g。

(5) 均质器。

(6) 振荡器。

(7) 无菌吸管:1 mL(具 0.01 mL 刻度)、10 mL(具 0.1 mL 刻度)或微量移液器及吸头。

(8) 无菌锥形瓶:容量 100 mL、500 mL。

(9) 无菌培养皿:直径 90 mm。

(10) 注射器:0.5 mL。

(11) pH 计或 pH 比色管或精密 pH 试纸。

2. 培养基和试剂

(1) 10%氯化钠胰酪胨大豆肉汤:见附录Ⅰ中 24。

(2) 7.5%氯化钠肉汤:见附录Ⅰ中 25。

(3) 血琼脂平板:见附录Ⅰ中 26。

(4) Baird-Parker 琼脂平板:见附录Ⅰ中 27。

(5) 脑心浸出液(BHI)肉汤:见附录Ⅰ中 28。

(6) 兔血浆:见附录Ⅰ中 29。

(7) 磷酸盐缓冲溶液:见附录Ⅰ中 2。

(8) 营养琼脂小斜面:见附录Ⅰ中 30。

(9) 革兰氏染色液:见附录Ⅰ中 31。

(10) 无菌生理盐水:称取 8.5 g 氯化钠,溶于 1000 mL 蒸馏水中,121 ℃高压灭菌 15 min。

(11) 1 mol/L 氢氧化钠溶液:称取 40 g 氢氧化钠,溶于 1000 mL 蒸馏水中。

(12) 1 mol/L 盐酸:取 37%浓盐酸 90 mL,加蒸馏水到 1000 mL。

3. 测定方法

1) 金黄色葡萄球菌定性检验(方法一)

(1) 检验程序。

金黄色葡萄球菌检验程序如图 7-6 所示。

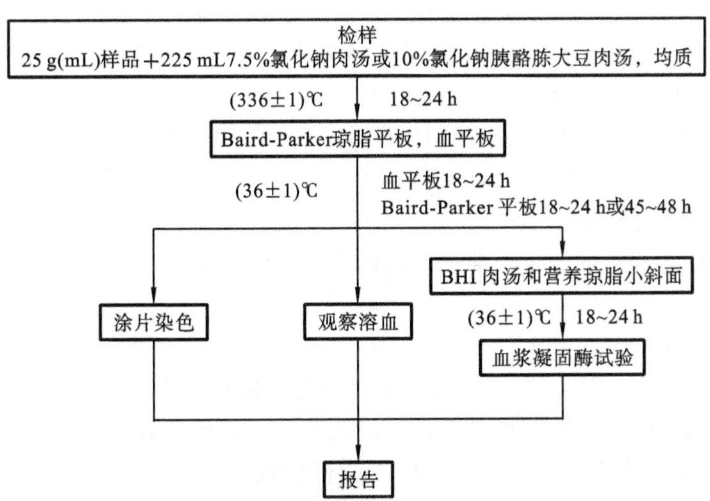

图 7-6 金黄色葡萄球菌检验程序

(2) 样品处理。

称取 25 g 样品至盛有 225 mL7.5%氯化钠肉汤或 10%氯化钠胰酪胨大豆肉汤的无菌均质杯内,8000~10000 r/min 均质 1~2 min,或放入盛有 225 mL7.5%氯化钠肉汤或 10%氯化钠胰酪胨大豆肉汤的无菌均质袋中,用拍击式均质器拍打 1~2 min。若样品为

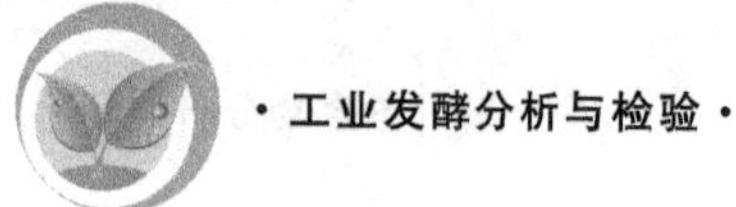

液态，吸取 25 mL 样品至盛有 225 mL7.5%氯化钠肉汤或 10%氯化钠胰酪胨大豆肉汤的无菌锥形瓶(瓶内可预置适当数量的无菌玻璃珠)中，振荡混匀。

(3) 增菌和分离培养。

① 将上述样品匀液于(36±1) ℃培养 18～24 h。金黄色葡萄球菌在 7.5%氯化钠肉汤中呈混浊生长，污染严重时在 10%氯化钠胰酪胨大豆肉汤内呈混浊生长。

② 将上述培养物，分别划线接种到 Baird-Parker 琼脂平板和血平板。血平板(36±1) ℃培养 18～24 h，Baird-Parker 琼脂平板(36±1) ℃培养 18～24 h 或 45～48 h。

③ 金黄色葡萄球菌在 Baird-Parker 琼脂平板上，菌落直径为 2～3 mm，颜色呈灰色到黑色，边缘为淡色，周围为一混浊带，在其外层有一透明圈。用接种针接触菌落有似奶油至树胶样的硬度，偶尔会遇到非脂肪溶解的类似菌落，但无混浊带及透明圈。长期保存的冷冻或干燥食品中所分离的菌落比典型菌落所产生的黑色淡些，外观可能粗糙并干燥。在血平板上，形成菌落较大，圆形、光滑凸起、湿润、金黄色(有时为白色)，菌落周围可见完全透明溶血圈。挑取上述菌落进行革兰氏染色镜检及血浆凝固酶试验。

(4) 鉴定。

① 革兰氏染色镜检：金黄色葡萄球菌为革兰氏阳性球菌，排列呈葡萄球状，无芽孢，无荚膜，直径为 0.5～1 μm。

② 血浆凝固酶试验：挑取 Baird-Parker 琼脂平板或血平板上可疑菌落 1 个或以上，分别接种到 5 mL BHI 和营养琼脂小斜面，(36±1) ℃培养 18～24 h。

取新鲜配制兔血浆 0.5 mL，放入小试管中，再加入 BHI 培养物 0.2～0.3 mL，振荡摇匀，置于(36±1) ℃温箱或水浴箱内，每半小时观察一次，观察 6 h，如呈现凝固(即将试管倾斜或倒置时，呈现凝块)或凝固体积大于原体积的一半，则判定为阳性结果。同时以血浆凝固酶试验阳性和阴性葡萄球菌菌株的肉汤培养物作为对照。也可用商品化的试剂，按说明书操作，进行血浆凝固酶试验。

结果如可疑，挑取营养琼脂小斜面的菌落到 5 mL BHI，(36±1) ℃培养 18～48 h，重复试验。

(5) 葡萄球菌肠毒素的检验。

可疑食物中毒样品或产生葡萄球菌肠毒素的金黄色葡萄球菌菌株的鉴定，应检测葡萄球菌肠毒素。

(6) 结果与报告。

① 结果判定：符合上述结果的，可判定为金黄色葡萄球菌。

②结果报告：在 25 g(mL)样品中检出或未检出金黄色葡萄球菌。

2) 金黄色葡萄球菌 Baird-Parker 琼脂平板计数(方法二)

(1) 检验程序。

金黄色葡萄球菌 Baird-Parker 平板法检验程序如图 7-7 所示。

(2) 样品的稀释。

① 固体和半固体样品：称取 25 g 样品，置于盛有 225 mL 磷酸盐缓冲溶液或无菌生理盐水的无菌均质杯内，8000～10000 r/min 均质 1～2 min，或置于盛有 225 mL 稀释液的无菌均质袋中，用拍击式均质器拍打 1～2 min，制成 1∶10 的样品匀液。

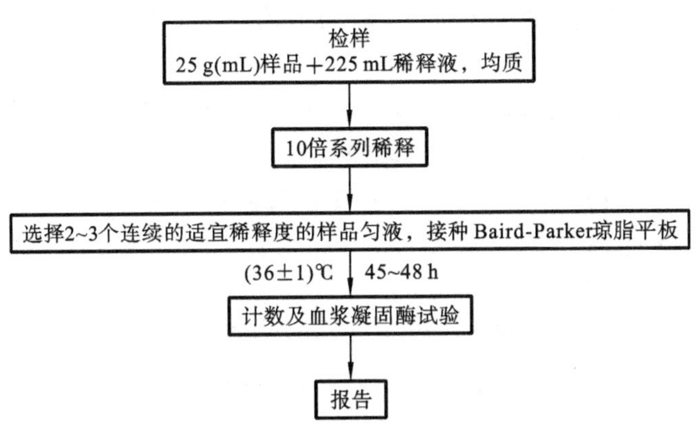

图 7-7　金黄色葡萄球菌 Baird-Parker 平板法检验程序

② 液体样品：以无菌吸管吸取 25 mL 样品，置于盛有 225 mL 磷酸盐缓冲溶液或无菌生理盐水的无菌锥形瓶（瓶内预置适当数量的无菌玻璃珠）中，充分混匀，制成 1∶10 的样品匀液。

③ 用 1 mL 无菌吸管或微量移液器吸取 1∶10 样品匀液 1 mL，沿管壁缓慢注入盛有 9 mL 稀释液的无菌试管中（注意吸管或吸头尖端不要触及稀释液面），振摇试管或换用 1 支 1 mL 无菌吸管反复吹打使其混合均匀，制成 1∶100 的样品匀液。

④ 按③操作程序，制备 10 倍系列稀释样品匀液。每递增稀释一次，换用 1 支 1 mL 无菌吸管或吸头。

(3) 样品的接种。

根据对样品污染状况的估计，选择 2～3 个适宜稀释度的样品匀液（液体样品可包括原液），在进行 10 倍递增稀释时，每个稀释度分别吸取 1 mL 样品匀液以 0.3 mL、0.3 mL、0.4 mL 接种量分别加入三块 Baird-Parker 琼脂平板，然后用无菌 L 棒涂布整个平板，注意不要触及平板边缘。使用前，如 Baird-Parker 琼脂平板表面有水珠，可放在 25～50 ℃的培养箱里干燥，直到平板表面的水珠消失。

(4) 培养。

在通常情况下，涂布后，将平板静置 10 min，如样液不易吸收，可将平板放在培养箱中(36±1) ℃培养 1 h；等样品匀液吸收后翻转平皿，倒置于培养箱中，(36±1) ℃培养 45～48 h。

(5) 典型菌落计数和确认。

① 金黄色葡萄球菌在 Baird-Parker 琼脂平板上，菌落直径为 2～3 mm，颜色呈灰色到黑色，边缘为淡色，周围为一混浊带，在其外层有一透明圈。用接种针接触菌落有似奶油至树胶样的硬度，偶尔会遇到非脂肪溶解的类似菌落，但无混浊带及透明圈。长期保存的冷冻或干燥食品中所分离的菌落比典型菌落所产生的黑色淡些，外观可能粗糙并干燥。

② 选择有典型的金黄色葡萄球菌菌落，且同一稀释度 3 个平板所有菌落数合计在 20～200 CFU 的平板，计数典型菌落数。结果如下：

a. 如果只有一个稀释度平板的菌落数在 20～200 CFU 且有典型菌落，计数该稀释度平板上的典型菌落；

b. 最低稀释度平板的菌落数小于 20 CFU 且有典型菌落，计数该稀释度平板上的典型菌落；

c. 某一稀释度平板的菌落数大于 200 CFU 且有典型菌落，但下一稀释度平板上没有典型菌落，应计数该稀释度平板上的典型菌落；

d. 某一稀释度平板的菌落数大于 200 CFU 且有典型菌落，且下一稀释度平板上有典型菌落，但其平板上的菌落数不在 20～200 CFU，应计数该稀释度平板上的典型菌落。

以上按公式(7-2)计算。

e. 2 个连续稀释度的平板菌落数均在 20～200 CFU，按公式(7-3)计算。

③ 从典型菌落中任选 5 个菌落(小于 5 个时全选)，分别做血浆凝固酶试验。

(6) 结果计算

$$T=\frac{AB}{Cd} \tag{7-2}$$

式中：T——样品中金黄色葡萄球菌菌落数；

A——某一稀释度典型菌落的总数；

B——某一稀释度血浆凝固酶阳性的菌落数；

C——某一稀释度用于血浆凝固酶试验的菌落数；

d——稀释因子。

$$T=\frac{A_1B_1/C_1+A_2B_2/C_2}{1.1d} \tag{7-3}$$

式中：T—— 样品中金黄色葡萄球菌菌落数；

A_1—— 第一稀释度(低稀释倍数) 典型菌落的总数；

A_2—— 第二稀释度(高稀释倍数) 典型菌落的总数；

B_1—— 第一稀释度(低稀释倍数) 血浆凝固酶阳性的菌落数；

B_2—— 第二稀释度(高稀释倍数) 血浆凝固酶阳性的菌落数；

C_1—— 第一稀释度(低稀释倍数) 用于血浆凝固酶试验的菌落数；

C_2—— 第二稀释度(高稀释倍数) 用于血浆凝固酶试验的菌落数；

1.1—— 计算系数；

d—— 稀释因子(第一稀释度)。

(7) 结果与报告。

根据 Baird-Parker 琼脂平板上金黄色葡萄球菌的典型菌落数，按上述公式计算，报告 1 g(mL)样品中金黄色葡萄球菌数，以 CFU/g(mL)表示；如 T 值为 0，则以小于 1 乘以最低稀释倍数报告。

3) 金黄色葡萄球菌 MPN 计数(方法三)

(1) 检验程序。

金黄色葡萄球菌 Baird-Parker 平板法检验程序如图 7-8 所示。

(2) 样品的稀释。

按方法二中样品稀释的过程进行。

(3) 接种和培养。

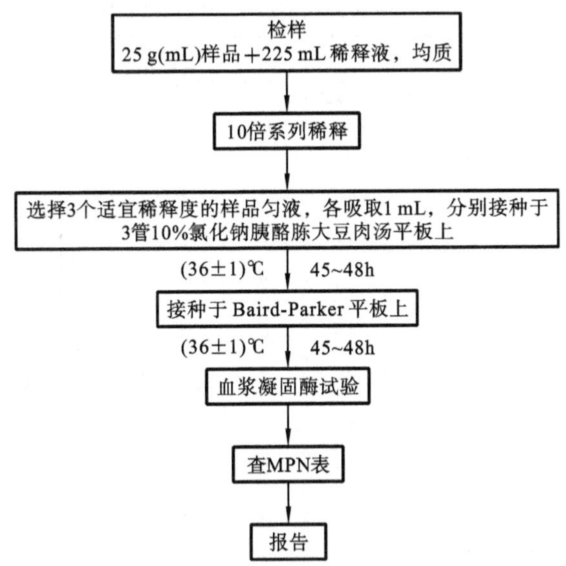

图 7-8　金黄色葡萄球菌 Baird-Parker 平板法检验程序

根据对样品污染状况的估计，选择 3 个适宜稀释度的样品匀液(液体样品可包括原液)，在进行 10 倍递增稀释时，每个稀释度分别吸取 1 mL 样品匀液接种到 10%氯化钠胰酪胨大豆肉汤管内，每个稀释度接种 3 管，将上述接种物于(36±1) ℃培养 45～48 h。

用接种环从有细菌生长的各管中移取 1 环，分别接种于 Baird-Parker 平板上，(36±1) ℃培养 45～48 h。

(4) 典型菌落确认。

金黄色葡萄球菌在 Baird-Parker 琼脂平板上，菌落直径为 2～3 mm，颜色呈灰色到黑色，边缘为淡色，周围为一混浊带，在其外层有一透明圈。用接种针接触菌落有似奶油至树胶样的硬度，偶然会遇到非脂肪溶解的类似菌落，但无混浊带及透明圈。长期保存的冷冻或干燥食品中所分离的菌落比典型菌落所产生的黑色较淡些，外观可能粗糙并干燥。

从典型菌落中至少挑取 1 个菌落接种到 BHI 肉汤中和营养琼脂斜面上，(36±1) ℃培养 18～24 h(进行血浆凝固酶试验)。取新鲜配置兔血浆 0.5 mL，放入小试管中，再加入 BHI 培养物 0.2～0.3 mL，振荡摇匀，置于(36±1) ℃温箱或水浴箱内，每半小时观察一次，观察 6 h，如呈现凝固(即将试管倾斜或倒置时，呈现凝块)或凝固体积大于原体积的一半，被判定为阳性结果。同时以血浆凝固酶试验阳性和阴性葡萄球菌菌株的肉汤培养物作为对照。也可用商品化的试剂，按说明书操作，进行血浆凝固酶试验。

结果如可疑，挑取营养琼脂小斜面的菌落到 5 mL BHI，(36±1) ℃培养 18～48 h，重复试验。

(5) 结果与报告。

计算血浆凝固酶试验阳性菌落对应的管数，查 MPN 检索表(见表 7-11)，报告 1 g(mL)样品中金黄色葡萄球菌的最可能数，以 MPN/g(mL)表示。

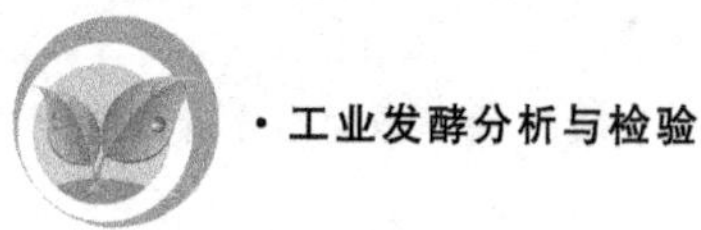

表 7-11　金黄色葡萄球菌最可能数(MPN)检索表

阳性管数			MPN	95%可信限		阳性管数			MPN	95%可信限	
0.10	0.01	0.001		下限	上限	0.10	0.01	0.001		下限	上限
0	0	0	<3.0	—	9.5	2	2	0	21	4.5	42
0	0	1	3.0	0.15	9.6	2	2	1	28	8.7	94
0	1	0	3.0	0.15	11	2	2	2	35	8.7	94
0	1	1	6.1	1.2	18	2	3	0	29	8.7	94
0	2	0	6.2	1.2	18	2	3	1	36	8.7	94
0	3	0	9.4	3.6	38	3	0	0	23	4.6	94
1	0	0	3.6	0.17	18	3	0	1	38	8.7	110
1	0	1	7.2	1.3	18	3	0	2	64	17	180
1	0	2	11	3.6	38	3	1	0	43	9	180
1	1	0	7.4	1.3	20	3	1	1	75	17	200
1	1	1	11	3.6	38	3	1	2	120	37	420
1	2	0	11	3.6	42	3	1	3	160	40	420
1	2	1	15	4.5	42	3	2	0	93	18	420
1	3	0	16	4.4	42	3	2	1	150	37	420
2	0	0	9.2	1.4	38	3	2	2	210	40	430
2	0	1	14	3.6	42	3	2	3	290	90	1000
2	0	2	20	4.5	42	3	3	0	240	42	1000
2	1	0	15	3.7	42	3	3	1	460	90	2000
2	1	1	20	4.5	42	3	3	2	1100	180	4100
2	1	2	27	8.7	94	3	3	3	>1100	420	—

注:(1) 本表采用 3 个稀释度[0.1 g(mL)、0.01 g(mL)和 0.001 g(mL)],每个稀释度接种 3 管。

(2) 表内所列检样量如改用 1 g(mL)、0.1 g(mL)和 0.01 g(mL),表内数字应相应缩小至原数的十分之一;如改用 0.01 g(mL)、0.001 g(mL)、0.0001 g(mL),则表内数字应相应增高 10 倍,其余类推。

思考题

1. 致病菌的具体含义是什么?
2. 致病菌检验的意义有哪些?
3. 沙门氏菌的检测程序是什么?
4. 志贺氏菌的检测程序是什么?
5. 金黄色葡萄球菌的检测程序是什么?

附录

附录 A　锤度计读数与温度校正表

温度/℃			浓度/(%)														
			0	5	10	15	20	25	30	35	40	45	50	55	60	65	70
温度/℃	10	从读数中减去	0.50	0.54	0.58	0.61	0.64	0.66	0.68	0.70	0.70	0.73	0.74	0.75	0.76	0.78	0.79
	11		0.46	0.46	0.53	0.55	0.58	0.60	0.62	0.64	0.64	0.66	0.67	0.68	0.69	0.70	0.71
	12		0.42	0.45	0.48	0.50	0.52	0.54	0.56	0.57	0.57	0.59	0.60	0.61	0.61	0.63	0.63
	13		0.37	0.40	0.42	0.44	0.46	0.48	0.49	0.50	0.50	0.52	0.53	0.54	0.54	0.55	0.55
	14		0.33	0.35	0.37	0.39	0.40	0.41	0.42	0.43	0.43	0.45	0.45	0.46	0.46	0.47	0.48
	15		0.27	0.29	0.31	0.33	0.34	0.34	0.35	0.36	0.36	0.37	0.38	0.39	0.39	0.40	0.40
	16		0.22	0.24	0.25	0.26	0.27	0.28	0.28	0.29	0.29	0.30	0.30	0.31	0.31	0.32	0.32
	17		0.17	0.18	0.19	0.20	0.21	0.21	0.21	0.22	0.22	0.23	0.23	0.23	0.23	0.24	0.24
	18		0.12	0.13	0.13	0.14	0.14	0.14	0.14	0.15	0.15	0.15	0.15	0.16	0.16	0.16	0.16
	19		0.06	0.06	0.06	0.07	0.07	0.07	0.07	0.08	0.08	0.08	0.08	0.08	0.08	0.08	0.08
	20		0	0	0	0	0	0	0	0	0	0	0	0	0	0	0
	21	从读数中加上	0.08	0.07	0.07	0.07	0.07	0.08	0.08	0.08	0.08	0.08	0.08	0.08	0.08	0.08	0.08
	22		0.13	0.13	0.14	0.14	0.15	0.15	0.15	0.15	0.15	0.16	0.16	0.16	0.16	0.16	0.16
	23		0.19	0.20	0.21	0.22	0.22	0.23	0.23	0.23	0.23	0.24	0.24	0.24	0.24	0.24	0.24
	24		0.26	0.27	0.28	0.29	0.30	0.30	0.31	0.31	0.31	0.31	0.31	0.32	0.32	0.32	0.32
	25		0.33	0.35	0.36	0.37	0.38	0.38	0.39	0.40	0.40	0.40	0.40	0.40	0.40	0.40	0.40
	26		0.40	0.42	0.43	0.44	0.45	0.46	0.47	0.48	0.48	0.48	0.48	0.48	0.48	0.48	0.48
	27		0.48	0.50	0.52	0.53	0.54	0.55	0.55	0.56	0.56	0.56	0.56	0.56	0.56	0.56	0.56
	28		0.56	0.57	0.60	0.61	0.62	0.63	0.63	0.64	0.64	0.64	0.64	0.64	0.64	0.64	0.64
	29		0.64	0.66	0.68	0.69	0.71	0.72	0.72	0.73	0.73	0.73	0.73	0.73	0.73	0.73	0.73
	30		0.72	0.74	0.77	0.78	0.79	0.80	0.80	0.81	0.81	0.81	0.81	0.81	0.81	0.81	0.87

附录B 酒精度与温度校正表

酒精计指示度数	温度表指示度数																																								
	0	1	2	3	4	5	6	7	8	9	10	11	12	13	14	15	16	17	18	19	20	21	22	23	24	25	26	27	28	29	30	31	32	33	34	35	36	37	38	39	40
0	0.8	0.8	0.8	0.9	0.9	0.9	0.9	0.9	0.9	0.9	0.8	0.8	0.7	0.7	0.6	0.5	0.4	0.3	0.2	0.1	0.0																				
0.5	1.3	1.3	1.4	1.4	1.4	1.4	1.4	1.4	1.4	1.4	1.3	1.3	1.2	1.2	1.1	1.0	0.9	0.8	0.7	0.6	0.5	0.4	0.2	0.1	0.0																
1.0	1.8	1.8	1.9	1.9	1.9	2.0	2.0	1.9	1.9	1.9	1.8	1.8	1.7	1.7	1.6	1.5	1.4	1.3	1.2	1.2	1.0	0.9	0.7	0.6	0.4	0.3	0.1	0.0													
1.5	2.3	2.4	2.4	2.4	2.4	2.5	2.5	2.4	2.4	2.4	2.4	2.3	2.2	2.2	2.1	2.0	1.9	1.8	1.7	1.6	1.5	1.4	1.2	1.1	0.9	0.8	0.6	0.4	0.3	0.2	0.1										
2.0	2.8	2.9	2.9	3.0	3.0	3.0	3.0	3.0	2.9	2.9	2.9	2.8	2.8	2.7	2.6	2.5	2.4	2.3	2.2	2.1	2.0	1.9	1.7	1.6	1.4	1.3	1.1	1.0	0.8	0.6	0.4	0.2	0.1								
2.5	3.3	3.4	3.4	3.5	3.5	3.5	3.5	3.5	3.4	3.4	3.4	3.3	3.3	3.2	3.1	3.0	2.9	2.8	2.7	2.6	2.5	2.4	2.2	2.1	1.9	1.8	1.6	1.4	1.3	1.1	0.9	0.7	0.6								
3.0	3.9	3.9	4.0	4.0	4.0	4.0	4.0	4.0	4.0	4.0	3.9	3.9	3.8	3.7	3.6	3.6	3.4	3.4	3.2	3.1	3.0	2.9	2.7	2.6	2.4	2.3	2.1	1.9	1.8	1.6	1.4	1.2	1.1	0.9	0.8	0.6	0.4	0.3	0.1		
3.5	4.4	4.4	4.5	4.5	4.5	4.6	4.6	4.5	4.5	4.5	4.4	4.4	4.3	4.2	4.2	4.1	4.0	3.9	3.7	3.6	3.5	3.4	3.2	3.1	2.9	2.8	2.6	2.4	2.2	2.1	1.9	1.7	1.6	1.4	1.3	1.1	0.9	0.8	0.6		
4.0	4.9	5.0	5.0	5.1	5.1	5.1	5.1	5.0	5.0	5.0	4.9	4.9	4.8	4.8	4.7	4.6	4.5	4.4	4.2	4.1	4.0	3.9	3.7	3.6	3.4	3.2	3.1	2.9	2.7	2.5	2.4	2.2	2.1	1.9	1.8	1.6	1.4	1.3	1.1	1.0	0.8
4.5	5.5	5.5	5.6	5.6	5.6	5.6	5.6	5.6	5.6	5.5	5.5	5.4	5.4	5.3	5.2	5.1	5.0	4.9	4.8	4.6	4.5	4.4	4.2	4.1	3.9	3.7	3.6	3.4	3.2	3.0	2.8	2.6	2.6	2.4	2.2	2.0	1.8	1.7	1.5	1.4	1.2
5.0	6.0	6.1	6.1	6.1	6.2	6.2	6.2	6.1	6.1	6.0	6.0	6.0	5.9	5.8	5.7	5.6	5.5	5.4	5.3	5.1	5.0	4.8	4.7	4.6	4.4	4.2	4.0	3.9	3.7	3.6	3.3	3.1	3.0	2.8	2.6	2.4	2.3	2.1	1.9	1.8	1.6
5.5	6.6	6.6	6.7	6.7	6.7	6.7	6.7	6.7	6.6	6.6	6.5	6.5	6.4	6.3	6.2	6.1	6.0	5.9	5.8	5.6	5.5	5.4	5.2	5.0	4.9	4.7	4.5	4.3	4.2	4.0	3.8	3.6	3.4	3.2	3.0	2.8	2.7	2.5	2.4	2.2	2.0
6.0	7.2	7.2	7.2	7.3	7.3	7.3	7.3	7.2	7.2	7.1	7.1	7.0	6.9	6.8	6.7	6.6	6.5	6.4	6.3	6.1	6.0	5.8	5.7	5.5	5.4	5.2	5.0	4.8	4.6	4.4	4.2	4.0	3.8	3.7	3.5	3.3	3.1	2.9	2.8	2.6	2.4
6.5	7.8	7.8	7.8	7.8	7.8	7.8	7.8	7.8	7.7	7.7	7.6	7.6	7.5	7.4	7.3	7.2	7.0	6.9	6.8	6.6	6.5	6.3	6.2	6.0	5.8	5.7	5.5	5.3	5.1	4.9	4.7	4.5	4.3	4.2	4.0	3.8	3.6	3.4	3.3	3.1	2.9
7.0	8.4	8.4	8.4	8.4	8.4	8.4	8.4	8.4	8.3	8.2	8.2	8.1	8.0	7.9	7.8	7.7	7.6	7.4	7.3	7.2	7.0	6.8	6.7	6.5	6.3	6.2	6.0	5.8	5.6	5.4	5.1	5.0	4.8	4.7	4.5	4.3	4.1	3.9	3.8	3.6	3.4
7.5	9.0	9.0	9.0	9.0	9.0	9.0	8.9	8.9	8.8	8.8	8.7	8.6	8.5	8.4	8.3	8.2	8.1	8.0	7.8	7.6	7.5	7.3	7.2	7.0	6.8	6.6	6.4	6.3	6.1	5.8	5.6	5.4	5.2	5.1	4.9	4.8	4.6	4.4	4.2	4.0	3.8
8.0	9.6	9.6	9.6	9.6	9.6	9.6	9.5	9.5	9.4	9.3	9.3	9.2	9.1	9.0	8.9	8.8	8.6	8.5	8.3	8.2	8.0	7.8	7.7	7.5	7.3	7.1	6.9	6.7	6.5	6.3	6.1	5.9	5.7	5.5	5.3	5.2	5.0	4.8	4.6	4.4	4.2
8.5	10.2	10.2	10.2	10.2	10.2	10.1	10.1	10.0	10.0	9.9	9.8	9.7	9.6	9.5	9.4	9.3	9.1	9.0	8.8	8.7	8.5	8.3	8.2	8.0	7.8	7.6	7.4	7.2	7.0	6.8	6.6	6.4	6.2	6.0	5.8	5.6	5.4	5.2	5.0	4.8	4.6
9.0	10.8	10.8	10.8	10.8	10.7	10.7	10.6	10.6	10.5	10.4	10.3	10.2	10.1	10.0	9.9	9.8	9.6	9.5	9.3	9.2	9.0	8.8	8.6	8.4	8.3	8.1	7.9	7.7	7.5	7.2	7.0	6.8	6.6	6.4	6.2	6.0	5.8	5.6	5.4	5.2	5.0
9.5	11.4	11.4	11.4	11.4	11.3	11.3	11.2	11.2	11.1	11.0	10.9	10.8	10.7	10.6	10.4	10.3	10.2	10.0	9.8	9.7	9.5	9.3	9.1	8.9	8.8	8.6	8.3	8.1	7.9	7.7	7.5	7.2	7.0	6.8	6.6	6.4	6.2	6.0	5.8	5.6	5.4
10.0	12.0	12.0	12.0	12.0	11.9	11.8	11.8	11.7	11.6	11.5	11.4	11.3	11.2	11.1	11.0	10.8	10.7	10.5	10.4	10.2	10.0	9.8	9.6	9.4	9.2	9.0	8.8	8.6	8.4	8.2	7.9	7.7	7.5	7.3	7.1	6.8	6.6	6.4	6.2	6.0	5.8

续表

酒精计指示度数	温度表指示度数																																								
	0	1	2	3	4	5	6	7	8	9	10	11	12	13	14	15	16	17	18	19	20	21	22	23	24	25	26	27	28	29	30	31	32	33	34	35	36	37	38	39	40
10.5	12.7	12.6	12.6	12.6	12.5	12.4	12.4	12.3	12.2	12.1	12.0	11.9	11.8	11.6	11.5	11.3	11.2	11.0	10.9	10.7	10.5	10.3	10.1	9.9	9.7	9.5	9.3	9.1	8.9	8.6	8.4	8.2	8.0	7.8	7.6	7.4	7.1	6.9	6.7	6.5	6.3
11.0	13.3	13.3	13.2	13.2	13.1	13.0	13.0	12.9	12.8	12.7	12.6	12.4	12.3	12.2	12.0	11.9	11.7	11.5	11.4	11.2	11.0	10.8	10.6	10.4	10.2	10.0	9.8	9.5	9.3	9.1	8.9	8.7	8.5	8.3	8.1	7.9	7.6	7.4	7.2	7.0	6.8
11.5	14.0	13.9	13.9	13.8	13.8	13.7	13.6	13.5	13.4	13.2	13.1	13.0	12.8	12.7	12.5	12.4	12.2	12.1	11.9	11.7	11.5	11.3	11.1	10.9	10.7	10.4	10.2	10.0	9.8	9.5	9.3	9.2	9.0	8.7	8.5	8.3	8.0	7.8	7.6	7.4	7.2
12.0	14.6	14.6	14.5	14.5	14.4	14.3	14.2	14.1	14.0	13.8	13.7	13.6	13.4	13.2	13.1	12.9	12.8	12.6	12.4	12.2	12.0	11.8	11.6	11.4	11.2	10.9	10.7	10.5	10.3	10.0	9.8	9.6	9.4	9.1	8.9	8.7	8.5	8.3	8.0	7.8	7.6
12.5	15.3	15.3	15.2	15.1	15.0	14.9	14.8	14.7	14.6	14.4	14.3	14.1	14.0	13.8	13.6	13.5	13.3	13.1	13.9	12.7	12.5	12.3	12.1	11.8	11.6	11.4	11.2	10.9	10.7	10.5	10.2	10.0	9.8	9.6	9.4	9.2	8.9	8.7	8.4	8.2	8.0
13.0	16.0	15.9	15.9	15.8	15.7	15.6	15.4	15.3	15.2	15.0	14.9	14.7	14.5	14.4	14.2	14.0	13.8	13.6	13.4	13.2	13.0	12.8	12.6	12.3	12.1	11.9	11.7	11.4	11.2	10.9	10.7	10.5	10.2	10.0	9.8	9.6	9.3	9.1	8.9	8.6	8.4
13.5	16.7	16.6	16.6	16.4	16.3	16.2	16.1	15.9	15.8	15.6	15.4	15.3	15.1	14.9	14.7	14.5	14.3	14.1	13.9	13.7	13.5	13.3	13.1	12.8	12.6	12.4	12.1	11.9	11.6	11.4	11.1	11.0	10.6	10.4	10.2	10.0	9.8	9.5	9.3	9.0	8.8
14.0	17.5	17.3	17.2	17.1	17.0	16.8	16.7	16.5	16.4	16.2	16.0	15.8	15.7	15.5	15.3	15.1	14.9	14.7	14.4	14.2	14.0	13.8	13.6	13.3	13.1	12.8	12.6	12.3	12.1	11.8	11.6	11.4	11.1	10.9	10.6	10.4	10.2	9.9	9.7	9.4	9.2
14.5	18.2	18.1	17.9	17.8	17.7	17.5	17.3	17.2	17.0	16.8	16.6	16.4	16.2	16.0	15.8	15.6	15.4	15.2	15.0	14.7	14.5	14.3	14.0	13.8	13.5	13.3	13.0	12.8	12.6	12.3	12.0	11.8	11.6	11.4	11.0	10.8	10.6	10.4	10.1	9.8	9.6
15.0	19.0	18.8	18.6	18.5	18.3	18.2	18.0	17.8	17.6	17.4	17.2	17.0	16.8	16.6	16.4	16.2	15.9	15.7	15.5	15.2	15.0	14.8	14.5	14.3	14.0	13.8	13.5	13.2	13.0	12.7	12.5	12.2	12.0	11.8	11.5	11.2	11.0	10.8	10.5	10.2	10.0
15.5	19.7	19.6	19.4	19.2	19.0	18.8	18.6	18.4	18.2	18.0	17.8	17.6	17.4	17.2	16.9	16.7	16.5	16.2	16.0	15.8	15.5	15.2	15.0	14.7	14.5	14.2	14.0	13.7	13.4	13.2	12.9	12.6	12.4	12.2	12.0	11.6	11.4	11.2	11.9	10.6	10.4
16.0	20.5	20.3	20.1	19.9	19.7	19.5	19.3	19.1	18.9	18.6	18.4	18.2	18.0	17.7	17.5	17.2	17.0	16.8	16.5	16.3	16.0	15.7	15.5	15.2	15.0	14.7	14.4	14.2	13.9	13.6	13.4	13.1	12.9	12.6	12.4	12.1	11.8	11.6	11.3	11.1	10.8
16.5	21.3	21.1	20.8	20.6	20.4	20.2	19.9	19.7	19.5	19.2	19.0	18.8	18.5	18.3	18.0	17.8	17.5	17.3	17.0	16.8	16.5	16.2	16.0	15.7	15.4	15.2	14.9	14.6	14.4	14.1	13.8	13.5	13.2	13.0	12.8	12.4	12.2	11.9	11.6	11.4	11.1
17.0	22.0	21.8	21.6	21.4	21.1	20.9	20.6	20.4	20.1	19.9	19.6	19.4	19.1	18.8	18.6	18.3	18.1	17.8	17.6	17.3	17.0	16.7	16.5	16.2	15.9	15.6	15.4	15.1	14.8	14.5	14.2	13.9	13.6	13.4	13.1	12.8	12.5	12.2	12.0	11.7	11.4
17.5	22.8	22.6	22.3	22.0	21.8	21.5	21.2	21.0	20.7	20.5	20.2	20.0	19.7	19.4	19.1	18.9	18.6	18.3	18.1	17.8	17.5	17.2	17.0	16.6	16.4	16.1	15.8	15.5	15.2	15.0	14.7	14.4	14.0	13.8	13.5	13.2	13.0	12.6	12.4	12.1	11.8
18.0	23.6	23.3	23.0	22.7	22.5	22.2	21.9	21.6	21.3	21.1	20.8	20.5	20.2	20.0	19.7	19.4	19.2	18.9	18.6	18.3	18.0	17.7	17.4	17.1	16.9	16.6	16.3	16.0	15.7	15.4	15.1	14.8	14.5	14.2	13.9	13.6	13.4	13.1	13.8	12.5	12.3
18.5	24.3	24.0	23.7	23.4	23.1	22.8	22.5	22.2	21.9	21.7	21.4	21.1	20.8	20.5	20.2	20.0	19.7	19.4	19.1	18.8	18.5	18.2	17.9	17.6	17.3	17.0	16.7	16.4	16.1	15.8	15.5	15.2	15.0	14.6	14.4	14.0	13.8	13.5	13.2	12.9	12.6
19.0	25.1	24.7	24.4	24.1	23.8	23.4	23.2	22.8	22.6	22.3	22.0	21.7	21.4	21.1	20.8	20.5	20.2	19.9	19.6	19.3	19.0	18.7	18.4	18.1	17.8	17.5	17.2	16.9	16.6	16.3	16.0	15.7	15.4	15.1	14.8	14.5	14.2	13.9	13.6	13.3	13.0
19.5	25.8	25.4	25.1	24.8	24.4	24.1	23.8	23.4	23.2	22.8	22.5	22.2	21.9	21.6	21.3	21.0	20.7	20.4	20.1	19.8	19.5	19.2	18.9	18.6	18.3	18.0	17.6	17.3	17.0	16.7	16.4	16.1	15.8	15.4	15.2	14.8	14.6	14.2	13.9	13.6	13.3
20.0	26.5	26.1	25.8	25.5	25.1	24.7	24.4	24.1	23.8	23.4	23.1	22.8	22.5	22.2	21.9	21.6	21.2	20.9	20.6	20.3	20.0	19.7	19.4	19.0	18.7	18.4	18.1	17.8	17.5	17.2	16.8	16.5	16.2	15.8	15.5	15.2	14.9	14.6	14.2	13.9	13.6

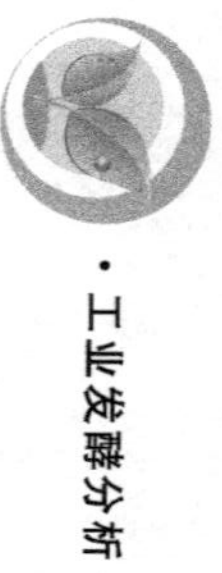

续表

酒精计指示度数	温度表指示度数																																								
	0	1	2	3	4	5	6	7	8	9	10	11	12	13	14	15	16	17	18	19	20	21	22	23	24	25	26	27	28	29	30	31	32	33	34	35	36	37	38	39	40
20.5	27.2	26.8	26.4	26.1	25.7	25.4	25.0	24.7	24.3	24.0	23.7	23.4	23.0	22.7	22.4	22.1	21.8	21.4	21.1	20.8	20.5	20.2	19.9	19.5	19.2	18.9	18.6	18.2	17.9	17.6	17.3	17.0	16.6	16.2	16.0	15.6	15.3	15.0	14.6	14.3	14.0
21.0	27.9	27.5	27.1	26.8	26.4	26.0	25.6	25.3	24.9	24.6	24.3	23.9	23.6	23.3	23.0	22.6	22.3	22.0	21.6	21.3	21.0	20.7	20.4	20.0	19.7	19.4	19.0	18.7	18.4	18.0	17.7	17.4	17.0	16.7	16.4	16.0	15.7	15.4	15.1	14.7	14.4
21.5	28.6	28.2	27.8	27.4	27.0	26.6	26.2	25.9	25.5	25.2	24.8	24.5	24.2	23.8	23.5	23.1	22.8	22.5	22.1	21.8	21.5	21.2	20.8	20.5	20.2	19.8	19.5	19.2	18.8	18.5	18.2	17.8	17.4	17.2	16.8	16.4	16.2	15.8	15.5	15.1	14.8
22.0	29.2	28.8	28.4	28.0	27.6	27.2	26.9	26.5	26.1	25.8	25.4	25.0	24.7	24.4	24.0	23.7	23.3	23.0	22.6	22.3	22.0	21.7	21.3	21.0	20.7	20.3	20.0	19.6	19.3	19.0	18.6	18.3	17.9	17.6	17.2	16.9	16.6	16.2	15.9	15.5	15.2
22.5	29.9	29.5	29.0	28.6	28.2	27.8	27.5	27.1	26.7	26.3	26.0	25.6	25.3	24.9	24.6	24.2	23.8	23.5	23.2	22.8	22.5	22.2	21.8	21.5	21.1	20.8	20.5	20.1	19.8	19.4	19.1	18.8	18.4	18.1	17.7	17.4	17.1	16.7	16.4	16.0	15.7
23.0	30.6	30.1	29.7	29.3	28.9	28.5	28.1	27.7	27.3	26.9	26.6	26.2	25.8	25.4	25.1	24.7	24.4	24.0	23.7	23.3	23.0	22.6	22.3	22.0	21.6	21.3	20.9	20.6	20.2	19.9	19.6	19.3	18.9	18.6	18.2	17.9	17.6	17.2	16.9	16.5	16.2
23.5	31.2	30.7	30.3	29.9	29.5	29.1	28.7	28.3	27.9	27.5	27.1	26.7	26.4	26.0	25.6	25.3	24.9	24.5	24.2	23.8	23.5	23.1	22.8	22.4	22.1	21.8	21.4	21.0	20.7	20.4	20.0	19.8	19.4	19.0	18.6	18.4	18.0	17.6	17.3	17.0	16.6
24.0	31.8	31.4	30.9	30.5	30.1	29.7	29.3	28.9	28.5	28.1	27.7	27.3	26.9	26.5	26.2	25.8	25.4	25.1	24.7	24.4	24.0	23.6	23.3	22.9	22.6	22.2	21.9	21.5	21.2	20.8	20.5	20.2	19.8	19.4	19.1	18.8	18.4	18.0	17.7	17.4	17.0
25.0	33.0	32.6	32.2	31.7	31.3	30.8	30.4	30.0	29.6	29.2	28.8	28.4	28.0	27.6	27.2	26.8	26.5	26.1	25.7	25.4	25.0	24.6	24.3	23.9	23.5	23.2	22.8	22.5	22.1	21.8	21.4	21.0	20.7	20.3	20.0	19.6	19.2	18.9	18.5	18.2	17.8
26.0	34.2	33.7	33.3	32.9	32.4	32.0	31.6	31.1	30.7	30.3	29.9	29.5	29.1	28.7	28.3	27.9	27.5	27.1	26.7	26.4	26.0	25.6	25.3	24.0	24.5	24.1	23.8	23.4	23.0	22.7	22.3	21.9	21.6	21.2	20.8	20.4	20.1	19.7	19.3	19.0	18.6
27.0	35.3	34.9	34.4	34.0	33.5	33.1	32.7	32.2	31.8	31.4	31.0	30.6	30.2	29.7	29.3	28.9	28.5	28.1	27.8	27.4	27.0	26.6	26.2	25.8	25.5	25.1	24.7	24.4	24.0	23.6	23.2	22.8	22.4	22.1	21.7	21.3	20.9	20.5	20.2	19.8	19.4
28.0	36.3	35.9	35.4	35.0	34.6	34.2	33.7	33.3	32.9	32.5	32.0	31.6	31.2	30.8	30.4	30.0	29.6	29.2	28.8	28.4	28.0	27.6	27.2	26.8	26.4	26.1	25.7	25.3	24.9	24.6	24.2	23.8	23.4	23.1	22.7	22.3	21.9	21.5	21.2	20.8	20.4
29.0	37.3	36.9	36.5	36.0	35.6	35.2	34.8	34.4	33.9	33.5	33.1	32.7	32.2	31.8	31.4	31.0	30.6	30.2	29.8	29.4	29.0	28.6	28.2	27.8	27.4	27.0	26.6	26.3	25.9	25.5	25.1	24.7	24.3	23.9	23.5	23.2	22.8	22.4	22.0	21.6	21.2
30.0	38.3	37.9	37.5	37.1	36.6	36.2	35.8	35.4	35.0	34.5	34.1	33.7	33.3	32.8	32.4	32.0	31.6	31.2	30.8	30.4	30.0	29.6	29.2	28.8	28.4	28.0	27.6	27.2	26.8	26.4	26.1	25.7	25.3	24.9	24.5	24.2	23.8	23.4	23.0	22.6	22.2
31											35.1	34.7	34.3	33.9	33.5	33.0	32.6	32.2	31.8	31.4	31.0	30.6	30.2	29.8	29.4	29.0	28.6	28.2	27.8	27.4	27.0	26.6	26.2	25.8	25.4	25.0					
32											36.1	35.7	35.3	34.9	34.4	34.0	33.6	33.2	32.8	32.4	32.0	31.6	31.2	30.8	30.4	30.0	29.6	29.2	28.8	28.4	28.0	27.6	27.2	26.8	26.4	26.0					
33											37.1	36.7	36.3	35.9	35.4	35.0	34.6	34.2	33.8	33.4	33.0	32.6	32.2	31.8	31.4	31.0	30.6	30.2	29.7	29.4	28.9	28.5	28.1	27.7	27.3	26.8					
34											38.1	37.7	37.3	36.8	36.4	36.0	35.6	35.2	34.8	34.4	34.0	33.6	33.2	32.8	32.4	32.0	31.6	31.2	30.7	30.5	29.9	29.5	29.1	28.7	28.3	27.8					
35											39.1	38.7	38.2	37.8	37.4	37.0	36.6	36.2	35.8	35.4	35.0	34.6	34.2	33.8	33.4	33.0	32.6	32.2	31.7	31.3	30.9	30.5	30.1	29.7	29.3	28.8					
36											40.1	39.6	39.2	38.8	38.4	38.0	37.6	37.2	36.8	36.4	36.0	35.6	35.2	34.8	34.4	34.0	33.6	33.2	32.8	32.3	32.0	31.6	31.2	30.8	30.4	30.0					
37											41.0	40.6	40.2	39.8	39.4	39.0	38.6	38.2	37.8	37.4	37.9	36.6	36.2	35.8	35.4	35.0	34.6	34.2	33.8	33.4	33.0	32.6	32.2	31.8	31.4	31.0					
38											42.0	41.6	41.2	40.8	40.4	40.0	39.6	39.2	38.8	38.4	38.0	37.6	37.2	36.8	36.4	36.0	35.6	35.2	34.8	34.4	34.0	33.6	33.2	32.8	32.4	32.0					
39											43.0	42.6	42.2	41.8	41.4	41.0	40.6	40.2	39.8	39.4	39.0	38.6	38.2	37.8	37.4	37.0	36.6	36.2	35.8	35.4	35.0	34.6	34.2	33.8	33.4	33.0					
40											44.0	43.6	43.2	42.8	42.4	42.0	41.6	41.2	40.8	40.4	40.0	49.6	49.2	38.8	38.4	38.0	37.6	37.2	36.8	36.4	36.0	35.6	35.2	34.8	34.4	34.0					

酒精计指示度数 \ 温度表指示度数	0	1	2	3	4	5	6	7	8	9	10	11	12	13	14	15	16	17	18	19	20	21	22	23	24	25	26	27	28	29	30	31	32	33	34	35	36	37	38	39	40
41	48.8	48.4	48.0	47.7	47.3	46.9	46.5	46.2	45.8	45.4	45.0	44.6	44.2	43.8	43.4	43.0	42.6	42.2	41.8	41.4	41.0	40.6	40.2	39.8	39.4	39.0	38.6	38.2	37.8	37.4	37.0	36.6	36.2	35.8	35.4	35.0	34.6	34.2	33.8	33.4	33.0
42	49.7	49.4	49.0	48.6	48.2	47.9	47.5	47.1	46.7	46.4	46.0	45.6	45.2	44.8	44.4	44.0	43.6	43.2	42.8	42.4	42.0	41.6	41.2	40.8	40.4	40.0	39.6	39.2	38.8	38.4	38.0	37.6	37.2	36.8	36.4	36.0	35.6	35.2	34.8	34.4	34.0
43	50.7	50.3	49.9	49.6	49.2	48.8	48.4	48.1	47.7	47.3	46.9	46.5	46.1	45.8	45.4	45.0	44.6	44.2	43.8	43.4	43.0	42.6	42.2	41.8	41.4	41.0	40.6	40.2	39.8	39.4	39.0	38.6	38.2	37.8	37.4	37.0	36.6	36.2	35.8	35.4	35.0
44	51.6	51.3	50.9	50.5	50.2	49.8	49.4	49.0	48.6	48.3	47.9	47.5	47.1	46.7	46.4	46.0	45.6	45.2	44.8	44.4	44.0	43.6	43.2	42.8	42.4	42.0	41.6	41.2	40.8	40.5	40.1	39.7	39.3	38.9	38.5	38.1	37.7	37.3	36.9	36.5	36.1
45	52.6	52.2	51.8	51.5	51.1	50.8	50.4	50.0	49.6	49.2	48.9	48.5	48.1	47.7	47.3	47.0	46.6	46.2	45.8	45.4	45.0	44.6	44.2	43.8	43.4	43.0	42.7	42.3	41.9	41.5	41.1	40.7	40.3	39.9	39.5	39.0	38.6	38.2	37.8	37.4	37.0
46	53.5	53.2	52.8	52.4	52.1	51.7	51.3	51.0	50.6	50.2	49.8	49.5	49.1	48.7	48.3	47.9	47.6	47.2	46.8	46.4	46.0	45.6	45.2	44.8	44.4	44.1	43.7	43.3	42.9	42.5	42.1	41.7	41.3	40.9	40.5	40.2	39.8	39.4	39.0	38.6	38.2
47	54.5	54.1	53.8	53.4	53.0	52.7	52.3	51.9	51.6	51.2	50.8	50.4	50.1	49.7	49.3	48.9	48.6	48.2	47.8	47.4	47.0	46.6	46.2	45.8	45.4	45.1	44.7	44.3	43.9	43.5	43.1	42.7	42.3	41.9	41.5	41.2	40.8	40.4	40.0	39.6	39.2
48	55.4	55.0	54.7	54.3	54.0	53.6	53.2	52.9	52.5	52.2	51.8	51.4	51.0	50.7	50.3	49.9	49.5	49.2	48.8	48.4	48.0	47.6	47.2	46.8	46.4	46.1	45.7	45.3	44.9	44.5	44.2	43.8	43.4	43.1	42.7	42.3	41.9	41.5	41.2	40.8	40.4
49	56.4	56.0	55.6	54.3	54.9	54.6	54.2	53.9	53.5	53.1	52.8	52.4	52.0	51.6	51.3	50.9	50.5	50.1	49.8	49.4	49.0	48.6	48.2	47.8	47.5	47.1	46.7	46.3	45.9	45.6	45.2	44.8	44.4	44.1	43.7	43.3	42.9	42.5	42.2	41.8	41.4
50	57.3	57.0	56.6	56.2	55.9	55.5	55.2	54.8	54.5	54.1	53.7	53.4	53.0	52.6	52.2	51.9	51.5	51.1	50.7	50.4	50.0	49.6	49.2	48.9	48.5	48.1	47.7	47.3	47.0	46.6	46.2	45.8	45.4	45.0	44.7	44.3	43.9	43.5	43.1	42.7	42.4
51	58.2	57.9	57.5	57.2	56.8	56.5	56.1	55.8	55.4	55.1	54.7	54.3	54.0	53.6	53.2	52.9	52.5	52.1	51.7	51.4	51.0	50.6	50.2	49.9	49.5	49.1	48.7	48.3	48.0	47.6	47.2	46.8	46.4	46.1	45.7	45.3	44.9	44.5	44.2	43.8	43.4
52	59.2	58.8	58.5	58.2	57.8	57.4	57.1	56.8	56.4	56.0	55.7	55.3	55.0	54.6	54.2	53.9	53.5	53.1	52.7	52.4	52.0	51.6	51.2	50.9	50.5	50.1	49.7	49.4	49.0	48.6	48.2	47.8	47.4	47.1	46.7	46.3	45.9	45.5	45.2	44.8	44.4
53	60.1	59.8	59.4	59.1	58.8	58.4	58.1	57.7	57.4	57.0	56.6	56.3	55.9	55.6	55.2	54.8	54.5	54.1	53.7	53.4	53.0	52.6	52.2	51.9	51.5	51.1	50.8	50.4	50.0	49.6	49.3	48.9	48.5	48.2	47.8	47.4	47.0	46.6	46.3	45.9	45.5
54	61.1	60.7	60.4	60.1	59.7	59.4	59.0	58.7	58.3	58.0	57.6	57.2	56.9	56.5	56.2	55.8	55.5	55.1	54.7	54.4	54.0	53.6	53.3	52.9	52.5	52.2	51.8	51.4	51.0	50.7	50.3	49.9	49.6	49.2	48.8	48.5	48.1	47.7	47.3	47.0	46.6
55	62.0	61.7	61.4	61.0	60.7	60.3	60.0	59.6	59.3	58.9	58.6	58.2	57.9	57.5	57.2	56.8	56.4	56.1	55.7	55.4	55.0	54.6	54.3	53.9	53.5	53.2	52.8	52.4	52.1	51.7	51.3	50.9	50.6	50.2	49.8	49.5	49.1	48.7	48.3	48.0	47.6
56	63.0	62.6	62.3	62.0	61.6	61.3	61.0	60.6	60.3	59.9	59.6	59.2	58.9	58.5	58.2	57.8	57.4	57.1	56.7	56.4	56.0	55.6	55.3	54.9	54.5	54.2	53.8	53.4	53.1	52.7	52.3	51.9	51.6	51.2	50.8	50.5	50.1	49.7	49.3	49.0	48.6
57	63.9	63.6	63.3	62.9	62.6	62.3	61.9	61.6	61.2	60.9	60.5	60.2	59.8	59.5	59.1	58.8	58.4	58.1	57.7	57.4	57.0	56.6	56.3	55.9	55.6	55.2	54.8	54.5	54.1	53.7	53.4	53.0	52.7	52.3	51.9	51.6	51.2	50.8	50.4	50.1	49.7
58	64.9	64.6	64.2	63.9	63.6	63.2	62.9	62.5	62.2	61.9	61.5	61.2	60.8	60.5	60.1	59.8	59.4	59.1	58.7	58.4	58.0	57.6	57.3	56.9	56.6	56.2	55.8	55.5	55.1	54.8	54.4	54.0	53.7	53.3	53.0	52.6	52.2	51.9	51.5	51.2	50.8
59	65.8	65.5	65.2	64.8	64.5	64.2	63.8	63.5	63.2	62.8	62.5	62.1	61.8	61.4	61.1	60.8	60.4	60.0	59.7	59.4	59.0	58.6	58.3	57.9	57.6	57.2	56.9	56.5	56.1	55.8	55.4	55.0	54.7	54.3	54.0	53.6	53.2	52.9	52.5	52.2	51.8
60	66.8	66.4	66.1	65.8	65.5	65.1	64.8	64.5	64.1	63.8	63.5	63.1	62.8	62.4	62.1	61.7	61.4	61.0	60.7	60.4	60.0	59.6	59.3	58.9	58.6	58.2	57.9	57.5	57.2	56.8	56.4	56.0	55.7	55.3	55.0	54.6	54.2	53.9	53.5	53.2	52.8
61	67.7	67.4	67.1	66.8	66.4	66.1	65.8	65.4	65.1	64.8	64.4	64.1	63.8	63.4	63.1	62.7	62.4	62.0	61.7	61.3	61.0	60.6	60.3	60.0	59.6	59.2	58.9	58.5	58.2	57.8	57.5	57.2	56.8	56.5	56.1	55.8	55.4	55.1	54.7	54.4	54.0
62	68.7	68.4	68.0	67.7	67.4	67.1	66.7	66.4	66.1	65.7	65.4	65.1	64.7	64.4	64.1	63.7	63.4	63.0	62.7	62.3	62.0	61.6	61.3	61.0	60.6	60.3	59.9	59.6	59.2	58.8	58.5	58.1	57.8	57.4	57.1	56.7	56.4	56.0	55.7	55.3	55.0
63	69.6	69.3	69.0	68.7	68.4	68.0	67.7	67.4	67.0	66.7	66.4	66.0	65.7	65.4	65.0	64.7	64.4	64.0	63.7	63.3	63.0	62.6	62.3	62.0	61.6	61.3	60.9	60.6	60.2	59.9	59.5	59.2	58.8	58.5	58.1	57.8	57.4	57.1	56.7	56.4	56.0
64	70.6	70.3	70.0	69.6	69.3	69.0	68.7	68.4	68.0	67.7	67.4	67.0	66.7	66.4	66.0	65.7	65.4	65.0	64.7	64.3	64.0	63.6	63.3	63.0	62.6	62.3	61.9	61.6	61.2	60.9	60.6	60.3	59.9	59.6	59.2	58.9	58.5	58.2	57.9	57.5	57.1

续表

	温度表指示度数																																							
酒精计指示度数	0	1	2	3	4	5	6	7	8	9	10	11	12	13	14	15	16	17	18	19	20	21	22	23	24	25	26	27	28	29	30	31	32	33	34	35	36	37	38	39	40
65	71.5	71.2	70.9	70.6	70.3	70.0	69.6	69.3	69.0	68.7	68.3	68.0	67.7	67.4	67.0	66.7	66.3	66.0	65.7	65.3	65.0	64.6	64.3	64.0	63.6	63.3	63.0	62.6	62.3	61.9	61.6	61.3	60.9	60.6	60.2	59.9	59.5	59.2	58.8	58.5	58.1
66	72.5	72.2	71.9	71.6	71.2	70.9	70.6	70.3	70.0	69.6	69.3	69.0	68.7	68.3	68.0	67.7	67.3	67.0	66.7	66.3	66.0	65.7	65.3	65.0	64.6	64.3	64.0	63.6	63.3	62.9	62.6	62.3	61.9	61.6	61.2	60.9	60.5	60.2	59.8	59.5	59.1
67	73.4	73.1	72.8	72.5	72.2	71.9	71.6	71.3	70.9	70.6	70.3	70.0	69.6	69.3	69.0	68.6	68.3	68.0	67.7	67.3	67.0	66.7	66.3	66.0	65.6	65.3	65.0	64.6	64.3	64.0	63.6	63.3	62.9	62.6	62.2	61.9	61.5	61.2	60.8	60.5	60.1
68	74.4	74.1	73.8	73.5	73.2	72.9	72.5	72.2	71.9	71.6	71.3	71.0	70.6	70.3	70.0	69.6	69.3	69.0	68.7	68.3	68.0	67.7	67.3	67.0	66.7	66.3	66.0	65.7	65.3	65.0	64.6	64.3	63.9	63.6	63.2	62.9	62.5	62.2	61.8	61.5	61.1
69	75.4	75.0	74.7	74.4	74.1	73.8	73.5	73.2	72.9	72.6	72.2	71.9	71.6	71.3	71.0	70.6	70.3	70.0	69.6	69.3	69.0	68.7	68.3	68.0	67.7	67.3	67.0	66.7	66.3	66.0	65.7	65.4	65.0	64.6	64.3	64.0	63.6	63.2	62.9	62.6	62.2
70	76.3	76.0	75.7	75.4	75.1	74.8	74.5	74.2	73.8	73.5	73.2	72.9	72.6	72.3	72.0	71.6	71.3	71.0	70.6	70.3	70.0	69.7	69.3	69.0	68.7	68.4	68.0	67.7	67.4	67.0	66.7	66.4	66.0	65.7	65.3	65.0	64.7	64.3	64.0	63.6	63.3
71	77.3	77.0	76.6	76.4	76.0	75.8	75.4	75.1	74.8	74.5	74.2	73.9	73.6	73.2	72.9	72.6	72.3	72.0	71.6	71.3	71.0	70.7	70.3	70.0	69.7	69.4	69.0	68.7	68.4	68.0	67.7	67.4	67.0	66.7	66.3	66.0	65.7	65.3	65.0	64.6	64.3
72	78.2	77.9	77.6	77.3	77.0	76.7	76.4	76.1	75.8	75.5	75.2	74.9	74.5	74.2	73.9	73.6	73.3	73.0	72.6	72.3	72.0	71.7	71.4	71.0	70.7	70.4	70.0	69.7	69.4	69.1	68.7	68.4	68.0	67.7	67.4	67.0	66.7	66.4	66.0	65.7	65.4
73	79.1	78.8	78.6	78.3	78.0	77.7	77.4	77.2	76.8	76.5	76.2	75.8	75.5	75.2	74.9	74.6	74.3	74.0	73.6	73.3	73.0	72.7	72.4	72.0	71.7	71.4	71.1	70.7	70.4	70.1	69.8	69.5	69.1	68.8	68.4	68.1	67.8	67.4	67.1	66.7	66.4
74	80.1	79.8	79.5	79.2	78.9	78.6	78.3	78.0	77.7	77.4	77.1	76.8	76.5	76.2	75.9	75.6	75.3	74.9	74.6	74.3	74.0	73.7	73.4	73.0	72.7	72.4	72.1	71.8	71.4	71.1	70.8	70.5	70.1	69.8	69.5	69.1	68.8	68.5	68.1	67.8	67.5
75	81.0	80.7	80.4	80.2	79.9	79.6	79.3	79.0	78.7	78.4	78.1	77.8	77.5	77.2	76.9	76.6	76.2	75.9	75.6	75.3	75.0	74.7	74.4	74.1	73.7	73.4	73.1	72.8	72.4	72.1	71.8	71.5	71.2	70.8	70.5	70.2	69.9	69.6	69.2	68.9	68.6
76											79.1	78.8	78.5	78.2	77.9	77.6	77.2	76.9	76.6	76.3	76.0	75.7	75.4	75.1	74.7	74.4	74.1	73.8	73.5	72.2	72.8	72.5	72.1	71.8	71.5	71.2					
77											80.0	79.7	79.4	79.1	78.8	78.5	78.2	77.9	77.6	77.3	77.0	76.7	76.4	76.1	75.8	75.4	75.1	74.8	74.5	74.2	73.8	73.5	73.2	72.8	72.5	72.2					
78											81.0	80.7	80.4	80.1	79.8	79.5	79.2	78.9	78.6	78.3	78.0	77.7	77.4	77.1	76.8	76.4	76.1	75.8	75.5	75.2	74.9	74.6	74.2	73.9	73.6	73.2					
79											82.0	81.7	81.4	81.1	80.8	80.5	80.2	79.9	79.6	79.3	79.0	78.7	78.4	78.1	77.8	77.5	77.2	76.8	76.6	76.2	75.9	75.6	75.3	75.0	74.7	74.3					
80											83.0	82.7	82.4	82.1	81.8	81.5	81.2	80.9	80.6	80.3	80.0	79.7	79.4	79.1	78.8	78.5	78.2	77.9	77.6	77.2	76.9	76.6	76.3	76.0	75.7	76.4					
81											83.9	83.6	83.3	83.1	82.8	82.5	82.2	81.9	81.6	81.3	81.0	80.7	80.4	80.1	79.8	79.5	79.2	78.9	78.6	78.3	78.0	77.7	77.4	77.1	76.8	76.5					
82											84.9	84.6	84.3	84.0	83.7	83.4	83.2	82.9	82.6	82.3	82.0	81.7	81.4	81.1	80.8	80.5	80.2	79.9	79.6	79.3	79.0	78.7	78.4	78.1	77.8	77.4					
83											85.8	85.6	85.3	85.0	84.7	84.4	84.2	83.9	83.6	83.3	83.0	82.7	82.4	82.1	81.8	81.5	81.2	80.9	80.6	80.3	80.0	79.7	79.4	79.1	78.8	78.4					
84											86.8	86.5	86.2	86.0	85.7	85.4	85.1	84.8	84.6	84.3	84.0	83.7	83.4	83.1	82.8	82.5	82.2	81.9	81.6	81.3	81.0	80.7	80.4	80.1	79.8	79.5					
85											87.7	87.5	87.2	86.9	86.7	86.4	86.1	85.8	85.6	85.3	85.0	84.7	84.4	84.1	83.8	83.6	83.3	83.0	82.7	82.4	82.1	81.8	81.5	81.2	80.9	80.6					
86											88.7	88.4	88.2	87.9	87.6	87.4	87.1	86.8	86.5	86.3	86.0	85.7	85.4	85.1	84.9	84.6	84.3	84.0	83.7	83.4	83.1	82.8	82.5	82.2	81.9	81.6					
87											90.1	89.9	89.6	89.3	89.1	88.8	88.6	88.3	88.0	87.8	87.5	87.2	86.9	86.7	86.4	86.1	85.8	85.5	85.3	85.0	84.7	84.4	84.1	83.8	83.5	83.3					
88											90.6	90.3	90.1	89.8	89.6	89.3	89.0	88.8	88.5	88.3	88.0	87.7	87.4	87.2	86.9	86.6	86.3	86.1	85.8	85.5	85.2	84.9	84.6	84.3	84.0	83.8					

	温度表指示度数																																								
酒精计指示度数	0	1	2	3	4	5	6	7	8	9	10	11	12	13	14	15	16	17	18	19	20	21	22	23	24	25	26	27	28	29	30	31	32	33	34	35	36	37	38	39	40
89											91.5	91.3	91.0	90.8	90.5	90.3	90.0	89.8	89.5	89.3	89.0	88.7	88.5	88.2	87.9	87.7	87.4	87.1	86.8	86.5	86.3	86.0	85.7	85.4	85.1	84.8					
90											92.5	92.2	92.0	91.7	91.5	91.3	91.0	90.8	90.5	90.3	90.0	89.7	89.5	89.2	89.0	88.7	88.4	88.1	87.9	87.6	87.3	87.0	86.7	86.5	86.2	85.9					
91											93.4	93.2	92.9	92.7	92.6	92.2	92.0	91.7	91.5	91.2	91.0	90.7	90.5	90.2	90.0	89.7	89.4	89.2	88.9	88.6	88.4	88.1	87.9	87.6	87.4	87.1					
92											94.3	94.1	93.9	93.6	93.4	93.2	93.0	92.7	92.5	92.2	92.0	91.8	91.5	91.3	91.0	90.7	90.5	90.3	90.0	89.7	89.4	89.1	88.9	88.6	88.4	88.1					
93											95.2	95.0	94.8	94.6	94.4	94.0	93.9	93.7	93.5	93.2	93.0	92.8	92.5	92.3	92.0	91.8	91.5	91.3	91.0	90.8	90.5	90.2	90.0	89.8	89.5	89.2					
94											96.2	96.0	95.7	95.5	95.3	95.1	94.9	94.7	94.4	94.2	94.0	93.8	93.5	93.3	93.1	92.8	92.6	92.3	92.1	91.8	91.6	91.4	91.1	90.9	90.6	90.4					
95											97.1	96.9	96.7	96.5	96.3	96.1	95.9	95.6	95.4	95.2	95.0	94.8	94.6	94.3	94.1	93.9	93.6	93.4	93.1	92.8	92.7	92.5	92.2	92.0	91.8	91.6					
96											98.0	97.8	97.6	97.4	97.2	97.0	96.8	96.6	96.4	96.2	96.0	95.8	95.6	95.4	95.1	94.9	94.7	94.5	94.2	94.0	93.8	93.6	93.4	93.1	92.9	92.7					
97											98.8	98.7	98.5	98.3	98.1	98.0	97.8	97.6	97.4	97.2	97.0	96.8	96.6	96.4	96.2	96.0	95.8	95.5	95.3	95.1	94.8	94.6	94.4	94.1	93.9	93.7					
98											99.7	99.6	99.4	99.2	99.1	98.9	98.7	98.6	98.4	98.2	98.0	97.8	97.6	97.4	97.2	97.0	96.8	96.6	96.4	96.2	96.0	95.8	95.6	95.4	95.2	95.0					
99															100	99.8	99.7	99.5	99.3	99.2	99.0	98.8	98.6	98.5	98.3	98.1	97.9	97.7	97.5	97.3	97.1	96.9	96.7	96.5	96.3	96.2					
100																					100	99.8	99.7	99.5	99.3	99.2	99.0	98.8	98.6	98.4	98.3	98.1	98.0	97.8	97.6	97.4					

附录C　酒精水溶液的相对密度(比重)与酒精度(乙醇含量)对照表(20 ℃)

相对密度(比重,20℃/20℃)	乙醇体积分数/(%)	乙醇质量分数/(%)	乙醇质量浓度/[g/(100mL)]	相对密度(比重,20℃/20℃)	乙醇体积分数/(%)	乙醇质量分数/(%)	乙醇质量浓度/[g/(100mL)]
1.00000	0.00	0.00	0.00	0.99924	0.50	0.40	0.40
0.99997	0.02	0.02	0.02	921	0.52	0.41	0.41
994	0.04	0.03	0.03	918	0.54	0.43	0.43
991	0.06	0.05	0.05	916	0.56	0.44	0.44
988	0.08	0.06	0.06	913	0.58	0.46	0.46
0.99985	0.10	0.08	0.08	0.99910	0.60	0.47	0.47
982	0.12	0.10	0.10	907	0.62	0.49	0.49
979	0.14	0.11	0.11	904	0.64	0.50	0.50
976	0.16	0.13	0.13	901	0.66	0.52	0.52
973	0.18	0.14	0.14	898	0.68	0.53	0.53
0.99970	0.20	0.16	0.16	0.99895	0.70	0.55	0.55
967	0.22	0.18	0.18	892	0.72	0.57	0.57
964	0.24	0.19	0.19	889	0.74	0.58	0.58
961	0.26	0.21	0.21	886	0.76	0.60	0.60
958	0.28	0.22	0.22	883	0.78	0.61	0.61
0.99955	0.30	0.24	0.24	0.99880	0.80	0.63	0.63
952	0.32	0.26	0.26	877	0.82	0.65	0.65
949	0.34	0.27	0.27	874	0.84	0.66	0.66
945	0.36	0.29	0.29	872	0.86	0.88	0.88
942	0.38	0.30	0.30	869	0.88	0.89	0.89
0.99939	0.40	0.32	0.32	0.99866	0.90	0.71	0.71
936	0.42	0.34	0.34	863	0.92	0.73	0.73
933	0.44	0.35	0.35	860	0.94	0.74	0.74
930	0.46	0.37	0.37	857	0.96	0.76	0.76
927	0.48	0.38	0.38	854	0.98	0.77	0.77

续表

相对密度（比重，20℃/20℃）	乙醇体积分数/(%)	乙醇质量分数/(%)	乙醇质量浓度/[g/(100mL)]	相对密度（比重，20℃/20℃）	乙醇体积分数/(%)	乙醇质量分数/(%)	乙醇质量浓度/[g/(100mL)]
0.99851	1.00	0.79	0.79	0.99763	1.60	1.27	1.26
848	1.02	0.81	0.81	760	1.62	1.29	1.28
845	1.04	0.82	0.82	757	1.64	1.30	1.29
842	1.06	0.84	0.84	754	1.66	1.32	1.31
839	1.08	0.85	0.85	751	1.68	1.33	1.32
0.99836	1.10	0.87	0.87	0.99748	1.70	1.35	1.34
833	1.12	0.89	0.89	745	1.72	1.37	1.36
830	1.14	0.90	0.90	742	1.74	1.38	1.37
827	1.16	0.92	0.92	739	1.76	1.40	1.39
824	1.18	0.93	0.93	736	1.78	1.41	1.40
0.99821	1.20	0.95	0.95	0.99733	1.80	1.43	1.42
818	1.22	0.97	0.97	730	1.82	1.45	1.44
815	1.24	0.98	0.98	727	1.84	1.46	1.45
813	1.26	1.00	1.00	725	1.86	1.48	1.47
810	1.28	1.01	1.01	722	1.88	1.49	1.48
0.99807	1.30	1.03	1.03	0.99719	1.90	1.51	1.50
804	1.32	1.05	1.05	716	1.92	1.53	1.52
801	1.34	1.06	1.06	713	1.94	1.54	1.53
798	1.36	1.08	1.08	710	1.96	1.56	1.55
795	1.38	1.09	1.09	707	1.98	1.57	1.56
0.99792	1.40	1.11	1.11	0.99704	2.00	1.59	1.58
789	1.42	1.13	1.13	701	2.02	1.61	1.60
786	1.44	1.14	1.14	698	2.04	1.62	1.61
783	1.46	1.16	1.16	695	2.06	1.64	1.63
780	1.48	1.17	1.17	692	2.08	1.65	1.64
0.99777	1.50	1.19	1.19	0.99689	2.10	1.67	1.66
774	1.52	1.21	1.20	686	2.12	1.69	1.68
771	1.54	1.22	1.22	683	2.14	1.70	1.69
769	1.56	1.24	1.23	681	2.16	1.72	1.71
766	1.58	1.25	1.25	678	2.18	1.73	1.72

续表

相对密度（比重，20℃/20℃）	乙醇体积分数/(%)	乙醇质量分数/(%)	乙醇质量浓度/[g/(100mL)]	相对密度（比重，20℃/20℃）	乙醇体积分数/(%)	乙醇质量分数/(%)	乙醇质量浓度/[g/(100mL)]
0.99675	2.20	1.75	1.74	0.99589	2.80	2.22	2.21
672	2.22	1.76	1.75	586	2.82	2.24	2.23
669	2.24	1.78	1.77	583	2.84	2.25	2.24
667	2.26	1.79	1.78	580	2.86	2.27	2.26
664	2.28	1.81	1.80	577	2.88	2.28	2.27
0.99661	2.30	1.82	1.81	0.99574	2.90	2.30	2.29
658	2.32	1.84	1.83	571	2.92	2.32	2.31
655	2.34	1.85	1.84	568	2.94	2.33	2.32
652	2.36	1.87	1.86	566	2.96	2.35	2.34
649	2.38	1.88	1.87	563	2.98	2.36	2.35
0.99646	2.40	1.90	1.89	0.99560	3.00	2.38	2.37
643	2.42	1.92	1.91	557	3.02	2.40	2.39
640	2.44	1.93	1.92	554	3.04	2.41	2.40
638	2.46	1.95	1.94	552	3.06	2.43	2.42
635	2.48	1.96	1.95	549	3.08	2.44	2.43
0.99632	2.50	1.98	1.97	0.99546	3.10	2.46	2.45
629	2.52	2.00	1.99	543	3.12	2.48	2.47
626	2.54	2.01	2.00	540	3.14	2.49	2.48
624	2.56	2.03	2.02	537	3.16	2.51	2.50
621	2.58	2.04	2.03	534	3.18	2.52	2.51
0.99618	2.60	2.06	2.05	0.99531	3.20	2.54	2.53
615	2.62	2.08	2.07	528	3.22	2.56	2.54
612	2.64	2.09	2.08	525	3.24	2.57	2.56
609	2.66	2.11	2.10	523	3.26	2.59	2.57
606	2.68	2.12	2.11	520	3.28	2.60	2.59
0.99603	2.70	2.14	2.13	0.99517	3.30	2.62	2.60
600	2.72	2.16	2.15	514	3.32	2.64	2.62
597	2.74	2.17	2.16	511	3.34	2.65	2.63
595	2.76	2.19	2.18	509	3.36	2.67	2.65
592	2.78	2.20	2.19	506	3.38	2.68	2.66

续表

相对密度（比重，20℃/20℃）	乙醇体积分数/（%）	乙醇质量分数/（%）	乙醇质量浓度/[g/（100mL）]	相对密度（比重，20℃/20℃）	乙醇体积分数/（%）	乙醇质量分数/（%）	乙醇质量浓度/[g/（100mL）]
0.99503	3.40	2.70	2.68	0.99419	4.00	3.18	3.16
500	3.42	2.72	2.70	416	4.02	3.20	3.18
497	3.44	2.73	2.71	413	4.04	3.21	3.19
495	3.46	2.75	2.73	411	4.06	3.23	3.21
492	3.48	2.76	2.74	408	4.08	3.24	3.22
0.99489	3.50	2.78	2.76	0.99405	4.10	3.26	3.24
486	3.52	2.80	2.78	402	4.12	3.28	3.26
483	3.54	2.81	2.79	399	4.14	3.29	3.27
481	3.56	2.83	2.81	397	4.16	3.31	3.29
478	3.58	2.84	2.82	394	4.18	3.32	3.30
0.99475	3.60	2.86	2.84	0.99391	4.20	3.34	3.32
472	3.62	2.88	2.86	388	4.22	3.36	3.33
469	3.64	2.89	2.87	385	4.24	3.37	3.35
467	3.66	2.91	2.89	383	4.26	3.39	3.36
464	3.68	2.92	2.90	380	4.28	3.40	3.38
0.99461	3.70	2.94	2.92	0.99377	4.30	3.42	3.39
458	3.72	2.96	2.94	374	4.32	3.44	3.41
455	3.74	2.97	2.95	371	4.34	3.45	3.42
453	3.76	2.99	2.97	369	4.36	3.47	3.44
450	3.78	3.00	2.98	366	4.38	3.48	3.45
0.99447	3.80	3.02	3.00	0.99363	4.40	3.50	3.47
444	3.82	3.04	3.02	360	4.42	3.52	3.49
441	3.84	3.05	3.03	357	4.44	3.53	3.50
439	3.86	3.07	3.05	355	4.46	3.55	3.52
436	3.88	3.08	3.06	352	4.48	3.56	3.53
0.99433	3.90	3.10	3.08	0.99349	4.50	3.58	3.55
430	3.92	3.12	3.10	346	4.52	3.60	3.57
427	3.94	3.13	3.11	343	4.54	3.61	3.58
425	3.96	3.15	3.13	341	4.56	3.63	3.60
422	3.98	3.16	3.14	339	4.58	3.64	3.61

续表

相对密度（比重，20℃/20℃）	乙醇体积分数/(%)	乙醇质量分数/(%)	乙醇质量浓度/[g/(100mL)]	相对密度（比重，20℃/20℃）	乙醇体积分数/(%)	乙醇质量分数/(%)	乙醇质量浓度/[g/(100mL)]
0.99336	4.60	3.66	3.63	0.99255	5.20	4.14	4.10
333	4.62	3.68	3.65	252	5.22	4.16	4.12
330	4.64	3.69	3.66	249	5.24	4.17	4.13
328	4.66	3.71	3.68	247	5.26	4.19	4.15
325	4.68	3.72	3.69	244	5.28	4.20	4.16
0.99322	4.70	3.74	3.71	0.99241	5.30	4.22	4.18
319	4.72	3.76	3.73	238	5.32	4.24	4.20
316	4.74	3.77	3.74	236	5.34	4.25	4.21
314	4.76	3.79	3.76	233	5.36	4.27	4.23
311	4.78	3.80	3.77	231	5.38	4.28	4.24
0.99308	4.80	3.82	3.79	0.99228	5.40	4.30	4.26
305	4.82	3.84	3.81	225	5.42	4.32	4.28
303	4.84	3.85	3.82	223	5.44	4.33	4.29
300	4.86	3.87	3.84	220	5.46	4.35	4.31
298	4.88	3.88	3.85	218	5.48	4.36	4.32
0.99295	4.90	3.90	3.87	0.99215	5.50	4.38	4.34
292	4.92	3.92	3.89	212	5.52	4.40	4.36
289	4.94	3.93	3.90	209	5.54	4.41	4.37
287	4.96	3.95	3.92	207	5.56	4.43	4.39
284	4.98	3.96	3.93	204	5.58	4.44	4.40
0.99281	5.00	3.98	3.95	0.99201	5.60	4.46	4.42
278	5.02	4.00	3.97	198	5.62	4.48	4.44
276	5.04	4.01	3.98	196	5.64	4.49	4.45
273	5.06	4.03	4.00	193	5.66	4.51	4.47
271	5.08	4.04	4.01	191	5.68	4.52	4.48
0.99268	5.10	4.06	4.03	0.99188	5.70	4.54	4.50
265	5.12	4.08	4.04	185	5.72	4.56	4.52
263	5.14	4.09	4.06	182	5.74	4.57	4.53
260	5.16	4.11	4.07	180	5.76	4.59	4.55
258	5.18	4.12	4.08	177	5.78	4.60	4.56

续表

相对密度（比重，20℃/20℃）	乙醇体积分数/(%)	乙醇质量分数/(%)	乙醇质量浓度/[g/(100mL)]	相对密度（比重，20℃/20℃）	乙醇体积分数/(%)	乙醇质量分数/(%)	乙醇质量浓度/[g/(100mL)]
0.99174	5.80	4.62	4.58	0.99096	6.40	5.11	5.05
171	5.82	4.64	4.60	093	6.42	5.13	5.07
169	5.84	4.65	4.61	091	6.44	5.14	5.08
166	5.86	4.67	4.63	088	6.46	5.16	5.10
164	5.88	4.68	4.64	086	6.48	5.17	5.11
0.99161	5.90	4.70	4.66	0.99083	6.50	5.19	5.13
158	5.92	4.72	4.68	080	6.52	5.21	5.15
156	5.94	4.73	4.69	078	6.54	5.22	5.16
153	5.96	4.75	4.71	075	6.56	5.24	5.18
151	5.98	4.76	4.72	073	6.58	5.25	5.19
0.99148	6.00	4.78	4.74	0.99070	6.60	5.27	5.21
145	6.02	4.80	4.76	067	6.62	5.29	5.23
143	6.04	4.82	4.77	065	6.64	5.30	5.24
140	6.06	4.83	4.79	062	6.66	5.32	5.26
138	6.08	4.85	4.80	060	6.68	5.33	5.27
0.99135	6.10	4.87	4.82	0.99057	6.70	5.35	5.29
132	6.12	4.89	4.83	055	6.72	5.37	5.31
130	6.14	4.90	4.85	052	6.74	5.38	5.32
127	6.16	4.92	4.86	050	6.76	5.40	5.34
125	6.18	4.93	4.88	047	6.78	5.41	5.35
0.99122	6.20	4.95	4.89	0.99045	6.80	5.43	5.37
119	6.22	4.97	4.91	042	6.82	5.45	5.39
117	6.24	4.98	4.92	040	6.84	5.46	5.40
114	6.26	5.00	4.94	037	6.86	5.48	5.42
112	6.28	5.01	4.95	035	6.88	5.49	5.43
0.99109	6.30	5.03	4.97	0.99032	6.90	5.51	5.45
106	6.32	5.05	4.99	030	6.92	5.53	5.47
104	6.34	5.06	5.00	027	6.94	5.54	5.48
101	6.36	5.08	5.02	025	6.96	5.56	5.50
099	6.38	5.09	5.03	022	6.98	5.57	5.51

续表

相对密度（比重，20℃/20℃）	乙醇体积分数/（%）	乙醇质量分数/（%）	乙醇质量浓度/[g/（100mL）]	相对密度（比重，20℃/20℃）	乙醇体积分数/（%）	乙醇质量分数/（%）	乙醇质量浓度/[g/（100mL）]
0.99020	7.00	5.59	5.53	0.98944	7.60	6.07	6.00
017	7.02	5.61	5.54	941	7.62	6.09	6.02
015	7.04	5.62	5.56	939	7.64	6.10	6.03
012	7.06	5.64	5.57	936	7.66	6.12	6.05
010	7.08	5.65	5.59	934	7.68	6.13	6.06
0.99007	7.10	5.67	5.60	0.98931	7.70	6.15	6.08
004	7.12	5.69	5.62	929	7.72	6.17	6.10
002	7.14	5.70	5.63	926	7.74	6.19	6.11
999	7.16	5.72	5.65	924	7.76	6.20	6.13
997	7.18	5.73	5.66	921	7.78	6.22	6.14
0.98994	7.20	5.75	5.68	0.98919	7.80	6.24	6.16
991	7.22	5.77	5.70	916	7.82	6.26	6.18
989	7.24	5.78	5.71	914	7.84	6.27	6.19
986	7.26	5.80	5.73	911	7.86	6.29	6.21
984	7.28	5.81	5.74	909	7.88	6.30	6.22
0.98981	7.30	5.83	5.76	0.98906	7.90	6.32	6.24
979	7.32	5.85	5.78	903	7.92	6.34	6.26
976	7.34	5.86	5.79	901	7.94	6.35	6.27
974	7.36	5.88	5.81	898	7.96	6.37	6.29
971	7.38	5.89	5.82	896	7.98	6.38	6.30
0.98969	7.40	5.91	5.84	0.98893	8.00	6.40	6.32
966	7.42	5.93	5.86	891	8.02	6.42	6.33
964	7.44	5.94	5.87	888	8.04	6.43	6.35
961	7.46	5.96	5.89	886	8.06	6.45	6.36
959	7.48	5.97	5.90	883	8.08	6.46	6.38
0.98956	7.50	5.99	5.92	0.98881	8.10	6.48	6.39
954	7.52	6.01	5.94	879	8.12	6.50	6.41
951	7.54	6.02	5.95	876	8.14	6.51	6.42
949	7.56	6.04	5.97	874	8.16	6.53	6.44
946	7.58	6.05	5.98	871	8.18	6.54	6.45

续表

相对密度（比重，20℃/20℃）	乙醇体积分数/(%)	乙醇质量分数/(%)	乙醇质量浓度/[g/(100mL)]	相对密度（比重，20℃/20℃）	乙醇体积分数/(%)	乙醇质量分数/(%)	乙醇质量浓度/[g/(100mL)]
0.98869	8.20	6.56	6.47	0.98794	8.80	7.04	6.95
867	8.22	6.58	6.49	792	8.82	7.06	6.97
864	8.24	6.59	6.50	789	8.84	7.07	6.98
862	8.26	6.61	6.52	787	8.86	7.09	7.00
859	8.28	6.62	6.53	784	8.88	7.10	7.01
0.98857	8.30	6.64	6.55	0.98782	8.90	7.12	7.03
855	8.32	6.66	6.57	780	8.92	7.14	7.04
852	8.34	6.67	6.58	777	8.94	7.15	7.06
850	8.36	6.69	6.60	775	8.96	7.17	7.07
847	8.38	6.70	6.61	772	8.98	7.18	7.09
0.98845	8.40	6.72	6.63	0.98770	9.00	7.20	7.10
843	8.42	6.74	6.65	768	9.02	7.22	7.12
840	8.44	6.75	6.66	765	9.04	7.24	7.13
838	8.46	6.77	6.68	763	9.06	7.25	7.15
835	8.48	6.78	6.69	760	9.08	7.27	7.16
0.98833	8.50	6.80	6.71	0.98758	9.10	7.29	7.18
830	8.52	6.82	6.73	756	9.12	7.31	7.20
828	8.54	6.83	6.74	753	9.14	7.32	7.21
825	8.56	6.85	6.76	751	9.16	7.34	7.23
823	8.58	6.86	6.77	748	9.18	7.35	7.24
0.98820	8.60	6.88	6.79	0.98746	9.20	7.37	7.26
817	8.62	6.90	6.81	744	9.22	7.39	7.28
815	8.64	6.91	6.82	741	9.24	7.40	7.29
812	8.66	6.93	6.84	739	9.26	7.42	7.31
810	8.68	6.94	6.85	736	9.28	7.43	7.32
0.98807	8.70	6.96	6.87	0.98734	9.30	7.45	7.34
804	8.72	6.98	6.89	732	9.32	7.47	7.36
802	8.74	6.99	6.90	729	9.34	7.48	7.37
799	8.76	7.01	6.92	727	9.36	7.50	7.39
797	8.78	7.02	6.93	724	9.38	7.51	7.40

续表

相对密度（比重，20℃/20℃）	乙醇体积分数/(%)	乙醇质量分数/(%)	乙醇质量浓度/[g/(100mL)]	相对密度（比重，20℃/20℃）	乙醇体积分数/(%)	乙醇质量分数/(%)	乙醇质量浓度/[g/(100mL)]
0.98722	9.40	7.53	7.42	0.98686	9.70	7.77	7.66
720	9.42	7.55	7.44	684	9.72	7.79	7.67
717	9.44	7.56	7.45	681	9.74	7.80	7.69
715	9.46	7.58	7.47	679	9.76	7.82	7.70
712	9.48	7.59	7.48	676	9.78	7.83	7.72
0.98710	9.50	7.61	7.50	0.98674	9.80	7.85	7.73
708	9.52	7.63	7.52	672	9.82	7.87	7.75
705	9.54	7.64	7.53	669	9.84	7.88	7.76
703	9.56	7.66	7.55	667	9.86	7.90	7.78
700	9.58	7.67	7.56	664	9.88	7.91	7.79
0.98698	9.60	7.69	7.58	0.98662	9.90	7.93	7.91
696	9.62	7.71	7.60	660	9.92	7.95	7.93
693	9.64	7.72	7.61	657	9.94	7.97	7.94
691	9.66	7.74	7.63	655	9.96	7.98	7.96
688	9.68	7.75	7.64	652	9.98	8.00	7.97
—	—	—	—	0.98650	10.00	8.02	7.99

附录 D　相对密度与浸出物对照表

相对密度	w/(%)	相对密度	w/(%)	相对密度	w/(%)	相对密度	w/(%)	相对密度	w/(%)
1.0000	0.000	1.0030	0.770	1.0060	1.539	1.0090	2.305	1.0120	3.067
1	0.026	1	0.796	1	1.565	1	2.330	1	3.093
2	0.052	2	0.821	2	1.590	2	2.356	2	3.118
3	0.077	3	0.847	3	1.616	3	2.381	3	3.143
4	0.103	4	0.872	4	1.641	4	3.407	4	3.169
5	0.129	5	0.898	5	1.667	5	2.432	5	3.194
6	0.154	6	0.924	6	1.693	6	2.458	6	3.219
7	0.180	7	0.949	7	1.718	7	2.483	7	3.245
8	0.206	8	0.975	8	1.744	8	2.508	8	3.270
9	0.231	9	1.001	9	1.769	9	2.534	9	3.295
1.0010	0.257	1.0040	1.026	1.0070	1.795	1.0100	2.560	1.0130	3.321
1	0.283	1	1.052	1	1.820	1	2.585	1	3.346
2	0.390	2	1.078	2	1.846	2	2.610	2	3.371
3	0.334	3	1.103	3	1.872	3	2.636	3	3.396
4	0.360	4	1.129	4	1.897	4	2.661	4	3.421
5	0.386	5	1.155	5	1.923	5	2.687	5	3.447
6	0.411	6	1.180	6	1.948	6	2.712	6	3.472
7	0.437	7	1.206	7	1.973	7	2.738	7	3.497
8	0.463	8	1.232	8	1.999	8	2.763	8	3.523
9	0.488	9	1.257	9	2.025	9	2.788	9	3.548
1.0020	0.514	1.0050	1.283	1.0080	2.053	1.0110	2.814	1.0140	3.573
1	0.540	1	1.308	1	2.078	1	2.839	1	3.598
2	0.565	2	1.334	2	2.101	2	2.864	2	3.642
3	0.591	3	1.360	3	2.127	3	2.890	3	3.649
4	0.616	4	1.385	4	2.152	4	2.915	4	3.674
5	0.642	5	1.411	5	2.178	5	2.940	5	3.699
6	0.668	6	1.437	6	2.203	6	2.966	6	3.725
7	0.693	7	1.462	7	2.229	7	2.991	7	3.750
8	0.719	8	1.488	8	2.254	8	3.017	8	3.775
9	0.745	9	1.514	9	2.280	9	3.042	9	3.800

续表

相对密度	w/(%)	相对密度	w/(%)	相对密度	w/(%)	相对密度	w/(%)	相对密度	w/(%)
1.0150	3.826	1.0180	4.580	1.0210	5.330	1.0240	6.077	1.0270	6.819
1	3.851	1	4.605	1	5.355	1	6.101	1	6.844
2	3.876	2	4.630	2	5.380	2	6.126	2	6.868
3	3.901	3	4.655	3	5.405	3	6.151	3	6.893
4	3.926	4	4.680	4	5.430	4	6.176	4	6.918
5	3.951	5	4.705	5	5.455	5	6.200	5	6.943
6	3.977	6	4.730	6	5.480	6	6.225	6	6.967
7	4.002	7	4.755	7	5.505	7	6.250	7	6.992
8	4.027	8	4.780	8	5.530	8	6.275	8	7.017
9	4.052	9	4.805	9	5.555	9	6.300	9	7.041
1.0160	4.077	1.0190	4.830	1.0220	5.580	1.0250	6.325	1.0280	7.066
1	4.102	1	4.855	1	5.605	1	6.300	1	7.091
2	4.128	2	4.880	2	5.629	2	6.374	2	7.115
3	4.153	3	4.905	3	5.654	3	6.399	3	7.140
4	4.178	4	4.930	4	5.679	4	6.424	4	7.164
5	4.203	5	4.955	5	5.704	5	6.449	5	7.189
6	4.228	6	4.980	6	5.729	6	6.473	6	7.214
7	4.253	7	5.005	7	5.754	7	6.498	7	7.238
8	4.278	8	5.030	8	5.779	8	6.523	8	7.263
9	4.304	9	5.055	9	5.803	9	6.547	9	7.287
1.0170	4.329	1.0200	5.080	1.0230	5.823	1.0260	6.572	1.0290	7.312
1	4.354	1	5.106	1	5.853	1	6.597	1	7.337
2	4.379	2	5.130	2	5.878	2	6.621	2	7.361
3	4.404	3	5.155	3	5.903	3	6.646	3	7.386
4	4.429	4	5.180	4	5.928	4	6.671	4	7.411
5	4.454	5	5.205	5	5.952	5	6.696	5	7.435
6	4.479	6	5.230	6	5.977	6	6.720	6	7.460
7	4.505	7	5.250	7	6.002	7	6.745	7	7.484
8	4.529	8	5.280	8	6.027	8	6.770	8	7.509
9	4.555	9	5.305	9	6.052	9	6.794	9	7.533

续表

相对密度	w/(%)	相对密度	w/(%)	相对密度	w/(%)	相对密度	w/(%)	相对密度	w/(%)
1.0300	7.558	1.0330	8.293	1.0360	9.024	1.0390	9.751	1.0420	10.475
1	7.583	1	8.317	1	9.048	1	9.776	1	10.499
2	7.607	2	8.342	2	9.073	2	9.800	2	10.523
3	7.632	3	8.366	3	9.097	3	9.824	3	10.548
4	7.656	4	8.391	4	9.121	4	9.848	4	10.571
5	7.681	5	8.415	5	9.145	5	9.873	5	10.596
6	7.705	6	8.439	6	9.170	6	9.897	6	10.620
7	7.730	7	8.464	7	9.194	7	9.921	7	10.644
8	7.754	8	8.488	8	9.218	8	9.945	8	10.668
9	7.779	9	8.513	9	9.243	9	9.969	9	10.692
1.0310	7.803	1.0340	8.537	1.0370	9.267	1.0400	9.993	1.0430	10.715
1	7.828	1	8.561	1	9.291	1	10.017	1	10.740
2	7.853	2	8.586	2	9.316	2	10.042	2	10.764
3	7.877	3	8.610	3	9.340	3	10.066	3	10.788
4	7.901	4	8.634	4	9.364	4	10.090	4	10.812
5	7.926	5	8.659	5	9.388	5	10.114	5	10.836
6	7.950	6	8.683	6	9.413	6	10.138	6	10.860
7	7.975	7	8.708	7	9.437	7	10.162	7	10.884
8	8.000	8	8.732	8	9.461	8	10.186	8	10.908
9	8.024	9	8.756	9	9.485	9	10.210	9	10.932
1.0320	8.048	1.0350	8.781	1.0380	9.809	1.0410	10.234	1.0440	10.956
1	8.073	1	8.805	1	9.534	1	10.259	1	10.980
2	8.098	2	8.830	2	9.558	2	10.283	2	11.004
3	8.122	3	8.854	3	9.582	3	10.307	3	11.027
4	8.146	4	8.878	4	9.606	4	10.331	4	11.051
5	8.171	5	8.902	5	9.631	5	10.355	5	11.075
6	8.195	6	8.927	6	9.655	6	10.379	6	11.100
7	8.220	7	8.951	7	9.679	7	10.403	7	11.123
8	8.244	8	8.975	8	9.703	8	10.427	8	11.147
9	8.269	9	9.000	9	9.727	9	10.451	9	11.171

续表

相对密度	w/(%)	相对密度	w/(%)	相对密度	w/(%)	相对密度	w/(%)	相对密度	w/(%)
1.0450	11.195	1.0480	11.912	1.0510	12.624	1.0540	13.333	1.0570	14.039
1	11.219	1	11.935	1	12.648	1	13.357	1	14.062
2	11.243	2	11.959	2	12.672	2	13.380	2	14.086
3	11.267	3	11.983	3	12.695	3	13.404	3	14.109
4	11.291	4	12.007	4	12.719	4	13.428	4	14.133
5	11.315	5	12.031	5	12.743	5	13.451	5	14.156
6	11.339	6	12.054	6	12.767	6	13.475	6	14.179
7	11.363	7	12.078	7	12.790	7	13.499	7	14.203
8	11.387	8	12.102	8	12.814	8	13.522	8	14.226
9	11.411	9	12.126	9	12.838	9	13.546	9	14.250
1.0460	11.435	1.0490	12.150	1.0520	12.861	1.0550	13.569	1.0580	14.273
1	11.458	1	12.173	1	12.885	1	13.593	1	14.297
2	11.482	2	12.197	2	12.909	2	13.616	2	14.320
3	11.506	3	12.221	3	12.932	3	13.640	3	14.343
4	11.530	4	12.245	4	12.956	4	13.663	4	14.367
5	11.554	5	12.268	5	12.979	5	13.687	5	14.390
6	11.578	6	12.292	6	13.003	6	13.710	6	14.414
7	11.602	7	12.316	7	13.027	7	13.734	7	14.437
8	11.626	8	12.340	8	13.050	8	13.757	8	14.460
9	11.650	9	12.363	9	13.074	9	13.781	9	14.484
1.0470	11.673	1.0500	12.387	1.0530	13.098	1.0560	13.804	1.0590	14.507
1	11.697	1	12.411	1	13.121	1	13.828	1	14.531
2	11.721	2	12.435	2	13.145	2	13.851	2	14.554
3	11.745	3	12.458	3	13.168	3	13.875	3	14.577
4	11.768	4	12.482	4	13.192	4	13.898	4	14.601
5	11.792	5	12.506	5	13.215	5	13.921	5	14.624
6	11.816	6	12.530	6	13.239	6	13.945	6	14.647
7	11.840	7	12.553	7	13.263	7	13.968	7	14.671
8	11.864	8	12.557	8	13.286	8	13.992	8	14.694
9	11.888	9	12.601	9	13.310	9	14.015	9	14.717

续表

相对密度	w/(%)	相对密度	w/(%)	相对密度	w/(%)	相对密度	w/(%)	相对密度	w/(%)
1.0600	14.741	1.0630	15.439	1.0660	16.134	1.0690	16.825	1.0720	17.513
1	14.764	1	15.462	1	16.157	1	16.848	1	17.536
2	14.787	2	15.486	2	16.180	2	16.871	2	17.559
3	14.811	3	15.509	3	16.203	3	16.894	3	17.581
4	14.834	4	15.532	4	16.226	4	16.917	4	17.604
5	14.857	5	15.555	5	16.249	5	16.940	5	17.627
6	14.881	6	15.578	6	16.272	6	16.963	6	17.650
7	14.904	7	15.602	7	16.295	7	16.986	7	17.673
8	14.927	8	15.625	8	16.319	8	17.009	8	17.696
9	14.950	9	15.648	9	16.341	9	17.032	9	17.719
1.0610	14.974	1.0640	15.671	1.0670	16.365	1.0700	17.055	1.0730	17.741
1	14.997	1	15.694	1	16.388	1	17.058	1	17.764
2	15.020	2	15.717	2	16.411	2	17.101	2	17.787
3	15.044	3	15.741	3	16.434	3	17.123	3	17.810
4	15.067	4	15.764	4	16.457	4	17.146	4	17.833
5	15.090	5	15.787	5	16.480	5	17.169	5	17.856
6	15.114	6	15.810	6	16.503	6	17.192	6	17.878
7	15.137	7	15.833	7	16.526	7	17.215	7	17.901
8	15.160	8	15.857	8	16.549	8	17.238	8	17.924
9	15.183	9	15.880	9	16.572	9	17.261	9	17.947
1.0620	15.207	1.0650	15.903	1.0680	16.595	1.0710	17.284	1.0740	17.970
1	15.230	1	15.926	1	16.618	1	17.307	1	17.992
2	15.253	2	15.949	2	16.641	2	17.330	2	18.015
3	15.276	3	15.972	3	16.664	3	17.353	3	18.038
4	15.300	4	15.995	4	16.687	4	17.375	4	18.061
5	15.323	5	16.019	5	16.710	5	17.398	5	18.084
6	15.346	6	16.041	6	16.733	6	17.421	6	18.106
7	15.369	7	16.065	7	16.756	7	17.444	7	18.129
8	15.393	8	16.088	8	16.779	8	17.467	8	18.152
9	15.416	9	16.111	9	16.802	9	17.490	9	18.175

续表

相对密度	w/(%)	相对密度	w/(%)	相对密度	w/(%)	相对密度	w/(%)	相对密度	w/(%)
1.0750	18.197	1.0770	18.652	1.0790	19.105	1.0810	19.556	1.0830	20.007
1	18.220	1	18.675	1	19.127	1	19.579	1	20.032
2	18.243	2	18.697	2	19.150	2	19.601	2	20.055
3	18.266	3	18.720	3	19.173	3	19.624	3	20.078
4	18.288	4	18.742	4	19.195	4	19.646	4	20.100
5	18.311	5	18.765	5	19.218	5	19.669	5	20.123
6	18.334	6	18.788	6	19.241	6	19.692	6	20.146
7	18.356	7	18.810	7	19.263	7	19.714	7	20.169
8	18.379	8	18.833	8	19.286	8	19.737	8	20.191
9	18.402	9	18.856	9	19.308	9	19.759	9	20.213
1.0760	18.425	1.0780	18.878	1.0800	19.331	1.0820	19.782		
1	18.447	1	18.901	1	19.353	1	19.804		
2	18.470	2	18.924	2	19.376	2	19.827		
3	18.493	3	18.947	3	19.399	3	19.849		
4	18.516	4	18.969	4	19.421	4	19.867		
5	18.533	5	18.992	5	19.444	5	19.894		
6	18.561	6	19.015	6	19.466	6	19.917		
7	18.584	7	19.037	7	19.489	7	19.939		
8	18.607	8	19.060	8	19.511	8	19.961		
9	18.629	9	19.082	9	19.534	9	19.984		

注：表中相对密度测定条件为 20 ℃，w 为成品啤酒中浸出物的质量分数。

附录 E　糖液折光率温度校正表

温度/℃	折光率														
	0	5	10	15	20	25	30	35	40	45	50	55	60	65	70
	温度低于 20 ℃时应减之数														
10	0.50	0.54	0.58	0.61	0.64	0.66	0.68	0.70	0.72	0.73	0.74	0.75	0.76	0.78	0.79
11	0.46	0.49	0.53	0.55	0.58	0.60	0.62	0.64	0.65	0.66	0.67	0.68	0.69	0.70	0.71
12	0.42	0.45	0.48	0.50	0.52	0.54	0.56	0.57	0.58	0.59	0.60	0.61	0.61	0.63	0.63
13	0.37	0.40	0.42	0.44	0.46	0.48	0.49	0.50	0.51	0.52	0.53	0.54	0.54	0.55	0.55

续表

温度/℃	折光率														
	0	5	10	15	20	25	30	35	40	45	50	55	60	65	70
14	0.33	0.35	0.37	0.39	0.40	0.41	0.42	0.43	0.44	0.45	0.45	0.46	0.46	0.47	0.48
15	0.27	0.29	0.31	0.33	0.34	0.34	0.35	0.36	0.37	0.37	0.38	0.39	0.39	0.40	0.40
16	0.22	0.24	0.25	0.26	0.27	0.28	0.28	0.29	0.30	0.30	0.30	0.31	0.31	0.32	0.32
17	0.17	0.18	0.19	0.20	0.21	0.21	0.21	0.22	0.22	0.23	0.23	0.23	0.23	0.24	0.24
18	0.12	0.13	0.13	0.14	0.14	0.14	0.14	0.15	0.15	0.15	0.15	0.16	0.16	0.16	0.16
19	0.06	0.06	0.06	0.07	0.07	0.07	0.07	0.08	0.08	0.08	0.08	0.08	0.08	0.08	0.08
	温度高于20 ℃时应加之数														
21	0.06	0.07	0.07	0.07	0.07	0.08	0.08	0.08	0.08	0.08	0.08	0.08	0.08	0.08	0.08
22	0.13	0.13	0.14	0.14	0.15	0.15	0.15	0.15	0.15	0.16	0.16	0.16	0.16	0.16	0.16
23	0.19	0.20	0.21	0.22	0.22	0.23	0.23	0.23	0.23	0.24	0.24	0.24	0.24	0.24	0.24
24	0.26	0.27	0.28	0.29	0.30	0.30	0.31	0.31	0.31	0.31	0.31	0.32	0.32	0.32	0.32
25	0.33	0.35	0.36	0.37	0.38	0.38	0.39	0.40	0.40	0.40	0.40	0.40	0.40	0.40	0.40
26	0.40	0.42	0.43	0.44	0.45	0.46	0.47	0.48	0.48	0.48	0.48	0.48	0.48	0.48	0.48
27	0.48	0.50	0.52	0.53	0.54	0.55	0.55	0.56	0.56	0.56	0.56	0.56	0.56	0.56	0.56
28	0.56	0.57	0.60	0.61	0.62	0.63	0.63	0.64	0.64	0.64	0.64	0.64	0.64	0.64	0.64
29	0.56	0.66	0.68	0.69	0.71	0.72	0.72	0.73	0.73	0.73	0.73	0.73	0.73	0.73	0.73
30	0.64	0.74	0.77	0.78	0.79	0.80	0.80	0.81	0.81	0.81	0.81	0.81	0.81	0.81	0.81

附录F　相当于氧化亚铜质量的葡萄糖、果糖、乳糖、转化糖质量表

氧化亚铜	葡萄糖	果糖	乳糖(含水)	转化糖	氧化亚铜	葡萄糖	果糖	乳糖(含水)	转化糖
11.3	4.6	5.1	7.7	5.2	22.5	9.4	10.4	15.4	10.2
12.4	5.1	5.6	8.5	5.7	23.6	9.9	10.9	16.1	10.7
13.5	5.6	6.1	9.3	6.2	24.8	10.4	11.5	16.9	11.2
14.6	6.0	6.7	10.0	6.7	25.9	10.9	12.0	17.7	11.7
15.8	6.5	7.2	10.8	7.2	27.0	11.4	12.5	18.4	12.3
16.9	7.0	7.7	11.5	7.7	28.1	11.9	13.1	19.2	12.8
18.0	7.5	8.3	12.3	8.2	29.3	12.3	13.6	19.9	13.3
19.1	8.0	8.8	13.1	8.7	30.4	12.8	14.2	20.7	13.8
20.3	8.5	9.3	13.8	9.2	31.5	13.3	14.7	21.5	14.3
21.4	8.9	9.9	14.6	9.7	32.6	13.8	15.2	22.2	14.8

续表

氧化亚铜	葡萄糖	果糖	乳糖(含水)	转化糖	氧化亚铜	葡萄糖	果糖	乳糖(含水)	转化糖
33.8	14.3	15.8	23.0	15.3	70.9	30.5	33.6	48.3	32.2
34.9	14.8	16.3	23.8	15.8	72.1	31.0	34.1	49.0	32.7
36.0	15.3	16.8	24.5	16.3	73.2	31.5	34.7	49.8	33.2
37.2	15.7	17.4	25.3	16.8	74.3	32.0	35.2	50.6	33.7
38.3	16.2	17.9	26.1	17.3	75.4	32.5	35.8	51.3	34.3
39.4	16.7	18.4	26.8	17.8	76.6	33.0	36.3	52.1	34.8
40.5	17.2	19.0	27.6	18.3	77.7	33.5	36.8	52.9	35.3
41.7	17.7	19.5	28.4	18.9	78.8	34.0	37.4	53.6	35.8
42.8	18.2	20.1	29.1	19.4	79.9	34.5	37.9	54.4	36.3
43.9	18.7	20.6	29.9	19.9	81.1	35.0	38.5	55.2	36.8
45.0	19.2	21.1	30.6	20.4	82.2	35.5	39.0	55.9	37.4
46.2	19.7	21.7	31.4	20.9	83.3	36.0	39.6	56.7	37.9
47.3	20.1	22.2	32.2	21.4	84.4	36.5	40.1	57.5	38.4
48.4	20.6	22.8	32.9	21.9	85.6	37.0	40.7	58.2	38.9
49.5	21.1	23.3	33.7	22.4	86.7	37.5	41.2	59.0	39.4
50.7	21.6	23.8	34.5	22.9	87.8	38.0	41.7	59.8	40.0
51.8	22.1	24.4	35.2	23.5	88.9	38.5	42.3	60.5	40.5
52.9	22.6	24.9	36.0	24.0	90.1	39.0	42.8	61.3	41.0
54.0	23.1	25.4	36.8	24.5	91.2	39.5	43.4	62.1	41.5
55.2	23.6	26.0	37.5	25.0	92.3	40.0	43.9	62.8	42.0
56.3	24.1	26.5	38.3	25.5	93.4	40.5	44.5	63.6	42.6
57.4	24.6	27.1	39.1	26.0	94.6	41.0	45.0	64.4	43.1
58.5	25.1	27.6	39.8	26.5	95.7	41.5	45.6	65.1	43.6
59.7	25.6	28.2	40.6	27.0	96.8	42.0	46.1	65.9	44.1
60.8	26.1	28.7	41.4	27.6	97.9	42.5	46.7	66.7	44.7
61.9	26.5	29.2	42.1	28.1	99.1	43.0	47.2	67.4	45.2
63.0	27.0	29.8	42.9	28.6	100.2	43.5	47.8	68.2	45.7
64.2	27.5	30.3	43.7	29.1	101.3	44.0	48.3	69.0	46.2
65.3	28.0	30.9	44.4	29.6	102.5	44.5	48.9	69.7	46.7
66.4	28.5	31.4	45.2	30.1	103.6	45.0	49.4	70.5	47.3
67.6	29.0	31.9	46.0	30.6	104.7	45.5	50.0	71.3	47.8
68.7	29.5	32.5	46.7	31.2	105.8	46.0	50.5	72.1	48.3
69.8	30.0	33.0	47.5	31.7	107.0	46.5	51.1	72.8	48.8

续表

氧化亚铜	葡萄糖	果糖	乳糖(含水)	转化糖	氧化亚铜	葡萄糖	果糖	乳糖(含水)	转化糖
108.1	47.0	51.6	73.6	49.4	145.2	63.8	69.9	99.0	66.8
109.2	47.5	52.2	74.4	49.9	146.4	64.3	70.4	99.8	67.4
110.3	48.0	52.7	75.1	50.4	147.5	64.9	71.0	100.6	67.9
111.5	48.5	53.3	75.9	50.9	148.6	65.4	71.6	101.3	68.4
112.6	49.0	53.8	76.7	51.5	149.7	65.9	72.1	102.1	69.0
113.7	49.5	54.4	77.4	52.0	150.9	66.4	72.7	102.9	69.5
114.8	50.0	54.9	78.2	52.5	152.0	66.9	73.2	103.6	70.0
116.0	50.6	55.5	79.0	53.0	153.1	67.4	73.8	104.4	70.6
117.1	51.1	56.0	79.7	53.6	154.2	68.0	74.3	105.2	71.1
118.2	51.6	56.6	80.5	54.1	155.4	68.5	74.9	106.0	71.6
119.3	52.1	57.1	81.3	54.6	156.5	69.0	75.5	106.7	72.2
120.5	52.6	57.7	82.1	55.2	157.6	69.5	76.0	107.5	72.7
121.6	53.1	58.2	82.8	55.7	158.7	70.0	76.6	108.3	73.2
122.7	53.6	58.8	83.6	56.2	159.9	70.5	77.1	109.0	73.8
123.8	54.1	59.3	84.4	56.7	161.0	71.1	77.7	109.8	74.3
125.0	54.6	59.9	85.1	57.3	162.1	71.6	78.3	110.6	74.9
126.1	55.1	60.4	85.9	57.8	163.2	72.1	78.8	111.4	75.4
127.2	55.6	61.0	86.7	58.3	164.4	72.6	79.4	112.1	75.9
128.3	56.1	61.6	87.4	58.9	165.5	73.1	80.0	112.9	76.5
129.5	56.7	62.1	88.2	59.4	166.6	73.7	80.5	113.7	77.0
130.6	57.2	62.7	89.0	59.9	167.8	74.2	81.1	114.4	77.6
131.7	57.7	63.2	89.8	60.4	168.9	74.7	81.6	115.2	78.1
132.8	58.2	63.8	90.5	61.0	170.0	75.2	82.2	116.0	78.6
134.0	58.7	64.3	91.3	61.5	171.1	75.7	82.8	116.8	79.2
135.1	59.2	64.9	92.1	62.0	172.3	76.3	83.3	117.5	79.7
136.2	59.7	65.4	92.8	62.6	173.4	76.8	83.9	118.3	80.3
137.4	60.2	66.0	93.6	63.1	174.5	77.3	84.4	119.1	80.8
138.5	60.7	66.5	94.4	63.6	175.6	77.8	85.0	119.9	81.3
139.6	61.3	67.1	95.2	64.2	176.8	78.3	85.6	120.6	81.9
140.7	61.8	67.7	95.9	64.7	177.9	78.9	86.1	121.4	82.4
141.9	62.3	68.2	96.7	65.2	179.0	79.4	86.7	122.2	83.0
143.0	62.8	68.8	97.5	65.8	180.1	79.9	87.3	122.9	83.5
144.1	63.3	69.3	98.2	66.3	181.3	80.4	87.8	123.7	84.0

续表

氧化亚铜	葡萄糖	果糖	乳糖(含水)	转化糖	氧化亚铜	葡萄糖	果糖	乳糖(含水)	转化糖
182.4	81.0	88.4	124.5	84.6	219.5	98.4	107.1	150.1	102.6
183.5	81.5	89.0	125.3	85.1	220.7	98.9	107.7	150.8	103.2
184.5	82.0	89.5	126.0	85.7	221.8	99.5	108.3	151.6	103.7
185.8	82.5	90.1	126.8	86.2	222.9	100.0	108.8	152.4	104.3
186.9	83.1	90.6	127.6	86.8	224.0	100.5	109.4	153.2	104.8
188.0	83.6	91.2	128.4	87.3	225.2	101.1	110.0	153.9	105.4
189.1	84.1	91.8	129.1	87.8	226.3	101.6	110.6	154.7	106.0
190.3	84.6	92.3	129.9	88.4	227.4	102.2	111.1	155.5	106.5
191.4	85.2	92.9	130.7	88.9	228.5	102.7	111.7	156.3	107.1
192.5	85.7	93.5	131.5	89.5	229.7	103.2	112.3	157.0	107.6
193.6	86.2	94.0	132.2	90.0	230.8	103.8	112.9	157.8	108.2
194.8	86.7	94.6	133.0	90.6	231.9	104.3	113.4	158.0	108.7
195.9	87.3	95.2	133.8	91.1	233.1	104.8	114.0	159.4	109.3
197.0	87.8	95.7	134.6	91.7	234.2	105.4	114.6	160.2	109.8
198.1	88.3	96.3	135.3	92.2	235.3	105.9	115.2	160.9	110.4
199.3	88.9	96.9	136.1	92.8	236.4	106.5	115.7	161.7	110.9
200.4	89.4	97.4	136.9	93.3	237.6	107.0	116.3	162.5	111.5
201.5	89.9	98.0	137.7	93.8	238.7	107.5	116.9	163.3	112.1
202.7	90.4	98.6	138.4	94.4	239.8	108.1	117.5	164.0	112.6
203.8	91.0	99.2	139.2	94.9	240.9	108.6	118.0	164.8	113.2
204.9	91.5	99.7	140.0	95.5	242.1	109.2	118.6	165.6	113.7
206.0	92.0	100.3	140.8	96.0	243.1	109.7	119.2	166.4	114.3
207.2	92.6	100.9	141.5	96.6	244.3	110.2	119.8	167.1	114.9
208.3	93.1	101.4	142.3	97.1	245.4	110.8	120.3	167.9	115.4
209.4	93.6	102.0	143.1	97.7	246.6	111.3	120.9	168.7	116.0
210.5	94.2	102.6	143.9	98.2	247.7	111.9	121.5	169.5	116.5
211.7	94.7	103.1	144.6	98.8	248.8	112.4	122.1	170.3	117.1
212.8	95.2	103.7	145.4	99.3	249.9	112.9	122.6	171.0	117.6
213.9	95.7	104.3	146.2	99.9	251.1	113.5	123.2	171.8	118.2
215.0	96.3	104.8	147.0	100.4	252.2	114.0	123.8	172.6	118.8
216.2	96.8	105.4	147.7	101.0	253.3	114.6	124.4	173.4	119.3
217.3	97.3	106.0	148.5	101.5	254.4	115.1	125.0	174.2	119.9
218.4	97.9	106.6	149.3	102.1	255.6	115.7	125.5	174.9	120.4

续表

氧化亚铜	葡萄糖	果糖	乳糖(含水)	转化糖	氧化亚铜	葡萄糖	果糖	乳糖(含水)	转化糖
256.7	116.2	126.1	175.7	121.0	293.8	134.3	145.4	201.4	139.7
257.8	116.7	126.7	176.5	121.6	295.0	134.9	145.9	202.2	140.3
258.9	117.3	127.3	177.3	122.1	296.1	135.4	146.5	203.0	140.8
260.1	117.8	127.9	178.1	122.7	297.2	136.0	147.1	203.8	141.4
261.2	118.4	128.4	178.8	123.3	298.3	136.5	147.7	204.6	142.0
262.3	118.9	129.0	179.6	123.8	299.5	137.1	148.3	205.3	142.6
263.4	119.5	129.6	180.4	124.4	300.6	137.7	148.9	206.1	143.1
264.6	120.0	130.2	181.2	124.9	301.7	138.2	149.5	206.9	143.7
265.7	120.6	130.8	181.9	125.5	302.9	138.8	150.1	207.7	144.3
266.8	121.1	131.3	182.7	126.1	304.0	139.3	150.6	208.5	144.8
268.0	121.7	131.9	183.5	126.6	305.1	139.9	151.2	209.2	145.4
269.1	122.2	132.5	184.3	127.2	306.2	140.4	151.8	210.0	146.0
270.2	122.7	133.1	185.1	127.8	307.4	141.0	152.4	210.8	146.6
271.3	123.3	133.7	185.8	128.3	308.5	141.6	153.0	211.6	147.1
272.5	123.8	134.2	186.6	128.9	309.6	142.1	153.6	212.4	147.7
273.6	124.4	134.8	187.4	129.5	310.7	142.7	154.2	213.2	148.3
274.7	124.9	135.4	188.2	130.0	311.9	143.2	154.8	214.0	148.9
275.8	125.5	136.0	189.0	130.6	313.0	143.8	155.4	214.7	149.4
277.0	126.0	136.6	189.7	131.2	314.1	144.4	156.0	215.5	150.0
278.1	126.6	137.2	190.5	131.7	315.2	144.9	156.5	216.3	150.6
279.2	127.1	137.7	191.3	132.3	316.4	145.5	157.1	217.1	151.2
280.3	127.7	138.3	192.1	132.9	317.5	146.0	157.7	217.9	151.8
281.5	128.2	138.9	192.9	133.4	318.6	146.6	158.3	218.7	152.3
282.6	128.8	139.5	193.6	134.0	319.7	147.2	158.9	219.4	152.9
283.7	129.3	140.1	194.4	134.6	320.9	147.7	159.5	220.2	153.5
284.8	129.9	140.7	195.2	135.1	322.0	148.3	160.1	221.0	154.1
286.0	130.4	141.3	196.0	135.7	323.1	148.8	160.7	221.8	154.6
287.1	131.0	141.8	196.8	136.3	324.2	149.4	161.3	222.6	155.2
288.2	131.6	142.4	197.5	136.8	325.4	150.0	161.9	223.3	155.8
289.3	132.1	143.0	198.3	137.4	326.5	150.5	162.5	224.1	156.4
290.5	132.7	143.6	199.1	138.0	327.6	151.1	163.1	224.9	157.0
291.6	133.2	144.2	199.9	138.6	328.7	151.7	163.7	225.7	157.5
292.7	133.8	144.8	200.7	139.1	329.9	152.2	164.3	226.5	158.1

续表

氧化亚铜	葡萄糖	果糖	乳糖(含水)	转化糖	氧化亚铜	葡萄糖	果糖	乳糖(含水)	转化糖
331.0	152.8	164.9	227.3	158.7	368.2	171.6	184.6	253.2	178.1
332.1	153.4	165.4	228.0	159.3	369.3	172.2	185.2	253.9	178.7
333.3	153.9	166.0	228.8	159.9	370.4	172.8	185.8	254.7	179.2
334.4	154.5	166.6	229.6	160.5	371.5	173.4	186.4	255.5	179.8
335.5	155.1	167.2	230.4	161.0	372.7	173.9	187.0	256.3	180.4
336.6	155.6	167.8	231.2	161.6	373.8	174.5	187.6	257.1	181.0
337.8	156.2	168.4	232.0	162.2	374.9	175.1	188.2	257.9	181.6
338.9	156.8	169.0	232.7	162.8	376.0	175.7	188.8	258.7	182.2
340.0	157.3	169.6	233.5	163.4	377.2	176.3	189.4	259.4	182.8
341.1	157.9	170.2	234.3	164.0	378.3	176.8	190.1	260.2	183.4
342.3	158.5	170.8	235.1	164.5	379.4	177.4	190.7	261.0	184.0
343.4	159.0	171.4	235.9	165.1	380.5	178.0	191.3	261.8	184.6
344.5	159.6	172.0	236.7	165.7	381.7	178.6	191.9	262.6	185.2
345.6	160.2	172.6	237.4	166.3	382.8	179.2	192.5	263.4	185.8
346.8	160.7	173.2	238.2	166.9	383.9	179.7	193.1	264.2	186.4
347.9	161.3	173.8	239.0	167.5	385.0	180.3	193.7	265.0	187.0
349.0	161.9	174.4	239.8	168.0	386.2	180.9	194.3	265.8	187.6
350.1	162.5	175.0	240.6	168.6	387.3	181.5	194.9	266.6	188.2
351.3	163.0	175.6	241.4	169.2	388.4	182.1	195.5	267.4	188.8
352.4	163.6	176.2	242.2	169.8	389.5	182.7	196.1	268.1	189.4
353.5	164.2	176.8	243.0	170.4	390.7	183.2	196.7	268.9	190.0
354.6	164.7	177.4	243.7	171.0	391.8	183.8	197.3	269.7	190.6
355.8	165.3	178.0	244.5	171.6	392.9	184.4	197.9	270.5	191.2
356.9	165.9	178.6	245.3	172.2	394.0	185.0	198.5	271.3	191.8
358.0	166.5	179.2	246.1	172.8	395.2	185.6	199.2	272.1	192.4
359.1	167.0	179.8	246.9	173.3	396.3	186.2	199.8	272.9	193.0
360.3	167.6	180.4	247.7	173.9	397.4	186.8	200.4	273.7	193.6
361.4	168.2	181.0	248.5	174.5	398.5	187.3	201.0	274.4	194.2
362.5	168.8	181.6	249.2	175.1	399.7	187.9	201.6	275.2	194.8
363.6	169.3	182.2	250.0	175.7	400.8	188.5	202.2	276.0	195.4
364.8	169.9	182.8	250.8	176.3	401.9	189.1	202.8	276.8	196.0
365.9	170.5	183.4	251.6	176.9	403.1	189.7	203.4	277.6	196.6
367.0	171.1	184.0	252.4	177.5	404.2	190.3	204.0	278.4	197.2

续表

氧化亚铜	葡萄糖	果糖	乳糖(含水)	转化糖	氧化亚铜	葡萄糖	果糖	乳糖(含水)	转化糖
405.3	190.9	204.7	279.2	197.8	442.5	210.5	225.1	305.4	217.9
406.4	191.5	205.3	280.0	198.4	443.6	211.1	225.7	306.2	218.5
407.6	192.0	205.9	280.8	199.0	444.7	211.7	226.3	307.0	219.1
408.7	192.6	206.5	281.6	199.6	445.8	212.3	226.9	307.8	219.9
409.8	193.2	207.1	282.4	200.2	447.0	212.9	227.6	308.6	220.4
410.9	193.8	207.7	283.2	200.8	448.1	213.5	228.2	309.4	221.0
412.1	194.4	208.3	284.0	201.4	449.2	214.1	228.8	310.2	221.6
413.2	195.0	209.0	284.8	202.0	450.3	214.7	229.4	311.0	222.2
414.3	195.6	209.6	285.6	202.6	451.5	215.3	230.1	311.8	222.9
415.4	196.2	210.2	286.3	203.2	452.6	215.9	230.7	312.6	223.5
416.6	196.8	210.8	287.1	203.8	453.7	216.5	231.3	313.4	224.1
417.7	197.4	211.4	287.9	204.4	454.8	217.1	232.0	314.2	224.7
418.8	198.0	212.0	288.7	205.0	456.0	217.8	232.6	315.0	225.4
419.9	198.5	212.6	289.5	205.7	457.1	218.4	233.2	315.9	226.0
421.1	199.1	213.3	290.3	206.3	458.2	219.0	233.9	316.7	226.6
422.2	199.7	213.9	291.1	206.9	459.3	219.6	234.5	317.5	227.2
423.3	200.3	214.5	291.9	207.5	460.5	220.1	235.1	318.3	227.9
424.4	200.9	215.1	292.7	208.1	461.6	220.8	235.8	319.1	228.5
425.6	201.5	215.7	293.5	208.7	462.7	221.4	236.4	319.9	229.1
426.7	202.1	216.3	294.3	209.3	463.8	222.0	237.1	320.7	229.7
427.8	202.7	217.0	295.0	209.9	465.0	222.6	237.7	321.6	230.4
428.9	203.3	217.6	295.8	210.5	466.1	223.3	238.4	322.4	231.0
430.1	203.9	218.2	296.6	211.1	467.2	223.9	239.0	323.2	231.7
431.2	204.5	218.8	297.4	211.8	468.4	224.5	239.7	324.0	232.3
432.3	205.1	219.5	298.2	212.4	469.5	225.1	240.3	324.9	232.9
433.5	205.1	220.1	299.0	213.0	470.6	225.7	241.0	325.7	233.6
434.6	206.3	220.7	299.8	213.6	471.7	226.3	241.6	326.5	234.2
435.7	206.9	221.3	300.6	214.2	472.9	227.0	242.2	327.4	234.8
436.8	207.5	221.9	301.4	214.8	474.0	227.6	242.9	328.2	235.5
438.0	208.1	222.6	302.2	215.4	475.1	228.2	243.6	329.1	236.1
439.1	208.7	223.2	303.0	216.0	476.2	228.8	244.3	329.9	236.8
440.2	209.3	223.8	303.8	216.7	477.4	229.5	244.9	330.1	237.5
441.3	209.9	224.4	304.6	217.3	478.5	230.1	245.6	331.7	238.1

续表

氧化亚铜	葡萄糖	果糖	乳糖(含水)	转化糖	氧化亚铜	葡萄糖	果糖	乳糖(含水)	转化糖
479.6	230.7	246.3	332.6	238.8	485.2	234.0	250.0	337.3	242.3
480.7	231.4	247.0	333.5	239.5	486.4	234.7	250.8	338.3	243.0
481.9	232.0	247.8	334.4	240.2	487.5	235.3	251.6	339.4	243.8
483.0	232.7	248.5	335.3	240.8	488.6	236.1	252.7	340.7	244.7
484.1	233.3	249.2	336.3	241.5	489.7	236.9	253.7	342.0	245.8

附录 G　吸光度与测试 α-淀粉酶浓度对照表

吸光度	酶浓度/(U/mL)	吸光度	酶浓度/(U/mL)	吸光度	酶浓度/(U/mL)	吸光度	酶浓度/(U/mL)	吸光度	酶浓度/(U/mL)	吸光度	酶浓度/(U/mL)
0.100	4.694	0.120	4.594	0.140	4.492	0.160	4.394	0.180	4.301	0.200	4.214
1	4.689	1	4.589	1	4.487	1	4.389	1	4.297	1	4.210
2	4.684	2	4.584	2	4.482	2	4.385	2	4.292	2	4.205
3	4.679	3	4.579	3	4.477	3	4.380	3	4.288	3	4.201
4	4.674	4	4.574	4	4.472	4	4.375	4	4.283	4	4.197
5	4.669	5	4.569	5	4.467	5	4.370	5	4.279	5	4.193
6	4.664	6	4.564	6	4.462	6	4.366	6	4.275	6	4.189
7	4.659	7	4.559	7	4.457	7	4.361	7	4.270	7	4.185
8	4.654	8	4.554	8	4.452	8	4.356	8	4.266	8	4.181
9	4.649	9	4.549	9	4.447	9	4.352	9	4.261	9	4.176
0.110	4.644	0.130	4.544	0.150	4.442	0.170	4.347	0.190	4.257	0.210	4.172
1	4.639	1	4.539	1	4.438	1	4.342	1	4.253	1	4.168
2	4.634	2	4.534	2	4.433	2	4.338	2	4.248	2	4.164
3	4.629	3	4.529	3	4.428	3	4.333	3	4.244	3	4.160
4	4.624	4	4.524	4	4.423	4	4.329	4	4.240	4	4.156
5	4.619	5	4.518	5	4.418	5	4.324	5	4.235	5	4.152
6	4.614	6	4.513	6	4.413	6	4.319	6	4.231	6	4.148
7	4.609	7	4.507	7	4.408	7	4.315	7	4.227	7	4.144
8	4.604	8	4.502	8	4.404	8	4.310	8	4.222	8	4.140
9	4.599	9	4.497	9	4.399	9	4.306	9	4.218	9	4.136

续表

吸光度	酶浓度/(U/mL)	吸光度	酶浓度/(U/mL)	吸光度	酶浓度/(U/mL)	吸光度	酶浓度/(U/mL)	吸光度	酶浓度/(U/mL)	吸光度	酶浓度/(U/mL)
0.220	4.132	0.250	4.019	0.280	3.919	0.310	3.839	0.340	3.750	0.370	3.665
1	4.128	1	4.016	1	3.916	1	3.836	1	3.747	1	3.662
2	4.124	2	4.012	2	3.913	2	3.833	2	3.744	2	3.659
3	4.120	3	4.009	3	3.922	3	3.830	3	3.741	3	3.656
4	4.116	4	4.005	4	3.919	4	3.827	4	3.739	4	3.654
5	4.112	5	4.002	5	3.915	5	3.824	5	3.736	5	3.651
6	4.108	6	3.998	6	3.912	6	3.821	6	3.733	6	3.648
7	4.105	7	3.995	7	3.909	7	3.818	7	3.730	7	3.645
8	4.101	8	3.991	8	3.906	8	3.815	8	3.727	8	3.643
9	4.097	9	3.988	9	3.903	9	3.812	9	3.724	9	3.640
0.230	4.093	0.260	3.984	0.290	3.900	0.320	3.809	0.350	3.721	0.380	3.637
1	4.089	1	3.981	1	3.897	1	3.806	1	3.718	1	3.634
2	4.085	2	3.978	2	3.894	2	3.803	2	3.716	2	3.632
3	4.082	3	3.974	3	3.891	3	3.800	3	3.713	3	3.629
4	4.087	4	3.971	4	3.888	4	3.797	4	3.710	4	3.626
5	4.074	5	3.968	5	3.885	5	3.794	5	3.707	5	3.623
6	4.070	6	3.964	6	3.881	6	3.791	6	3.704	6	3.621
7	4.067	7	3.961	7	3.878	7	3.788	7	3.701	7	3.618
8	4.063	8	3.958	8	3.875	8	3.785	8	3.699	8	3.615
9	4.059	9	3.954	9	3.872	9	3.782	9	3.696	9	3.612
0.240	4.056	0.270	3.951	0.300	3.869	0.330	3.779	0.360	3.693	0.390	3.610
1	4.052	1	3.984	1	3.866	1	3.776	1	3.690	1	3.607
2	4.048	2	3.944	2	3.863	2	3.774	2	3.687	2	3.604
3	4.045	3	3.941	3	3.860	3	3.771	3	3.684	3	3.602
4	4.041	4	3.938	4	3.857	4	3.768	4	3.682	4	3.599
5	4.037	5	3.935	5	3.854	5	3.765	5	3.679	5	3.596
6	4.034	6	3.932	6	3.851	6	3.762	6	3.676	6	3.594
7	4.030	7	3.928	7	3.848	7	3.759	7	3.673	7	3.591
8	4.026	8	3.925	8	3.845	8	3.756	8	3.670	8	3.588
9	4.023	9	3.922	9	3.842	9	3.753	9	3.668	9	3.585

续表

吸光度	酶浓度/(U/mL)	吸光度	酶浓度/(U/mL)	吸光度	酶浓度/(U/mL)	吸光度	酶浓度/(U/mL)	吸光度	酶浓度/(U/mL)	吸光度	酶浓度/(U/mL)
0.400	3.583	0.430	3.502	0.460	3.427	0.490	3.357	0.520	3.291	0.550	3.229
1	3.580	1	3.499	1	3.425	1	3.355	1	3.289	1	3.227
2	3.577	2	3.497	2	3.423	2	3.353	2	3.287	2	3.225
3	3.575	3	3.494	3	3.420	3	3.350	3	3.285	3	3.223
4	3.572	4	3.492	4	3.418	4	3.348	4	3.283	4	3.221
5	3.569	5	3.489	5	3.415	5	3.346	5	3.280	5	3.219
6	3.567	6	3.487	6	3.413	6	3.344	6	3.278	6	3.217
7	3.564	7	3.484	7	3.411	7	3.341	7	3.276	7	3.215
8	3.559	8	3.482	8	3.408	8	3.339	8	3.274	8	3.213
9	3.556	9	3.479	9	3.406	9	3.337	9	3.272	9	3.211
0.410	3.554	0.440	3.477	0.470	3.404	0.500	3.335	0.530	3.270	0.560	3.209
1	3.551	1	3.474	1	3.401	1	3.333	1	3.268	1	3.207
2	3.548	2	3.472	2	3.399	2	3.330	2	3.266	2	3.205
3	3.546	3	3.469	3	3.397	3	3.328	3	3.264	3	3.204
4	3.543	4	3.467	4	3.394	4	3.326	4	3.262	4	3.202
5	3.541	5	3.464	5	3.392	5	3.324	5	3.260	5	3.200
6	3.538	6	3.462	6	3.389	6	3.321	6	3.258	6	3.198
7	3.535	7	3.459	7	3.387	7	3.319	7	3.255	7	3.196
8	3.533	8	3.457	8	3.385	8	3.317	8	3.253	8	3.194
9	3.530	9	3.454	9	3.383	9	3.315	9	3.251	9	3.192
0.420	3.528	0.450	3.452	0.480	3.380	0.510	3.313	0.540	3.249	0.570	3.190
1	3.525	1	3.449	1	3.378	1	3.311	1	3.247	1	3.188
2	3.522	2	3.447	2	3.376	2	3.308	2	3.245	2	3.186
3	3.520	3	3.444	3	3.373	3	3.306	3	3.243	3	3.184
4	3.517	4	3.442	4	3.371	4	3.304	4	3.241	4	3.183
5	3.515	5	3.440	5	3.369	5	3.302	5	3.239	5	3.181
6	3.512	6	3.437	6	3.366	6	3.300	6	3.237	6	3.179
7	3.509	7	3.435	7	3.364	7	3.298	7	3.235	7	3.177
8	3.507	8	3.432	8	3.362	8	3.295	8	3.233	8	3.175
9	3.504	9	3.430	9	3.359	9	3.293	9	3.231	9	3.173

续表

吸光度	酶浓度/(U/mL)	吸光度	酶浓度/(U/mL)	吸光度	酶浓度/(U/mL)	吸光度	酶浓度/(U/mL)	吸光度	酶浓度/(U/mL)
0.580	3.171	0.610	3.118	0.640	3.068	0.670	3.022	0.700	2.981
1	3.169	1	3.116	1	3.066	1	3.021	1	2.980
2	3.168	2	3.114	2	3.065	2	3.020	2	2.978
3	3.166	3	3.112	3	3.063	3	3.018	3	2.977
4	3.164	4	3.111	4	3.062	4	3.017	4	2.976
5	3.162	5	3.109	5	3.060	5	3.015	5	2.975
6	3.160	6	3.107	6	3.058	6	3.014	6	2.973
7	3.158	7	3.106	7	3.057	7	3.012	7	2.972
8	3.157	8	3.104	8	3.055	8	3.011	8	2.971
9	3.155	9	3.102	9	3.054	9	3.010	9	2.969
0.590	3.153	0.620	3.101	0.650	3.052	0.680	3.008	0.710	2.968
1	3.151	1	3.099	1	3.051	1	3.007	1	2.967
2	3.149	2	3.097	2	3.049	2	3.005	2	2.966
3	3.147	3	3.096	3	3.048	3	3.004	3	2.964
4	3.146	4	3.095	4	3.046	4	3.003	4	2.963
5	3.144	5	3.094	5	3.045	5	3.001	5	2.962
6	3.142	6	3.092	6	3.043	6	3.000	6	2.961
7	3.140	7	3.089	7	3.042	7	2.998	7	2.959
8	3.139	8	3.087	8	3.040	8	2.997	8	2.958
9	3.137	9	3.086	9	3.039	9	2.996	9	2.957
0.600	3.135	0.630	3.084	0.660	3.037	0.690	2.994	0.720	2.956
1	3.133	1	3.082	1	3.036	1	2.993	1	2.955
2	3.131	2	3.081	2	3.034	2	2.992	2	2.953
3	3.130	3	3.079	3	3.033	3	2.990	3	2.952
4	3.128	4	3.078	4	3.031	4	2.989	4	2.951
5	3.126	5	3.076	5	3.030	5	2.988	5	2.950
6	3.124	6	3.074	6	3.028	6	2.986	6	2.949
7	3.123	7	3.073	7	3.027	7	2.985	7	2.947
8	3.121	8	3.071	8	3.025	8	2.984	8	2.946
9	3.119	9	3.070	9	3.024	9	2.982	9	2.945

吸光度	酶浓度/(U/mL)
0.730	2.944
1	2.943
2	2.941
3	2.940
4	2.939
5	2.938
6	2.937
7	2.936
8	2.935
9	2.933
0.740	2.932
1	2.931
2	2.930
3	2.929
4	2.928
5	2.927
6	2.926
7	2.925
8	2.923
9	2.922
0.750	2.921
1	2.920
2	2.919
3	2.918
4	2.917
5	2.916
6	2.915
7	2.914
8	2.913
9	2.912
0.760	2.911
1	2.910
2	2.909
3	2.908
4	2.907
5	2.906
6	2.905

附录 H　原麦汁浓度经验公式校正表

原麦汁浓度(2A+E)	酒精度(质量分数)/(%)																
	2.8	3.0	3.2	3.4	3.6	3.8	4.0	4.2	4.4	4.6	4.8	5.0	5.2	5.4	5.6	5.8	6.0
8	0.05	0.06	0.06	0.06	0.07	0.07	—	—	—	—	—	—	—	—	—	—	—
9	0.08	0.09	0.09	0.10	0.10	0.11	0.11	—	—	—	—	—	—	—	—	—	—
10	0.11	0.12	0.12	0.13	0.14	0.15	0.15	0.16	0.17	0.18	0.18	—	—	—	—	—	—
11	0.14	0.15	0.16	0.17	0.18	0.19	0.20	0.20	0.21	0.22	0.23	0.24	0.25	0.26	—	—	—
12	0.17	0.18	0.19	0.20	0.21	0.22	0.23	0.23	0.24	0.27	0.28	0.29	0.30	0.31	0.32	0.33	—
13	0.20	0.21	0.22	0.24	0.25	0.26	0.28	0.29	0.30	0.31	0.33	0.34	0.35	0.37	0.38	0.39	0.41
14	0.22	0.24	0.25	0.27	0.29	0.30	0.32	0.33	0.35	0.36	0.38	0.39	0.40	0.42	0.43	0.45	0.46
15	0.25	0.27	0.29	0.30	0.32	0.34	0.36	0.37	0.39	0.41	0.42	0.44	0.46	0.47	0.49	0.51	0.52
16	0.28	0.30	0.32	0.34	0.36	0.38	0.40	0.42	0.44	0.45	0.47	0.49	0.51	0.53	0.55	0.56	0.58
17	0.31	0.33	0.36	0.38	0.40	0.42	0.44	0.46	0.48	0.50	0.52	0.54	0.56	0.58	0.60	0.62	0.64
18	0.34	0.36	0.39	0.41	0.43	0.46	0.48	0.50	0.53	0.55	0.57	0.59	0.62	0.64	0.66	0.68	0.71
19	0.37	0.40	0.42	0.45	0.47	0.50	0.52	0.55	0.57	0.59	0.62	0.64	0.67	0.69	0.72	0.74	0.76
20	0.40	0.43	0.45	0.48	0.52	0.54	0.56	0.59	0.62	0.64	0.67	0.70	0.72	0.75	0.77	0.80	0.82

注：A 表示试样的酒精度；E 表示试样的真正浓度。

附录 I　培养基和试剂

1. 平板计数琼脂(plate count agar,PCA)培养基

1）成分

胰蛋白胨	5.0 g
酵母浸膏	2.5 g
葡萄糖	1.0 g
琼脂	15.0 g
蒸馏水	1000 mL

pH 7.0±0.2

2）制法

将上述成分加于蒸馏水中，煮沸溶解，调节 pH。分装于试管或锥形瓶，121 ℃高压灭菌 15 min。

2. 磷酸盐缓冲溶液

1) 成分

磷酸二氢钾(KH_2PO_4)	34.0 g
蒸馏水	500 mL
pH 7.2	

2) 制法

贮存液:称取 34.0 g 的磷酸二氢钾,溶于 500 mL 蒸馏水中,用大约 175 mL 的 1 mol/L氢氧化钠溶液调节 pH 至 7.2,用蒸馏水稀释至 1000 mL 后贮存于冰箱。

稀释液:取贮存液 1.25 mL,用蒸馏水稀释至 1000 mL,分装于适宜容器中,121 ℃高压灭菌 15 min。

3. 无菌生理盐水

1) 成分

氯化钠	8.5 g
蒸馏水	1000 mL

2) 制法

称取 8.5 g 氯化钠,溶于 1000 mL 蒸馏水中,121 ℃高压灭菌 15 min。

4. 月桂基硫酸盐胰蛋白胨(LST)肉汤

1) 成分

胰蛋白胨或胰酪胨	20.0 g
氯化钠	5.0 g
乳糖	5.0 g
磷酸氢二钾(K_2HPO_4)	2.75 g
磷酸二氢钾(KH_2PO_4)	2.75 g
月桂基硫酸钠	0.1 g
蒸馏水	1000 mL
pH 6.8±0.2	

2) 制法

将上述成分溶解于蒸馏水中,调节 pH。分装到有玻璃小倒管的试管中,每管 10 mL。121 ℃高压灭菌 15 min。

5. 煌绿乳糖胆盐(BGLB)肉汤

1) 成分

蛋白胨	10.0 g
乳糖	10.0 g
牛胆粉溶液	200 mL
0.1%煌绿水溶液	13.3 mL
蒸馏水	800 mL
pH 7.2±0.1	

2）制法

将蛋白胨、乳糖溶于约500 mL蒸馏水中，加入牛胆粉溶液200 mL（将20.0 g脱水牛胆粉溶于200 mL蒸馏水中，调节pH至7.0～7.5），用蒸馏水稀释到975 mL，调节pH，再加入0.1%煌绿水溶液13.3 mL，用蒸馏水补足到1000 mL，用棉花过滤后，分装到有玻璃小倒管的试管中，每管10 mL。121 ℃高压灭菌15 min。

6. 结晶紫中性红胆盐琼脂(VRBA)

1）成分

蛋白胨	7.0 g
酵母膏	3.0 g
乳糖	10.0 g
氯化钠	5.0 g
胆盐或3号胆盐	1.5 g
中性红	0.03 g
结晶紫	0.002 g
琼脂	15～18 g
蒸馏水	1000 mL

pH 7.4±0.1

2）制法

将上述成分溶于蒸馏水中，静置几分钟，充分搅拌，调节pH。煮沸2 min，将培养基冷却至45～50 ℃倾注平板。使用前临时制备，不得超过3 h。

7. 1 mol/L 氢氧化钠溶液

1）成分

氢氧化钠	40.0 g
蒸馏水	1000 mL

2）制法

称取40 g氢氧化钠，溶于1000 mL蒸馏水中，121 ℃高压灭菌15 min。

8. 1 mol/L 盐酸

1）成分

浓盐酸	90 mL
蒸馏水	1000 mL

2）制法

移取浓盐酸90 mL，用蒸馏水稀释至1000 mL，121 ℃高压灭菌15 min。

9. 缓冲蛋白胨水(BPW)

1）成分

蛋白胨	10.0 g
氯化钠	5.0 g
磷酸氢二钠（含12个结晶水）	9.0 g

磷酸二氢钾　　1.5 g

蒸馏水　　1000 mL

pH 7.2±0.2

2）制法

将各成分加入蒸馏水中，混合均匀，静置约10 min，煮沸溶解，调节pH，121 ℃高压灭菌15 min。

10. 四硫磺酸钠煌绿（TTB）增菌液

1）基础液

蛋白胨　　10.0 g

牛肉膏　　5.0 g

氯化钠　　3.0 g

碳酸钙　　45.0 g

蒸馏水　　1000 mL

pH 7.0±0.2

除碳酸钙外，将各成分加入蒸馏水中，煮沸溶解，再加入碳酸钙，调节pH，121 ℃高压灭菌20 min。

2）硫代硫酸钠溶液

硫代硫酸钠（含5个结晶水）　　50.0 g

蒸馏水　　加至100 mL

121 ℃高压灭菌20 min。

3）碘溶液

碘片　　20.0 g

碘化钾　　25.0 g

蒸馏水　　加至100 mL

将碘化钾充分溶解于少量的蒸馏水中，再投入碘片，振摇至碘片全部溶解为止，然后加蒸馏水至规定的总量，贮存于棕色瓶内，塞紧瓶盖备用。

4）0.5%煌绿水溶液

煌绿　　0.5 g

蒸馏水　　100 mL

溶解后，存放暗处不少于1天，使其自然灭菌。

5）牛胆盐溶液

牛胆盐　　10.0 g

蒸馏水　　100 mL

加热煮沸至完全溶解，121 ℃高压灭菌20 min。

6）制法

基础液　　900 mL

硫代硫酸钠溶液　　100 mL

碘溶液　　20.0 mL

0.5%煌绿水溶液　　2.0 mL
牛胆盐溶液　　50.0 mL

临用前，按上列顺序，以无菌操作依次加入基础液中，每加入一种成分，均应摇匀后再加入另一种成分。

11. 亚硒酸盐胱氨酸(SC)增菌液

1）成分

蛋白胨	5.0 g
乳糖	4.0 g
磷酸氢二钠	10.0 g
亚硒酸氢钠	4.0 g
L-胱氨酸	0.01 g
蒸馏水	1000 mL
pH 7.0±0.2	

2）制法

除亚硒酸氢钠和L-胱氨酸外，将各成分加入蒸馏水中，煮沸溶解，冷至55 ℃以下，以无菌操作加入亚硒酸氢钠和1 g/L的L-胱氨酸溶液10 mL（称取0.1 g L-胱氨酸，加1 mol/L氢氧化钠溶液15 mL，使溶解，再加无菌蒸馏水至100 mL即成，如为D,L-胱氨酸，用量应加倍）。摇匀，调节pH。

12. 亚硫酸铋(BS)琼脂

1）成分

蛋白胨	10.0 g
牛肉膏	5.0 g
葡萄糖	5.0 g
硫酸亚铁	0.3 g
磷酸氢二钠	4.0 g
煌绿	0.025 g 或 5.0 g/L 水溶液 5.0 mL
柠檬酸铋铵	2.0 g
亚硫酸钠	6.0 g
琼脂	18.0～20 g
蒸馏水	1000 mL
pH 7.5±0.2	

2）制法

将前三种成分加入300 mL蒸馏水（制作基础液），硫酸亚铁和磷酸氢二钠分别加入20 mL和30 mL蒸馏水中，柠檬酸铋铵和亚硫酸钠分别加入20 mL和30 mL蒸馏水中，琼脂加入600 mL蒸馏水中。然后分别搅拌均匀，煮沸溶解。冷至80 ℃左右时，先将硫酸亚铁和磷酸氢二钠混匀，倒入基础液中，混匀。将柠檬酸铋铵和亚硫酸钠混匀，倒入基础液中，再混匀。调节pH，随即倾入琼脂液中，混合均匀，冷至50～55 ℃。加入煌绿溶液，充分混匀后立即倾注平皿。

注：本培养基不需要高压灭菌，在制备过程中不宜过分加热，避免降低其选择性，贮于室温暗处，超过 48 h 会降低其选择性，本培养基宜于制备后第二天使用。

13. HE 琼脂(Hektoen Enteric Agar)

1）成分

蛋白胨	12.0 g
牛肉膏	3.0 g
乳糖	12.0 g
蔗糖	12.0 g
水杨素	2.0 g
胆盐	20.0 g
氯化钠	5.0 g
琼脂	18.0～20.0 g
蒸馏水	1000 mL
0.4%溴麝香草酚蓝溶液	16.0 mL
Andrade 指示剂	20.0 mL
甲液	20.0 mL
乙液	20.0 mL

pH 7.5±0.2

2）制法

将前面七种成分溶解于 400 mL 蒸馏水内作为基础液，将琼脂加入 600 mL 蒸馏水内。然后分别搅拌均匀，煮沸溶解。加甲液和乙液于基础液内，调节 pH。再加入指示剂，并与琼脂液合并，待冷至 50～55 ℃后倾注平皿。

注：① 本培养基不需要高压灭菌，在制备过程中不宜过分加热，避免降低其选择性。

② 甲液的配制

硫代硫酸钠	34.0 g
柠檬酸铁铵	4.0 g
蒸馏水	100 mL

③ 乙液的配制

去氧胆酸钠	10.0 g
蒸馏水	100 mL

④ Andrade 指示剂

酸性复红	0.5 g
1 mol/L 氢氧化钠溶液	16.0 mL
蒸馏水	100 mL

将复红溶解于蒸馏水中，加入氢氧化钠溶液。数小时后如复红褪色不全，再加氢氧化钠溶液 1～2 mL。

14. 木糖赖氨酸脱氧胆盐(XLD)琼脂

1）成分

酵母膏	3.0 g
L-赖氨酸	5.0 g
木糖	3.75 g
乳糖	7.5 g
蔗糖	7.5 g
去氧胆酸钠	2.5 g
柠檬酸铁铵	0.8 g
硫代硫酸钠	6.8 g
氯化钠	5.0 g
琼脂	15.0 g
酚红	0.08 g
蒸馏水	1000 mL

pH 7.4±0.2

2）制法

除酚红和琼脂外，将其他成分加入 400 mL 蒸馏水中，煮沸溶解，调节 pH。另将琼脂加入 600 mL 蒸馏水中，煮沸溶解。将上述两溶液混合均匀后，再加入指示剂，待冷至 50～55 ℃后倾注平皿。

注：本培养基不需要高压灭菌，在制备过程中不宜过分加热，避免降低其选择性，贮于室温暗处。本培养基宜于制备后第二天使用。

15. 三糖铁(TSI)琼脂

1）成分

蛋白胨	20.0 g
牛肉膏	5.0 g
乳糖	10.0 g
蔗糖	10.0 g
葡萄糖	1.0 g
硫酸亚铁铵(含 6 个结晶水)	0.2 g
酚红	0.025 g 或 5.0 g/L 溶液 5.0 mL
氯化钠	5.0 g
硫代硫酸钠	0.2 g
琼脂	12.0 g
蒸馏水	1000 mL

pH 7.4±0.2

2）制法

除酚红和琼脂外，将其他成分加入 400 mL 蒸馏水中，煮沸溶解，调节 pH。另将琼脂加入 600 mL 蒸馏水中，煮沸溶解。将上述两溶液混合均匀后，再加入指示剂，混匀，分装于试管内，每管 2～4 mL，121 ℃高压灭菌 10 min 或 115 ℃高压灭菌 15 min，灭菌后制成高层斜面，呈橘红色。

16. 蛋白胨水、靛基质试剂

1）蛋白胨水

蛋白胨（或胰蛋白胨）	20.0 g
氯化钠	5.0 g
蒸馏水	1000 mL
pH 7.4±0.2	

将上述成分加入蒸馏水中，煮沸溶解，调节 pH，分装于小试管内，121 ℃高压灭菌 15 min。

2）靛基质试剂

柯凡克试剂：将 5 g 对二甲氨基甲醛溶解于 75 mL 戊醇中，然后缓慢加入浓盐酸 25 mL。

欧-波试剂：将 1 g 对二甲氨基苯甲醛溶解于 95 mL95％乙醇内，然后缓慢加入浓盐酸 20 mL。

3）试验方法

挑取小量培养物接种，在(36±1) ℃培养 1～2 天，必要时可培养 4～5 天。加入柯凡克试剂约 0.5 mL，轻摇试管，阳性者于试剂层呈深红色。或加入欧-波试剂约 0.5 mL，沿管壁流下，覆盖于培养液表面，阳性者于液面接触处呈玫瑰红色。

注：蛋白胨中应含有丰富的色氯酸。每批蛋白胨买来后，应先用已知菌种鉴定后方可使用。

17. 尿素琼脂(pH 7.2)

1）成分

蛋白胨	1.0 g
氯化钠	5.0 g
葡萄糖	1.0 g
磷酸二氢钾	2.0 g
0.4％酚红	3.0 mL
琼脂	20.0 g
蒸馏水	1000 mL
20％尿素溶液	100 mL
pH 7.2±0.2	

2）制法

除尿素、琼脂和酚红外，将其他成分加入 400 mL 蒸馏水中，煮沸溶解，调节 pH。另将琼脂加入 600 mL 蒸馏水中，煮沸溶解。将上述两溶液混合均匀后，再加入指示剂后分装，121 ℃高压灭菌 15 min。冷至 50～55 ℃，加入经过滤除菌的尿素溶液。尿素的最终浓度为2%。分装于无菌试管内,放成斜面备用。

3) 试验方法

挑取琼脂培养物接种,在(36±1) ℃培养24 h,观察结果。尿素酶阳性者由于产碱而使培养基变为红色。

18. 氰化钾(KCN)培养基

1) 成分

蛋白胨	10.0 g
氯化钠	5.0 g
磷酸二氢钾	0.225 g
磷酸氢二钠	5.64 g
蒸馏水	1000 mL
0.5%氰化钾溶液	20.0 mL

2) 制法

将除氰化钾以外的成分加入蒸馏水中,煮沸溶解,分装后121 ℃高压灭菌15 min。放在冰箱内使其充分冷却。每100 mL培养基加入0.5%氰化钾溶液2.0 mL,分装于无菌试管内,每管约4 mL,立刻用无菌橡胶塞塞紧,放在4 ℃冰箱内,至少可保存两个月。同时,将不加氰化钾的培养基作为对照培养基,分装试管备用。

3) 试验方法

将琼脂培养物接种于蛋白胨水内成为稀释菌液,挑取1环接种于氰化钾(KCN)培养基。另挑取1环接种于对照培养基。在(36±1) ℃培养1~2天,观察结果。如有细菌生长即为阳性(不抑制),经2天细菌不生长为阴性(抑制)。

注:氰化钾是剧毒药,使用时应小心,切勿沾染,以免中毒。夏天分装培养基应在冰箱内进行。试验失败的主要原因是封口不严,氰化钾逐渐分解,产生氢氰酸气体逸出,以致药物浓度降低,细菌生长,因而造成假阳性反应。试验时对每一环节都要特别注意。

19. 赖氨酸脱羧酶试验培养基

1) 成分

蛋白胨	5.0 g
酵母浸膏	3.0 g
葡萄糖	1.0 g
蒸馏水	1000 mL
1.6%溴甲酚紫-乙醇溶液	1.0 mL
L-赖氨酸(或D,L-赖氨酸)	0.5 g/(100 mL)(1.0 g/(100 mL))
pH 6.8±0.2	

2) 制法

将除赖氨酸以外的成分加热溶解后,分装成每瓶100 mL,分别加入赖氨酸。L-赖氨酸按0.5%加入,D,L-赖氨酸按1%加入。调节pH。对照培养基不加赖氨酸。分装于无菌的小试管内,每管0.5 mL,上面滴加一层液体石蜡,115 ℃高压灭菌10 min。

3）试验方法

从琼脂斜面上挑取培养物接种，于(36±1) ℃培养 18～24 h，观察结果。氨基酸脱羧酶阳性者由于产碱，培养基应呈紫色。阴性者无碱性产物，但因葡萄糖产酸而使培养基变为黄色。对照管应为黄色。

20. 糖发酵管

1）成分

牛肉膏	5.0 g
蛋白胨	10.0 g
氯化钠	3.0 g
磷酸氢二钠(含 12 个结晶水)	2.0 g
0.2%溴麝香草酚蓝溶液	12.0 mL
蒸馏水	1000 mL
pH 7.4±0.2	

2）制法

葡萄糖发酵管按上述成分配好后，调节 pH。按 0.5%加入葡萄糖，分装于有一个倒置小管的小试管内，121 ℃高压灭菌 15 min。

其他各种糖发酵管可按上述成分配好后，分装为每瓶 100 mL，121 ℃高压灭菌 15 min。另将各种糖类分别配好 10%溶液，同时高压灭菌。将 5 mL 糖溶液加入 100 mL 培养基内，以无菌操作分装小试管。

注：蔗糖不纯，加热后会自行水解者，应采用过滤法除菌。

3）试验方法：从琼脂斜面上挑取小量培养物接种，于(36±1) ℃培养，一般 2～3 天。迟缓反应需观察 14～30 天。

21. ONPG 培养基

1）成分

邻硝基酚 β-D-半乳糖苷(ONPG)	60.0 mg
0.01 mol/L 磷酸钠缓冲溶液(pH7.5)	10.0 mL
1%蛋白胨水(pH7.5)	30.0 mL

2）制法

将 ONPG 溶于磷酸钠缓冲溶液内，加入蛋白胨水，以过滤法除菌，分装于无菌的小试管内，每管 0.5 mL，用橡胶塞塞紧。

3）试验方法

自琼脂斜面上挑取培养物 1 满环接种，于(36±1) ℃培养 1～3 h 和 24 h，观察结果。如有 β-半乳糖苷酶产生，则于 1～3 h 变黄色，如无此酶则 24 h 不变色。

22. 半固体琼脂

1）成分

牛肉膏	0.3 g
蛋白胨	1.0 g

氯化钠	0.5 g
琼脂	0.35～0.4 g
蒸馏水	100 mL
pH 7.4±0.2	

2）制法

按以上成分配好，煮沸溶解，调节 pH。分装于小试管内。121 ℃高压灭菌 15 min。直立凝固备用。

注：供动力观察、菌种保存、H 抗原位相变异试验等用。

23. 丙二酸钠培养基

1）成分

酵母浸膏	1.0 g
硫酸铵	2.0 g
磷酸氢二钾	0.6 g
磷酸二氢钾	0.4 g
氯化钠	2.0 g
丙二酸钠	3.0 g
0.2%溴麝香草酚蓝溶液	12.0 mL
蒸馏水	1000 mL
pH 6.8±0.2	

2）制法

将除指示剂以外的成分溶解于水，调节 pH，再加入指示剂，分装于试管内，121 ℃高压灭菌 15 min。

3）试验方法

用新鲜的琼脂培养物接种，于(36±1) ℃培养 48 h，观察结果。阳性者由绿色变为蓝色。

24. 10%氯化钠胰酪胨大豆肉汤

1）成分

胰酪胨(或胰蛋白胨)	17.0 g
植物蛋白胨(或大豆蛋白胨)	3.0 g
氯化钠	100.0 g
磷酸氢二钾	2.5 g
丙酮酸钠	10.0 g
葡萄糖	2.5 g
蒸馏水	1000 mL
pH 7.3±0.2	

2）制法

将上述成分混合，加热，轻轻搅拌并溶解，调节 pH，分装，每瓶 225 mL，121 ℃高压灭菌 15 min。

25. 7.5%**氯化钠肉汤**

1）成分

蛋白胨	10.0 g
牛肉膏	5.0 g
氯化钠	75 g
蒸馏水	1000 mL

pH 7.4

2）制法

将上述成分加热溶解，调节 pH，分装，每瓶 225 mL，121 ℃高压灭菌 15 min。

26. 血琼脂平板

1）成分

豆粉琼脂（pH 7.4～7.6）	100 mL
脱纤维羊血（或兔血）	5～10 mL

2）制法

加热熔化琼脂，冷却至 50 ℃，以无菌操作加入脱纤维羊血，摇匀，倾注平板。

27. Baird-Parker **琼脂平板**

1）成分

胰蛋白胨	10.0 g
牛肉膏	5.0 g
酵母膏	1.0 g
丙酮酸钠	10.0 g
甘氨酸	12.0 g
氯化锂（$LiCl \cdot 6H_2O$）	5.0 g
琼脂	20.0 g
蒸馏水	950 mL

pH 7.0±0.2

2）增菌剂的配法

将 30%卵黄盐水 50 mL 与经过除菌过滤的 1%亚碲酸钾溶液 10 mL 混合，保存于冰箱内。

3）制法

将各成分加到蒸馏水中，加热煮沸至完全溶解，调节 pH。分装，每瓶 95 mL，121 ℃高压灭菌 15 min。临用时加热熔化琼脂，冷至 50 ℃，每 95 mL 加入预热至 50 ℃的卵黄亚碲酸钾增菌剂 5 mL，摇匀后倾注平板。培养基应是致密不透明的。使用前在冰箱贮存不得超过 48 h。

28. 脑心浸出液（BHI）肉汤

1）成分

胰蛋白胨	10.0 g

氯化钠	5.0 g
磷酸氢二钠(含12个结晶水)	2.5 g
葡萄糖	2.0 g
牛心浸出液	500 mL
pH 7.4±0.2	

2）制法

加热溶解，调节 pH，分装于 ϕ16 mm×160 mm 试管，每管 5 mL，121 ℃高压灭菌 15 min。

29. 兔血浆

取柠檬酸钠 3.8 g，加蒸馏水 100 mL，溶解后过滤，装瓶，121 ℃高压灭菌 15 min。

兔血浆制备：取 3.8%柠檬酸钠溶液一份，加兔全血四份，混好静置（或以 3000 r/min 离心 30 min），使血液细胞下降，即可得血浆。

30. 营养琼脂小斜面

1）成分

蛋白胨	10.0 g
牛肉膏	3.0 g
氯化钠	5.0 g
琼脂	15.0～20.0 g
蒸馏水	1000 mL
pH 7.2～7.4	

2）制法

将除琼脂以外的各成分溶解于蒸馏水内，加入 15%氢氧化钠溶液约 2 mL，调节 pH 至 7.2～7.4。加入琼脂，加热煮沸，使琼脂熔化，分装于 ϕ13 mm×130 mm 试管，121 ℃高压灭菌 15 min。

31. 革兰氏染色液

1）结晶紫染色液

(1) 成分。

结晶紫	1.0 g
95%乙醇	20.0 mL
1%草酸铵水溶液	80.0 mL

(2) 制法。

将结晶紫完全溶解于乙醇中，然后与草酸铵溶液混合。

2）革兰氏碘液

(1) 成分。

碘	1.0 g
碘化钾	2.0 g
蒸馏水	300 mL

(2) 制法。

将碘与碘化钾先行混合，加入蒸馏水少许充分振摇，待完全溶解后，再加蒸馏水至300 mL。

3) 沙黄复染液

(1) 成分。

沙黄	0.25 g
95%乙醇	10.0 mL
蒸馏水	90.0 mL

(2) 制法。

将沙黄溶解于乙醇中，然后用蒸馏水稀释。

4) 染色法

(1) 涂片在火焰上固定，滴加结晶紫染液，染 1 min，水洗。

(2) 滴加革兰氏碘液，作用 1 min，水洗。

(3) 滴加 95%乙醇脱色 15～30 s，直至染色液被洗掉，不要过分脱色，水洗。

(4) 滴加复染液，复染 1 min，水洗、待干、镜检。

32. 西蒙氏柠檬酸盐培养基

1) 成分

氯化钠	5 g
硫酸镁($MgSO_4 \cdot 7H_2O$)	0.2 g
磷酸二氢铵	1 g
磷酸氢二钾	1 g
柠檬酸钠	5 g
琼脂	20 g
蒸馏水	1000 mL
0.2%溴麝香草酚蓝溶液	40 mL

pH 6.8

2) 制法

先将盐类溶解于水内，校正 pH，再加琼脂，加热熔化。然后加入指示剂，混合均匀后分装于试管内，121 ℃高压灭菌 15 min。放成斜面。

3) 试验方法

挑取少量琼脂培养物接种，于(36±1) ℃培养 4 天，每天观察结果。阳性者斜面上有菌落生长，培养基从绿色转为蓝色。

33. 葡萄糖铵培养基

1) 成分

氯化钠	5 g
硫酸镁($MgSO_4 \cdot 7H_2O$)	0.2 g
磷酸二氢铵	1 g

磷酸氢二钾	1 g
葡萄糖	2 g
琼脂	20 g
蒸馏水	1000 mL
0.2%溴麝香草酚蓝溶液	40 mL
pH 6.8	

2）制法

先将盐类和糖溶解于水内，校正 pH，再加琼脂，加热熔化，然后加入指示剂，混合均匀后分装于试管内，121 ℃高压灭菌 15 min，放成斜面。

3）试验方法

用接种针轻轻触及培养物的表面，在盐水管内做成极稀的悬液，肉眼观察不见混浊，以每一接种环内含菌数在 20～100 为宜。将接种环灭菌后挑取菌液接种，同时再以同法接种普通斜面一支作为对照。于(36±1) ℃培养 24 h。阳性者葡萄糖铵斜面上有正常大小的菌落生长；阴性者不生长，但在对照培养基上生长良好。如在葡萄糖铵斜面生长极微小的菌落，可视为阴性结果。

注：容器使用前应用清洁液浸泡，再用清水、蒸馏水冲洗干净，并用新棉花做成棉塞，干热灭菌后使用。如果操作时不注意，有杂质污染，易造成假阳性的结果。

34. GN 增菌液

1）成分

胰蛋白胨	20 g
葡萄糖	1 g
甘露醇	2 g
柠檬酸钠	5 g
去氧胆酸钠	0.5 g
磷酸氢二钾	4 g
磷酸二氢钾	1.5 g
氯化钠	5 g
蒸馏水	1000 mL
pH 7.0	

2）制法

按上述成分配好，加热使溶解，校正 pH。分装，每瓶 225 mL，115 ℃高压灭菌 15 min。

35. SS 琼脂

1）基础培养基

牛肉膏	5 g
胨	5 g
三号胆盐	3.5 g

琼脂	17 g
蒸馏水	1000 mL

将牛肉膏、胨和三号胆盐溶解于 400 mL 蒸馏水中，将琼脂加入 600 mL 蒸馏水中，煮沸使其溶解，121 ℃高压灭菌 15 min，保存备用。

2）完全培养基

基础培养基	1000 mL
乳糖	10 g
柠檬酸钠	8.5 g
硫代硫酸钠	8.5 g
10%柠檬酸铁溶液	10 mL
1%中性红溶液	2.5 mL
0.1%煌绿溶液	0.33 mL

加热熔化基础培养基，按比例加入上述除染料以外之各成分，充分混合均匀，校正至 pH7.0，加入中性红和煌绿溶液，倾注平板。

注：(1) 制好的培养基宜当日使用，或保存于冰箱内，于 48 h 内使用。

(2) 煌绿溶液配好后应在 10 天以内使用。

(3) 可以购用 SS 琼脂的干燥培养基。

36. 麦康凯琼脂

1）成分

蛋白胨	17 g
胨	3 g
猪胆盐（或牛、羊胆盐）	5 g
氯化钠	5 g
琼脂	17 g
蒸馏水	1000 mL
乳糖	10 g
0.01%结晶紫水溶液	10 mL
0.5%中性红水溶液	5 mL

2）制法

将蛋白胨、胨、胆盐和氯化钠溶解于 400 mL 蒸馏水中，校正 pH 至 7.2。将琼脂加入 600 mL 蒸馏水中，加热溶解。将两液合并，分装于烧瓶内，121 ℃高压灭菌 15 min，备用。

临用时加热熔化琼脂，趁热加入乳糖，冷至 50～55 ℃时，加入结晶紫和中性红水溶液，摇匀后倾注平板。

注：结晶紫及中性红水溶液配好后须经高压灭菌。

37. 伊红美蓝琼脂(EMB)

1）成分

蛋白胨	10 g

乳糖	10 g
磷酸氢二钾	2 g
琼脂	17 g
2%伊红 Y 溶液	20 mL
0.65%美蓝溶液	10 mL
蒸馏水	1000 mL
pH 7.1	

2）制法

将蛋白胨、磷酸盐和琼脂溶解于蒸馏水中，校正 pH，分装于烧瓶内，121 ℃高压灭菌 15 min，备用。临用时加入乳糖并加热熔化琼脂，冷至 50～55 ℃，加入伊红和美蓝溶液，摇匀，倾注平板。

38. 三糖铁琼脂（换用方法）

1）成分

蛋白胨	15 g
胨	5 g
牛肉膏	3 g
酵母膏	3 g
乳糖	10 g
蔗糖	10 g
葡萄糖	1 g
氯化钠	5 g
硫酸亚铁	0.2 g
硫代硫酸钠	0.3 g
琼脂	12 g
酚红	0.025 g
蒸馏水	1000 mL
pH 7.4	

2）制法

将除琼脂和酚红以外的各成分溶解于蒸馏水中，校正 pH。加入琼脂，加热煮沸，以熔化琼脂。加入 0.2%酚红水溶液 12.5 mL，摇匀。分装于试管内，装量宜多些，以便得到较高的底层。121 ℃高压灭菌 15 min，放成高层斜面备用。

39. 葡萄糖半固体发酵管

1）成分

蛋白胨	1 g
牛肉膏	0.3 g
氯化钠	0.5 g
1.6%溴甲酚紫酒精溶液	0.1 mL

葡萄糖　　1 g
琼脂　　0.3 g
蒸馏水　　100 mL
pH 7.4

2）制法

将蛋白胨、牛肉膏和氯化钠加入水中，校正 pH 后加入琼脂加热溶解，再加入指示剂和葡萄糖，分装于小试管内，121 ℃高温灭菌 15 min。

40. 5%乳糖发酵管

1）成分

蛋白胨　　0.2 g
氯化钠　　0.5 g
乳糖　　5 g
2%溴麝香草酚蓝水溶液　　1.2 mL
蒸馏水　　100 mL
pH 7.4

2）制法

将除乳糖以外的各成分溶解于 50 mL 蒸馏水内，校正 pH。将乳糖溶解于另外 50 mL 蒸馏水内，分别 121 ℃高温灭菌 15 min，将两液混合，以无菌操作分装于灭菌小试管内。

注：在此培养基内，大部分乳糖迟缓发酵的细菌可于 1 天内发酵。

41. CAYE 培养基

此培养基附在肠毒素诊断试剂盒内，如无此培养基，也可用 Honda 氏产毒肉汤。

参考文献

[1] 王福荣.酿酒分析与检测[M].北京:化学工业出版社,2005.

[2] 刘长春.食品检验工(高级)[M].北京:机械工业出版社,2006.

[3] 刘长春.生物产品分析与检验技术[M].北京:科学出版社,2009.

[4] 姜淑荣.发酵分析技术[M].北京:化学工业出版社,2008.

[5] 吴国峰.工业发酵分析[M].北京:化学工业出版社,2008.

[6] 马佩.葡萄酒质量与检验[M].北京:中国计量出版社,2002.

[7] 刘丽.白酒果酒黄酒检验技术[M].北京:中国计量出版社,1997.

[8] 罗建成.生物工业分析[M].北京:化学工业出版社,2006.

[9] 张学群.啤酒工艺控制指标与检测手册[M].北京:中国轻工业出版社,1993.

[10] 丁兴华.食品检验工(技师、高级技师)[M].北京:机械工业出版社,2006.

[11] 康臻.食品分析与检验[M].北京:中国轻工业出版社,2008.

[12] 曲祖乙.食品分析与检验[M].北京:中国环境科学出版社,2006.

[13] 董小雷.啤酒分析检测技术[M].北京:化学工业出版社,2008.

[14] 董小雷.啤酒感官品评[M].北京:化学工业出版社,2007.